大学1・2年生のための
すぐわかる
微分積分
石綿夏委也 著
東京図書

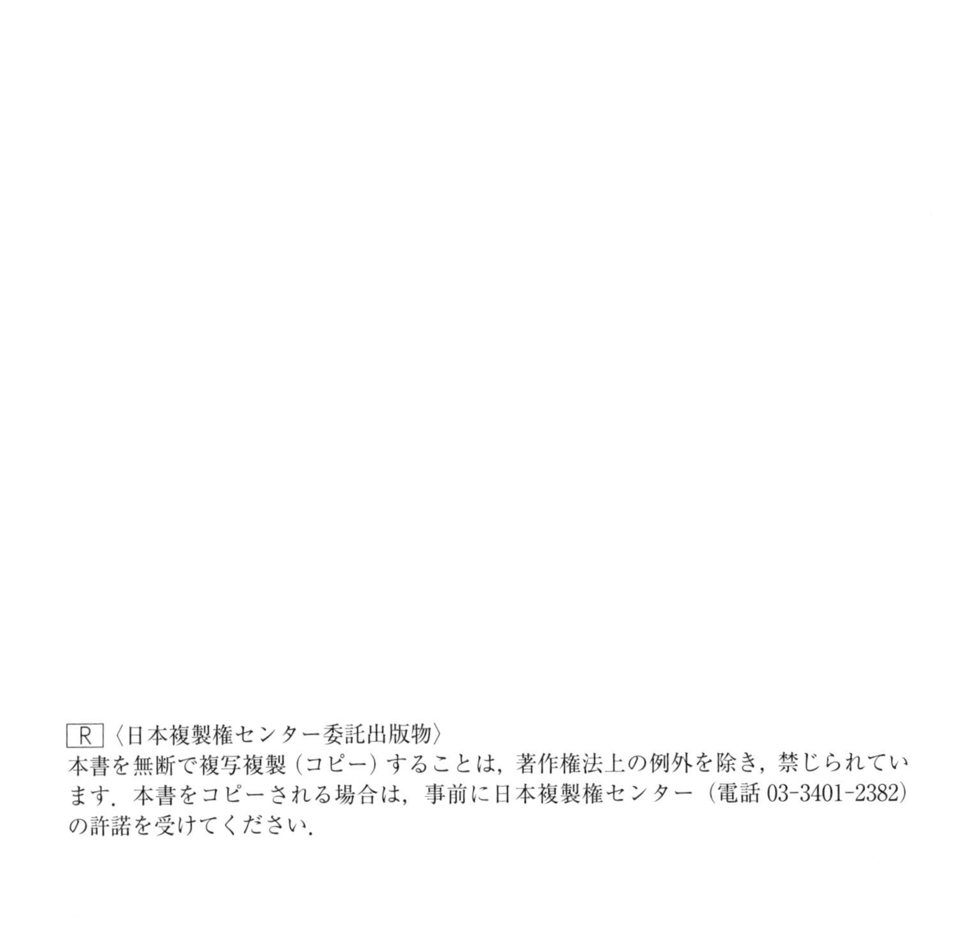

はじめに

大学の微分積分に関する参考書は，巻末に掲載の参考図書の例も含め数多く出版されている．その特徴は，理論を厳密に構築する専門的参考書か，やさしく解説した基本的な参考書に2分されている．その中間的な参考書は意外と少ないのである．本書は中間的な参考書を目指して著したものである．高校数学で学んだ「微分積分」が大学1・2年の「微分積分」にスムーズにつながるように配慮した．そのため，基本事項および重要事項の理屈や説明を単なる項目だけの列挙でなく，問題演習につながる形で，しっかりとわかりやすく解説した．

問題演習の解答は，「考え方」を付記し，問題を解く上の発想や対応する基本事項・重要事項のつながりを明記した．そして，途中の計算過程や考えにくいところを，ポイントのコーナーで補った．また，どの問題にも対応する練習問題を用意した．その解答は途中を省略することなく記述したので，実際に解いて力をつけてほしい．なおスペースの関係で載せることのできなかった証明は記述してある参考書を付記してあるので，そうした図書も併用し活用してほしい．

本書を軸に学ぶことで，「大学院入試」に通じる力が身に付くと確信している．

なお，各章の最後にコラムを載せた．コラムを通じ歴史的な背景やエピソードにも触れ，各分野の理解を深めてもらえるよう心掛けた．気軽に読んでほしい．

最後に，本書を著すにあたり，東京図書の川上禎久氏に大変お世話になりました．心よりお礼申し上げます．

石綿夏委也

装幀　岡 孝治

Chapter 1

関数とグラフ

関数の概念を確認し，新しく逆三角関数，
双曲線関数，逆双曲線関数を学ぶ．

1 関数の基本概念
2 逆三角関数
3 双曲線関数
4 逆双曲線関数

基本事項

1 関数の基本概念

❶ 関数の定義

2つの変数x, yがあって，xの値が定まればそれに対応するyの値が1つ定まるとき，その対応の規則を**関数**という．このとき，yはxの関数であるともいい，

$$\boldsymbol{y = f(x)}$$

などとかく．変数xのとり得る値の範囲（変域）を関数$f(x)$の**定義域**，また変域xが定義域全体を変化するときに，変域yがとる値の範囲をこの関数の**値域**という．

❷ 方程式と関数

x, yの方程式が与えられれば，それを用いて一意対応（xの1つの値に対してyの値がただ1つ対応する）を適当に作れば，関数が得られる．

関数は次のように分類される．

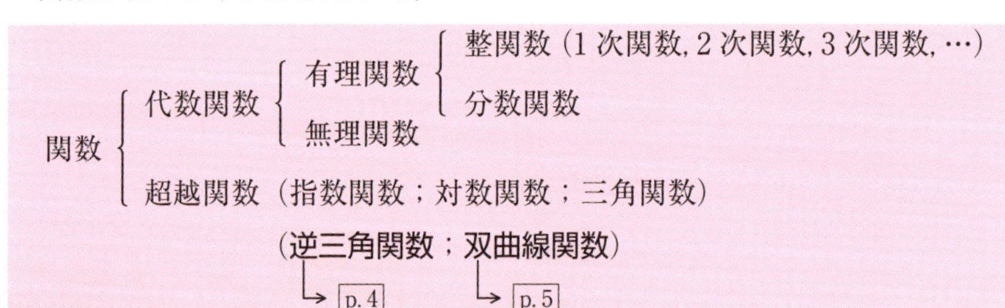

Memo $P_0(x), P_1(x), \cdots, P_n(x)$を$x$の整式として方程式$P_0(x)y^n + P_1(x)y^{n-1} + \cdots + P_n(x) = 0$によって定まる$x$の関数$y$を，$x$の**代数関数**という．

代数関数でない関数を**超越関数**という．

❸ 1対1の関数

関数$y = f(x)$について，xの値が異なれば，それに対応するyの値も異なるとき，すなわち

$$\boldsymbol{x_1 \neq x_2 \quad \Rightarrow \quad f(x_1) \neq f(x_2)}$$

が成り立つとき，$y = f(x)$は**1対1の関数**であるという．

❹ 逆関数

関数 $y=f(x)$ が1対1であるとき，値域に含まれる任意の y の値 b に対して，$f(x)=b$ となる x の値がちょうど1つ存在するので，その値を a とする．$f(a)=b$ であり，b に対して a を対応させる関数が考えられ，これを $y=f(x)$ の**逆関数**といい，$y=f^{-1}(x)$ とかく．

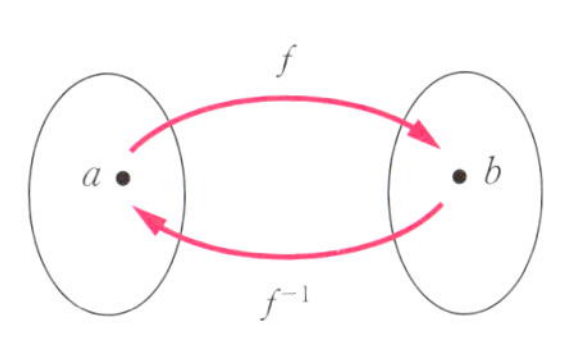

$$f(a)=b \iff a=f^{-1}(b) \quad \cdots \begin{bmatrix} f^{-1}\text{の定義域}=f\text{の値域} \\ f^{-1}\text{の値域}=f\text{の定義域} \end{bmatrix}$$

関数 $y=f(x)$ とその逆関数 $y=f^{-1}(x)$ のグラフは，直線 $y=x$ に関して対称となる．

Memo　逆関数の求め方

逆関数は次のような手順で求められる．

(i) 式 $y=f(x)$ から，x を y の式 $g(y)$ で表す．
すなわち，$x=g(y)$．

(ii) 式 $x=g(y)$ において x と y を入れ替えた $y=g(x)$ が $y=f(x)$ の逆関数である．
すなわち，$f^{-1}(x)=g(x)$．

❺ 合成関数

2つの関数 $f(x)$ と $g(x)$ があり，$f(x)$ の値域が $g(x)$ の定義域に含まれているとき，g に $f(x)$ の値を代入することにより新しい関数 $g(f(x))$ が得られる．

$y=g(f(x))$ を f と g の**合成関数**といい，$\boldsymbol{y=(g\circ f)(x)}$ とかく．

すなわち，$\boldsymbol{(g\circ f)(x)=g(f(x))}$．

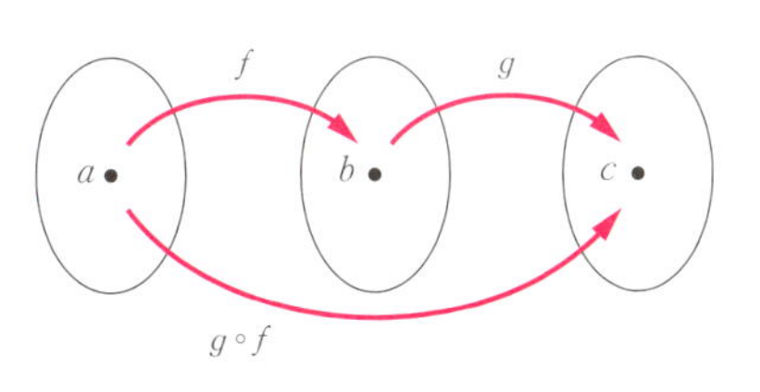

Memo　f と f^{-1} の合成関数は，

逆関数の定義から，$\boldsymbol{(f^{-1}\circ f)(x)=x}$，$\boldsymbol{(f\circ f^{-1})(x)=x}$．

2 逆三角関数（問題 1-2, 3, 4, 5）

大学になって，初めて学ぶ関数である．**指数関数**は x と y が 1 対 1 に対応するから，逆関数が存在して，その逆関数が**対数関数**と定められた．$y=x^2$ の 2 次関数は x と y が 2 対 1 に対応してこのままでは逆関数が存在しないが，x の定義域を例えば $x \geqq 0$ と定めてやれば，**2 次関数** $y=x^2\ (x \geqq 0)$ は x と y が 1 対 1 に対応して逆関数が存在する．その逆関数が**無理関数** $y=\sqrt{x}\ (x \geqq 0)$ となった．それでは三角関数の逆関数はどうであろうか？　三角関数はすべて周期関数で x と y が 1 対 1 に対応しない．そこで定義域を定め x と y が 1 対 1 に対応するようにすれば，逆関数を求めることができる．

$y=\sin x$，$y=\cos x$，$y=\tan x$ の定義域を次のように定める．

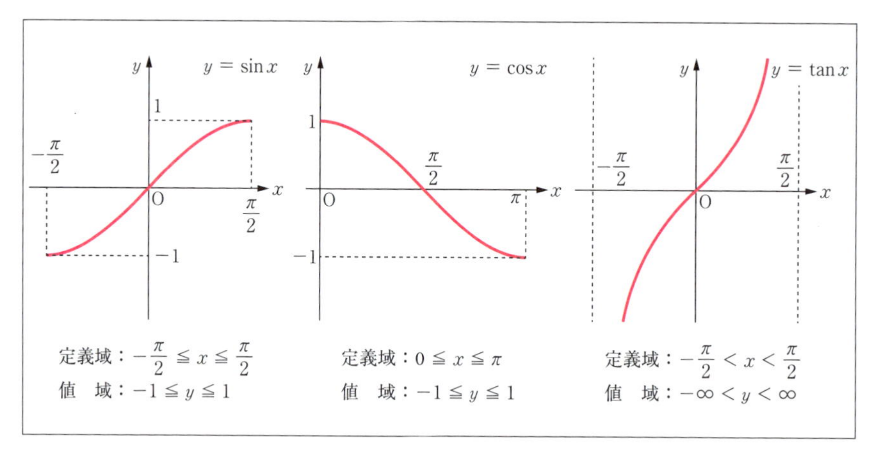

このとき，それぞれの逆関数は，x と y を入れ替えて，

$$x=\sin y \iff y=\sin^{-1}x$$
$$x=\cos y \iff y=\cos^{-1}x$$
$$x=\tan y \iff y=\tan^{-1}x$$

と表現する．

$\sin^{-1}x$ はアークサイン x

$\cos^{-1}x$ はアークコサイン x

$\tan^{-1}x$ はアークタンジェント x

と読む．

各々のグラフは，上のグラフと $y=x$ に関して対称で，次図のようになる．

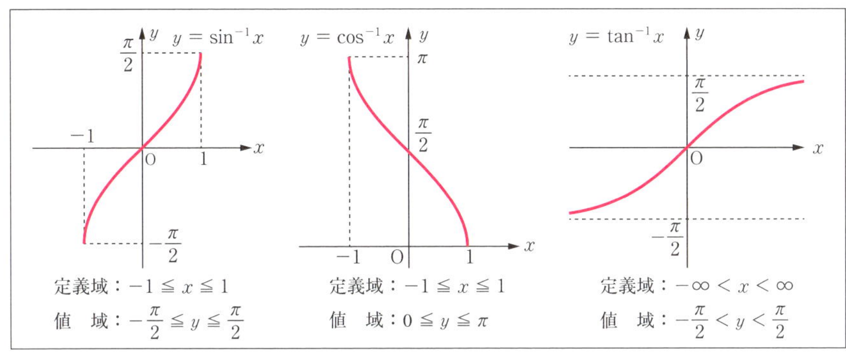

《注意》　逆三角関数の値域を主値とよぶ.

3　双曲線関数（問題 1-6, 7）

指数関数 e^x および e^{-x} を結合することによって，新しい関数 $\sinh x$, $\cosh x$，$\tanh x$ を次のように定義する（e は自然対数の底．p. 26）.

双曲線関数

$$y=\sinh x=\frac{e^x-e^{-x}}{2}\quad\text{（双曲正弦関数）}$$

$$y=\cosh x=\frac{e^x+e^{-x}}{2}\quad\text{（双曲余弦関数）}$$

$$y=\tanh x=\frac{\sinh x}{\cosh x}=\frac{e^x-e^{-x}}{e^x+e^{-x}}\quad\text{（双曲正接関数）}$$

$y=\sinh x$, $y=\cosh x$ を用いて，さらに次の 3 つを定める.

$$y=\operatorname{cosech} x=\frac{1}{\sinh x}=\frac{2}{e^x-e^{-x}}$$

$$y=\operatorname{sech} x=\frac{1}{\cosh x}=\frac{2}{e^x+e^{-x}}$$

$$y=\coth x=\frac{\cosh x}{\sinh x}=\frac{e^x+e^{-x}}{e^x-e^{-x}}$$

この 6 つの関数をまとめて**双曲線関数**という.

双曲線関数は三角関数とよく似た性質をもち，実用上たいせつな関数であるが，三角関数のような実数を周期とする周期関数ではない.

sinh，cosh，tanh の h は双曲線（hyperbolic）の頭文字 h をつけたもので，

sinh はハイパボリックサイン

cosh はハイパボリックコサイン

tanh はハイパボリックタンジェント

と読む.

双曲線関数には三角関数に似た次のような関係式が成り立つ．

① $\cosh^2 x - \sinh^2 x = 1,\ 1 - \tanh^2 x = \dfrac{1}{\cosh^2 x}$

② $\sinh(x \pm y) = \sinh x \cosh y \pm \cosh x \sinh y$ （複号同順）
$\cosh(x \pm y) = \cosh x \cosh y \pm \sinh x \sinh y$ （複号同順）
$\tanh(x \pm y) = \dfrac{\tanh x \pm \tanh y}{1 \pm \tanh x \tanh y}$ （複号同順）
加法定理

比較

三角関数

① $\cos^2 x + \sin^2 x = 1,\ 1 + \tan^2 x = \dfrac{1}{\cos^2 x}$

② $\sin(x \pm y) = \sin x \cos y \pm \cos x \sin y$
$\cos(x \pm y) = \cos x \cos y \mp \sin x \sin y$
$\tan(x \pm y) = \dfrac{\tan x \pm \tan y}{1 \mp \tan x \tan y}$
加法定理

三角関数のとき，加法定理を利用して，2倍角，半角の公式が導かれた．同様に双曲線関数の加法定理を利用して，次の2倍角，半角の公式が導かれる．

2倍角の公式

$\sinh 2x = 2\sinh x \cosh x$

$\cosh 2x = \cosh^2 x + \sinh^2 x$

$= 2\cosh^2 x - 1 \iff \cosh^2 x = \dfrac{\cosh 2x + 1}{2}$

$= 2\sinh^2 x + 1 \iff \sinh^2 x = \dfrac{\cosh 2x - 1}{2}$

半角の公式

$y = \sinh x,\ y = \cosh x,\ y = \tanh x$ のグラフは下図のようになる．

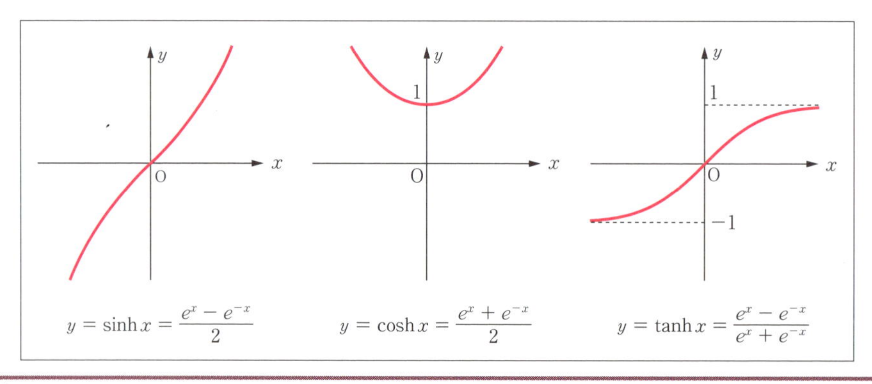

$y = \sinh x = \dfrac{e^x - e^{-x}}{2}$　$y = \cosh x = \dfrac{e^x + e^{-x}}{2}$　$y = \tanh x = \dfrac{e^x - e^{-x}}{e^x + e^{-x}}$

4　逆双曲線関数（問題 1-8）

三角関数に対して逆三角関数を考えたように，双曲線関数について**逆双曲線関数**を考えることができる．

$y = \sinh x$，$y = \tanh x$ は p. 6 のグラフのように，x と y が 1 対 1 に対応しているから，逆関数が存在する．その逆関数を

$$\boldsymbol{y = \sinh^{-1} x},\ \ \boldsymbol{y = \tanh^{-1} x}$$

と表す．$y = \cosh x$ は 1 対 1 対応でないから，1 対 1 対応にするためには，定義域が必要である．いま，定義域を $x \geqq 0$ とすると，値域は $y \geqq 1$ となり，逆関数が存在する．その逆関数を

$$\boldsymbol{y = \cosh^{-1} x}$$

と表す．

逆双曲線関数は次のようになる．

$$y = \sinh^{-1} x = \log(x + \sqrt{x^2 + 1}) \quad (x：実数)$$
$$y = \cosh^{-1} x = \log(x + \sqrt{x^2 - 1}) \quad (1 \leqq x)$$
$$y = \tanh^{-1} x = \frac{1}{2}\log\frac{1 + x}{1 - x} \quad (-1 < x < 1)$$

双曲線関数は指数関数を用いて定義された．その逆関数である逆双曲線関数は指数関数の逆関数である対数関数で表されていることに注意したい．

逆双曲線関数のグラフは，双曲線関数と $y = x$ に関して対称で下図のようになる．

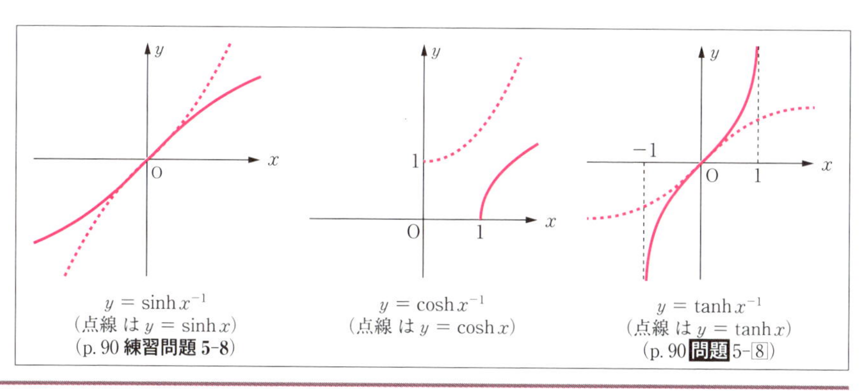

$y = \sinh x^{-1}$（点線は $y = \sinh x$）（p. 90 **練習問題 5-8**）

$y = \cosh x^{-1}$（点線は $y = \cosh x$）

$y = \tanh x^{-1}$（点線は $y = \tanh x$）（p. 90 **問題** 5-8）

問題 1-[1] ▼逆関数，合成関数　　高校数学

(1) 次の関数の逆関数を求め，与えられた関数およびその逆関数のグラフをかけ．

(i) $y=\dfrac{3x-2}{x-1}$　　(ii) $y=\log_e x$

(2) $f(x)=2x+3$，$g(x)=-\sqrt{x-4}$ とするとき，

合成関数 $g(f(x))$，$f(g(x))$ およびその定義域を求めよ．

●考え方●

(1) $y=f(x)$ から x を y の式 $g(y)$ で表す（x と y を入れかえた式）．

$y=f(x)$ の定義域（値域）$\rightleftarrows$ $y=f^{-1}(x)$ の値域（定義域）となる．

(2) $y=g(f(x))$ は $y=g(x)$ の x に $f(x)$ を代入した式となる．

解答

(1) (i) $y=\dfrac{3x-2}{x-1}=3+\dfrac{1}{x-1}$ の値域は $y\neq 3$ ㋐ を除く実数全体．これを x について解くと，

$x=1+\dfrac{1}{y-3}=\dfrac{y-2}{y-3}$ ㋑

よって，逆関数は

$\boldsymbol{y=\dfrac{x-2}{x-3}}$ 答

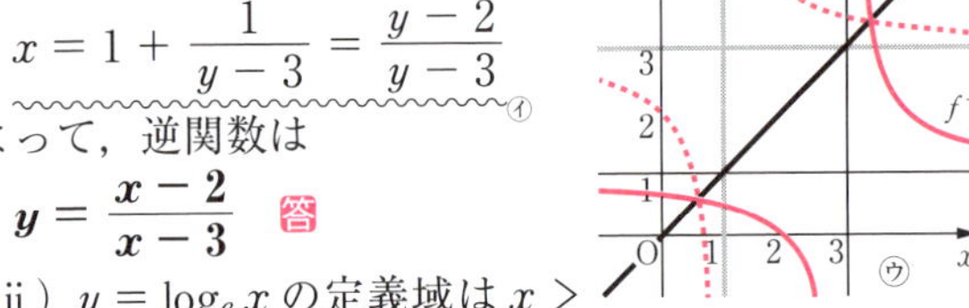

(ii) $y=\log_e x$ の定義域は $x>0$，値域は実数全体．これを x について解くと，$x=e^y$．よって，逆関数は　$\boldsymbol{y=e^x}$ 答

(2) $g(f(x))=-\sqrt{f(x)-4}$

$=\boldsymbol{-\sqrt{2x-1}}$ 答

定義域は $2x-1\geqq 0$ ㋔ から

$\boldsymbol{x\geqq\dfrac{1}{2}}$ 答

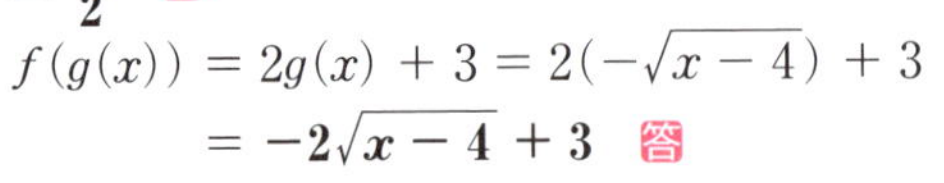

$f(g(x))=2g(x)+3=2(-\sqrt{x-4})+3$

$=\boldsymbol{-2\sqrt{x-4}+3}$ 答

定義域は $x-4\geqq 0$ から　$\boldsymbol{x\geqq 4}$ 答

ポイント

㋐ 逆関数の定義域は $x\neq 3$ となる．

㋑ $y-3=\dfrac{1}{x-1}$ より

$\Leftrightarrow x=1+\dfrac{1}{y-3}$

逆関数 x,y を交換．

㋒ $y=\dfrac{x-2}{x-3}$ の漸近線は

$x=3$，$y=1$

㋓ $y=\log_e x$ と $y=e^x$ は $y=x$ に関して対称．

㋔ 定義域は，根号条件から $2x-1\geqq 0$，$x\geqq\dfrac{1}{2}$．

練習問題　1-1　解答 p. 208

(1) $y=x^2$（$0\leqq x\leqq 1$）の逆関数を求めよ．

(2) $f(x)=2^x$，$g(x)=\log_2 x$ とするとき，$g(f(x))$，$f(g(x))$ を求めよ．

問題 1-2 ▼逆三角関数(1)

次の逆三角関数の値を求めよ.

(1) $y=\sin^{-1}\dfrac{\sqrt{3}}{2}$　(2) $y=\sin^{-1}0$　(3) $y=\cos^{-1}\left(\dfrac{-1}{2}\right)$

(4) $y=\cos^{-1}(-1)$　(5) $y=\tan^{-1}\left(\dfrac{1}{\sqrt{3}}\right)$　(6) $y=\tan^{-1}(1)$

●考え方●

$$y=\sin^{-1}x \Leftrightarrow \sin y = x \quad \left(-\frac{\pi}{2}\leqq y\leqq\frac{\pi}{2}\right)$$

$$y=\cos^{-1}x \Leftrightarrow \cos y = x \quad (0\leqq y\leqq\pi)$$

$$y=\tan^{-1}x \Leftrightarrow \tan y = x \quad \left(-\frac{\pi}{2}< y<\frac{\pi}{2}\right)$$ を解く.

解答

(1) $y=\sin^{-1}\dfrac{\sqrt{3}}{2} \Leftrightarrow \dfrac{\sqrt{3}}{2}=\sin y \left(-\dfrac{\pi}{2}\leqq y\leqq\dfrac{\pi}{2}\right)$ ㋐

$\therefore\ \boldsymbol{y=\dfrac{\pi}{3}}$ 答

(2) $y=\sin^{-1}0 \Leftrightarrow 0=\sin y \left(-\dfrac{\pi}{2}\leqq y\leqq\dfrac{\pi}{2}\right)$

$\therefore\ \boldsymbol{y=0}$ 答

(3) $y=\cos^{-1}\left(-\dfrac{1}{2}\right) \Leftrightarrow -\dfrac{1}{2}=\cos y\ (0\leqq y\leqq\pi)$ ㋑

$\therefore\ \boldsymbol{y=\dfrac{2\pi}{3}}$ 答

(4) $y=\cos^{-1}(-1) \Leftrightarrow -1=\cos y\ (0\leqq y\leqq\pi)$

$\therefore\ \boldsymbol{y=\pi}$ 答

(5) $y=\tan^{-1}\left(\dfrac{1}{\sqrt{3}}\right) \Leftrightarrow \dfrac{1}{\sqrt{3}}=\tan y \left(-\dfrac{\pi}{2}< y<\dfrac{\pi}{2}\right)$ ㋒

$\therefore\ \boldsymbol{y=\dfrac{\pi}{6}}$ 答

(6) $y=\tan^{-1}(1) \Leftrightarrow 1=\tan y \left(-\dfrac{\pi}{2}< y<\dfrac{\pi}{2}\right)$

$\therefore\ \boldsymbol{y=\dfrac{\pi}{4}}$ 答

ポイント

㋐ y の変域

$-\dfrac{\pi}{2}\leqq y\leqq\dfrac{\pi}{2}$ で解く.

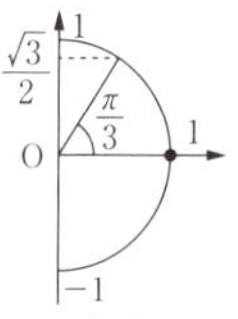

㋑ y の変域

$0\leqq y\leqq\pi$ で解く.

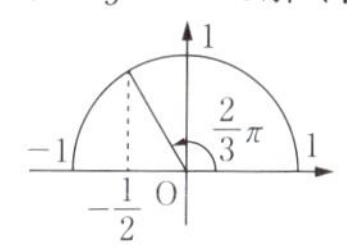

㋒

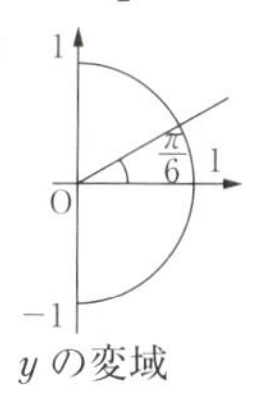

y の変域

$-\dfrac{\pi}{2}< y<\dfrac{\pi}{2}$ で解く.

練習問題 1-2

解答 p. 208

次の逆三角関数の値を求めよ.

(1) $y=\sin^{-1}\left(-\dfrac{1}{2}\right)$　(2) $y=\sin^{-1}(-1)$　(3) $y=\cos^{-1}\left(-\dfrac{1}{\sqrt{2}}\right)$

(4) $y=\cos^{-1}\left(\dfrac{\sqrt{3}}{2}\right)$　(5) $y=\tan^{-1}\left(-\dfrac{1}{\sqrt{3}}\right)$　(6) $y=\tan^{-1}(-1)$

問題 1-3 ▼逆三角関数(2)

次の等式を証明せよ．

(1) $\sin(\cos^{-1}x) = \sqrt{1-x^2}$　　(2) $\cos(\sin^{-1}x) = \sqrt{1-x^2}$

(3) $\sin^{-1}x + \cos^{-1}x = \dfrac{\pi}{2}$

●考え方●

(1) 主値を考慮し，$\cos^{-1}x = \alpha$ とおくと，$\cos\alpha = x$．$\sin\alpha$ が x で表せる．

(3) $\sin^{-1}x = \alpha$，$\cos^{-1}x = \beta$ とおくと，$\sin\alpha = x$，$\cos\beta = x$

$\alpha + \beta$ の値を求める．$\sin(\alpha+\beta)$ の値を求めてみよ．

解答

(1) $\cos^{-1}x = \alpha$ とおくと，$\cos\alpha = x$．主値は $0 \leqq \alpha \leqq \pi$ で，このとき，$\sin\alpha \geqq 0$ で，

$\sin\alpha = \sqrt{1-\cos^2\alpha}$ ㋐ $= \sqrt{1-x^2}$ となる．

$\therefore\ \sin(\cos^{-1}x) = \sin\alpha = \sqrt{1-x^2}$．

(2) $\sin^{-1}x = \alpha$ とおくと，$\sin\alpha = x$．主値は $-\dfrac{\pi}{2} \leqq \alpha \leqq \dfrac{\pi}{2}$ ㋑ で，このとき，$\cos\alpha \geqq 0$

$\cos\alpha = \sqrt{1-\sin^2\alpha} = \sqrt{1-x^2}$

$\therefore\ \cos(\sin^{-1}x) = \cos\alpha = \sqrt{1-x^2}$．

(3) ・$\sin^{-1}x = \alpha$ とおくと，$\sin\alpha = x$．主値は $-\dfrac{\pi}{2} \leqq \alpha \leqq \dfrac{\pi}{2}$ で，このとき，$\cos\alpha \geqq 0$ で，$\cos\alpha = \sqrt{1-\sin^2\alpha} = \sqrt{1-x^2}$

・$\cos^{-1}x = \beta$ とおくと，$\cos\beta = x$．主値は $0 \leqq \beta \leqq \pi$ で，このとき，$\sin\beta \geqq 0$ で，$\sin\beta = \sqrt{1-\cos^2\beta} = \sqrt{1-x^2}$

$\sin^{-1}x + \cos^{-1}x = \alpha + \beta$

ここで，$\sin(\alpha+\beta) = \sin\alpha\cos\beta + \cos\alpha\sin\beta$ ㋒

$= x \cdot x + \sqrt{1-x^2}\cdot\sqrt{1-x^2} = x^2 + 1 - x^2 = 1$

$\sin(\alpha+\beta) = 1$，$-\dfrac{\pi}{2} \leqq \alpha + \beta \leqq \dfrac{3\pi}{2}$ ㋓ より

$\alpha + \beta = \dfrac{\pi}{2}$　　$\therefore\ \sin^{-1}x + \cos^{-1}x = \dfrac{\pi}{2}$ 答

ポイント

㋐ $\cos^2\alpha + \sin^2\alpha = 1$
$\cos\alpha \geqq 0$ より．
$\sin\alpha = \sqrt{1-\cos^2\alpha}$

㋑ 主値の範囲で
$\cos\alpha \geqq 0$．

㋒ $\alpha + \beta$ を求めたい．
$\sin(\alpha+\beta)$ の値を加法定理を用いて求める．

㋓ $-\dfrac{\pi}{2} \leqq \alpha \leqq \dfrac{\pi}{2}$，
$0 \leqq \beta \leqq \pi$ より
$-\dfrac{\pi}{2} \leqq \alpha + \beta \leqq \dfrac{3\pi}{2}$．

練習問題 1-3

解答 p. 208

次の等式を証明せよ．

$$\tan^{-1}x + \tan^{-1}\frac{1}{x} = \pm\frac{\pi}{2} \quad (x \neq 0)$$

問題 1-4 ▼逆三角関数(3)

次の各関数のグラフをかけ.

(1) $y = \sin(\sin^{-1}x)$

(2) $y = \sin(\sin^{-1}x - \cos^{-1}x)$

●考え方●

(1) $\sin^{-1}x = \alpha$ と置いてみる. x の定義域は $-1 \leqq x \leqq 1$, 主値は $-\dfrac{\pi}{2} \leqq \alpha \leqq \dfrac{\pi}{2}$.
$\sin\alpha = x$. $y = \sin(\sin^{-1}x) = \sin\alpha = x$ となる.

(2) $\sin^{-1}x = \alpha$, $\cos^{-1}x = \beta$ とおくと, $y = \sin(\alpha - \beta)$. 加法定理の活用.

解答

(1) $\sin^{-1}x = \alpha$ とおくと, $\sin\alpha = x$. $-1 \leqq x \leqq 1$,

$-\dfrac{\pi}{2} \leqq \alpha \leqq \dfrac{\pi}{2}$

$y = \sin(\sin^{-1}x) = \sin\alpha = x$ ㋐

$\therefore\ y = x\ (-1 \leqq x \leqq 1)$

となり, グラフは右図.

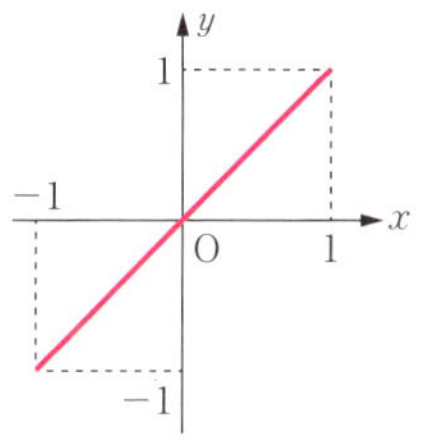

(2)

・$\sin^{-1}x = \alpha$ とおくと, x の定義域は $-1 \leqq x \leqq 1$,

主値は $-\dfrac{\pi}{2} \leqq \alpha \leqq \dfrac{\pi}{2}$ で $\sin\alpha = x$. …①

このとき, $\cos\alpha \geqq 0$ で, $\cos\alpha$ ㋑ $= \sqrt{1 - \sin^2\alpha} = \sqrt{1 - x^2}$ …②

・$\cos^{-1}x = \beta$ とおくと, x の定義域は $-1 \leqq x \leqq 1$,

主値は $0 \leqq \beta \leqq \pi$ で $\cos\beta = x$. …③

このとき, $\sin\beta \geqq 0$ で, $\sin\beta$ ㋒ $= \sqrt{1 - \cos^2\beta} = \sqrt{1 - x^2}$ …④

$y = \sin(\alpha - \beta) = \sin\alpha\cos\beta - \cos\alpha\sin\beta$ ㋓

$= x^2 - (1 - x^2) = 2x^2 - 1$

グラフは右図.

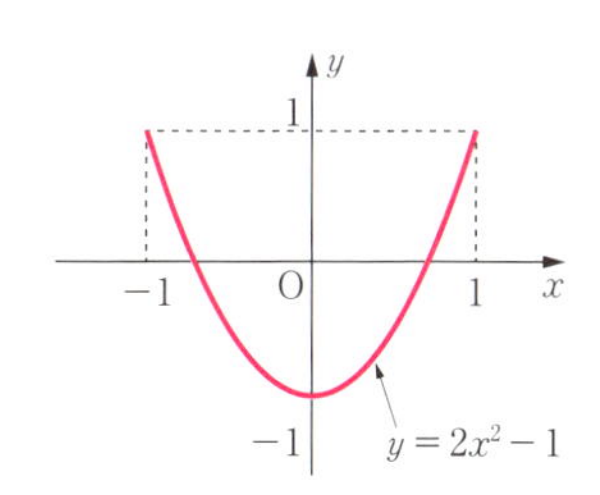

ポイント

㋐ 簡単化のために, $\sin^{-1}x = \alpha$ と置いてみる. x の定義域は $-1 \leqq x \leqq 1$ で, 線分 $y = x(-1 \leqq x \leqq 1)$ を意味する.

㋑ $\sin^{-1}x = \alpha$
$\sin\alpha = x$ から $\cos\alpha$ を求める.

㋒ $\cos^{-1}x = \beta$
$\cos\beta = x$ から $\sin\beta$ を求める.

㋓ $y = \sin(\alpha - \beta)$
加法定理を活用して, ①, ②, ③, ④を活用し, x で表す.

練習問題 1-4 解答 p. 208

次の関数のグラフをかけ.

(1) $y = \sin^{-1}(\sin x)\quad \left(-\dfrac{\pi}{2} \leqq x \leqq \dfrac{3}{2}\pi\right)$

(2) $y = \sin(\cos^{-1}\sqrt{1 - x^2})$

問題 1-5 ▼逆三角関数(4)

$\tan^{-1}x + \tan^{-1}y = \tan^{-1}\dfrac{x+y}{1-xy}$ …① が成り立つ．

(1) ①が成り立つ必要十分条件は，$xy<1$ であることを示せ．

(2) $\tan^{-1}\dfrac{1}{2} + \tan^{-1}\dfrac{1}{3}$ の値を求めよ．

●考え方●

(1) $\tan^{-1}x=\alpha$，$\tan^{-1}y=\beta$ とおき，$\cos(\alpha+\beta)$ の符号を調べよ．

(2) ①の活用をはかる．

解答

(1) $\tan^{-1}x=\alpha$，$\tan^{-1}y=\beta$ とおくと，$\tan\alpha=x$，$\tan\beta=y$．α, β の主値は，$-\dfrac{\pi}{2}<\alpha<\dfrac{\pi}{2}$，$-\dfrac{\pi}{2}<\beta<\dfrac{\pi}{2}$ ①より $\alpha+\beta=\tan^{-1}\dfrac{x+y}{1-xy}$ から，

$\alpha+\beta$ の主値は $-\dfrac{\pi}{2}<\alpha+\beta<\dfrac{\pi}{2}$ ㋐

このとき，$\cos(\alpha+\beta)>0$ で，

$$\cos(\alpha+\beta)\ ㋑ = \cos\alpha\cos\beta - \sin\alpha\sin\beta$$
$$= \cos\alpha\cos\beta\cdot\left(1-\frac{\sin\alpha\sin\beta}{\cos\alpha\cos\beta}\right)$$
$$= \cos\alpha\cos\beta\ ㋒ (1-\tan\alpha\tan\beta)$$

$\cos\alpha>0$，$\cos\beta>0$ かつ $\cos(\alpha+\beta)>0$ より

$1-\tan\alpha\tan\beta>0 \Leftrightarrow 1-xy>0 \quad \therefore\ xy<1$ ■

(2) $x=\dfrac{1}{2}$，$y=\dfrac{1}{3}$ とおくと，$xy=\dfrac{1}{6}<1$ より①が成り立つ．

① $\Leftrightarrow \tan^{-1}\dfrac{1}{2}+\tan^{-1}\dfrac{1}{3}=\tan^{-1}\dfrac{1/2+1/3}{1-1/6}=\tan^{-1}\dfrac{5/6}{5/6}=\tan^{-1}1=\dfrac{\pi}{4}$ ㋓

$\therefore\ \tan^{-1}\dfrac{1}{2}+\tan^{-1}\dfrac{1}{3}=\dfrac{\pi}{4}$ 答

ポイント

㋐ ①から $\alpha+\beta$ の主値が $-\dfrac{\pi}{2}<\alpha+\beta<\dfrac{\pi}{2}$．

$\cos(\alpha+\beta)>0$ がいえる．

㋑,㋒ $\cos(\alpha+\beta)>0$，$\cos\alpha\cos\beta>0$ から

$1-\tan\alpha\tan\beta$
$=1-xy>0$
$\therefore\ xy<1$

が導ける．

㋓ $\tan^{-1}1=r$ とおくと，$\tan r=1$

$\therefore\ r=\dfrac{\pi}{4}$

練習問題 1-5

解答 p. 209

フィボナッチ数列 $\{a_n\}$ $a_1=1$，$a_2=1$，$a_{n+2}=a_{n+1}+a_n$ がある．このとき，

$\tan^{-1}\dfrac{1}{a_{2n}}=\tan^{-1}\dfrac{1}{a_{2n+1}}+\tan^{-1}\dfrac{1}{a_{2n+2}}$ …⊛ $(n=1,2,3,\cdots)$

が成り立つ．⊛を用いて，

$\dfrac{\pi}{4}=\tan^{-1}\dfrac{1}{2}+\tan^{-1}\dfrac{1}{5}+\tan^{-1}\dfrac{1}{13}+\tan^{-1}\dfrac{1}{21}$ を示せ．

《注意》 p. 76 コラム 4 を読んでほしい．

問題 1-6 ▼双曲線関数(1)

(1) 次の公式を証明せよ.

(i) $\cosh^2 x - \sinh^2 x = 1$

(ii) $1 - \tanh^2 x = \dfrac{1}{\cosh^2 x}$

(2) $\sinh x = a$ のとき，$\cosh x$，$\tanh x$ の値を a を用いて表せ.

●考え方●

(1) (i) 定義から，$\cosh x = \dfrac{e^x + e^{-x}}{2}$，$\sinh x = \dfrac{e^x - e^{-x}}{2}$ である.

(ii) (i)を利用してみる.

(2) (1)の(i)の活用．$\cosh x = \dfrac{e^x + e^{-x}}{2} > 0$ であることに注意.

解答

(1) (i) $\cosh^2 x - \sinh^2 x = \left(\dfrac{e^x + e^{-x}}{2}\right)^2 - \left(\dfrac{e^x - e^{-x}}{2}\right)^2$

$$= \frac{1}{4}(4e^x \cdot e^{-x}) = 1$$

$\therefore$ $\cosh^2 x - \sinh^2 x = 1$ ㋐ …① ■

(ii) ①の辺々を $\cosh^2 x$ で割ると，

$1 - \tanh^2 x = \dfrac{1}{\cosh^2 x}$ ㋑ ■

(2) $\cosh^2 x - \sinh^2 x = 1$ であり $\cosh x = \dfrac{e^x + e^{-x}}{2} > 0$ ㋒ であるから，

$\cosh x = \sqrt{1 + \sinh^2 x} = \sqrt{\mathbf{1 + a^2}}$ 答

$\tanh x = \dfrac{\sinh x}{\cosh x} = \dfrac{\boldsymbol{a}}{\sqrt{\mathbf{1 + a^2}}}$ 答

ポイント

㋐, ㋑
三角関数の公式
$\cos^2\theta + \sin^2\theta = 1$
$1 + \tan^2\theta = \dfrac{1}{\cos^2\theta}$
と比較 (p. 6).

㋒ $\cosh x = \pm\sqrt{1 + \sinh^2 x}$
であるが，
$\cosh x > 0$ であるから
$\cosh x = \sqrt{1 + \sinh^2 x}$
のみとなる.

練習問題 1-6

解答 p. 209

$\cosh x = a$ のとき，$\sinh x$, $\tanh x$ の値を a を用いて表せ.

問題 1-7 ▼双曲線関数(2)

次の公式を証明せよ（加法定理）.

(1) $\sinh(x+y) = \sinh x \cosh y + \cosh x \sinh y$

(2) $\cosh(x+y) = \cosh x \cosh y + \sinh x \sinh y$

(3) $\tanh(x+y) = \dfrac{\tanh x + \tanh y}{1 + \tanh x \tanh y}$

●考え方●

(1) $\cosh x = \dfrac{1}{2}(e^x + e^{-x})$, $\sinh x = \dfrac{1}{2}(e^x - e^{-x})$ から $\begin{cases} e^x = \cosh x + \sinh x \\ e^{-x} = \cosh x - \sinh x \end{cases}$ …⊛

⊛を $\sinh(x+y) = \dfrac{1}{2}\{e^{x+y} - e^{-(x+y)}\}$ に利用してみよ.

(3) (1), (2)の利用.

解答

(1)
$$\sinh(x+y) = \frac{1}{2}\{e^{x+y} - e^{-(x+y)}\}$$
$$= \underbrace{\frac{1}{2}\{e^x \cdot e^y - e^{-x} \cdot e^{-y}\}}_{㋐}$$

⊛を適用すると,

$$= \frac{1}{2}\{(\cosh x + \sinh x)(\cosh y + \sinh y) - (\cosh x - \sinh x)(\cosh y - \sinh y)\}$$
$$= \frac{1}{2}\{\cosh x \cosh y + \cosh x \sinh y + \sinh x \cosh y + \sinh x \sinh y - (\cosh x \cosh y - \cosh x \sinh y - \sinh x \cosh y + \sinh x \sinh y)\}$$
$$= \frac{1}{2} \cdot 2(\cosh x \sinh y + \sinh x \cosh y)$$

$$\therefore \underbrace{\sin(x+y) = \sinh x \cosh y + \cosh x \sinh y}_{㋑} \quad ■$$

(2)
$$\underbrace{\cosh(x+y)}_{㋒} = \frac{1}{2}\{e^{x+y} + e^{-(x+y)}\} = \frac{1}{2}\{e^x \cdot e^y + e^{-x} \cdot e^{-y}\}$$
$$= \frac{1}{2}\{(\cosh x + \sinh x)(\cosh y + \sinh y) + (\cosh x - \sinh x)(\cosh y - \sinh y)\}$$
$$= \cosh x \cdot \cosh y + \sinh x \cdot \sinh y \quad ■$$

(3)
$$\tanh(x+y) = \frac{\sinh(x+y)}{\cosh(x+y)} = \frac{\sinh x \cosh y + \cosh x \sinh y}{\underbrace{\cosh x \cosh y + \sinh x \sinh y}_{㋓}}$$

分母，分子を $\cosh x \cdot \cosh y$ で割ると,

$$\tanh(x+y) = \frac{\dfrac{\sinh x}{\cosh x} + \dfrac{\sinh y}{\cosh y}}{1 + \dfrac{\sinh x}{\cosh x} \cdot \dfrac{\sinh y}{\cosh y}} = \frac{\tanh x + \tanh y}{1 + \tanh x \tanh y} \quad ■$$

ポイント

㋐ 指数法則. $e^{x+y} = e^x \cdot e^y$

㋑ 三角関数の加法定理と比較.

㋒ (1)と同様に処理.

㋓ $\tanh x$, $\tanh y$ を作るために，分母，分子を $\cosh x$, $\cosh y$ で割る.

練習問題 1-7 解答 p. 209

$\sin(x-y) = \sinh x \cosh y - \cosh x \sinh y$ を証明せよ.

問題 1-8 ▼逆双曲線関数

(1) $y = \sinh^{-1}x = \log(x + \sqrt{x^2+1})$　(x：実数)

(2) $y = \tanh^{-1}x = \dfrac{1}{2}\log\dfrac{1+x}{1-x}$　$(-1 < x < 1)$

を示せ.

●考え方●

(1) $y = \sinh^{-1}x \Leftrightarrow x = \sinh y = \dfrac{e^y - e^{-y}}{2}$, $x = \dfrac{1}{2}(e^y - e^{-y})$ を解いて, y を x の式で表す.

(2) $y = \tanh^{-1}x \Leftrightarrow x = \tanh y = \dfrac{e^y - e^{-y}}{e^y + e^{-y}}$ を解く.

解答

(1) $y = \sinh^{-1}x \Leftrightarrow x = \sinh y = \dfrac{1}{2}(e^y - e^{-y})$ ㋐

$2x = e^y - \dfrac{1}{e^y} \Leftrightarrow (e^y)^2 - 2x(e^y) - 1 = 0$ ㋑

e^y の2次方程式を解いて,

$e^y = x + \sqrt{x^2+1}$ ㋒　$\therefore\ y = \log(x + \sqrt{x^2+1})$ 答

(2) $y = \tanh^{-1}x \Leftrightarrow x = \tanh y = \dfrac{e^y - e^{-y}}{e^y + e^{-y}}$ ㋓

$$= \frac{(e^y)^2 - 1}{(e^y)^2 + 1}$$

$$\Leftrightarrow x(e^y)^2 + x = (e^y)^2 - 1$$

$$\Leftrightarrow (1-x)(e^y)^2 = 1 + x$$

$(e^y)^2 = \dfrac{1+x}{1-x}$ ㋔ から, $e^y = \left(\dfrac{1+x}{1-x}\right)^{\frac{1}{2}}$

両辺の自然対数をとって,

$y = \dfrac{1}{2}\log\dfrac{1+x}{1-x}$　$(-1 < x < 1)$ ㋔ 答

ポイント

㋐ $\sinh y$ の定義

㋑ $e^y = t$ とおくと,
$t^2 - 2xt - 1 = 0$.
2次方程式の解の公式より, $(t > 0)$
$t = x + \sqrt{x^2+1}$

㋒ $e^y > 0$ である.
$x - \sqrt{x^2+1}$ は不適.

㋓ 分母, 分子に e^y を乗じる.
$$\frac{\left(e^y - \frac{1}{e^y}\right)\cdot e^y}{\left(e^y + \frac{1}{e^y}\right)\cdot e^y}$$

㋔ $(e^y)^2 > 0$ より
$\dfrac{1+x}{1-x} > 0$
$\Leftrightarrow (1+x)(1-x) > 0$
$\therefore\ -1 < x < 1$

練習問題　1-8　解答 p. 209

(1) $y = \cosh^{-1}x = \log(x + \sqrt{x^2-1})$　$(1 \leqq x)$

(2) $y = \coth^{-1}x = \dfrac{1}{2}\log\dfrac{x+1}{x-1}$　$(x < -1,\ 1 < x)$

を示せ.

コラム１　◆生活に密接にかかわる双曲線関数

$(X, Y) = (\cosh x, \sinh x)$ とおくと，点 (X, Y) の軌跡はどうなるであろうか．$X^2 - Y^2 = \cosh^2 x - \sinh^2 x = 1$ から $\boldsymbol{X^2 - Y^2 = 1}$ $(X > 0)$ で右図の**双曲線の一部**となる（双曲線関数とよばれる原因はここにある）．

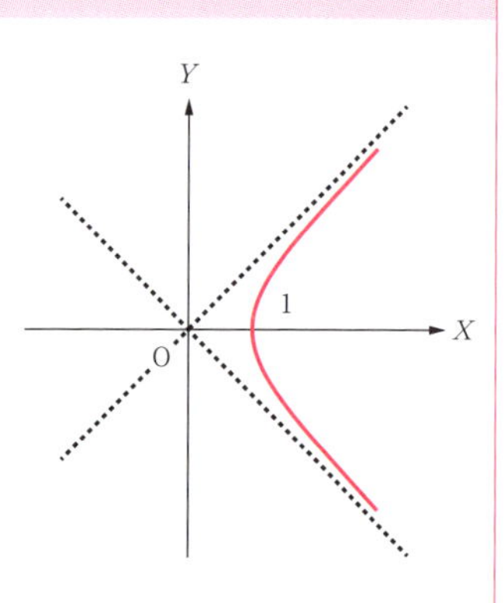

$(X, Y) = (\cos x, \sin x)$ のとき，点 (X, Y) の軌跡は，$X^2 + Y^2 = \cos^2 x + \sin^2 x = 1$ から，円 $X^2 + Y^2 = 1$ になった．対応して把握すると理解しやすいだろう．

$y = \cosh x = \dfrac{e^x + e^{-x}}{2}$ は高校数学で登場する**カテナリー**とよばれる曲線で，鉄塔間に張られる送電線やつり橋やアーチ橋に現れる形状はほぼこの形である．

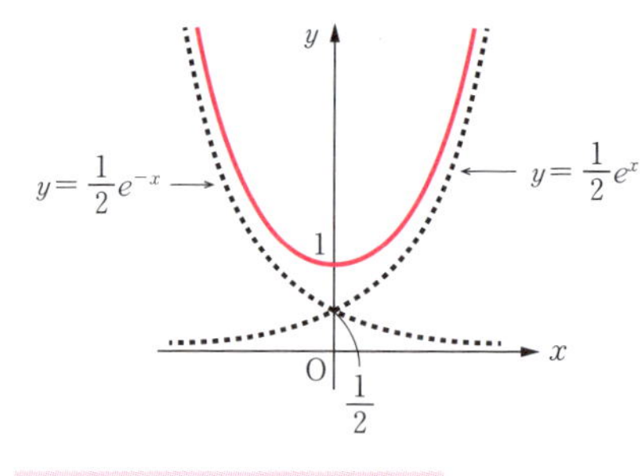

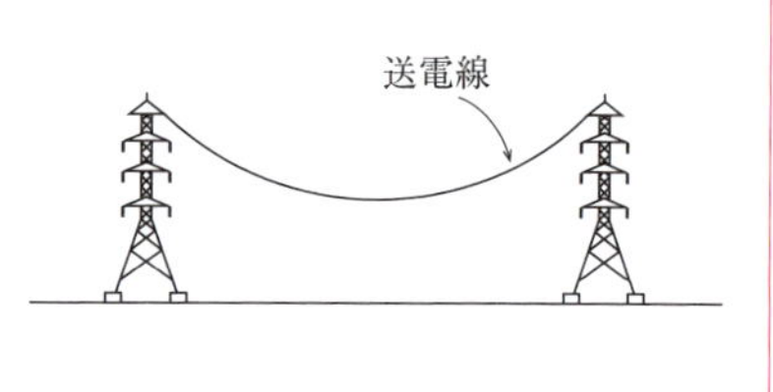

$y = \tanh x = \dfrac{e^x - e^{-x}}{e^x + e^{-x}}$ は人口の変化を表すとき現れる曲線である．$y = \tanh x$ を $\dfrac{1}{2}$ 倍して，y 軸方向に $\dfrac{1}{2}$ 平行移動した曲線を作る．

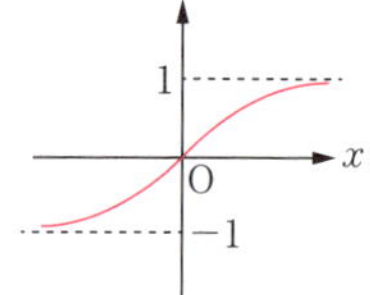

$$y = \frac{1}{2}\tanh x + \frac{1}{2} = \frac{1}{2}\frac{e^x - e^{-x}}{e^x + e^{-x}} + \frac{1}{2}$$

$$= \frac{e^x}{e^x + e^{-x}} = \frac{1}{1 + e^{-2x}}$$

（シグモイド関数とよぶ）

この曲線を素材にした曲線は，「人口の増加と飽和状態を表現する」のに適した曲線である．

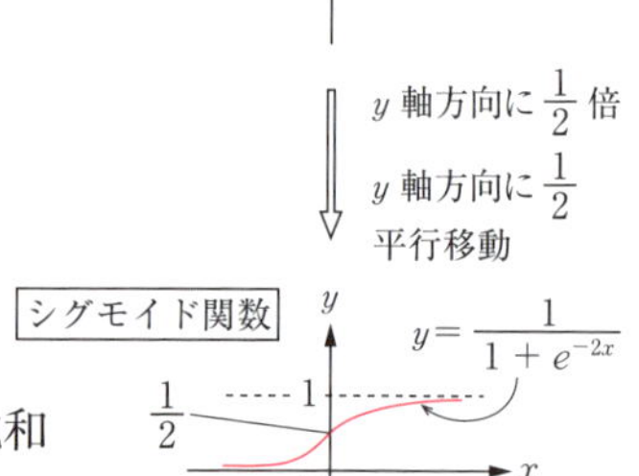

Chapter 2

数列と極限

数列の収束，発散を厳密に学び，新しく
べき級数の収束判定条件を学ぶ．

基本事項

1 数列の極限（問題 2-1, 2, 3）

❶ 数列の収束，発散

数列の一般項 $\{a_n\}$ が与えられたとき，その極限 $\lim_{n\to\infty} a_n$ の問題は高校数学でも取り扱っているので復習しておこう．

数列 $\{a_n\}$ で，自然数 n が限りなく大きくなるとき，a_n が一定の値 α に近づくならば，数列 $\{a_n\}$ は α に**収束**するといい，α を a_n の**極限**という．記号では

$$\lim_{n\to\infty} a_n = \alpha$$

または，$n \to \infty$ のとき，$a_n \to \alpha$ と書く．

収束しないとき，数列 $\{a_n\}$ は**発散**するという．

収束，発散をまとめると，

$$\begin{cases} \text{収束}\cdots\cdots \lim_{n\to\infty} a_n = \alpha \quad (\alpha\text{は定数}) \\ \text{発散}\cdots\cdots \begin{cases} \lim_{n\to\infty} a_n = \infty \\ \lim_{n\to\infty} a_n = -\infty \\ \{a_n\}\text{は振動する} \end{cases} \end{cases}$$

大学数学で $\lim_{n\to\infty} a_n = \alpha$ を厳密に表現する場合 ε-N 論法で語ることも多い．

ε-N 表現

任意の正数 ε が与えられたとき，それに対応して一つの番号 N が

$n \geqq N$ となるとき，$|a_n - \alpha| < \varepsilon$

となるように定められる．

考え方

任意の正数 ε より，ε をどんなに限りなく小さく選んできても，$|a_n - \alpha| < \varepsilon$ となるような数列 $a_N, a_{N+1}, a_{N+2}, \cdots$ が存在することを意味している．$n \to \infty$ のとき，a_n は α に限りなく近づいて $\lim_{n\to\infty} a_n = \alpha$ といえるわけである（ε-N 論法．問題 2-1，p. 24）．

極限の定義の意味することは，収束する数列の若干項を取り去っても，そのあとに無数の項が残っていれば，同じ極限値に収束する．

すなわち，$\lim_{n\to\infty} a_n = \alpha$ のとき，$\lim_{n\to\infty} a_{n+1} = \alpha$ であるし，$\lim_{n\to\infty} a_{n+2} = \alpha$ である．n をどこで止めても $n \to \infty$ で a_n はたった1つの値 α に収まることを意味する．簡単にいえば，

定理1　収束数列の部分列は，もとの極限値に収束する．

《注意》収束しない数列の部分列が収束することは可能．

例 $a_n = (-1)^n$ は収束しない．その部分列

n：偶数のとき，$a_2, a_4, a_6, \cdots$ は1に収束．

n：奇数のとき，$a_1, a_3, a_5, \cdots$ は-1に収束．

数列の各項 a_n が絶対値において一定の数を超えないとき，その数列は**有界**であるという．有界なる数列は必ずしも収束しない（例：$a_n = (-1)^n$）．しかし，収束数列は有界で，その極限値も同じ限界を出ない．

すなわち，

定理2　$a_n \to \alpha$ ならば，$|a_n| < M$ なる定数 M があり，$|\alpha| \leqq M$ が成り立つ．

証明

・$a_n \to \alpha$ ならば，正数 ε に対して，

$$n \geqq k \text{ なるとき，} |a_n - \alpha| < \varepsilon \Leftrightarrow \alpha - \varepsilon < a_n < \alpha + \varepsilon$$

となる自然数 k が存在する．

そこで，$k+2$ 個の数，

$$|a_1|, |a_2|, \cdots, |a_k|, |\alpha - \varepsilon|, |\alpha + \varepsilon|$$

のどれよりも大きな数の一つを選ぶことができ，それを M とおくと，$n < k$ でも，$n \geqq k$ でも $|a_n| < M$ とできる（定理の初めの部分）．

・次に，$a_n \to \alpha$，$|a_n| < M$ のとき，$|\alpha| \leqq M$ となることを示す．

$|\alpha| > M$ と仮定すると㋐，$|\alpha| > K > M$ となる数 K が存在する．

$$\therefore\ 0 < K - M < |\alpha| - M < |\alpha| - |a_n| < |a_n - \alpha| \text{ ㋑}$$

これは，$a_n \to \alpha$ に矛盾．よって，$|\alpha| \leqq M$．

《注意》㋐ 背理法

㋑ 三角不等式 $|\alpha - a_n|^2 - \{|\alpha| - |a_n|\}^2 = 2\{|\alpha||a_n| - \alpha a_n\} \geqq 0$ より．

❷ 極限値の性質

極限の四則として次の性質が成り立つ．

$\{a_n\}, \{b_n\}$ が収束するとき，

(1) $\lim_{n\to\infty}(a_n + b_n) = \lim_{n\to\infty} a_n + \lim_{n\to\infty} b_n$

(2) $\lim_{n\to\infty}(a_n - b_n) = \lim_{n\to\infty} a_n - \lim_{n\to\infty} b_n$

(3) $\lim_{n\to\infty}(a_n b_n) = (\lim_{n\to\infty} a_n)(\lim_{n\to\infty} b_n)$

(4) $\lim_{n\to\infty}\frac{a_n}{b_n} = \frac{\lim_{n\to\infty} a_n}{\lim_{n\to\infty} b_n}$ $\left(\begin{array}{c}\text{ただし，} b_n \neq 0 \\ \lim_{n\to\infty} b_n \neq 0\end{array}\right)$

(証明)参考書[1]高木貞治『解析概論』，p.7 参照

❸ 無限等比数列 $\{r^n\}$ の極限

高校数学の極限で最も重要なテーマである．r を実数の定数とする．

$$\lim_{n\to\infty} r^n = \begin{cases} \infty & (r > 1) \\ 1 & (r = 1) \\ 0 & (-1 < r < 1) \end{cases}$$

$r \leqq -1$ のときは発散（振動）

したがって，

「無限等比数列 $\{r^n\}$ が収束」$\Leftrightarrow$ $-1 < r \leqq 1$

❹ 不等式と極限（問題 2-1，2，3）

数列 $\{a_n\}$ において，

$$a_1 \leqq a_2 \leqq a_3 \leqq \cdots \leqq a_n \leqq \cdots$$

のとき，$\{a_n\}$ を**増加数列**といい，

$$a_1 \geqq a_2 \geqq a_3 \geqq \cdots \geqq a_n \geqq \cdots$$

のとき，$\{a_n\}$ を**減少数列**という．両方をあわせて**単調数列**という．また，$|a_n| < M$（M：定数）である数列 $\{a_n\}$ を**有界数列**という．

$a_1 \leqq a_2 \leqq a_3 \leqq \cdots \leqq a_n \leqq \cdots < M$ ならば，$\{a_n\}$ は収束する．

すなわち，

定理 3　有界な単調数列は収束する．

次に極限値の大小関係について，次のことが成り立つ．

(1)　2つの数列 $\{a_n\}, \{b_n\}$ について

$$a_n \leqq b_n \quad (n = 1, 2, 3, \cdots)$$

かつ $\{a_n\}, \{b_n\}$ がともに収束するならば

$$\lim_{n\to\infty} a_n \leqq \lim_{n\to\infty} b_n$$

(2)　**はさみうちの原理**

3つの数列 $\{a_n\}, \{b_n\}, \{c_n\}$ について

$a_n \leqq b_n \leqq c_n \quad (n = 1, 2, 3, \cdots)$ が成立していて，

かつ $\displaystyle\lim_{n\to\infty} a_n = \lim_{n\to\infty} c_n = \alpha$（収束）ならば $\{b_n\}$ も収束して

$$\lim_{n\to\infty} b_n = \alpha$$

高校数学で，

$$\lim_{n\to\infty}\left(1 + \frac{1}{n}\right)^n = e \quad (e = 2.71828\cdots)$$

は成り立つとして証明せずに結果を用いてきた．

これをきちんと証明しておこう（**問題** 2-3，p. 26）．

2　無限級数の収束と発散（問題 2-4，5）

❶ 無限級数，無限等比級数

無限数列 $\{a_n\}$ があり，

$$a_1 + a_2 + a_3 + \cdots + a_n + \cdots$$

を考え，これを**無限級数**，または**級数**といい，$\displaystyle\sum_{n=1}^{\infty} a_n$ とかく．

無限級数 $\displaystyle\sum_{n=1}^{\infty} a_n$ において，$S_n = a_1 + a_2 + a_3 + \cdots + a_n$ をこの級数の第 n 項までの**部分和**という．数列 $\{S_n\}$ が収束して，極限値 S，すなわち，$\displaystyle\lim_{n\to\infty} S_n = S$ であるとき，$\displaystyle\sum_{n=1}^{\infty} a_n$ は S に**収束する**といい，S をこの級数の**和**という．

$\{S_n\}$ が発散するとき，無限級数は**発散する**という．

無限等比級数 $\displaystyle\sum_{n=1}^{\infty} ar^{n-1}$ について

収束条件：$a = 0$ または $-1 < r < 1$

和　：$S = \begin{cases} 0 \\ \dfrac{a}{1-r} & (-1 < r < 1) \end{cases}$　（**問題** 2-4，p. 27）

❷ $\sum_{n=1}^{\infty} a_n$ と一般項 a_n の関係

$\sum_{n=1}^{\infty} a_n$ が収束 $\Longrightarrow \lim_{n\to\infty} a_n = 0$

（解説）

部分和 S_n をとると $\lim_{n\to\infty} S_n = S$ とおけば $\lim_{n\to\infty} S_{n-1} = S$ である．また，一般的に $a_n = S_n - S_{n-1}$ $(n \geqq 2)$ であるから

$$\lim_{n\to\infty} a_n = \lim_{n\to\infty} S_n - \lim_{n\to\infty} S_{n-1} = S - S = 0.$$

上の結果の対偶命題は

$\lim_{n\to\infty} a_n \neq 0 \Longrightarrow \sum_{n=1}^{\infty} a_n$ は発散する

《注意》$\lim_{n\to\infty} a_n = 0$ であっても $\sum_{n=1}^{\infty} a_n$ が発散する例がある（問題 2-4(1)，p. 27）.

3 べき級数（問題 2-6, 7, 8）

無限級数の各項の絶対値をとった絶対値級数が収束すれば，もとの無限級数は当然収束する．これを**絶対収束**といい，無限級数が収束して，その絶対値級数が収束しないものを**条件収束**という．

一般に $\sum_{k=0}^{\infty} a_k(x - x_0)^k$ の形の級数を**べき級数**という．便宜上 $x - x_0$ を x と書く．これに関して，次の**アーベルの定理**がある．

定理 4 アーベルの定理

べき級数 $\sum_{i=0}^{\infty} a_i x^i$ が $x = x_0$ で収束すれば，$|x| < |x_0|$ であるすべての x について絶対収束する．

証明（問題 2-8，p. 31）

上記定理の対偶により，もしべき級数が x のある値に対して発散すれば，絶対値においてそれよりも大なる x に対して発散する．

よって，**このべき級数を収束させる $|x|$ の値に上限**がある．それを r とすれば，べき級数は x が原点を中心とする半径 r の円内にある（$|x| < r$）とき収束し，x がその円の外にある（$|x| > r$）とき発散する．

この円をべき級数の**収束円**といい，その半径 r を**収束半径**という．

《注意》［べき級数が任意の x に対して収束すれば，$r = \infty$ とし $x = 0$ 以外の値について発散すれば $r = 0$ と表すことにする．］

収束半径 r を求めるのに次の**コーシー・アダマールの定理**がある．

定理 5　**コーシー・アダマールの定理**

べき級数 $\sum_{i=0}^{\infty} a_i x^i$ の収束半径 r は次の値を有する：

$$\frac{1}{r} = \overline{\lim_{n\to\infty}} \sqrt[n]{|a_n|}$$

（証明略）

《注意 1》 $\overline{\lim_{n\to\infty}}$ は上極限を意味する．一般に任意の数列 $\{a_n\}$ に関して $\overline{\lim_{n\to\infty}} a_n$，$\underline{\lim_{n\to\infty}} a_n$ を $\{a_n\}$ の上極限，下極限という．これらが一致するときに限って $\lim_{n\to\infty} a_n$ が存在する．

例 1　$a_n = (-1)^n + \dfrac{1}{n}$ のとき，$\lim_{n\to\infty} a_n$ は存在しない．$\overline{\lim_{n\to\infty}} a_n = 1$，$\underline{\lim_{n\to\infty}} a_n = -1$．

詳しくは［1］高木貞治『解析概論』p. 12, 13 参照．

《注意 2》 $\lim_{n\to\infty} \dfrac{|a_{n+1}|}{|a_n|} = \lambda$ が存在するときは，$r = \dfrac{1}{\lambda}$（$\lambda = 0$ ならば $r = \infty$，$\lambda = \infty$ ならば $r = 0$）．この判定法（ダランベールの判定法）は応用上しばしば便利である（問題 2-7，p. 30）．

無限級数の収束性を判定する方法に次のようなものがある．

〔1〕**比較判定法**

正項級数（各項が正の級数）$\sum a_n$，$\sum b_n$ は

i）$\sum b_n$ が収束してすべての n について $a_n \leqq b_n$ なら $\sum a_n$ も収束する．

ii）$\sum b_n$ が発散してすべての n について $a_n \geqq b_n$ なら $\sum a_n$ も発散する．

〔2〕**コーシー・アダマールの判定法**　（定理 5）

〔3〕**ダランベールの判定法**

$\lim_{n\to\infty} \left| \dfrac{a_{n+1}}{a_n} \right| = \lambda$　とおくとき，

i）$\lambda < 1$　ならば収束．　（問題 2-6，p. 29）

ii）$\lambda > 1$　ならば発散．　（練習問題 **2-6**，p. 29）

iii）$\lambda = 1$　ならば不明．

〔4〕**ライプニッツの定理**

交項級数 $\sum (-1)^{n-1} a_n$ $(a_n > 0)$ は，

$a_1 \geqq a_2 \geqq a_3 \geqq \cdots \geqq a_n \cdots > 0$ かつ $a_n \to 0$ $(n \to \infty)$

ならば収束する．

問題 2-1 ▼数列の極限と ε-N 論法

数列 $\{a_n\}$ が $a_n = \dfrac{3n^2+2}{2n^2+1}$ $(n = 1, 2, 3, \cdots)$ で与えられているとき，

$$\underbrace{\lim_{n\to\infty} a_n = \frac{3}{2}}_{㋐}$$

となることを ε-N 論法で示せ．

●考え方●

正の数 ε をどんなに小さくしても，ある自然数 N が存在して，$n \geqq N$ のとき，$\left| a_n - \dfrac{3}{2} \right| < \varepsilon$ が成り立つことを示せばよい．

解答

$\left| a_n - \dfrac{3}{2} \right| < \varepsilon$ に $a_n = \dfrac{3n^2+2}{2n^2+1}$ を代入して，

$$\left| \frac{3n^2+2}{2n^2+1} - \frac{3}{2} \right| = \left| \frac{1}{2(2n^2+1)} \right| < \varepsilon$$

$$\Leftrightarrow \frac{1}{2(2n^2+1)} < \varepsilon$$

$$\Leftrightarrow \frac{1}{2\varepsilon} < 2n^2 + 1$$

$$\Leftrightarrow \underbrace{\frac{1}{4\varepsilon} - 1}_{㋑} < \frac{1}{4\varepsilon} - \frac{1}{2} < n^2$$

$$\sqrt{\frac{1}{4\varepsilon} - 1} < n \quad \underbrace{\left(0 < \varepsilon < \frac{1}{4}\right)}_{㋑}$$

よって，$\frac{1}{4}$ より小さい正の数 ε がどんなに小さくなっても（㋒），自然数 N を $\sqrt{\dfrac{1}{4\varepsilon} - 1} < N$ となるようにとると，$n \geqq N$ となる自然数 n で，$\left| a_n - \dfrac{3}{2} \right| < \varepsilon$ となる．

$$\therefore \lim_{n\to\infty} a_n = \frac{3}{2} \quad ■$$

ポイント

㋐ 高校数学では，

$$\lim_{n\to\infty} a_n = \lim_{n\to\infty} \frac{3n^2+2}{2n^2+1} = \lim_{n\to\infty} \frac{3 + \frac{2}{n^2}}{2 + \frac{1}{n^2}} = \frac{3}{2}$$

$$\therefore \lim_{n\to\infty} a_n = \frac{3}{2}$$

と求めた．

㋑ $0 < \dfrac{1}{4\varepsilon} - 1$ のとき，

$0 < \dfrac{1}{4\varepsilon}$，$\varepsilon < \dfrac{1}{4}$

$\therefore 0 < \varepsilon < \dfrac{1}{4}$

㋒ $0 < \varepsilon < \dfrac{1}{4}$ で ε は，限りなく小さくなる数であるから，$\varepsilon < \dfrac{1}{4}$ の条件がついていても影響はない．

練習問題 2-1 解答 p. 209

数列 $\{a_n\}$ が $a_n = \dfrac{2n^2+1}{n^2+1}$ $(n = 1, 2, 3, \cdots)$ で与えられているとき，

$$\lim_{n\to\infty} a_n = 2$$

となることを ε-N 論法で記せ．

問題 2-2 ▼よく利用される極限公式の証明

$a>0$ のとき，$\lim_{n\to\infty}\sqrt[n]{a}=1$ となることを示せ．

●考え方●

$a>1$，$a=1$，$0<a<1$ の場合に分けて考えよ．

$a>1$ のとき，$\sqrt[n]{a}=1+h_n\ (h_n>0)$ と表し，二項定理を活用してみよ．

解答

(i) $a>1$ のとき，$\sqrt[n]{a}>1$ であるから，$\sqrt[n]{a}=1+h_n$ ㋐ とおくと，

$a=(1+h_n)^n$ に二項定理を用いて，

$$a=(1+h_n)^n$$
$$=1+nh_n+\frac{n(n-1)}{2!}h_n^2+\cdots+h_n^n>nh_n \text{ ㋑}$$

$a>nh_n$ から，$0<h_n<\dfrac{a}{n}$ ㋒

$n\to\infty$ で右辺 $\to 0$ となるから，はさみうちの原理より

$$\lim_{n\to\infty}h_n=0$$
$$\therefore\ \lim_{n\to\infty}\sqrt[n]{a}=\lim_{n\to\infty}(1+h_n)=1$$

(ii) $a=1$ のとき，$\sqrt[n]{a}=1$

$$\therefore\ \lim_{n\to\infty}\sqrt[n]{a}=1$$

(iii) $0<a<1$ のとき，$\dfrac{1}{a}>1$. ㋓

$$\sqrt[n]{a}=\frac{1}{\sqrt[n]{\frac{1}{a}}}\text{ ㋓}\quad \text{(i)より，}\ \lim_{n\to\infty}\sqrt[n]{a}=\lim_{n\to\infty}\frac{1}{\sqrt[n]{\frac{1}{a}}}\text{ ㋔}=1$$

以上(i)，(ii)，(iii)より，

$a>0$ のとき，$\lim_{n\to\infty}\sqrt[n]{a}=1$ ■

ポイント

㋐ $\sqrt[n]{a}$ を $1+$(増分)の形で表し，二項定理活用に持ち込む．

㋑ nh_n の項のみを残し，他の項を取る．

㋒ h_n を評価する．ここが，ポイント．

㋓ $\dfrac{1}{a}>1$ を利用すれば(i)が活用できる．

㋔ (i)より

$$\lim_{n\to\infty}\sqrt[n]{\frac{1}{a}}=1$$
$$\therefore\ \lim_{n\to\infty}\frac{1}{\sqrt[n]{\frac{1}{a}}}=1$$

練習問題 2-2

解答 p. 210

(1) $\lim_{n\to\infty}\sqrt[n]{n}=1$ を示せ．

(2) $a>0$ とき，$\lim_{n\to\infty}\dfrac{a^n}{n!}=0$ を示せ．

問題 2-[3] ▼*e*の定義

$a_n=\left(1+\frac{1}{n}\right)^n$ であるとき，$\{a_n\}$ は収束することを示せ．

●考え方●

・a_n を二項定理を用いて展開．$a_n<a_{n+1}$ を示し，$\{a_n\}$ が単調増加数列であることを示せ．

・$3!>2^2$，$4!>2^3$，…，$n!>2^{n-1}$ から a_n を等比数列の和で評価．

解答

$a_n=\left(1+\frac{1}{n}\right)^n$ ㋐ に二項定理を用いて，

$$a_n=1+\frac{n}{1!}\frac{1}{n}+\frac{n(n-1)}{2!}\frac{1}{n^2}+\frac{n(n-1)(n-2)}{3!}\frac{1}{n^3}$$

$$+\cdots+\frac{n(n-1)(n-2)\cdots(n-(n-1))}{n!}\cdot\frac{1}{n^n}$$

$$=1+1+\frac{1-\frac{1}{n}}{2!}+\frac{\left(1-\frac{1}{n}\right)\left(1-\frac{2}{n}\right)}{3!}+\cdots$$

$$+\frac{\left(1-\frac{1}{n}\right)\left(1-\frac{2}{n}\right)\cdots\left(1-\frac{n-1}{n}\right)}{n!}\quad\cdots(*)$$

n の代りに $n+1$ を取れば，右辺において各項が増大して，㋑ かつ項数が増すから，$a_n<a_{n+1}$ ㋑ が成り立ち，$\{a_n\}$ は単調増加数列．

一方，$3!>2^2$，$4!>2^3$，…，$n!>2^{n-1}$ から

$\frac{1}{3!}<\frac{1}{2^2}$，$\frac{1}{4!}<\frac{1}{2^3}$，…，$\frac{1}{n!}<\frac{1}{2^{n-1}}$ を用いると，

$$a_n<1+1+\frac{1}{2!}+\frac{1}{3!}+\cdots+\frac{1}{n!}<\text{㋒}$$

$$1+1+\frac{1}{2}+\frac{1}{2^2}+\cdots+\frac{1}{2^{n-1}}<3 \text{㋓}\quad\therefore\ a_n<3$$

すなわち，$\{a_n\}$ は，単調に増大して，かつ有界 ㋔ であるから，収束する．■

上の結果から，$2<a_n<3$ となる極限値を e なる数と定義する．e はネピヤの定数とよばれ，近似値は，$e=2.718281828459045\cdots$

ポイント

㋐ 一般に二項定理は，
$(a+b)={}_nC_0a^n+{}_nC_1a^{n-1}b+\cdots+{}_nC_nb^n$

㋑ n と $n+1$ の各項を比較

$$\frac{1-\frac{1}{n}}{2!}<\frac{1-\frac{1}{n+1}}{2!}$$
$$\frac{\left(1-\frac{1}{n}\right)\left(1-\frac{2}{n}\right)}{3!}<\frac{\left(1-\frac{1}{n+1}\right)\left(1-\frac{2}{n+1}\right)}{3!}$$
$$\vdots$$

と比較して，$a_n<a_{n+1}$

㋒ (*)から

$$\frac{1-\frac{1}{n}}{2!}<\frac{1}{2!}$$
$$\frac{\left(1-\frac{1}{n}\right)\left(1-\frac{2}{n}\right)}{3!}<\frac{1}{3!}$$
$$\vdots$$
$$\frac{\left(1-\frac{1}{n}\right)\left(1-\frac{2}{n}\right)\cdots\left(1-\frac{n-1}{n}\right)}{n!}<\frac{1}{n!}$$

㋓ $1+1+\frac{1}{2}+\frac{1}{2^2}+\cdots+\frac{1}{2^{n-1}}$
$=1+\frac{1-(1/2)^n}{1-1/2}<3$

㋔ 定理3. による．

練習問題 2-3 解答 p. 210

問題 2-[3]より得られた $\lim_{n\to\infty}\left(1+\frac{1}{n}\right)^n=e$ を拡張し，$x>1$ となる実数 x で $\lim_{x\to\infty}\left(1+\frac{1}{x}\right)^x=e$ が成り立つことを示せ．

問題 2-4 ▼無限級数の収束・発散(1)

(1) $\displaystyle\sum_{n=1}^{\infty}\frac{1}{\sqrt{n}}$ は発散することを示せ.

(2) 無限級数 $\dfrac{1}{1^p}+\dfrac{1}{2^p}+\dfrac{1}{3^p}+\cdots+\dfrac{1}{n^p}+\cdots$

　はp > 1のとき収束することを示せ.

●考え方●

(1) $\dfrac{1}{\sqrt{k}} \geqq \dfrac{1}{\sqrt{n}}$ $(k=1, 2, \cdots, n)$ であることを利用する.

(2) $p>1$ のとき, $\underbrace{\dfrac{1}{2^p}+\dfrac{1}{3^p}}_{2個}<\dfrac{1}{2^p}+\dfrac{1}{2^p}=\dfrac{2}{2^p}=\dfrac{1}{2^{p-1}}$

$\underbrace{\dfrac{1}{4^p}+\dfrac{1}{5^p}+\dfrac{1}{6^p}+\dfrac{1}{7^p}}_{2^2個}<\dfrac{4}{4^p}=\left(\dfrac{1}{2^{p-1}}\right)^2$ と同じように, 2 個, 2^2 個, 2^3 個, …を

考え, 無限等比級数を用いて, 上から評価してみる.

解答

(1) 無限級数の部分和について, $\dfrac{1}{\sqrt{k}} \geqq \dfrac{1}{\sqrt{n}}$ $(k=1,$ $2, \cdots, n)$ から,

$\dfrac{1}{\sqrt{1}}+\dfrac{1}{\sqrt{2}}+\cdots+\dfrac{1}{\sqrt{n}} \geqq \dfrac{1}{\sqrt{n}}+\dfrac{1}{\sqrt{n}}+\cdots+\dfrac{1}{\sqrt{n}}$ ㋐

$=\dfrac{1}{\sqrt{n}}\cdot n=\sqrt{n}.$

$\displaystyle\lim_{n\to\infty}\sqrt{n}=\infty$ なので, $\displaystyle\sum_{n=1}^{\infty}\frac{1}{\sqrt{n}}$ は正の無限大に**発散**.

(2) $p>1$ のとき,

$\dfrac{1}{1^p}=1,\ \dfrac{1}{2^p}+\dfrac{1}{3^p}<\dfrac{2}{2^p}=\dfrac{1}{2^{p-1}},\ \dfrac{1}{4^p}+\dfrac{1}{5^p}+\dfrac{1}{6^p}+\dfrac{1}{7^p}<\dfrac{4}{4^p}=\left(\dfrac{1}{2^{p-1}}\right)^2\cdots,\ \dfrac{1}{(2^m)^p}+\dfrac{1}{(2^m+1)^p}+\cdots+\dfrac{1}{(2^{m+1}-1)^p}<\dfrac{2^m}{(2^m)^p}=\left(\dfrac{1}{2^{p-1}}\right)^m,\cdots$ ㋑

ゆえに, 任意の n に対して,

$S_n=\dfrac{1}{1^p}+\dfrac{1}{2^p}+\cdots+\dfrac{1}{n^p}<1+\left(\dfrac{1}{2^{p-1}}\right)+\left(\dfrac{1}{2^{p-1}}\right)^2+\cdots$ ㋒ $=\dfrac{2^{p-1}}{2^{p-1}-1}$ ㋓ (定数)

ゆえに $\{S_n\}$ は有界となり, また $\{S_n\}$ は単調増加であるから, 与えられた無限級数は収束する.

ポイント

㋐ $\dfrac{1}{\sqrt{k}}$ $(k=1, 2, \cdots, n)$ のすべての項を $\dfrac{1}{\sqrt{n}}$ で置き換える. 下から評価し, 発散を示す.

㋑ $\dfrac{1}{(2^m)^p}$ から 2^m 個の項をすべて $\dfrac{1}{(2^m)^p}$ で置く.

㋒ 初項 1, 公比 $\dfrac{1}{2^{p-1}}$ の無限等比級数. $p>1$ より $0<\dfrac{1}{2^{p-1}}<1$ で収束する.

㋓ $\dfrac{1}{1-\dfrac{1}{2^{p-1}}}=\dfrac{2^{p-1}}{2^{p-1}-1}$

練習問題　2-4

解答 p. 211

$\displaystyle\sum_{n=1}^{\infty}\frac{1}{n}$ の収束・発散を調べよ.

問題 2-5 ▼無限級数の収束・発散(2)

次に定められる数列 $\{a_n\}$ は収束することを示せ.

(1) $a_n = 1 + \dfrac{1}{2!} + \dfrac{1}{4!} + \cdots + \dfrac{1}{(2n-2)!}$

(2) $a_n = 1 + \dfrac{1}{1!} + \dfrac{1}{2!} + \cdots + \dfrac{1}{n!} + \dfrac{1}{n!n}$

●考え方●

(1) 単調有界であることを示せ. $(2k)! \geqq 2^{2k-1}$ を用いて, 等比数列の和で評価せよ.

(2) 単調減少数列であること, すなわち, $a_{n+1} - a_n < 0$ が成り立つことを示せ.
$a_n > 0$ であるから下に有界である.

解答

(1) $a_{n+1} = \underbrace{1+\dfrac{1}{2!}+\dfrac{1}{4!}+\cdots+\dfrac{1}{(2n-2)!}}_{a_n}+\dfrac{1}{(2n)!}$

$= a_n + \dfrac{1}{(2n)!} > a_n \quad \therefore\ a_{n+1} > a_n$ ㋐

となるから, 数列 $\{a_n\}$ は単調増加数列.

$a_n = 1+\dfrac{1}{2!}+\dfrac{1}{4!}+\cdots+\dfrac{1}{(2n-2)!}$ ㋑

$\leqq 1+\dfrac{1}{2}+\dfrac{1}{2^3}+\cdots+\dfrac{1}{2^{2n-3}}$ ㋑

$1+\dfrac{1}{2}+\dfrac{1}{2^3}+\cdots+\dfrac{1}{2^{2n-3}}$ ㋒ $=1+\dfrac{\dfrac{1}{2}\left(1-\dfrac{1}{2^{2(n-1)}}\right)}{1-\left(\dfrac{1}{2}\right)^2}$

$=\dfrac{5}{3}-\dfrac{2}{3}\cdot\dfrac{1}{2^{2(n-1)}}<\dfrac{5}{3}$

ゆえに $\{a_n\}$ は上に有界. ㋓ $\{a_n\}$ は収束する.

(2) $a_{n+1}=1+\dfrac{1}{1!}+\dfrac{1}{2!}+\cdots+\dfrac{1}{n!}+\dfrac{1}{(n+1)!}+\dfrac{1}{(n+1)!(n+1)}$

$a_{n+1}-a_n=\dfrac{1}{(n+1)!}+\dfrac{1}{(n+1)!(n+1)}-\dfrac{1}{n!n}=\dfrac{n(n+1)+n-(n+1)^2}{(n+1)!n(n+1)}$

$=\dfrac{-1}{(n+1)!n(n+1)}<0 \quad \therefore\ a_{n+1}<a_n$ よって, $\{a_n\}$ は単調減少数列. ㋔

$a_n > 0$ であるから下に有界, ㋔ したがって $\{a_n\}$ は収束する.

ポイント

㋐ $a_{n+1} - a_n = \dfrac{1}{(2n)!} > 0$

㋑ $\dfrac{1}{2!} = \dfrac{1}{2}$, $\dfrac{1}{4!} < \dfrac{1}{2^3}$

$\dfrac{1}{6!} = \dfrac{1}{6\cdot5\cdot4\cdot3\cdot2} < \dfrac{1}{2^5}$

$\vdots$

$\dfrac{1}{(2n-2)!}$

$=\dfrac{1}{(2n-2)\cdot(2n-1)\cdots\cdot2}$

$< \dfrac{1}{2^{2n-3}}$

で置き換える.

㋒ 初項 $\dfrac{1}{2}$, 公比 $\dfrac{1}{2^2}$ の等比数列の和.

㋓ 定理 3. p. 20

㋔ $\{a_n\}$: 下に有界で, 減少数列であることより, $\{a_n\}$ は収束.

練習問題 2-5 解答 p. 211

数列 $\{a_n\}$ において, $a_n = \dfrac{1}{2!} + \dfrac{2!}{4!} + \cdots + \dfrac{n!}{(2n)!}$ であるとき, $\{a_n\}$ の収束, 発散を調べよ.

問題 2-6 ▼正項級数とダランベールの判定法

正項級数 $\sum_{n=1}^{\infty} a_n$ について，$\lim_{n\to\infty} \frac{a_{n+1}}{a_n} = \lambda$ のとき，$0 \leqq \lambda < 1$ ならば $\sum_{n=1}^{\infty} a_n$ は収束することを示せ．

●考え方●

ε-N 論法で示す．$0 \leqq \lambda < 1$ であればある正数 h が存在して，$\lambda < h < 1$，h と λ の差を $h - \lambda = \varepsilon$ とおく．$\lim_{n\to\infty} \frac{a_{n+1}}{a_n} = \lambda$ であるから正数 ε に対して，自然数 N が決まり $n \geqq N$ のとき，$\left|\frac{a_{n+1}}{a_n} - \lambda\right| < \varepsilon$ ㋐ が成り立つ．これを利用し，$\frac{a_{n+1}}{a_n} < h$ を導き，利用する．

解答

$0 \leqq \lambda < 1$ であればある正数 h が存在して，$\lambda < h < 1$．
そこで，$\lim_{n\to\infty} \frac{a_{n+1}}{a_n} = \lambda$ であるから，$h - \lambda = \varepsilon$ とおくとき，正数 ε に対して，自然数 N が決まり，
$n \geqq N$ なるとき，$\left|\frac{a_{n+1}}{a_n} - \lambda\right| < \varepsilon$

$$\Leftrightarrow -\varepsilon < \frac{a_{n+1}}{a_n} - \lambda < \varepsilon$$

$$\Leftrightarrow \lambda - \varepsilon < \frac{a_{n+1}}{a_n} < \lambda + \varepsilon = \lambda + (h - \lambda) = h \quad ㋑$$

$$\therefore \frac{a_{n+1}}{a_n} < h, \quad a_{n+1} < ha_n$$

$n \geqq N$ なる n で成り立つことから，
よって，

$$\begin{aligned} a_{N+1} &< ha_N \\ a_{N+2} &< ha_{N+1} < h^2 a_N \\ a_{N+3} &< ha_{N+2} < h^3 a_N \\ &\vdots \\ a_{N+m} &< h^m a_N \end{aligned}$$

$m = 0$ も含め，$a_{N+m} \leqq h^m a_N \quad (m = 0, 1, 2, 3, \cdots)$

よって，$\sum_{m=0}^{\infty} a_{N+m} \leqq a_N \sum_{m=0}^{\infty} h^m$ ㋒ $= a_N \cdot \frac{1}{1-h} \quad (0 < h < 1)$

$$\therefore a_N + a_{N+1} + a_{N+2} + \cdots \leqq \frac{a_N}{1-h} \quad \boxed{\text{正の定数}}$$ ㋓

両式の両辺に有限の数列の和 $a_1 + a_2 + \cdots + a_{N-1}$ を加えてもこの無限級数は収束する．$\therefore$ $0 \leqq \lambda < 1$ のとき，正項級数 $\sum_{n=1}^{\infty} a_n$ は収束する．

ポイント

㋐ $\lim_{n\to\infty} \frac{a_{n+1}}{a_n} = \lambda$ からある N 以上の n で $\frac{a_{n+1}}{a_n}$ と λ の差がいくらでも小さくなるような数 ε を選ぶことができる．

㋑ この部分だけ変形する．$0 < h < 1$ となる h で表すことが目的．こうなるために $h - \lambda = \varepsilon$ を選んでいる．

㋒ a_N は定数．$\sum_{m=0}^{\infty} h^m$ は，$0 < h < 1$ である無限等比級数に持ち込む．

㋓ 左辺の無限正項級数は収束する．

練習問題　2-6　　解答 p. 211

問題 2-6 で $1 < \lambda$ のとき，$\sum_{n=1}^{\infty} a_n$ は発散することを示せ．

問題 2-7 ▼ダランベールの判定法

(1) べき級数

$$1 + x + 2!x^2 + 3!x^3 + \cdots$$ の収束・発散を判定せよ.

(2) 正項級数

$$1 + \frac{2!}{1\cdot3} + \frac{3!}{1\cdot3\cdot5} + \cdots + \frac{n!}{1\cdot3\cdot5\cdot\cdots\cdot(2n-1)}\cdots$$

の収束・発散を判定せよ.

●考え方●

ダランベールの判定法を活用してみよ.

$\left|\dfrac{a_{n+1}}{a_n}\right|$ を求めてみよ.

解答

(1) $\displaystyle\sum_{n=1}^{\infty}(n-1)!\,x^{n-1}$,

$a_n = (n-1)!\,x^{n-1}$ と置くと，ダランベールの判定法を用いると，

$$\left|\frac{a_{n+1}}{a_n}\right| = \left|\frac{n!x^n}{(n-1)!x^{n-1}}\right| = |nx|$$ ㋐

$\displaystyle\lim_{n\to\infty}\left|\frac{a_{n+1}}{a_n}\right| = \lim_{n\to\infty}|nx|$ $x \neq 0$ のとき発散,㋑ $x = 0$ のとき1に収束.

$$\begin{cases} x \neq 0 \text{ のとき，} & \text{発散.} \\ x = 0 \text{ のとき，} & \text{1に収束する.} \end{cases}$$ ㋒ 答

(2) 正項級数㋓ $\displaystyle\sum_{n=1}^{\infty}\frac{n!}{1\cdot3\cdot5\cdot\cdots\cdot(2n-1)}$ で,

$a_n = \dfrac{n!}{1\cdot3\cdot5\cdot\cdots\cdot(2n-1)}$ と置くと,

$$\frac{a_{n+1}}{a_n} = \frac{\dfrac{(n+1)!}{1\cdot3\cdot5\cdot\cdots\cdot(2n-1)\cdot(2n+1)}}{\dfrac{n!}{1\cdot3\cdot5\cdot\cdots\cdot(2n-1)}} = \frac{n+1}{2n+1}$$

$$\lim_{n\to\infty}\frac{a_{n+1}}{a_n} = \lim_{n\to\infty}\frac{n+1}{2n+1} = \lim_{n\to\infty}\frac{1+\dfrac{1}{n}}{2+\dfrac{1}{n}} = \frac{1}{2}\,(=\lambda)$$

$0 < \lambda < 1$ より，ダランベールの判定法より，収束する. 答

ポイント

㋐ a_n と a_{n+1} の比率を調べる.

㋑ $\displaystyle\lim_{n\to\infty}\left|\frac{a_{n+1}}{a_n}\right| = \lambda > 1$ より発散.

㋒ $x = 0$ 以外の x で発散することから，収束半径は，$r = 0$.

㋓ 正項級数 $\displaystyle\sum_{n=1}^{\infty}a_n$ の収束・発散は，

$\displaystyle\lim_{n\to\infty}\frac{a_{n+1}}{a_n} = \lambda$ を求めて，

$0 \leqq \lambda < 1$ のとき，収束.
$1 < \lambda$ のとき，発散.
と判定できる.

練習問題 2-7 解答 p. 212

べき級数 $1\cdot2 + 2\cdot3x + 3\cdot4x^2 + \cdots + n(n+1)x^{n-1} + \cdots$ の収束半径を求めよ.

問題 2-8 ▼アーベルの定理の証明

べき級数 $\sum_{i=0}^{\infty} a_i x^i$ が $x = x_0$ で収束すれば，$|x| < |x_0|$ であるすべての x について絶対収束することを示せ．

●考え方●

$\sum_{i=0}^{\infty} a_i x^i$ は $x = x_0$ で収束するから $\lim_{i\to\infty} a_i x_0^i = 0$．よって，$a_i x_0^i$ は有界で $|a_i x_0^i| < M$ (M：定数) $|a_i x^i| = \left| a_i x_0^i \left(\frac{x}{x_0} \right)^i \right|$ と変形して，上のことを活用してみる．

解答

（証明）

$\sum_{i=0}^{\infty} a_i x^i$ は $x = x_0$ で収束するから $a_i x_0^i$ は有界で M を任意の正数とするとき，十分大なる i に関して，$|a_i x_0^i| < M$ ㋐ (M：定数) が成り立つ．

ここで，$a_i x^i = a_i x_0^i \cdot \left(\frac{x}{x_0} \right)^i$ と変形すると，

$$|a_i x^i| = \left| a_i x_0^i \left(\frac{x}{x_0} \right)^i \right| = \underbrace{|a_i x_0^i|}_{㋑} \left| \frac{x}{x_0} \right|^i < \underbrace{M}_{㋒} \left| \frac{x}{x_0} \right|^i$$

$$\therefore \ |a_i x^i| < M \left| \frac{x}{x_0} \right|^i$$

$r = \frac{x}{x_0}$ とおき，$i = 0, 1, 2, 3, \cdots$ を代入し，辺々をたすと，

$$\sum_{i=0}^{\infty} |a_i x^i| < M \underbrace{\sum_{i=0}^{\infty} |r|^i}_{㋓}$$

$|r| < 1$ ㋔，$\left| \frac{x}{x_0} \right| < 1$ すなわち，$|x| < |x_0|$ のとき，$M \sum_{i=0}^{\infty} |r|^i$ は収束する．

ゆえに，$\sum_{i=0}^{\infty} |a_i x^i|$ は収束となり，$\sum_{i=0}^{\infty} a_i x^i$ は絶対収束する．　■

ポイント

㋐ 定理 2（p. 19）による．
㋑ ㋐を活用したいための変形．
㋒ ㋐の適用．
㋓ 初項 1，公比 $|r|$ の無限等比級数．
㋔ $|r| < 1$ のとき，㋓は収束する．

練習問題　2-8

解答 p. 212

〔1〕次のべき級数の収束半径および収束域を求めよ．

(1) $\sum_{n=0}^{\infty} \frac{x^n}{n!}$　　(2) $\sum_{n=1}^{\infty} n!\, x^n$

〔2〕級数 $1 - \frac{1}{2} + \frac{1}{3} - \cdots + (-1)^{n-1} \frac{1}{n} + \cdots$

が絶対収束するかまたは条件収束するか判定せよ．

コラム２ ◆解析の秘密はその記法にある——ライプニッツ式記号

近世数学をギリシャ数学から区別する特徴の１つとして，解析的，記号的であることがあげられる．

今日，微積分で使われている記号のほとんどは，ライプニッツが考えた記号である．ライプニッツはその優れた直観によって，新しい記号を駆使し，無限小の数学として微積分学を組織した．現在広く全世界で使用されている**ライプニッツ式記号**は 1675 年の彼の原稿の中に現れている．

例えば，x の微分，すなわち無限に小さい x 座標の差を dx，また積分を $\int ydx$ で表し，「“d” は差であり，“$\int$” は和である」と説明している．y の n 回導関数を $\frac{d^n y}{dx^n}$ の記号を用いて表している．

ライプニッツの記号は**ベルヌーイ一族**によって用いられ，広くヨーロッパに流布した．

ライプニッツは「記号法」について，友人への手紙の中で次のように語っている．

「解析学の秘密の一部は記号法に，すなわち記号をうまく使用する術にある」

また，別の友人への手紙の中で，

「記号の利用によって不思議なほどに思考労作は節約される．これにより私はしばしば困難な問題を解くことができた」

とも述べている．

“解析の秘密はその記法にある” というライプニッツの言葉は，実は数学全般に通じるものである．

Chapter 3

微分 I

関数の極限，連続および微分の定義を復習し，新しく，
逆三角関数，双曲線関数，逆双曲線関数
の微分を学ぶ.

基本事項

1 関数の極限（問題 3-[1], [2]）

❶ 関数の極限

$f(x)$ を x の関数，a, α を実数の定数とする．

x が a と異なる値をとりながら a に限りなく近づくとき，$f(x)$ が α に限りなく近づくことを

$$\lim_{x \to a} f(x) = \alpha \quad \text{または} \quad f(x) \to \alpha \ (x \to a)$$

と表す．

このとき，$f(x)$ は α に**収束**するといい，また α をその**極限値**という．

上の定義は厳密には次のように述べられる（[ε-δ 論法]（注）数列の [ε-N 論法] と同じ考え方）．

ε-δ 論法

任意の小さな正の数 ε に対して，適当に正の数 δ が定められて，$0 < |x - a| < \delta$ を満たすすべての x の値に対して $|f(x) - \alpha| < \varepsilon$ が成り立つとき，x が a に近づくときの関数 $f(x)$ の極限値は α であるという．

《注意》 このとき，$f(x)$ は α に限りなく近づくというだけでよい．極限値 α に到達するか問わない．

関数の極限値については，数列の極限（p. 20，p. 21）の場合と同様に，次の等式が成り立つ．

$$\lim_{x \to a} f(x) = \alpha, \quad \lim_{x \to a} g(x) = \beta \quad \text{ならば}$$

(1) $\lim_{x \to a} cf(x) = c\alpha$ （c：定数）

(2) $\lim_{x \to a} \{f(x) \pm g(x)\} = \alpha \pm \beta$ （複号同順）

(3) $\lim_{x \to a} f(x)g(x) = \alpha\beta$

(4) $\lim_{x \to a} \dfrac{f(x)}{g(x)} = \dfrac{\alpha}{\beta}$ （$g(x) \neq 0$，$\beta \neq 0$）

(5) $\alpha = \beta$ かつ $f(x) < h(x) < g(x)$ のとき，

$\lim_{x \to a} h(x) = \alpha$ （はさみうちの原理）

例 1

$\displaystyle\lim_{x\to1}\frac{2(x^2+x-2)}{x-1}$ は，高校数学でも取り扱った問題で，

$\displaystyle\lim_{x\to1}\frac{2(x^2+x-2)}{x-1}=\lim_{x\to1}\frac{2(x-1)(x+2)}{(x-1)}=\lim_{x\to1}2(x+2)=6$ となる．

これを厳密に ε-δ 論法 で示してみよ．

(∵) $^\forall\varepsilon>0$，$^\exists\delta>0$ に対して，

$$0<|x-1|<\delta\Rightarrow\left|\frac{2(x^2+x-2)}{x-1}-6\right|<\varepsilon\cdots ⊛$$

((注) $^\forall\varepsilon$ は任意の正の数 ε を意味する．)

を示す．

$$\left|\frac{2(x^2+x-2)}{x-1}-6\right|=\left|\frac{2(x^2-2x+1)}{x-1}\right|=\left|\frac{2(x-1)^2}{x-1}\right|=2|x-1|$$

$2|x-1|<\varepsilon$ となる ε は $|x-1|<\dfrac{\varepsilon}{2}$ となり，$|x-1|<\delta$ からどんなに小さな数 ε が与えられても，$\delta<\dfrac{\varepsilon}{2}$ となる δ は存在し，⊛は成り立つ．

$\displaystyle\therefore\ \lim_{x\to1}\frac{2(x^2+x-2)}{x-1}=6$ ■

Memo 関数の極限の計算は，高校数学で習った方法で十分である．しかし，「厳密に示せ」とか，「ε-δ 論法を用いて示せ」とあった場合，上のように記述する必要がある．

❷ 右側極限，左側極限

関数の区間の端点や関数の値がジャンプするような点での極限を考えるため，「一方からの極限（片側極限）」を導入する．

• x が $x>a$ を満たしながら a に限りなく近づくとき，$f(x)$ が α に近づくことを

$$\lim_{x\to a+0}f(x)=\alpha\quad\text{または}\quad f(x)\to\alpha\ (x\to a+0)\ \text{と表す．}$$

└→ 正の方向，右側から近づくことを意味する．

このとき，$f(x)$ は「$x=a$ において，**右側極限** α をもつ」という．

• x が $x<a$ を満たしながら a に限りなく近づくとき，$f(x)$ が α に近づくことを

$$\lim_{x\to a-0}f(x)=\alpha\quad\text{または}\quad f(x)\to\alpha\ (x\to a-0)\ \text{と表す．}$$

このとき，$f(x)$ は「$x=a$ において，**左側極限** α をもつ」という．

右側極限，左側極限と極限値の関係は

$$\lim_{x\to a} f(x)=\alpha \iff \lim_{x\to a+0} f(x)=\lim_{x\to a-0} f(x)=\alpha$$

Memo 極限値 α が存在するとは，x が a に右，左のどちら側から近づいても同じ値に収束することを意味する．

したがって，$\lim_{x\to a+0} f(x)$，$\lim_{x\to a-0} f(x)$ がともに存在していても，

$\lim_{x\to a+0} f(x) \neq \lim_{x\to a-0} f(x)$ ならば $\lim_{x\to a} f(x)$ は存在しない．

例 2

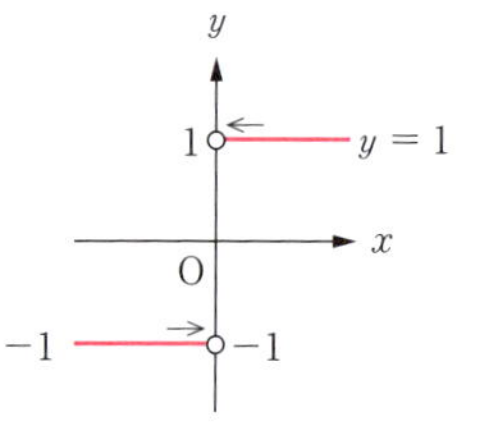

$f(x)=\dfrac{x}{|x|}$ のとき，$f(x)=\begin{cases} 1 & (x>0) \\ -1 & (x<0) \end{cases}$

であるから，$\lim_{x\to +0} f(x)=1$，$\lim_{x\to -0} f(x)=-1$.

よって，$\lim_{x\to 0} f(x)$ は存在しない．

❸ 重要な極限公式（高校数学）

高校数学で三角関数，指数関数，対数関数で使われる極限公式は，習っている．整理しておこう．

(1) 三角関数

(i) $\displaystyle\lim_{x\to 0}\frac{\sin x}{x}=1$ (ii) $\displaystyle\lim_{x\to 0}\frac{\tan x}{x}=1$

(iii) $\displaystyle\lim_{x\to 0}\frac{1-\cos x}{x^2}=\frac{1}{2}$

(2) 指数関数

(i) $\displaystyle\lim_{x\to 0}(1+x)^{\frac{1}{x}}=e$, $\displaystyle\lim_{x\to \pm\infty}\left(1+\frac{1}{x}\right)^x=e$ ←証明 p. 26．**練習問題 2-3**

(ii) $\displaystyle\lim_{x\to 0}\frac{e^x-1}{x}=1$ (iii) $\displaystyle\lim_{x\to 0}\frac{\log(1+x)}{x}=1$

《注意》1. 極限公式の証明は高校数学で確認してほしい．これらを使って，関数の極限を求める問題を練習しておきたい．p. 44．**問題** 3-[1]

《注意》2. 逆三角関数，双曲線関数の極限は，大学数学の重要なテーマの1つである．p. 45 **問題** 3-[2]

2　関数の連続（問題 3-[3], [4], [5]）

❶ 関数の連続性

関数 $f(x)$ とその定義域に属する x の値に対して，$\lim_{x \to a} f(x)$ が存在して，その値が $f(a)$ に等しいとき，$f(x)$ は $x=a$ で**連続**であるという．

すなわち，

$$f(x) \text{ が } x=a \text{ で連続} \iff \lim_{x \to a} f(x) = f(a) \quad \cdots ⊛$$

⊛ は次の三つの条件（ i ）～（iii）がすべて成り立つことと同値である．したがって，そのどの一つを欠いても連続でなくなる．

（ i ）$\lim_{x \to a} f(x)$ が存在する．
（ ii ）$f(a)$ が存在する（$f(a)$：有限の確定値）．
（iii）$\lim_{x \to a} f(x)$ と $f(a)$ が等しい．

条件⊛が満たされないとき，関数 $f(x)$ は $x=a$ で**不連続**であるという．関数 $f(x)$ がある区間のすべての点で連続のとき，$f(x)$ は**この区間で連続**である．または，$f(x)$ はこの区間で**連続関数**であるという．

例3

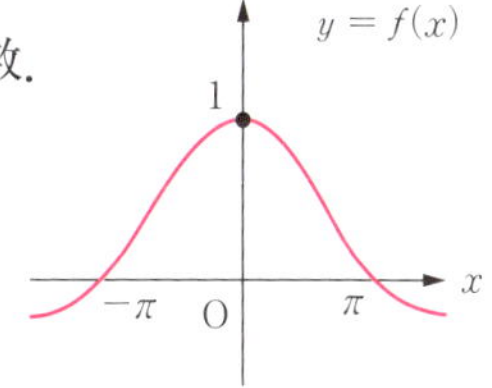

・x^2，$\sin x$，$\cos x$，2^x などは x の任意の区間で連続関数．
・$\log_2 x$ は区間 $x>0$ で連続関数．

例4　$f(x) = \begin{cases} \dfrac{\sin x}{x} & (x \neq 0) \\ 1 & (x = 0) \end{cases}$

は，$\lim_{x \to 0} \dfrac{\sin x}{x} = 1$，$f(0)=1$ であるから，$\lim_{x \to 0} f(x) = f(0)$ となり，$f(x)$ は $x=0$ で連続である．

例5　$f(x)=[x]$（[ ]はガウス記号）は m が整数のとき $\lim_{x \to m-0} [x] = m-1$，$\lim_{x \to m+0} [x] = m$ より，$\lim_{x \to m} [x]$ が存在しなく，$f(x)$ は $x=m$ で不連続である．

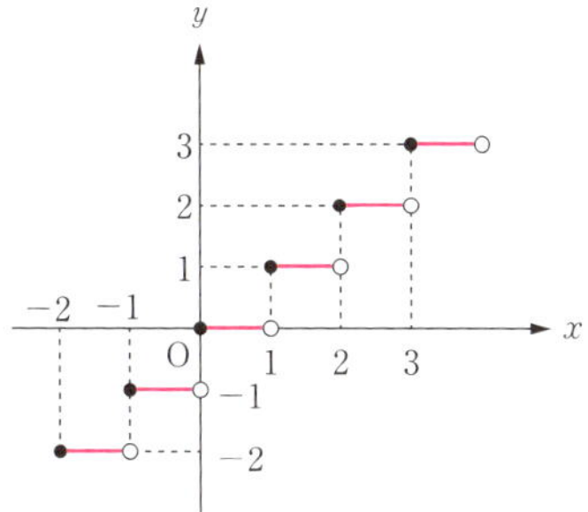

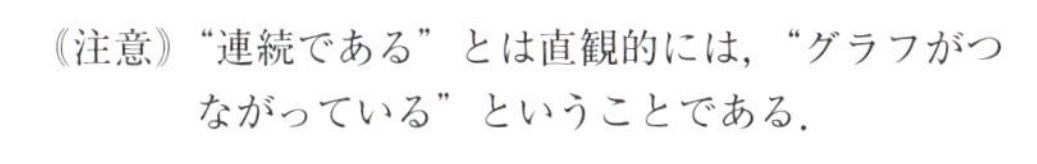
《注意》“連続である”とは直観的には，“グラフがつながっている”ということである．

❷ 連続性と四則および合成

一般に多項式関数，三角関数，指数関数，対数関数などの初等的な関数はすべて連続である．初等的な連続関数をいろいろと操作して新しい連続関数を構成する．操作として代表的なものが，次の連続性の四則（加減乗除）と合成関数である．

（i）**連続性と四則**

関数 $f(x)$，$g(x)$ が $x=a$ で連続であるとき，

$kf(x)$（k は定数），$f(x) \pm g(x)$，$f(x) \cdot g(x)$ は $x=a$ で連続．

$g(a) \neq 0$ のとき，$\dfrac{f(x)}{g(x)}$ も $x=a$ で連続．

（ii）**連続関数の合成**

関数 $f(x)$ が $x=a$ で連続で，関数 $g(x)$ も $x=f(a)$ で連続ならば，合成関数 $(g \circ f)(x)$ は $x=a$ で連続である．

《注意》これらの証明は連続性の定義（p. 37）と極限の性質（p. 34）から示される．

❸ 中間値の定理

連続関数の「中間値の定理」とよばれる次の性質は重要である．

中間値の定理

（i）関数 $f(x)$ が区間 $[a, b]$ において連続で，$f(a)$，$f(b)$ とが異なる符合をもつとき

$$f(x)=0 \qquad (a<x<b)$$

を満たす x が少なくとも一つ存在する．

（ii）関数 $f(x)$ が区間 $[a, b]$ において連続で，λ を $f(a)$ と $f(b)$ との間の任意の一つの値とすれば

$$f(x)=\lambda \qquad (a<x<b)$$

を満たす x が少なくとも一つ存在する．

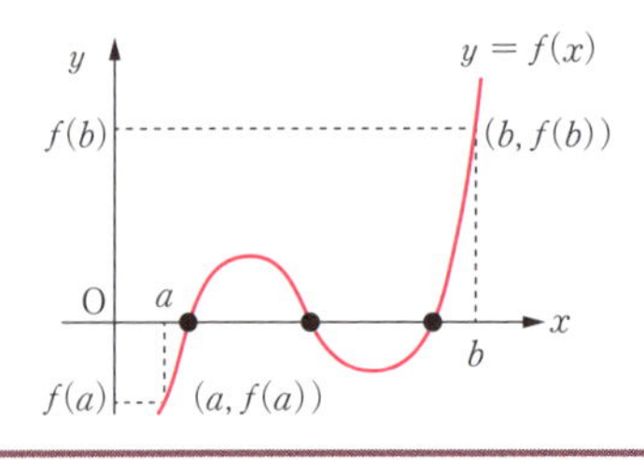

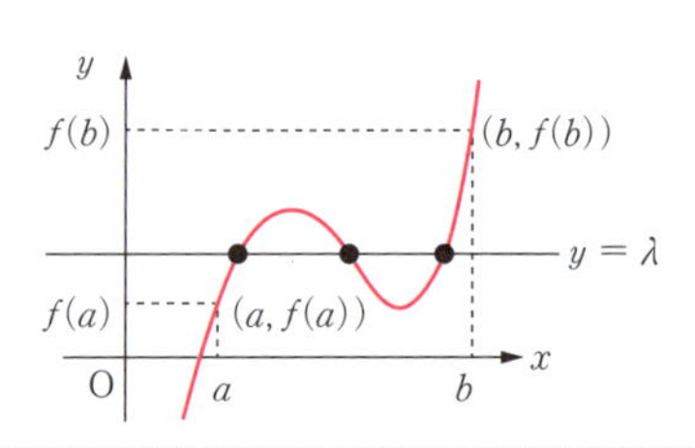

3　微分の定義（問題 3-3）

❶ 微分係数

関数 $f(x)$ と，その定義域に含まれるある開区間に属する x の値 a について，極限値

$$\lim_{h \to 0} \frac{f(a+h)-f(a)}{h}$$

$$\left(=\lim_{x \to a} \frac{f(x)-f(a)}{x-a}\right)$$

が存在するとき，この値を $f(x)$ の $x=a$ における**微分係数**といい，記号 $\boldsymbol{f'(a)}$ で表す．

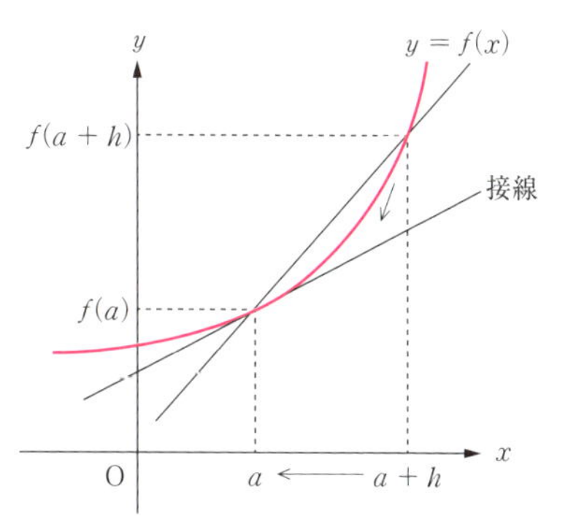

$$f'(a)=\lim_{h \to 0} \frac{f(a+h)-f(a)}{h} \quad \left(=\lim_{x \to a} \frac{f(x)-f(a)}{x-a}\right)$$

また，$f'(a)$ が存在するとき，$f(x)$ は $\boldsymbol{x=a}$ **で微分可能**であるという．

Memo

1.　$f'(a)$ は，$y=f(x)$ のグラフ上の点 $(a, f(a))$ における接線の傾きを表している．

2.　$\displaystyle\lim_{h \to +0} \frac{f(a+h)-f(a)}{h}$ および $\displaystyle\lim_{h \to -0} \frac{f(a+h)-f(a)}{h}$ が一致しない場合がある．

　これらをそれぞれ**右方向微分係数**および**左方向微分係数**という．

3.　右図において，PT_1，PT_2 をそれぞれ点 P において曲線の左方向および右方向に引いた接線とすれば，左方向および右方向微分係数はそれぞれ PT_1，PT_2 の傾きに等しい．微分係数が存在するのは，左方向および右方向微分係数が一致する場合である．

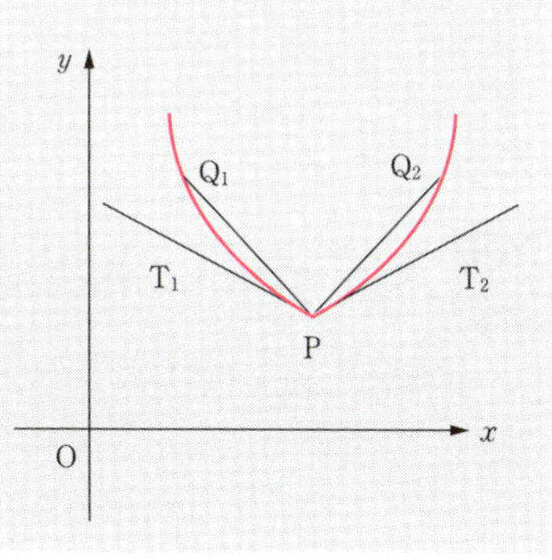

❷ 導関数

関数 $y=f(x)$ が，ある区間で微分可能のとき，その区間内の任意の値 $x=a$ における微分係数 $f'(a)$ は a の関数である．よって，a のかわりに x とおいた関数 $f'(x)$ をもとの関数 $f(x)$ の**導関数**という．$f(x)$ の導関数を求めることを $f(x)$ を**微分する**という．

すなわち，

$$f'(x)=\lim_{h\to 0}\frac{f(x+h)-f(x)}{h}$$

関数 $y=f(x)$ の導関数を表す記号は，$f'(x)$ のほかに

$\boldsymbol{y'}$，$\boldsymbol{\dfrac{dy}{dx}}$，$\boldsymbol{\dfrac{d}{dx}f(x)}$，$\boldsymbol{\dfrac{df}{dx}}$ などがある．

❸ 微分可能性と連続性

関数 $f(x)$ と実数 a について，

$f(x)$ は $x=a$ で微分可能　$\Rightarrow$　$f(x)$ は $x=a$ で連続

Memo　上の逆は成り立たない．例えば，$f(x)=|x|$ とすると，$f(x)$ は連続関数であるが，

$$\lim_{h\to +0}\frac{f(0+h)-f(0)}{h}=\lim_{h\to +0}\frac{h-0}{h}=1,$$

$$\lim_{h\to -0}\frac{f(0+h)-f(0)}{h}=\lim_{h\to -0}\frac{-h-0}{h}=-1$$

となるので $x=0$ で微分可能でない．

（※）直観的には，“連続である”とは前述（p. 37）のように“グラフがつながっている”ということであり，“微分可能である”とはさらに“グラフが滑らか”ということである．

4 基本的な関数の導関数 高校数学 （問題 3-6）

大学数学の微分法は高校数学で習った基本公式，導関数と四則，合成関数の微分法，対数微分法，逆関数の導関数，媒介変数の導関数が土台になって展開していく．以下，これらの事項を整理しておこう．

❶ 基本公式

(1) $(c)' = 0$ （c は定数）

(2) $(x^{\alpha})' = \alpha x^{\alpha-1}$ （α は実数）

(3) $(\sin x)' = \cos x$, $(\cos x)' = -\sin x$, $(\tan x)' = \dfrac{1}{\cos^2 x}$, $(\cot x)' = -\dfrac{1}{\sin^2 x}$

(4) $(e^x)' = e^x$, $(a^x)' = (\log_e a)\cdot a^x$

(5) $(\log_e x)' = \dfrac{1}{x}$

❷ 導関数と四則

(1) $\{kf(x)\}' = kf'(x)$ （ただし，k は定数）

(2) $\{f(x) \pm g(x)\}' = f'(x) \pm g'(x)$ （複号同順）

(3) $\{f(x)g(x)\}' = f'(x)g(x) + f(x)g'(x)$ （積の微分法）

(4) $\left\{\dfrac{f(x)}{g(x)}\right\}' = \dfrac{f'(x)g(x) - f(x)g'(x)}{\{g(x)\}^2}$ （商の微分法）

特に $\left\{\dfrac{1}{g(x)}\right\}' = -\dfrac{g'(x)}{\{g(x)\}^2}$

❸ 合成関数の微分

合成関数 $y = f\circ g(x) = f\{g(x)\}$ は $u = g(x)$ とおくと，$y = f(u)$となり，

$$\frac{dy}{dx} = \frac{dy}{du}\cdot\frac{du}{dx} = f'(u)g'(x) = f'\{g(x)\}g'(x)$$

❹ 逆関数の微分

微分可能な関数 $y = f(x)$ が逆関数 $x = f(y)$ $(y = f^{-1}(x))$ をもつとき，

$$\frac{dy}{dx} = \frac{1}{\dfrac{dx}{dy}} \quad \left(ただし，\frac{dx}{dy} \neq 0\right)$$

解説　$x = f(y)$ の両辺を x について微分すると，合成関数の微分法より

$$1 = f'(y)\cdot\frac{dy}{dx} \quad \cdots①$$

一方，$x = f(y)$ を y で微分して，

$$\frac{dx}{dy} = f'(y) \quad \cdots②$$

①, ②より $\dfrac{dy}{dx} = \dfrac{1}{f'(y)} = \dfrac{1}{\dfrac{dx}{dy}}$

❺ 媒介変数の微分

xの関数yが, t を媒介とする媒介変数表示 $x=f(t)$, $y=g(t)$ で表されるとき，

$$\frac{dy}{dx} = \frac{\frac{dy}{dt}}{\frac{dx}{dt}} = \frac{g'(t)}{f'(t)}$$ （ただし，$f'(t) \neq 0$）

5 逆三角関数の微分（問題 3-7）

p. 4 で扱っている逆三角関数の微分公式は次のようになる．

逆関数 $y = f^{-1}(x)$ を $x = f(y)$ の形にして，逆関数の微分に持ち込む．

(1) $(\sin^{-1} x)' = \dfrac{1}{\sqrt{1 - x^2}}$ $(-1 < x < 1)$

(2) $(\cos^{-1} x)' = -\dfrac{1}{\sqrt{1 - x^2}}$ $(-1 < x < 1)$

(3) $(\tan^{-1} x)' = \dfrac{1}{1 + x^2}$ （x：実数）

証明

(1) $y = \sin^{-1} x \quad \Leftrightarrow \quad x = \sin y \quad \left(-\dfrac{\pi}{2} < y < \dfrac{\pi}{2}\right)$

両辺を y で微分して，$\dfrac{dx}{dy} = \cos y$

$-\dfrac{\pi}{2} < y < \dfrac{\pi}{2}$ より，$\cos y > 0$，$\dfrac{dx}{dy} = \cos y = \sqrt{1 - \sin^2 y} = \sqrt{1 - x^2}$

逆関数の微分公式より，

$$\therefore \ (\sin^{-1} x)' = \frac{dy}{dx} = \frac{1}{\frac{dx}{dy}} = \frac{1}{\sqrt{1 - x^2}}$$

《注意》この公式は $-1 < x < 1$ のとき成り立つ．$x = \pm 1$ に対しては $\dfrac{dy}{dx} \to +\infty$ である．

(2) $y = \cos^{-1} x \quad \Leftrightarrow \quad x = \cos y \quad (0 < y < \pi)$

$$\frac{dx}{dy} = -\sin y = -\sqrt{1 - \cos^2 y} = -\sqrt{1 - x^2}$$

$$\therefore \ (\cos^{-1} x)' = \frac{dy}{dx} = \frac{1}{\frac{dx}{dy}} = -\frac{1}{\sqrt{1 - x^2}}$$

(3) $y = \tan^{-1} x \quad \Leftrightarrow \quad x = \tan y \quad \left(-\dfrac{\pi}{2} < y < \dfrac{\pi}{2}\right)$

$$\frac{dx}{dy} = \frac{1}{\cos^2 y} = 1 + \tan^2 y = 1 + x^2$$

$$\therefore \ (\tan^{-1} x)' = \frac{dy}{dx} = \frac{1}{\frac{dx}{dy}} = \frac{1}{1 + x^2}$$

6　双曲線関数，逆双曲線関数の微分（問題 3-8）

p. 5, 6 で扱っている双曲線関数は指数関数を用いて定義され，双曲線関数の微分は指数関数を微分すればよい．p. 7 で扱っている逆双曲線関数は対数関数を用いて定義され，逆双曲線関数の微分は対数関数を微分すればよい．

各々の微分は次のようになる．

双曲線関数

(1) $(\sinh x)' = \cosh x$

(2) $(\cosh x)' = \sinh x$

(3) $(\tanh x)' = \dfrac{1}{\cosh^2 x}$

逆双曲線関数

(1) $(\sinh^{-1} x)' = \dfrac{1}{\sqrt{x^2+1}}$

(2) $(\cosh^{-1} x)' = \dfrac{1}{\sqrt{x^2-1}}$

(3) $(\tanh^{-1} x)' = \dfrac{1}{1-x^2}$

証明　（双曲線関数）

(1) $y = \sinh x = \dfrac{e^x - e^{-x}}{2}$ より $y' = (\sinh x)' = \dfrac{e^x + e^{-x}}{2} = \cosh x$

(2) $y = \cosh x = \dfrac{e^x + e^{-x}}{2}$ より $y' = (\cosh x)' = \dfrac{e^x - e^{-x}}{2} = \sinh x$

(3) $y = \tanh x = \dfrac{\sinh x}{\cosh x}$ より商の微分公式と上の結果を用いて，

$$y' = (\tanh x)' = \frac{(\sinh x)' \cdot \cosh x - \sinh x \cdot (\cosh x)'}{(\cosh x)^2}$$

$$= \frac{(\cosh x)^2 - (\sinh x)^2}{(\cosh x)^2} = \frac{1}{\cosh^2 x}$$

（逆双曲線関数）

(1) $y = \sinh^{-1} x = \log(x + \sqrt{x^2+1})$ より

$$(\sinh^{-1} x)' = \{\log(x + \sqrt{x^2+1})\}' = \frac{1}{x+\sqrt{x^2+1}}(x + \sqrt{x^2+1})'$$

$$= \frac{1}{x+\sqrt{x^2+1}}\left(1 + \frac{x}{\sqrt{x^2+1}}\right) = \frac{1}{\cancel{x+\sqrt{x^2+1}}} \cdot \frac{\cancel{x+\sqrt{x^2+1}}}{\sqrt{x^2+1}} = \frac{1}{\sqrt{x^2+1}}$$

(2) $y = \cosh^{-1} x = \log(x + \sqrt{x^2-1})$ で上の $y = \sinh^{-1} x$ と同様にできる．

(3) $y = \tanh^{-1} x = \dfrac{1}{2}\log\dfrac{1+x}{1-x} = \dfrac{1}{2}\{\log(1+x) - \log(1-x)\}$

$$y' = (\tanh^{-1} x)' = \frac{1}{2}\left(\frac{1}{1+x} + \frac{1}{1-x}\right) = \frac{1}{1-x^2}$$

問題 3-1 ▼関数の極限 高校数学

次の極限値を求めよ．

(1) $\displaystyle\lim_{x\to1}\frac{\sqrt[3]{x}-1}{\sqrt{x}-1}$ (2) $\displaystyle\lim_{x\to1}\frac{1+\cos\pi x}{(x-1)^2}$ (3) $\displaystyle\lim_{x\to0}\frac{1-\cos2x}{x\log(1+x)}$ (4) $\displaystyle\lim_{x\to\infty}\left(\frac{x}{x+a}\right)^x$

●考え方●

(1) $\dfrac{0}{0}$：不定形の処理．分母，分子をともに有理化．

(2) $\dfrac{0}{0}$：不定形の処理．$t=x-1$ とおくと，$x\to1$ のとき $t\to0$．

(3) $\dfrac{0}{0}$：不定形の処理．p. 36 の公式活用へ！

(4) $\displaystyle\lim_{x\to0}(1+x)^{\frac{1}{x}}=e$ の公式活用へ！

解答

(1) $\displaystyle(\text{与式})=\lim_{x\to1}\frac{(\sqrt[3]{x}-1)\underbrace{(\sqrt[3]{x^2}+\sqrt[3]{x}+1)}_{㋐}\underbrace{(\sqrt{x}+1)}_{㋑}}{\underbrace{(\sqrt[3]{x^2}+\sqrt[3]{x}+1)}_{㋐}(\sqrt{x}-1)\underbrace{(\sqrt{x}+1)}_{㋑}}$

$\displaystyle=\lim_{x\to1}\frac{(x-1)(\sqrt{x}+1)}{(x-1)(\sqrt[3]{x^2}+\sqrt[3]{x}+1)}=\frac{2}{3}$ 答

(2) $x-1=t$ とおくと，$x\to1$ のとき $t\to0$

$\displaystyle(\text{与式})=\lim_{t\to0}\frac{1+\cos(\pi t+\pi)}{t^2}=\underbrace{\lim_{t\to0}\frac{1-\cos\pi t}{t^2}}_{㋒}$

$\displaystyle=\lim_{t\to0}\frac{\sin^2\pi t}{t^2(1+\cos\pi t)}$

$\displaystyle=\lim_{t\to0}\pi^2\underbrace{\left(\frac{\sin\pi t}{\pi t}\right)^2}_{㋓}\cdot\frac{1}{1+\cos\pi t}=\frac{\pi^2}{2}$ 答

(3) $\displaystyle(\text{与式})=\lim_{x\to0}\frac{1-\cos2x}{\dfrac{x^2\log(1+x)}{x}}\cdot\frac{1+\cos2x}{1+\cos2x}$

$\displaystyle=\lim_{x\to0}\left(\frac{\sin2x}{2x}\right)^2\cdot4\cdot\underbrace{\frac{1}{\dfrac{\log(1+x)}{x}}}_{㋔}\cdot\frac{1}{1+\cos2x}$

$=2$ 答

(4) $\displaystyle(\text{与式})=\lim_{x\to\infty}\underbrace{\left(\frac{1}{1+\dfrac{a}{x}}\right)^x}_{㋕}=\lim_{x\to\infty}\frac{1}{\underbrace{\left(1+\dfrac{a}{x}\right)^{\frac{x}{a}\cdot a}}_{㋖}}=\frac{1}{e^a}$ 答

ポイント

㋐ $\sqrt[3]{x}-1$ の有理化．

㋑ $\sqrt{x}-1$ の有理化．

㋒ 分母，分子に $1+\cos\pi t$ を乗じる．$\displaystyle\lim_{x\to0}\frac{\sin x}{x}=1$ の活用．

㋓ 分母を $\sin\pi t$ の πt にそろえる．$\displaystyle\lim_{t\to0}\frac{\sin\pi t}{\pi t}=1$．

㋔ $\displaystyle\lim_{x\to0}\frac{\log(1+x)}{x}=1$

㋕ 分母，分子に $\dfrac{1}{x}$ を乗じる．

㋖ $\displaystyle\lim_{x\to\infty}\left(1+\frac{1}{x}\right)^x=e$ の形へ持ち込む．

練習問題 3-1 解答 p. 212

$\displaystyle\lim_{t\to\infty}\left(1+\frac{1}{t}+\frac{1}{t^2}\right)^t$ の極限値を求めよ．

問題 3-[2] ▼逆三角関数，双曲線関数の極限

次の関数の極限を求めよ．

〔1〕(1) $\displaystyle\lim_{x\to0}\frac{\sin^{-1}x}{x}$ (2) $\displaystyle\lim_{x\to0}\frac{\cos^{-1}x}{x}$ (3) $\displaystyle\lim_{x\to0}\frac{\tan^{-1}x}{x}$

〔2〕(1) $\displaystyle\lim_{x\to0}\frac{\sinh x}{x}$ (2) $\displaystyle\lim_{x\to0}\frac{\tanh x}{x}$

●考え方●

〔1〕逆関数の定義に従う（p. 4）．$\sin^{-1}x=t$ とおくと，$x=\sin t$

$x\to0$ のとき，$t\to0$．他も同様．

〔2〕双曲線関数の定義に従う．

$\sinh x=\dfrac{1}{2}(e^x-e^{-x})$，$\tanh x=\dfrac{e^x-e^{-x}}{e^x+e^{-x}}$ を用いる．

解答

〔1〕

(1) $t=\sin^{-1}x$ ㋐ とおくと，$x=\sin t$．$x\to0$ のとき，$t\to0$．

$$(与式)=\lim_{t\to0}\frac{t}{\sin t}=\lim_{t\to0}\frac{1}{\frac{\sin t}{t}}=1 \quad 答$$

(2) $t=\cos^{-1}x$ ㋑ とおくと，$x=\cos t$．$x\to0$ のとき，$t\to\dfrac{\pi}{2}$．

$$(与式)=\lim_{t\to\frac{\pi}{2}}\frac{t}{\cos t}=+\infty \quad 答$$

(3) $t=\tan^{-1}x$ ㋒ とおくと，$x=\tan t$．$x\to0$ のとき，$t\to0$．

$$(与式)=\lim_{t\to0}\frac{t}{\tan t}=\lim_{t\to0}\frac{1}{\frac{\tan t}{t}}=1 \quad 答$$

〔2〕

(1) $$(与式)=\lim_{x\to0}\frac{e^x-e^{-x}}{2x}\ ㋓=\lim_{x\to0}\frac{e^{2x}-1}{2x}\cdot\frac{1}{e^x}=1 \quad 答$$

(2) $$(与式)=\lim_{x\to0}\frac{1}{x}\cdot\frac{e^x-e^{-x}}{e^x+e^{-x}}\ ㋔=\lim_{x\to0}\frac{e^{2x}-1}{2x}\cdot\frac{2}{e^{2x}+1}=1 \quad 答$$

ポイント

㋐ $-1\leqq x\leqq1$

$-\dfrac{\pi}{2}\leqq t\leqq\dfrac{\pi}{2}$

㋑ $-1\leqq x\leqq1$

$0\leqq t\leqq\pi$

㋒ $-\infty<x<\infty$

$-\dfrac{\pi}{2}<t<\dfrac{\pi}{2}$

㋓ 分母，分子に e^x を乗じる．

$\displaystyle\lim_{x\to0}\frac{e^x-1}{x}=1$

㋔ $\dfrac{0}{0}$：不定形の処理．分母，分子に e^x を乗じる．

$\displaystyle\lim_{x\to0}\frac{e^{2x}-1}{2x}=1$

練習問題 3-2 解答 p. 212

次の関数の極限を求めよ．

(1) $\displaystyle\lim_{x\to0}\frac{\tanh^{-1}(\sin^{-1}x)}{x}$ (2) $\displaystyle\lim_{x\to0}\frac{\sinh(\tan^{-1}x)}{x}$

問題 3-③ ▼連続性と微分可能性

次の関数の $x=0$ における連続性および微分可能性について調べよ．

(1) $f(x)=\begin{cases} x\sin\dfrac{1}{x} & (x\neq 0) \\ 0 & (x=0) \end{cases}$

(2) $f(x)=\begin{cases} x^2\sin\dfrac{1}{x} & (x\neq 0) \\ 0 & (x=0) \end{cases}$

●考え方●

連続の定義（p. 37），微分可能の定義（p. 39）をみたすかどうかをチェック．はさみうちの原理を利用してみよ．

解答

(1) $|f(x)|=|x|\left|\sin\dfrac{1}{x}\right|\leqq|x|$ であるから（㋐）

$$0\leqq|f(x)|\leqq|x|$$

$x\to 0$ で右辺 $\to 0$．はさみうちの原理より $\displaystyle\lim_{x\to 0}|f(x)|=0$

$f(0)=0$ であるから，$\displaystyle\lim_{x\to 0}f(x)=0=f(0)$ が成り立ち（㋑），$f(x)$ は $x=0$ で連続．

次に，

$$\lim_{x\to 0}\frac{f(x)-f(0)}{x-0}=\lim_{x\to 0}\frac{f(x)}{x}=\lim_{x\to 0}\sin\frac{1}{x}$$ （㋒）

$\displaystyle\lim_{x\to 0}\sin\frac{1}{x}$ は存在しないから，$f(x)$ は $x=0$ で微分可能でない．

(2) $|f(x)|=x^2\left|\sin\dfrac{1}{x}\right|\leqq x^2$，$\displaystyle\lim_{x\to 0}|f(x)|=0$ で（㋓）

$\displaystyle\lim_{x\to 0}f(x)=0=f(0)$ が成り立ち，$f(x)$ は $x=0$ で連続．

$$\lim_{x\to 0}\frac{f(x)-f(0)}{x-0}=\lim_{x\to 0}\frac{f(x)}{x}=\lim_{x\to 0}x\sin\frac{1}{x}=0$$

$$\left(\because\ \left|x\sin\frac{1}{x}\right|\leqq|x|\qquad\therefore\ \lim_{x\to 0}\left|x\sin\frac{1}{x}\right|=0\right)$$ （㋔）

$f(x)$ は $x=0$ で微分可能である．

ポイント

㋐ $\left|\sin\dfrac{1}{x}\right|\leqq 1$.

㋑ 連続の定義が成り立つ．

㋒ 極限値が存在するなら，$x=0$ で微分可能．

㋓ はさみうちの原理で，(1)の㋑と同じ．

㋔ はさみうちの原理より．(1)の㋐と同じ．

練習問題 3-3 解答 p. 213

次の関数の $x=1$ における連続性および微分可能性について調べよ．

$$f(x)=\lim_{n\to\infty}\frac{x^n[x]+x}{x^n+1}$$

問題 3-4 ▼連続と ε-δ 論法

(1) 関数 $f(x) = \log x$ が $x = 1$ で連続であることを ε-δ 論法を用いて示せ.

(2) 関数 $f(x) = \begin{cases} x^2 \sin \dfrac{1}{x} & (x \neq 0) \\ 0 & (x = 0) \end{cases}$

がx = 0 で連続であることを ε-δ 論法を用いて示せ.

●考え方●

$f(x)$ が $x = c$ で連続は,

$\forall \varepsilon > 0$, $\exists \delta > 0$ に対して, $0 < |x - c| < \delta \Rightarrow |f(x) - f(c)| < \varepsilon$ …⊛

がいえれば, $\lim\limits_{x \to c} f(x) = f(c)$ となり, $f(x)$ は $x = c$ で連続といえる.

解答

(1) $0 < |x - 1| < \delta \Leftrightarrow -\delta < x - 1 < \delta$

$\Leftrightarrow -\delta + 1 < x < \delta + 1$

$0 < \delta < 1$ のとき,

$\log(1 - \delta) < \log x < \log(1 + \delta)$

$\Leftrightarrow |\log x| < \log(1 + \delta) < -\log(1 - \delta)$ …①　㋐

よって, $|f(x) - f(1)| = |\log x| < \varepsilon$ をみたすとき, ε (ε > 0) をどんな小さな値にとっても, それに対応する正の数δが存在することを示せばよい.

今, ①で $-\log(1 - \delta) < \varepsilon$ とすると,　㋑

$0 < \delta < 1 - e^{-\varepsilon}$

となるδは存在し, ⊛は成り立つ.

(2) $0 < |x| < \delta$ のとき,

$$|f(x) - f(0)| = x^2 \left|\sin \frac{1}{x}\right| \leqq x^2 < \delta^2$$　㋒

よって, 正の数εがどんな小さな値をとっても, $\delta^2 < \varepsilon \Leftrightarrow \delta < \sqrt{\varepsilon}$ をみたす正の数δが存在するので, ⊛は成り立ち, $f(x)$ は $x = 0$ で連続である.

ポイント

㋐ $\log(1 - \delta) < 0$ であり

$|\log(1-\delta)| = -\log(1-\delta)$

$-\log(1 - \delta) > \log(1 + \delta)$

(∵)

$\log(1 + \delta) + \log(1 - \delta)$

$= \log(1 - \delta^2) < 0$

$\therefore \log(1+\delta) < -\log(1-\delta)$

㋑ $\log(1 - \delta) > -\varepsilon$

$\Leftrightarrow 1 - \delta > e^{-\varepsilon}$

$\therefore 0 < \delta < 1 - e^{-\varepsilon}$

㋒ $\left|\sin \dfrac{1}{x}\right| \leqq 1$ であり

$|x| < \delta$ から $x^2 < \delta^2$.

練習問題　3-4

解答 p. 213

関数　$f(x) = \begin{cases} x^2 - 2x + 3 & (x \neq 1) \\ 0 & (x = 1) \end{cases}$　が $x = 1$ で不連続であることを

ε-δ 論法を用いて示せ.

問題 3-5 ▼中間値の定理

(1) 方程式 $x - \cos x = 0$ は 0 と $\frac{\pi}{2}$ との間に実数解をもつことを示せ.

(2) $\sin x = x\cos x$ は π と $\frac{3}{2}\pi$ との間に実数解をもつことを示せ.

●考え方●

中間値の定理（p. 38）を活用する.

(1) $f(x) = x - \cos x$ とおき, $f(0), f\left(\frac{\pi}{2}\right)$ の値の符号をチェック.

(2) $f(x) = \sin x - x\cos x$ とおき, $f(\pi), f\left(\frac{3}{2}\pi\right)$ の値の符号をチェック.

解答

(1) $f(x) = x - \cos x$ とおくと, $0 \leqq x \leqq \frac{\pi}{2}$ において連続で,㋐ $f(0) = -1 < 0$, $f\left(\frac{\pi}{2}\right) = \frac{\pi}{2} > 0$.㋑

よって, 中間値の定理より, $f(x) = 0$ は,

$0 < x < \frac{\pi}{2}$ に少なくとも 1 つ実数解をもつ. ■

(2) $\sin x = x\cos x \Leftrightarrow \sin x - x\cos x = 0$

$f(x) = \sin x - x\cos x$ とおくと, $\pi \leqq x \leqq \frac{3}{2}\pi$ において連続で,

$f(\pi) = \pi > 0$, $f\left(\frac{3}{2}\pi\right) = -1 < 0$.㋒

よって, 中間値の定理より, $f(x) = 0$ は

$\pi < x < \frac{3}{2}\pi$ に少なくとも 1 つ実数解をもつ. ■

ポイント

㋐ $0 \leqq x \leqq \frac{\pi}{2}$ で $y = x$, $y = \cos x$ は連続. よって, $f(x) = x - \cos x$ は連続.

㋑ $f(0)$, $f\left(\frac{\pi}{2}\right)$ の値が異符号.

㋒ 端 $x = \pi$, $\frac{3}{2}\pi$ の値 $f(\pi)$, $f\left(\frac{3}{2}\pi\right)$ が異符号.

練習問題 3-5　　解答 p. 213

方程式 $x^4 - 5x + 2 = 0$ は少なくとも 2 つの正の解をもつことを示せ.

問題 3-6 ▼微分の計算（1）…対数微分，媒介変数の微分　高校数学

次の関数の微分をせよ．

(1) $y = x^{\frac{1}{x}}$　　(2) $y = x^{\log x}$　　(3) $\begin{cases} x = \cos^3 t \\ y = \sin^3 t \end{cases}$

●考え方●

(1), (2) 辺々に底を e とする対数をとり，辺々を x で微分する．
合成関数の微分（p. 41）．

(3) p. 41　媒介変数の微分．

解答

(1) 辺々に底を e とする対数をとると，

$$\log y = \frac{1}{x}\log x$$

辺々を x で微分して，$\underset{㋐}{(\log y)'} = \left(\dfrac{\log x}{x}\right)'$

$$\frac{y'}{y} = \frac{\frac{1}{x}\cdot x - (\log x)\cdot 1}{x^2} = \underset{㋑}{\frac{1-\log x}{x^2}}$$

$$\therefore\ y' = \frac{1-\log x}{x^2}\cdot x^{\frac{1}{x}} = x^{\frac{1}{x}-2}\cdot(1-\log x)$$ 答

(2) $\log y = \underset{㋒}{(\log x)(\log x)} = (\log x)^2$

辺々を x で微分して，$(\log y)' = \{(\log x)^2\}'$

$$\frac{y'}{y} = 2(\log x)\cdot(\log x)' = \frac{2\log x}{x}$$

$$\therefore\ y = \frac{2\log x}{x}\cdot x^{\log x} = 2x^{\log x - 1}\cdot\log x$$ 答

(3) $\underset{㋓}{x = \cos^3 t,\ y = \sin^3 t}$

$$\frac{dx}{dt} = 3(\cos^2 t)\cdot(\cos t)' = -3\cos^2 t\sin t$$

$$\frac{dy}{dt} = 3(\sin^2 t)\cdot(\sin t)' = 3\sin^2 t\cos t$$

$$\therefore\ \underset{㋔}{\frac{dy}{dx} = \frac{\frac{dy}{dt}}{\frac{dy}{dt}}} = \frac{3\sin^2 t\cos t}{-3\cos^2 t\sin t} = -\frac{\sin t}{\cos t}$$

$$= -\tan t$$ 答

《注意》$\sin t \neq 0$ かつ $\cos t \neq 0$

ポイント

㋐ $\dfrac{d}{dx}(\log y)$
$= \dfrac{1}{y}\cdot\dfrac{dy}{dx} = \dfrac{y'}{y}$
（合成関数の微分）

㋑ 辺々に y を乗じる．

㋒ $\log x^{\log x} = (\log x)^2$．

㋓ アステロイド曲線．
$\begin{cases} \cos t = x^{\frac{1}{3}} \\ \sin t = y^{\frac{1}{3}} \end{cases}$
辺々を 2 乗してたすと，
$x^{\frac{2}{3}} + y^{\frac{2}{3}} = 1$

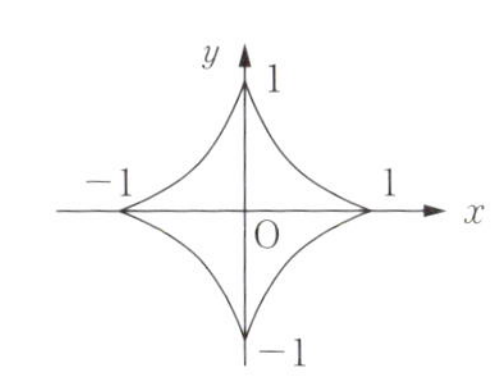

㋔ p. 41
媒介変数の微分．

練習問題　3-6　解答 p. 213

次の関数を微分せよ．

(1) $y = (\tan x)^{\cos x}$　　(2) $\begin{cases} x = a(t - \sin t) \\ y = a(1 - \cos t) \end{cases}$

問題 3-7 ▼微分の計算（2）…逆三角関数の微分

次の関数を微分せよ．

(1) $y = \sin^{-1}(\cos x)$　(2) $y = \cos^{-1}\left(\dfrac{1+2\cos x}{2+\cos x}\right)$　(3) $y = \tan^{-1}(n\tan x)$

●考え方●

p. 42 より $(\sin^{-1}x)' = \dfrac{1}{\sqrt{1-x^2}}$，$(\cos^{-1}x)' = -\dfrac{1}{\sqrt{1-x^2}}$，$(\tan^{-1}x)' = \dfrac{1}{1+x^2}$

を公式として用いて，合成関数の微分．

解答

(1) $y' = \dfrac{1}{\sqrt{1-\cos^2 x}}\cdot(\cos x)' = \dfrac{1}{|\sin x|}$ ㋐ $\cdot(-\sin x)$

$\sin x > 0$ ならば，$y' = -1$
$\sin x < 0$ ならば，$y' = 1$　答

(別解) ㋑

$\sin y = \cos x$．辺々を x で微分して，

$\cos y \cdot y' = -\sin x$，㋒ $y' = -\dfrac{\sin x}{\cos y} = -\dfrac{\sin x}{\sqrt{1-\sin^2 y}}$ ㋓

$= -\dfrac{\sin x}{\sqrt{\sin^2 x}} = -\dfrac{\sin x}{|\sin x|}$

(2) $y' = -\dfrac{1}{\sqrt{1-\left(\dfrac{1+2\cos x}{2+\cos x}\right)^2}}\cdot\left(\dfrac{1+2\cos x}{2+\cos x}\right)'$ ㋔

$= -\dfrac{1}{\dfrac{\sqrt{3(1-\cos^2 x)}}{2+\cos x}}\cdot\dfrac{-\sin x}{(2+\cos x)^2}$ ㋔

$= \dfrac{\sin x}{\sqrt{3}(2+\cos x)|\sin x|}$

よって，$\sin x > 0$ ならば，$y' = \dfrac{1}{\sqrt{3}(2+\cos x)}$

$\sin x < 0$ ならば，$y' = \dfrac{-1}{\sqrt{3}(2+\cos x)}$　答

(3) $y' = \dfrac{1}{1+n^2\tan^2 x}$ ㋕ $\cdot(n\tan x)' = \dfrac{1}{1+n^2\tan^2 x}\cdot\dfrac{n}{\cos^2 x}$

$= \dfrac{n}{\cos^2 x + n^2\sin^2 x}$　答

ポイント

㋐ $\sqrt{1-\cos^2 x} = \sqrt{\sin^2 x} = |\sin x|$

$\sin x > 0$ のとき，

$y' = \dfrac{-\sin x}{\sin x} = -1.$

㋑ p. 42 の証明と同様な考え方．

㋒ 合成関数の微分．

㋓ $\sin y = \cos x$ を代入．

㋔ $\dfrac{-2\sin x(2+\cos x)-(1+2\cos x)(-\sin x)}{(2+\cos x)^2}$

$= \dfrac{-3\sin x}{(2+\cos x)^2}$

㋕ $\tan^{-1}x = \dfrac{1}{1+x^2}$ の x に $n\tan x$ を代入．

練習問題 3-7　解答 p. 213

次の関数を微分せよ．

(1) $y = \sin^{-1}(\sqrt{\sin x})$　(2) $y = \tan^{-1}\left(\dfrac{x}{\sqrt{1-x^2}}\right)$

問題 3-8 ▼微分の計算（3）…双曲線関数，逆双曲線関数の微分

次の関数を微分せよ．

(1) $y = \sinh(\log x)$　　(2) $y = (\cosh x)^2$

(3) $y = \dfrac{1}{2}(x\sqrt{x^2+1} + \sinh^{-1}x)$

●考え方●

p. 43 より，$(\sinh x)' = \cosh x$，$(\cosh x)' = \sinh x$，$(\sinh^{-1}x)' = \dfrac{1}{\sqrt{x^2+1}}$ の活用．

解答

(1) $y' = \{\sinh(\log x)\}' = \underbrace{\cosh(\log x)}_{ア}\cdot(\log x)'$

$$= \underbrace{\frac{1}{2}(e^{\log x} + e^{-\log x})}_{イ}\cdot\frac{1}{x}$$

$$= \frac{1}{2}\underbrace{\left(x + \frac{1}{x}\right)}_{ウ}\cdot\frac{1}{x} = \frac{x^2+1}{2x^2}$$ 答

（別解）

$$y = \sinh(\log x) = \underbrace{\frac{1}{2}(e^{\log x} - e^{-\log x})}_{エ} = \frac{1}{2}\left(x - \frac{1}{x}\right)$$

$$y' = \frac{1}{2}\left(1 + \frac{1}{x^2}\right) = \frac{x^2+1}{2x^2}$$ 答

(2) $y' = 2(\cosh x)\cdot(\cosh x)' = 2\cosh x\cdot\sinh x$

$$= \underbrace{\sinh 2x}_{オ} = \frac{1}{2}(e^{2x} - e^{-2x})$$ 答

（別解）

$$y = (\cosh x)^2 = \left\{\frac{1}{2}(e^x + e^{-x})\right\}^2 = \frac{1}{4}(e^{2x} + e^{-2x} + 2)$$

$$y' = \frac{1}{2}\underbrace{(e^{2x} - e^{-2x})}_{カ}$$ 答

(3) $y' = \dfrac{1}{2}\left(1\cdot\sqrt{x^2+1} + x\cdot\dfrac{2x}{2\sqrt{x^2+1}} + \underbrace{\dfrac{1}{\sqrt{x^2+1}}}_{キ}\right)$

$$= \frac{1}{2}\left(\sqrt{x^2+1} + \frac{x^2+1}{\sqrt{x^2+1}}\right) = \frac{1}{2}(\sqrt{x^2+1} + \sqrt{x^2+1}) = \sqrt{x^2+1}$$ 答

ポイント

ア $(\sinh x)' = \cosh x$ の x に $\log x$ を代入．

イ $\cosh x = \dfrac{1}{2}(e^x + e^{-x})$ の x に $\log x$ を代入．

ウ $e^{\log x} = x$

$e^{-\log x} = e^{\log\frac{1}{x}} = \dfrac{1}{x}$

エ $\sinh x = \dfrac{1}{2}(e^x - e^{-x})$ の x に $\log x$ を代入．

オ p. 6　2 倍角の公式．

カ $(e^{2x})' = 2e^{2x}$

$(e^{-2x})' = -2e^{-2x}$

キ $(\sinh^{-1}x)' = \dfrac{1}{\sqrt{x^2+1}}$

練習問題　3-8　　解答 p. 214

次の関数を微分せよ．

(1) $y = \tanh^{-1}(\sin x)$　　(2) $y = \sinh^{-1}(\tan x)$

コラム３　◆微分法の発見はニュートンが先か，ライプニッツが先か？

流率法（今日の微分法）が説明されているニュートンの大著『プリンキピア』が出版されたのは 1687 年であり，一方，大陸ではライプニッツが 1684 年に微積分学に関する最初の論文『極大極小に関する新方法』を発表している．

微積分学の発見は，ニュートンが先か，ライプニッツが先か，またいずれか一方が他方に負うものであるか，この問題は多くの人々（当の 2 大数学者を含めて）の個人的あるいは国民的感情を交えて長期にわたって論争された．しかし，ニュートンのほうが 10 年も早く，そして両者は独自にこの発見を成し遂げたのが事実である．

「微分と積分」が「足し算と引き算」，「掛け算と割り算」のように逆の関係，すなわち，逆演算であることを明確にした 2 人のプロセスは違うものであった．

ニュートンは，微分に物理的な速度の考えを用いている．極限値がまだ考えられなかった当時，x, y 軸方向の瞬間速度を $\dot{x}, \dot{y}$ で表して，接線方向（傾き）を $\dfrac{\dot{y}}{\dot{x}}$ であると考えた．これを土台にして，フェルマーの方法を用いて，曲線 $f(x, y) = 0$ の接線の傾きを求める方法を確立した．また面積も，小部分の和としてではなく，線分が運動していると考え，その時間的変化率を考えることから微分と積分の逆関係を発見した．

ライプニッツは，図形的に関数の接線を取り扱った．論理的には，ニュートンよりさらに粗っぽいが，巧みな記号の導入と使用により理論を構成した（ライプニッツ式記号は p. 32 コラム 2 を参照）．

接線を求めることから始まった「微分学」と，面積や体積を求めることから出発した「積分学」は初めは全く別物とみなされていたが，2 人によってこの 2 つが互いに逆演算であることが発見され，一体化されて，**『微分積分学』**が成立した．これから，論理的に体系化されるのに 150 年もかかるのである．現在，大学で教えられる形にまとまったのは 19 世紀前半からである．

Chapter 4

微分 II

高次導関数，ロールの定理，コーシーの定理，ロピタルの定理の新しい項目を学び，平均値の定理を拡張した，テイラーの定理およびマクローリンの定理を学ぶ．これらを習熟し使いこなすことを目指す．

基本事項

1　高次導関数（問題 4-1, 2, 3）

❶ n 次導関数

関数 $y=f(x)$ の導関数 $f'(x)$ は x の関数であるから，これが微分可能なとき，その導関数 $\displaystyle\lim_{h\to 0}\frac{f'(x+h)-f'(x)}{h}$ が考えられる．

これは $f(x)$ を 2 回微分して得られる関数で，$f(x)$ の **2 次導関数**といい，$f''(x)$，y''，$\dfrac{d^2y}{dx^2}$ などと表す．

同様にして，関数 $y=f(x)$ を n 回微分して得られる関数を，**n 次導関数**といい，$f^{(n)}(x)$，$y^{(n)}$，$\dfrac{d^{(n)}y}{dx^{(n)}}$ などと表す．

一般に，2 次以上の導関数を総称して，**高次導関数**という．基本関数の n 次導関数は次のようになる．

(1)　$(x^{\alpha})^{n}=\alpha(\alpha-1)\cdots(\alpha-n+1)x^{\alpha-n}$　（α：実数）

(2)　$(\sin x)^{(n)}=\sin\left(x+\dfrac{n}{2}\pi\right)$

(3)　$(\cos x)^{(n)}=\cos\left(x+\dfrac{n}{2}\pi\right)$

(4)　$(e^{x})^{(n)}=e^{x}$

(5)　$(\log x)^{(n)}=\dfrac{(-1)^{n-1}(n-1)!}{x^{n}}$

➡問題 4-1 (p. 63)

❷ ライプニッツの微分公式

積の n 次導関数 $\{f(x)\cdot g(x)\}^{(n)}$ を求めてみる．

$(f\cdot g)'=f'g+fg'$

$(f\cdot g)''=f''g+2f'g'+fg''$

$(f\cdot g)'''=f'''g+3f''g'+3f'g''+fg'''$

$(f\cdot g)^{(4)}=f^{(4)}g+4f'''g'+6f''g''+4f'g'''+fg^{(4)}$

$\vdots$

$$(f\cdot g)^{n}=\sum_{k=0}^{n}{}_{n}\mathrm{C}_{k}\,f^{(n-k)}\cdot g^{(k)}$$

（ただし，$f^{(0)}=f$）

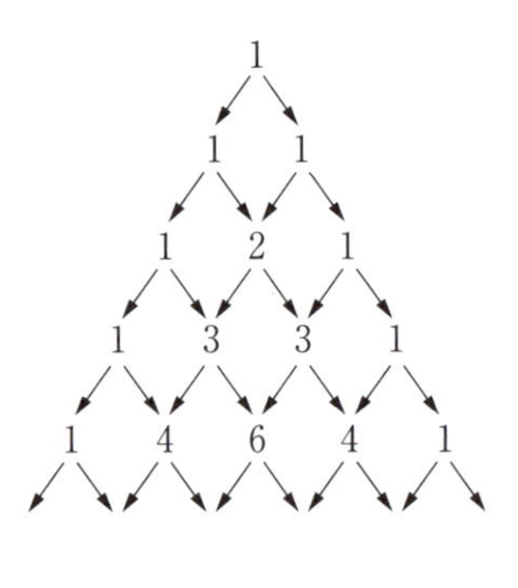

これを**ライプニッツの公式**とよぶ.

《注意》 係数に着目すると, $(a+b)^2, (a+b)^3, \cdots, (a+b)^n$ の展開式に似ていることに気づく. 2 項定理は, $(a+b)^n = \sum_{k=0}^{n} {}_nC_k\, a^{n-k} b^k$ であり, 対応して覚えるとよい.

2 平均値の定理（問題 4-4, 5, 6）

微分法で大切な基本となる定理にロールの定理, 平均値の定理, コーシーの定理があり, その拡張がテイラーの定理, マクローリンの定理であり, 次のような関係がある.

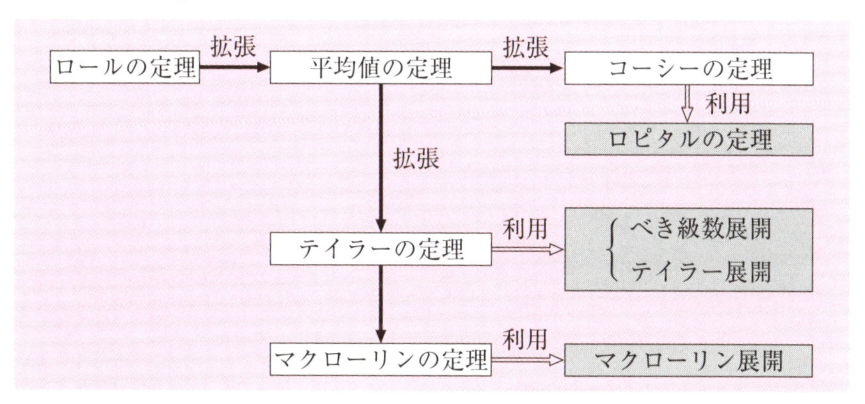

❶ ロールの定理

関数 $f(x)$ の導関数 $f'(x)$ が閉区間 $[a, b]$ で連続, かつ $f(a) = f(b)$ ならば, $f'(c) = 0$, $a < c < b$ をみたす c が少なくとも 1 つ存在する.

証明

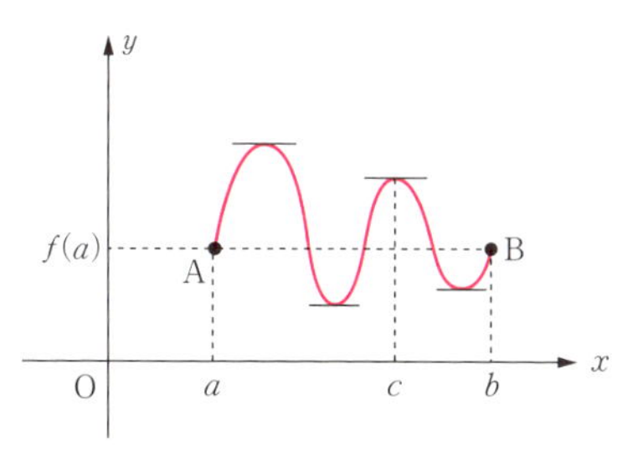

区間 (a, b) のすべての点 x について, $f'(x) > 0$ と仮定すれば, $f(x)$ はこの区間で増加関数であるから, $f(a) < f(b)$ となり, 仮定に反する. 同様にすべての x について $f'(x) < 0$ と仮定しても矛盾がおこる. ゆえに $f'(x)$ は (a, b) 内のある値 x_1 について, $f'(x_1) > 0$ であり, 他の値 x_2 については $f'(x_2) < 0$ となる. したがって, $f'(x)$ の連続性より区間 (a, b) 内のある点について, $f'(c) = 0$ が成り立つ. ■

❷ 平均値の定理

関数 $f(x)$ の導関数 $f'(x)$ が区間 $[a, b]$ で連続ならば

$$\frac{f(b)-f(a)}{b-a}=f'(c),\ a<c<b$$

をみたす c が少なくとも1つ存在する．

証明

$\dfrac{f(b)-f(a)}{b-a}=k$ とおくと，

$f(b)-f(a)-k(b-a)=0$

左辺の a を x でおきかえた関数を $g(x)$ とすると，

$g(x)=f(b)-f(x)-k(b-x)$

$g(a)=g(b)=0$ であり，$g'(x)$ は $[a, b]$ で連続であるから**ロールの定理**より，(a, b) 内のある値 c について，$g'(c)=0$ が成り立つ．

$g'(x)=-f'(x)+k$ であるから $g'(c)=-f'(c)+k=0$

すなわち，(a, b) 内のある値 c について，$k=f'(c)$ が成り立つ．■

Memo 平均値の定理は次のように考えることができる．2点A，Bを結ぶなめらかな曲線の接線のなかには，線分ABに平行であるものが少なくとも1つはある．これはロールの定理を表す図形を，原点のまわりに回転したものと考えられる．$f(a)=f(b)$ のとき，この定理はロールの定理を表しているから，ロールの定理の拡張になっている．

平均値の定理は，次のようにいろいろな形に変形できる．

(1)　$f(b)=f(a)+(b-a)f'(c)\qquad(a<c<b)$

b を x でおきかえて，

(2)　$\boldsymbol{f(x)=f(a)+(x-a)f'(c)}\qquad(a<c<x)$

a と b の間の任意の値 c は $\boldsymbol{c=a+\theta(b-a)}$，$\boldsymbol{0<\theta<1}$ とかけるから

(3)　$f(b)=f(a)+(b-a)f'\{a+\theta(b-a)\}\qquad(0<\theta<1)$

$b=a+h$ とおけば，

(4)　$\boldsymbol{f(a+h)=f(a)+hf'(a+\theta h)}\qquad(0<\theta<1)$

❸ コーシーの定理

$f'(x), g'(x)$ がともに $[a, b]$ で連続で，$g'(x) \neq 0$ ならば，(a, b) 内のある値 c に対して，

$$\frac{f(b)-f(a)}{g(b)-g(a)}=\frac{f'(c)}{g'(c)}$$

が成り立つ．

証明

$g(a) \neq g(b)$ が成り立つ．もし $g(a)=g(b)$ とすると，ロールの定理より $g'(x)=0$ をみたす x が存在することになり，すべての x に対して $g'(x) \neq 0$ であることに反する．

$$\frac{f(b)-f(a)}{g(b)-g(a)}=k$$

とおくと，

$$f(b)-f(a)-k\{g(b)-g(a)\}=0.$$

平均値の定理の証明と同じようにして，左辺の b を x でおきかえた関数を $p(x)$ とすると，

$$p(x)=f(x)-f(a)-k\{g(x)-g(a)\}$$

$p(a)=p(b)=0$ となり，$[a, b]$ で連続であるから，ロールの定理より (a, b) 内のある値 c について，$p'(c)=0$ が成り立つ．

$p'(x)=f'(x)-kg'(x)$　に $x=c$ を代入して　$f'(c)-kg'(c)=0$

したがって，$k=\dfrac{f'(c)}{g'(c)}$ を得る．■

Memo　$g(x)=x$ のとき，$g(b)-g(a)=b-a$，$g'(c)=1$ であるから，

$$\frac{f(b)-f(a)}{b-a}=f'(c)$$

となる．

また，$\dfrac{f(b)-f(a)}{g(b)-g(a)}$ は $\dfrac{\dfrac{f(b)-f(a)}{b-a}}{\dfrac{g(b)-g(a)}{b-a}}$ と変形でき，コーシーの定理は分子，分母それぞれに平均値の定理を適用した形になっている．

このように，コーシーの定理は，平均値の定理の拡張になっている．

❹ ロピタルの定理

関数 $f(x), g(x)$ が $\lim_{x \to a} f(x) = \lim_{x \to a} g(x) = 0$ あるいは $\lim_{x \to a} f(x) = \lim_{x \to a} g(x) = +\infty$ であるとき，$\lim_{x \to a} \frac{f'(x)}{g'(x)}$ が存在すれば，

$$\lim_{x \to a} \frac{f(x)}{g(x)} = \lim_{x \to a} \frac{f'(x)}{g'(x)}$$

が成り立つ．

証明　$f(a) = g(a) = 0$ であり，$b = a + h$ とおくと，コーシーの定理から，

$$\frac{f(a+h)}{g(a+h)} = \frac{f(a+h) - f(a)}{g(a+h) - g(a)} = \frac{f'(c)}{g'(c)} \qquad (a < c < a + h)$$

$a + h = x$ とおくと，

$$\frac{f(x)}{g(x)} = \frac{f'(c)}{g'(c)} \qquad (a < c < x)$$

$h \to 0$ のとき，$x \to a$，$c \to a$ であり，$\lim_{x \to a} \frac{f'(x)}{g'(x)}$ が存在することから，

$$\lim_{x \to a} \frac{f(x)}{g(x)} = \lim_{x \to a} \frac{f'(x)}{g'(x)}$$

が成り立つ．■

《注意》1.　a を $+\infty$ あるいは $-\infty$ におきかえても成り立つ．

《注意》2.　$\frac{0}{0}$，$\frac{\infty}{\infty}$ の不定形のとき，ロピタルの定理が適用される．その他の不定形の場合 $\frac{0}{0}$ や $\pm\frac{\infty}{\infty}$ に変形してロピタルの定理が適用できることがある．

例えば，$x\log x$ は $x = 0$ のとき不定形 $0 \cdot (-\infty)$ であるが，これを $\dfrac{x}{\frac{1}{\log x}}$ や $\dfrac{\log x}{\frac{1}{x}}$ に変形すればそれぞれ $\frac{0}{0}$，$\frac{-\infty}{\infty}$ の形になる．

例

・$\lim_{x \to 0} \frac{\sin x}{x} = \lim_{x \to 0} \frac{(\sin x)'}{(x)'} = \lim_{x \to 0} \frac{\cos x}{1} = 1$

・$\lim_{x \to 1} \frac{x^2 - 3x + 2}{x^2 + 2x - 3} = \lim_{x \to 1} \frac{(x^2 - 3x + 2)'}{(x^2 + 2x - 3)'} = \lim_{x \to 1} \frac{2x - 3}{2x + 2} = -\frac{1}{4}$

3 テイラーの定理（問題 4-7）

ロールの定理をもとにして，解析学で大切なテイラーの定理を学ぶ．テイラーの定理は「関数を多項式で表現する」という意味できわめて重要である．様々な関数の相関関係をつかもうとするとき，与えられた関数を

$$a_0 + a_1x + a_2x^2 + \cdots$$

とべき級数展開し，近似しようとする．べき級数展開したものを調べることで，もとの関数の性質をつかむことができる．x がどのような範囲でうまく近似できるかが重要問題である．

❶ テイラーの定理

平均値の定理は，$f'(x)$ が区間 $[a, b]$ で連続のとき，ロールの定理より，

$f(b) = f(a) + k(b-a) \rightarrow k = f'(c) \quad (a < c < b)$ と決定できた．

この性質を同じ考え方で拡張してみる．

$$f(b) = f(a) + f'(a)(b-a) + k(b-a)^2 \rightarrow k = \frac{f''(c)}{2} \quad (a < c < b)$$

と決定できる．

この考え方をさらに拡張して，$f'(x), f''(x), \cdots, f^{(n)}(x)$ が区間 $[a, b]$ で連続のとき，次のテイラーの定理が成り立つ．

関数 $f(x)$ の高次導関数 $f^{(n)}(x)$ が区間 $[a, b]$ で連続であるとき，区間 (a, b) 内のある値 c に対して，次の式が成り立つ．

$$f(b) = f(a) + f'(a)(b-a) + \frac{f''(a)}{2!}(b-a)^2 + \cdots + \frac{f^{(n-1)}(a)}{(n-1)!}(b-a)^{n-1} + R_n$$

$$R_n = \frac{(b-a)^n}{n!}f^{(n)}(c) \qquad (a < c < b)$$

Memo　上記公式の右辺で最後の項だけは，他の項と違って a の代りに a と x との中間値 c に対する導関数 $f^{(n)}(c)$ の値が書いてある．この最後の項はラグランジュの**剰余項**とよばれ，これは $f(b)$ と $f(a) + f'(a)(b-a) + \cdots + \dfrac{f^{(n-1)}(a)}{(n-1)!}(b-a)^{n-1}$ との**誤差**を表している．$c = a + \theta(b-a) \quad (0 < \theta < 1)$ と書くこともある．

p. 59 のテイラーの定理で $b = x$ とおくと，

$$f(x) = f(a) + f'(a)(x-a) + \frac{f''(a)}{2!}(x-a)^2 + \cdots + \frac{f^{(n-1)}(a)}{(n-1)!}(x-a)^{n-1} + \frac{f^{(n)}(c)}{n!}(x-a)^n$$

$$a < c < x \quad \cdots ⊛$$

問題の核心は，$R_n = \dfrac{f^{(n)}(c)}{n!}(x-a)^n$ となる c が a と x の間に存在することの証明である．

証明

$$F(x) = f(x) - \underbrace{\left\{f(a) + (x-a)\frac{f'(a)}{1!} + \cdots + (x-a)^{n-1}\frac{f^{(n-1)}(a)}{(n-1)!}\right\}}$$

と置く（$F(x)$ が $R_n(x)$ である）．

仮定より，$F(x)$ は n 階まで微分可能で，計算してわかるように，

$$\begin{cases} F(a) = F'(a) = \cdots = F^{(n-1)}(a) = 0 \\ F^{(n)}(x) = f^{(n)}(x) \end{cases} \quad \cdots ①$$

〔注〕 〰〰 は n 回微分すると 0 になる．

が成り立つ．

$G(x) = (x-a)^n$ とおき，コーシーの定理を $F(x)$ と $G(x)$ に適用すると，$F(a) = 0$，$G(a) = 0$ だから

$$\frac{F(x) - F(a)}{G(x) - G(a)} = \frac{F(x)}{(x-a)^n} = \frac{F'(x_1)}{n(x_1-a)^{n-1}}$$

分母，分子を x で微分．

x_1 は a と x の中間値である．同様に，$F'(a) = 0$，$G'(a) = 0$ から

$$\frac{F'(x_1)}{n(x_1-a)^{n-1}} = \frac{F''(x_2)}{n(n-1)(x_2-a)^{n-2}}$$

x_2 は a と x_1 の中間値，すなわち a と x との中間値である．

これは左辺に $F^{(n)}$ がでてくるところまで続けられるから，⊛によって，

$$\boldsymbol{\frac{F(x)}{(x-a)^n}} = \frac{F^{(n)}(c)}{n!} = \boldsymbol{\frac{f^{(n)}(c)}{n!}}$$

①より

を得る．ここで c は a と x との中間値である．

すなわち，

$$F(x) = \frac{f^{(n)}(c)}{n!}(x-a)^n \quad \blacksquare$$

$f(x)$ の定義域が0を含むとき，p.60の㊉式で，$a=0$ とおくと，

$$f(x) = f(0) + f'(0)x + \frac{f''(0)}{2!}x^2 + \cdots + \frac{f^{(n-1)}(0)}{(n-1)!}x^{n-1} + R_n$$

$$R_n = \frac{f^{(n)}(c)}{n!}x^n \qquad [c = \theta x,\ 0 < \theta < 1]$$

$$0 < c < x$$

が得られる．これを**マクローリンの定理**という．

Memo $f(x)$ を $x=a$ の関数値を基準に，$f(a), f'(a), f''(a), \cdots, f^{(n-1)}(a)$ で表そうとしたものが，テイラーの定理であり，x が十分小さい値のとき，$x=0$ の関数値を基準に表そうとしたものがマクローリンの定理である．

4 テイラー級数（問題 4-7, 8, 9, 10, 11, 12, 13）

❶ テイラー級数

テイラーの定理，マクローリンの定理で気になるのが剰余項 R_n の存在である．$\lim_{n\to\infty} R_n = 0$ ならば，$f(x)$ は x のべき級数として，無限級数で表せる．テイラーの定理（㊉）より，

$$R_n = f(x) - \left\{f(a) + f'(a)(x-a) + \frac{f''(a)}{2!}(x-a)^2 + \cdots + \frac{f^{(n-1)}(a)}{(n-1)!}(x-a)^{n-1}\right\}$$

であるから，$\lim_{n\to\infty} R_n = 0$ が成り立つならば，無限級数の収束の定義より，

$$f(x) = \lim_{n\to\infty}\left\{f(a) + f'(a)(x-a) + \frac{f''(a)}{2!}(x-a)^2 + \cdots + \frac{f^{(n)}(a)}{n!}(x-a)^n\right\}$$

よって，

$$f(x) = f(a) + f'(a)(x-a) + \frac{f''(a)}{2!}(x-a)^2 + \cdots + \frac{f^{(n)}(a)}{n!}(x-a)^n + \cdots$$

が得られる．無限級数で表されたこの式を $f(x)$ の**テイラー級数**といい，上式を求めることを「$f(x)$ を $x=a$ のまわりで**テイラー展開する**」という．

❷ マクローリン級数

p. 61 のテイラー級数の関係式で $a = 0$ を代入して,

$$f(x) = f(0) + f'(0)x + \frac{f''(0)}{2!}x^2 + \cdots + \frac{f^{(n)}(0)}{n!}x^n + \cdots$$

を**マクローリン級数**といい，上式を求めることを

「$f(x)$ を $x = 0$ のまわりで**マクローリン展開する**」という.

《注意》

これは関数 $f(x)$ の $x = 0$ における高次導関数の値を知れば，x における関数値 $f(x)$ を，x の級数の計算で求めることができることを示している．マクローリン展開は理論上でも数値計算の上でも重要である．$R_n \to 0$（$n \to \infty$）のとき，n を十分大きくとることによって，いくらでもよい近似値を求めることができる.

基本関数をマクローリン展開すると次のようになる.

収束半径を r とする.

(1) $e^x = 1 + x + \dfrac{x^2}{2!} + \dfrac{x^3}{3!} + \cdots + \dfrac{x^n}{n!} + \cdots$ 　$(-\infty < x < \infty)$，$r = \infty$

(2) $\sin x = x - \dfrac{x^3}{3!} + \dfrac{x^5}{5!} - \cdots + (-1)^{n-1}\dfrac{x^{2n-1}}{(2n-1)!} + \cdots$

$(-\infty < x < \infty)$，$r = \infty$

(3) $\cos x = 1 - \dfrac{x^2}{2!} + \dfrac{x^4}{4!} - \cdots + (-1)^n\dfrac{x^{2n}}{(2n)!} + \cdots$ 　$(-\infty < x < \infty)$，$r = \infty$

(4) $\log(1+x) = x - \dfrac{x^2}{2} + \dfrac{x^3}{3} - \dfrac{x^4}{4} + \cdots + \dfrac{(-1)^{n-1}}{n}x^n + \cdots$

$(-1 < x < 1)$，$r = 1$

➡（問題 4-7
練習問題 4-7）

❸ 近似値

マクローリンの定理の剰余項 R_n を除いた式は $x = 0$ のまわりの $n - 1$ 次の近似式で

誤差は　$|R_n| = \left|\dfrac{x^n}{n!}f^{(n)}(\theta x)\right|$

となる.

一般には $|R_n|$ の値よりやや大きい簡単な数値を求め，これを**誤差の限界**という．誤差の限界が小さいときの近似式は近似の程度が高いと考えられる.

問題 4-1 ▼n 次導関数(1)

次の関数の n 次導関数を求めよ.

(1) $y = x^{\alpha}$　　(2) $y = \sin x$

●考え方●

(1) $y', y'', \cdots$と求めて, $y^{(n)}$ を推測する. 帰納法で証明.

(2) $\boldsymbol{y' = \cos x}$, $y'' = -\sin x$, $y''' = -\cos x$, $y^{(4)} = \sin x$, $\boldsymbol{y^{(5)} = \cos x}$

となり, 周期性をもつ.

解答

(1) $y' = \alpha x^{\alpha-1}$, $y'' = \alpha\cdot(\alpha-1)x^{\alpha-2}$,

$y''' = \alpha\cdot(\alpha-1)\cdot(\alpha-2)\cdot x^{\alpha-3}$

$y^{(n)} = \alpha(\alpha-1)(\alpha-2)\cdots\cdots(\alpha-n+1)\cdot x^{\alpha-n}$ 答 ㋐

(∵) $n=1$ のとき, $y' = \alpha x^{\alpha-1}$ で成り立つ

$n=k$ のとき, 成り立つと仮定する.

すなわち,

$y^{(k)} = \alpha(\alpha-1)\cdots\cdots(\alpha-k+1)\cdot x^{\alpha-k}$

$n=k+1$ のとき,

$y^{(k+1)} = \alpha\cdot(\alpha-1)\cdots\cdots(\alpha-k+1)\cdot(\alpha-k)\cdot x^{\alpha-(k+1)}$

となり成り立つ.

(2) $y' = \cos x$, $y'' = -\sin x$, $y''' = -\cos x$, $y^{(4)} = \sin x$, $y^{(5)} = \cos x$

周期性をもち,

$$\begin{cases} n = 4k+1 \text{ のとき, } y^{(4k+1)} = \cos x \\ n = 4k+2 \text{ のとき, } y^{(4k+2)} = -\sin x \\ n = 4k+3 \text{ のとき, } y^{(4k+3)} = -\cos x \\ n = 4k \text{ のとき, } y^{(4k)} = \sin x \end{cases}$$ 答

(別解) 4通りに表すことなく, 1通りで表してみる.

$y' = \cos x = \sin\left(x+\frac{\pi}{2}\right)$, $y'' = \cos\left(x+\frac{\pi}{2}\right) = \sin\left(x+\frac{\pi}{2}+\frac{\pi}{2}\right) = \sin\left(x+2\cdot\frac{\pi}{2}\right)$ ㋑

$y''' = \cos\left(x+2\cdot\frac{\pi}{2}\right) = \sin\left(x+2\cdot\frac{\pi}{2}+\frac{\pi}{2}\right) = \sin\left(x+3\cdot\frac{\pi}{2}\right)$

$\cdots$, $y^{(n)} = \sin\left(x+\frac{n}{2}\pi\right)$ 答 ㋒

ポイント

㋐ 推測し, 帰納法で示す. 特に

・$\alpha = n$ のとき,

$y^{(n)} = n!$

・$\alpha = -1$ のとき,

$y^{(n)} = (-1)(-2)\cdots(-n)x^{-1-n} = (-1)^n\frac{n!}{x^{n+1}}$

㋑

$\sin\left(\theta+\frac{\pi}{2}\right) = \cos\theta$

㋒ 厳密には, 帰納法で示す.

$y^{(n)} = \sin\left(x+\frac{n}{2}\pi\right)$

練習問題 4-1

解答 p. 214

(1) $y = \cos x$　　(2) $y = \log x$ の n 次導関数を求めよ.

問題 4-[2] ▼ n 次導関数(2)

(1) $y=x^2\cdot e^{-x}$ の n 次導関数を求めよ.

(2) $y=e^x\sin x$ のとき, $y^{(n)}=(\sqrt{2})^n e^x\sin\left(x+\dfrac{n\pi}{4}\right)$

が成り立つことを示せ.

●考え方●

(1) $f=e^{-x}$, $g=x^2$ とおくと, $(f\cdot g)^{(n)}$. ライプニッツの公式の利用.

(2) 数学的帰納法の適用.

解答

(1) $f=e^{-x}$, $g=x^2$ とおくと,

$f'=-e^{-x}$, $f^{(2)}=(-1)^2e^{-x}$, $f^{(3)}=(-1)^3e^{-x}$, $\cdots$, $f^{(k)}=(-1)^ke^{-x}$

$g'=2x$, $g''=2$, $g^{(3)}=0$ ㋐, $\cdots$

ライプニッツの公式を用いると,

$$y^{(n)}=\sum_{k=0}^{n}{}_n\mathrm{C}_k f^{(n-k)}\cdot g^{(k)} \text{ ㋑}$$

$$={}_n\mathrm{C}_0 f^{(n)}\cdot g^0 \text{ ㋒}+{}_n\mathrm{C}_1 f^{(n-1)}\cdot g^{(1)} \text{ ㋓}+{}_n\mathrm{C}_2 f^{(n-2)}\cdot g^{(2)} \text{ ㋔}$$

$$=(-1)^ne^{-x}\cdot x^2+n(-1)^{n-1}e^{-x}\cdot(2x)+\frac{n\cdot(n-1)}{2}\cdot(-1)^{n-2}e^{-x}\cdot 2$$

$$=(-1)^ne^{-x}\{x^2-2nx+n(n-1)\}$$ 答

(2) $n=1$ のとき, $y'=(e^x)'\cdot\sin x+e^x\cdot(\sin x)'=e^x(\sin x+\cos x)$ ㋕ $=\sqrt{2}e^x\sin\left(x+\dfrac{\pi}{4}\right)$ となり成り立つ.

$n=k$ のとき成り立つと仮定する.

$n=k+1$ のとき,

$$y^{(k+1)}=(y^{(k)})'=(\sqrt{2})^k\cdot\left\{e^x\sin\left(x+\frac{k\pi}{4}\right)\right\}'$$

$$=(\sqrt{2})^k\cdot e^x\left\{\sin\left(x+\frac{k\pi}{4}\right)+\cos\left(x+\frac{k\pi}{4}\right)\right\} \text{ ㋖}$$

$$=(\sqrt{2})^{k+1}e^x\sin\left(x+\frac{k+1}{4}\pi\right)$$

$n=k+1$ のときも成り立ち, すべての自然数 n で成り立つ. ■

ポイント

㋐ $g^{(k)}=0$ $(k\geqq 3)$

㋑ $k\geqq 3$ は $g^{(k)}=0$ より $k=0,1,2$ の 3 項のみになる.

㋒ $\begin{cases} f^{(n)}=(-1)^ne^{-x} \\ g^{(0)}=x^2 \end{cases}$

㋓ $\begin{cases} f^{(n-1)}=(-1)^{n-1}e^{-x} \\ g^{(1)}=2x \end{cases}$

㋔ $\begin{cases} f^{(n-2)}=(-1)^{n-2}e^{-x} \\ g^{(2)}=2 \end{cases}$

㋕ 合成公式より, $\sin x+\cos x=\sqrt{2}\sin\left(x+\dfrac{\pi}{4}\right)$.

㋖ 合成公式より, $=\sqrt{2}\sin\left(x+\dfrac{k}{4}\pi+\dfrac{\pi}{4}\right)=\sqrt{2}\sin\left(x+\dfrac{k+1}{4}\pi\right)$.

練習問題 4-2

解答 p. 214

$y=(\log x)^2$ のとき, $x^{(n+1)}y^{(n+1)}+nx^ny^{(n)}+(-1)^n\cdot 2(n-1)!=0$ をみたすことを示せ.

問題 4-3 ▼n 次導関数(3)

$f(x) = \sin^{-1}x$ とするとき，

(1) $f''(x)(1-x^2) - f'(x)x = 0$ を導け．

(2) $f^n(0)$ を求めよ．

●考え方●

(1) $f'(x) = \dfrac{1}{\sqrt{1-x^2}} \Leftrightarrow \sqrt{1-x^2}f'(x) = 1$ の辺々を x で微分する．

(2) $f''(x)\cdot(1-x^2)$ で $u = f^2(x), v = 1-x^2$ とおく．$(uv)^{(n)}$ はライプニッツの公式．

解答

(1) $f(x) = \sin^{-1}x$ のとき，$f'(x) = \dfrac{1}{\sqrt{1-x^2}}$ ㋐ $\Leftrightarrow$

$\sqrt{1-x^2}f'(x) = 1$ の辺々を x で微分すると，

$f''(x)\sqrt{1-x^2} - f'(x)\cdot\dfrac{x}{\sqrt{1-x^2}} = 0$ ㋑

$\therefore\ f''(x)(1-x^2) - f'(x)x = 0$

(2) (1)より $\boxed{y^{(2)}(1-x^2) - y^{(1)}x = 0}$.…㊟ $u = y^{(2)}$，$v=1-x^2$ とおくと，$u'=y^{(3)}$，$u''=y^{(4)}$，…，$u^{(n)} = y^{(n+2)}$

$v' = -2x$，$v'' = -2$，$v^{(3)} = 0$… ㋒ となり，ライプニッツの公式より ㋓，

$$\{y^{(2)}\cdot(1-x^2)\}^{(n)} = (u\cdot v)^{(n)}$$
$$= u^{(n)}\cdot v^{(0)} + nu^{(n-1)}\cdot v^{(1)} + \frac{n(n-1)}{2}u^{(n-2)}\cdot v^{(2)}$$
$$= y^{(n+2)}\cdot(1-x^2) + ny^{(n+1)}\cdot(-2x) + \frac{n(n-1)}{2}y^{(n)}(-2)$$
$$= (1-x^2)y^{(n+2)} - 2ny^{(n+1)}\cdot x - n(n-1)y^{(n)} \quad ㋔$$

同様に，

$\{y^{(1)}x\}^{(n)} = y^{(n+1)}\cdot x + n\cdot y^{(n)}$ ㋕　㊟を n 回微分した式に㋔，㋕を代入して，

$\therefore\ (1-x^2)f^{(n+2)}(x) - (2n+1)xf^{(n+1)}(x) - n^2f^{(n)}(x) = 0$

上式で $x = 0$ とおくと，$f^{(n+2)}(0) = n^2f^{(n)}(0)$ ㋖

$f^0(0) = 0$，$f^{(1)}(0) = 1$ であるから

$$\left.\begin{aligned} f^{(2n)}(0) &= 0 \\ f^{(2n+1)}(0) &= 1^2\cdot3^2\cdot5^2\cdots(2n-1)^2\cdot f^{(1)}(0) = 1^2\cdot3^2\cdot5^2\cdots(2n-1)^2 \end{aligned}\right\}$$ 答

ポイント

㋐ p. 42

㋑ 辺々に $\sqrt{1-x^2}$ を乗じる．

㋒ $n \geqq 3$ で $v^{(n)} = 0$

㋓ p. 54

$(u\cdot v)^{(n)} = \sum_{k=0}^{n} {}_nC_k\, u^{(n-k)}\cdot v^{(k)}$

㋔ ㋕を $\{y^{(2)}(1-x^2)\}^{(n)} - \{y^{(1)}x\}^{(n)}$ に代入して整理．

㋖ 漸化式 n が 2 つずつ下がっていく．

$f^0(0) = 0$

$f^{(1)}(0) = 1$

まで下げていく．n は偶，奇の場合分けが必要．

練習問題 4-3

解答 p. 215

$f(x) = \tan^{-1}x$ とするとき，$f^{(n)}(0)$ を求めよ．

問題 4-[4] ▼平均値の定理，コーシーの定理

次の関数について，平均値の定理

$$f(a+h)=f(a)+hf'(c) \qquad \cdots ㊍$$

をみたす $c(a<c<a+h)$ を求めよ．

また，$c=a+\theta h\ (0<\theta<1)$ とおくとき，$\lim_{h\to 0}\theta$ を求めよ．

(1) $f(x)=5x^2$　　(2) $f(x)=e^x$

●考え方●

㊍をみたす c を求め，$c=a+\theta h$ をみたす θ を決定する．

解答

(1) $f'(x)=10x$.

$f(a+h)=f(a)+hf'(c)$

$\Leftrightarrow \underline{5(a+h)^2=5a^2+h(10c)}_{㋐}$

$\Leftrightarrow 10ah+5h^2=10hc$

$h>0$ より，$c=a+\dfrac{1}{2}h$ 答

次に θ は，

$a+\theta h=a+\dfrac{1}{2}h$，$\theta=\dfrac{1}{2}$　$\therefore \lim_{h\to 0}\theta=\dfrac{1}{2}$ 答

(2) $f'(x)=e^x$

$f(a+h)=f(a)+hf'(c)$

$\Leftrightarrow e^{a+h}=e^a+he^c$，$e^c=\dfrac{e^a(e^h-1)}{h}$

$\therefore\ c=\log\dfrac{e^a(e^h-1)}{h}=a+\log\dfrac{e^h-1}{h}$ 答

次に θ は，

$a+\theta h=a+\log\dfrac{e^h-1}{h}$，$\theta=\dfrac{\log\dfrac{e^h-1}{h}}{h}$

$\underline{\lim_{h\to 0}\dfrac{\log\dfrac{e^h-1}{h}}{h}}_{㋑}=\lim_{h\to 0}\dfrac{\{\log(e^h-1)-\log h\}'}{\{h\}'}$

$=\lim_{h\to 0}\left(\dfrac{e^h}{e^h-1}-\dfrac{1}{h}\right)=\underline{\lim_{h\to 0}\dfrac{he^h-(e^h-1)}{h(e^h-1)}}_{㋒}$

$=\underline{\lim_{h\to 0}\dfrac{he^h}{e^h-1+he^h}}_{㋓}=\lim_{h\to 0}\dfrac{e^h(h+1)}{e^h(h+2)}=\dfrac{1}{2}$ 答

ポイント

㋐ $5(a^2+2ah+h^2)=5a^2+10hc$

$\Leftrightarrow 10ah+5h^2=10hc$

㋑ $\dfrac{0}{0}$：不定形.

ロピタルの定理 p. 58 を活用

$\lim_{h\to 0}\dfrac{\log\dfrac{e^h-1}{h}}{h}$

$=\lim_{h\to 0}\dfrac{\left(\log\dfrac{e^h-1}{h}\right)'}{(h)'}$

㋒ $\dfrac{0}{0}$：不定形.

ロピタルの定理適用

$\{he^h-(e^h-1)\}'$

$=e^h+he^h-e^h$

$=he^h$

$\{h(e^h-1)\}'$

$=e^h-1+he^h$

㋓ ロピタルの定理.

$\dfrac{(he^h)'}{(e^h-1+he^h)'}=\dfrac{e^h(h+1)}{e^h(h+2)}$

練習問題　4-4　解答 p. 215

$f(x)=x^3$，$g(x)=x^2$ とするとき，コーシーの定理における c を a, b の式で表し，$\lim_{b\to a}\dfrac{c-a}{b-a}$ を求めよ．

問題 4-5 ▼ロピタルの定理(1)

ロピタルの定理を用いて，次の極限値を求めよ．

(1) $\displaystyle\lim_{x\to\infty}\frac{x^k}{e^x}$　$(k>0)$　(2) $\displaystyle\lim_{x\to\infty}\frac{\log x}{x^k}$　$(k>0)$　(3) $\displaystyle\lim_{x\to 0}\left(\frac{a^x+b^x}{2}\right)^{\frac{1}{x}}$

●考え方●

(1) $\dfrac{\infty}{\infty}$：不定形，ロピタルの定理適用，(2) $\dfrac{\infty}{\infty}$：不定形，ロピタルの定理適用．

(3) $y=\left(\dfrac{a^x+b^x}{2}\right)^{\frac{1}{x}}$ とおくと，$\log y=\dfrac{\log\dfrac{a^x+b^x}{2}}{x}$．右辺 $\dfrac{0}{0}$：不定形，ロピタルの定理．

解答

(1) 自然数 $n>k$ をとり，$\displaystyle\lim_{x\to\infty}\frac{x^n}{e^x}=0$ を示せば十分である．$u=x^n$，$v=e^x$ とおくと，$(u)^{(n)}=n!$，$(v)^{(n)}=e^x$ となるから，ロピタルの定理を用いて，

$$\lim_{x\to\infty}\frac{x^n}{e^x}=\lim_{x\to\infty}\frac{u^{(n)}}{v^{(n)}}=\lim_{x\to\infty}\frac{n!}{e^x}=0\quad\therefore\ \lim_{x\to\infty}\frac{x^k}{e^x}=0$$ 答

(2) ロピタルの定理を用いて，

$$\lim_{x\to\infty}\frac{\log x}{x^k}=\lim_{x\to\infty}\frac{(\log x)'}{(x^k)'}=\lim_{x\to\infty}\frac{1}{kx^k}=0$$ 答

(3) $y=\left(\dfrac{a^x+b^x}{2}\right)^{\frac{1}{x}}\Leftrightarrow\log y=\dfrac{\log\left(\dfrac{a^x+b^x}{2}\right)}{x}$

$$\lim_{x\to 0}\log y=\lim_{x\to 0}\frac{\log\left(\dfrac{a^x+b^x}{2}\right)}{x}=\lim_{x\to 0}\frac{\left\{\log\left(\dfrac{a^x+b^x}{2}\right)\right\}'}{(x)'}$$

$$=\lim_{x\to 0}\frac{(\log a)a^x+(\log b)b^x}{a^x+b^x}=\frac{\log a+\log b}{2}=\log\sqrt{ab}$$

よって，$\displaystyle\lim_{x\to 0}\log y=\log\sqrt{ab}$ となり，

$$\therefore\ \lim_{x\to 0}\left(\frac{a^x+b^x}{2}\right)^{\frac{1}{x}}=\sqrt{ab}$$ 答

ポイント

㋐
$$0<\frac{x^k}{e^x}<\frac{x^n}{e^x}$$
$x\to\infty$ で右辺 $\to 0$
はさみうちの原理より
$$\lim_{x\to\infty}\frac{x^k}{e^x}=0$$

㋑ $x\to 0$ で 1^∞ から log を施し $\dfrac{\infty}{\infty}$ の形へ！
ロピタルの定理が使える形にする．

㋒
$$\left\{\log\left(\frac{a^x+b^x}{2}\right)\right\}'=\frac{2}{a^x+b^x}\left\{\frac{(a^x)'+(b^x)'}{2}\right\}=\frac{(\log a)a^x+(\log b)(b^x)}{a^x+b^x}$$

練習問題　4-5　解答 p. 215

ロピタルの定理を用いて，次の極限値を求めよ．

(1) $\displaystyle\lim_{x\to\infty}x\left(\frac{\pi}{2}-\tan^{-1}x\right)$　(2) $\displaystyle\lim_{x\to\infty}\left(\frac{\log x}{x}\right)^{\frac{1}{x}}$

問題 4-6 ▼ロピタルの定理(2)

ロピタルの定理を用いて，次の極限値を求めよ．

(1) $\displaystyle\lim_{x\to 0}\frac{\sinh(\sin^{-1}x)}{x}$　(2) $\displaystyle\lim_{x\to 0}\frac{\sinh(\tan^{-1}x)}{x}$　(3) $\displaystyle\lim_{x\to 1}\frac{1-x+\log x}{1-\sqrt{2x-x^2}}$

●考え方●

(1) $\theta=\sin^{-1}x$ とおくと，$x=\sin\theta$．$x\to 0$ のとき，$\theta\to 0$

(与式) $=\displaystyle\lim_{\theta\to 0}\frac{\sinh\theta}{\sin\theta}$，$\dfrac{0}{0}$：不定形である．ロピタルの定理活用．

(2) $\theta=\tan^{-1}x$ とおくと，$x=\tan\theta$．$x\to 0$ のとき，$\theta\to 0$

(3) $\dfrac{0}{0}$：不定形である．ロピタルの定理活用．

解答

(1) $\sin^{-1}x=\theta\left(-\dfrac{\pi}{2}\leqq\theta\leqq\dfrac{\pi}{2}\right)$ とおくと，$x=\sin\theta$

$x\to 0$ のとき，$\theta\to 0$

(与式) $=\displaystyle\lim_{\theta\to 0}\frac{\sinh\theta}{\sin\theta}=\lim_{\theta\to 0}\frac{(\sinh\theta)'}{(\sin\theta)'}=\lim_{\theta\to 0}\frac{\cosh\theta}{\cos\theta}=1$ 答 ㋐

(2) $\tan^{-1}x=\theta\left(-\dfrac{\pi}{2}<\theta<\dfrac{\pi}{2}\right)$ とおくと，$x=\tan\theta$

$x\to 0$ のとき，$\theta\to 0$

(与式) $=\displaystyle\lim_{\theta\to 0}\frac{\sinh\theta}{\tan\theta}$ ㋑ $=\displaystyle\lim_{\theta\to 0}\frac{(\sinh\theta)'}{(\tan\theta)'}=\lim_{\theta\to 0}\frac{\cosh\theta}{\dfrac{1}{\cos^2\theta}}=1$ 答

(3) $\displaystyle\lim_{x\to 1}\frac{1-x+\log x}{1-\sqrt{2x-x^2}}$ ㋒ $=\displaystyle\lim_{x\to 1}\frac{(1-x+\log x)'}{(1-\sqrt{2x-x^2})'}=\lim_{x\to 1}\frac{-1+\dfrac{1}{x}}{-\dfrac{1-x}{\sqrt{2x-x^2}}}$ ㋓

$=\displaystyle\lim_{x\to 1}\frac{(1-x)}{-\dfrac{x(1-x)}{\sqrt{2x-x^2}}}=-\lim_{x\to 1}\frac{\sqrt{2x-x^2}}{x}=-1$ 答

ポイント

㋐ $(\sinh\theta)'=\cosh\theta$ (p. 43)

$\cosh\theta=\dfrac{1}{2}(e^{\theta}+e^{-\theta})$

$\displaystyle\lim_{\theta\to 0}\cosh\theta=1$

㋑ $\dfrac{0}{0}$：不定形

ロピタルの定理活用．

㋒ $\dfrac{0}{0}$：不定形

ロピタルの定理活用．

㋓ 分母，分子に x を乗じる．

練習問題 4-6 解答 p. 215

次の極限値を求めよ．(1) $\displaystyle\lim_{x\to 1}\frac{x^x-x}{x-1-\log x}$　(2) $\displaystyle\lim_{x\to 1}\frac{\log\cos(x-1)}{1-\sin\dfrac{\pi}{2}x}$

問題 4-7 ▼テイラー展開，マクローリン展開(1)

(1) $f(x)$ は $x=a$ を含む区間 $[x-a,\ x+a]$ で何回でも微分可能で，

$$|f^{(n)}(x)| \leqq M \quad (|x-a| \leqq h,\ n=1,2,\cdots)$$

となる M が存在すれば，$\lim_{n\to\infty} R_n = \lim_{n\to\infty} \frac{f^{(n)}(c)}{n!}(x-a)^n = 0$ $(c = a + \theta(x-a)\ 0<\theta<1)$ となり，$x=a$ でテイラー展開が可能であることを示せ．

(2) 次の関数がマクローリン展開が可能であることを示して，マクローリン展開せよ．

$$f(x) = e^x$$

●考え方●

(1) $\lim_{n\to\infty}|R_n|$ を調べる．p. 25 の**練習問題 2-2** (2) より $\lim_{n\to\infty}\frac{a^n}{n!}=0\ (a>0)$ が成り立つ．

(2) (1) の a を $a=0$ とおき，$h>0$ のとき，$|x|<h$ となる x で，$|f^{(n)}(x)|$ の有界性を示す．

解答

(1) $R_n = \frac{f^{(n)}(c)}{n!}(x-a)^n\quad (c=a+\theta(x-a),\ 0<\theta<1)$

$|R_n| = |f^{(n)}(c)|\cdot\frac{|x-a|^n}{n!} \leqq M\cdot\underbrace{\frac{|x-a|^n}{n!}}_{㋐},\quad \lim_{n\to\infty}|R_n|=0$

$\therefore \lim_{n\to\infty}R_n=0$ となり，$x=a$ でテイラー展開可能．

(2) $f(x)=e^x$，$\underbrace{f^{(n)}(x)=e^x}_{㋑}$，$f^{(n)}(0)=1$

$h>0$ のとき，$\underbrace{|x|<h \text{ なる } x \text{ で } |f^{(n)}(x)|=|e^x|<e^h}_{㋒}$

よって，$\lim_{n\to\infty}|R_n| < \lim_{n\to\infty}e^h\cdot\frac{x^n}{n!}=0 \quad \therefore \lim_{n\to\infty}R_n=0$

となり，マクローリン展開できる．

$$\therefore e^x = 1 + x + \frac{x^2}{2!} + \frac{x^3}{3!} + \cdots + \frac{x^n}{n!} + \cdots$$ 答

ポイント

㋐ p. 25 の**練習問題 2-2** (2) より，

$\lim_{n\to\infty}\frac{|x-a|^n}{n!}=0$

㋑ p. 54

㋒ $x=0$ は $-h<x<h$ の区間に含まれる．
e^h は有限の値．
これが(1)の M にあたる．
はさみうちの原理より，
$\lim_{n\to\infty}|R_n|=0$ となる．

練習問題 4-7　解答 p. 216

次の各々の関数がマクローリン展開可能であることを示して，マクローリン展開せよ．

(1) $f(x)=\sin x$　　(2) $f(x)=\cos x$

問題 4-8 ▼マクローリン展開(2)

$$f(x) = (1+x)^a \quad (a\text{は実数})$$

は $|x|<1$ の範囲でマクローリン展開できることを示し，マクローリン展開をせよ．

●考え方●

$f(x)$ がべき級数に展開されたと仮定すると，

$$\boxed{f(x) = f(0) + f'(0)x + \frac{f''(0)}{2!}x^2 + \cdots + \frac{f^n(0)}{n!}x^n + \cdots} \circledast$$

（収束半径を r とすると，$|x|<r$）

こうなるための x の範囲を p. 23 のダランベールの判定法より求める．

$f(x) = (1+x)^a$ の n 次導関数 $f^{(n)}(x)$ は p. 63 問題 4-1 (1) $y = x^\alpha$ を参照．

解答

$f^{(n)}(x)$ ㋐ $= a(a-1)(a-2)\cdots(a-n+1)(1+x)^{a-n}$

となるから，

$$f^{(n)}(0) = a(a-1)(a-2)\cdots(a-n+1)$$

したがって，収束半径を r とすると，$|x|<r$ をみたす x に対して，

$$f(x) ㋑ = 1 + ax + \frac{a(a-1)}{2!}x^2 + \frac{a(a-1)(a-2)}{3!}x^3 + \cdots + \frac{a(a-1)\cdots(a-n+1)}{n!}x^n + \cdots ㋒$$

が成り立つ．r を決めるために，ダランベールの判定法を用いると，㋒

$$\lambda = \lim_{n\to\infty}\left|\frac{a(a-1)\cdots(a-n)}{(n+1)!}\cdot\frac{n!}{a(a-1)\cdots(a-n+1)}\right|$$

$$= \lim_{n\to\infty}\left|\frac{a-n}{n+1}\right| = \lim_{n\to\infty}\left|\frac{\frac{a}{n}-1}{1+\frac{1}{n}}\right| = 1$$

よって，収束半径 r は，$r = \dfrac{1}{\lambda} = 1$ で $|x|<1$ となる x で，㋓ 上の級数は収束する．すなわち，

$$(1+x)^a = 1 + ax + \frac{a(a-1)}{2!}x^2 + \cdots + \frac{a(a-1)\cdots(a-n+1)}{n!}x^n + \cdots \qquad (|x|<1)$$

ポイント

㋐ p. 63 と同じ．
$f'(x) = a(1+x)^{a-1}$
$f''(x) = a(a-1)(1+x)^{a-2}$
⋮
厳密には帰納法で示す．

㋑ ㊀に $f^{(n)}(0)$ をあてはめる．

㋒ p. 23
$b_n = \dfrac{a(a-1)\cdots(a-n+1)}{n!}$ とおき，
$\lim_{n\to\infty}\left|\dfrac{b_{n+1}}{b_n}\right| = \lambda$ を求める．

㋓ このべき級数は $x=1$ のときも収束する．〔注意〕

この展開を**2 項展開**という．a が自然数 n のときが 2 項定理で，この展開が 2 項定理の拡張になっている．

練習問題 4-8 解答 p. 216

$f(x) = \log(1+x)$ は $|x|<1$ の範囲でマクローリン展開できることを示し，マクローリン展開をせよ．

問題 4-9 ▼マクローリン展開(3)

p. 70 の $f(x)=\log(1+x)$, $f(x)=(1+x)^a$ のマクローリン展開を利用して，次の関数をべき級数に展開せよ．

(1) $\log(1-x+x^2)$　$(|x|<1)$　　(2) $\dfrac{1}{\sqrt{1+x}}$　$(|x|<1)$

●考え方●

(1) $x^3+1=(x+1)(x^2-x+1)$ から $1-x+x^2=\dfrac{1+x^3}{1+x}$ と変形できる．

$\log(1-x+x^2)=\log(1+x^3)-\log(1+x)$,　$\log(1+x^3)$,　$\log(1+x)$ は $|x|<1$ となるとき，べき級数に展開できる．

(2) $(1+x)^{-\frac{1}{2}}$, $(1+x)^a$ の展開式に $a=-\dfrac{1}{2}$ を代入．

解答

(1) $\log(1-x+x^2)=\log(1+x^3)-\underset{㋐}{\log(1+x)}$

$|x|<1$ の範囲で，べき級数に展開でき，

$$\log(1+x)=x-\frac{x^2}{2}+\frac{x^3}{3}-\cdots+(-1)^{n-1}\frac{x^n}{n}+\cdots$$

$$\underset{㋑}{\log(1+x^3)}=x^3-\frac{x^6}{2}+\frac{x^9}{3}-\cdots+(-1)^{n-1}\frac{x^{3n}}{n}+\cdots$$

2 式の辺々を引いて，

$$\log(1-x+x^2)=\log(1+x^3)-\log(1+x)$$
$$=-x+\frac{x^2}{2}+\frac{2}{3}x^3+\frac{x^4}{4}-\frac{x^5}{5}-\frac{x^6}{3}-\cdots$$ 答

(2) $|x|<1$ の範囲で，べき級数に展開でき，

$$\underset{㋒}{(1+x)^a}=1+ax+\frac{a(a-1)}{2!}x^2+\cdots+\underset{㋓}{\frac{a(a-1)\cdots(a-n+1)}{n!}}x^n+\cdots$$

に $a=-\dfrac{1}{2}$ を代入して，

$$\frac{1}{\sqrt{1+x}}=1-\frac{1}{2}x+\frac{1\cdot3}{2\cdot4}x^2-\frac{1\cdot3\cdot5}{2\cdot4\cdot6}x^3+\cdots+\underset{㋓}{(-1)^n\frac{1\cdot3\cdot5\cdots(2n-1)}{2\cdot4\cdot6\cdots(2n)}}x^n+\cdots$$ 答

ポイント

㋐ 練習問題 **4-8** (p. 70) より，$|x|<1$ のとき，

$\log(1+x)=$
$x-\dfrac{x^2}{2}+\cdots+(-1)^{n-1}\dfrac{x^n}{n}+\cdots$

㋑ $\log(1+x)$ の x に x^3 を代入する．

㋒ p. 70 問題 4-8

㋓
$$\frac{\left(-\frac{1}{2}\right)\cdot\left(-\frac{3}{2}\right)\cdots\left(-\frac{2n-1}{2}\right)}{n!}$$
$$=(-1)^n\frac{1\cdot3\cdot5\cdots(2n-1)}{2\cdot4\cdot6\cdots(2n)}$$

練習問題　4-9　　解答 p. 217

(1) $f(x)=\sin x$ のマクローリン展開式（p. 62）を利用して，$\sin^3 x$ をべき級数に展開せよ．

(2) $\dfrac{1}{(1-x)^2}$ をべき級数に展開せよ．

問題 4-10 ▼マクローリン展開(4)

(1) $f(x)$ は何回でも微分可能とする．$f'(x)$ のマクローリン展開が

$$f'(x) = a_0 + a_1x + a_2x^2 + \cdots + a_nx^n + \cdots \qquad \cdots ⊛$$

であったとき，$f(x)$ のマクローリン展開は

$$f(x) = f(0) + \left(a_0x + \frac{1}{2}a_1x^2 + \frac{1}{3}a_2x^3 + \cdots + \frac{a_n}{n+1}x^{n+1} + \cdots\right)$$ となることを示せ．

(2) (1)を用いて $f(x) = \sin^{-1}x$ ($|x| < 1$) をマクローリン展開せよ．

●考え方●

(1) ⊛の辺々を 0 から x ($|x| < 1$) まで積分する．

(2) $f'(x) = \dfrac{1}{\sqrt{1-x^2}} = (1-x^2)^{-\frac{1}{2}}$ ($|x| < 1$) p. 42，$(1-x^2)^{-\frac{1}{2}}$ のマクローリン展開は $(1+x)^a$ のマクローリン展開式を利用する．

解答

(1) ⊛の辺々を 0 から x ($|x| < 1$) まで積分すると，

$$\int_0^x f'(x)\,dx = \int_0^x (a_0 + a_1x + a_2x^2 + \cdots + a_nx^n + \cdots)\,dx$$

$$\underbrace{[f(x)]_0^x}_{㋐} = \left[a_0x + \frac{a_1}{2}x^2 + \frac{a_2}{3}x^3 + \cdots + \frac{a_n}{n+1}x^{n+1} + \cdots\right]_0^x$$

$$\underbrace{f(x)}_{㋑} = f(0) + \left(a_0x + \frac{1}{2}a_1x^2 + \frac{1}{3}a_2x^3 + \cdots + \frac{a_n}{n+1}x^{n+1} + \cdots\right)$$

(2) $f'(x) = \dfrac{1}{\sqrt{1-x^2}} = (1-x^2)^{-\frac{1}{2}}$ ($|x| < 1$)

$(1-x^2)^{-\frac{1}{2}}$ をマクローリン展開すると，㋑

$$\underbrace{f'(x) = (1-x^2)^{-\frac{1}{2}}}_{㋒} = 1 + \frac{1}{2}x^2 + \frac{1\cdot 3}{2\cdot 4}x^4 + \cdots + \frac{1\cdot 3\cdot\cdots\cdot(2n-1)}{2\cdot 4\cdot\cdots\cdot(2n)}x^{2n} + \cdots$$

辺々を 0 から x まで積分して，

$$f(x) = \underbrace{f(0)}_{㋓} + x + \frac{1}{2\cdot 3}x^3 + \frac{1\cdot 3}{2\cdot 4\cdot 5}x^5 + \cdots + \frac{1\cdot 3\cdot\cdots\cdot(2n-1)}{2\cdot 4\cdot\cdots\cdot(2n)(2n+1)}x^{2n+1} + \cdots$$

$$= x + \frac{1}{6}x^3 + \frac{3}{40}x^5 + \cdots + \frac{1\cdot 3\cdot\cdots\cdot(2n-1)}{2\cdot 4\cdot\cdots\cdot(2n)(2n+1)}x^{2n+1} + \cdots$$ 答

ポイント

㋐ $[f(x)]_0^x = f(x) - f(0)$

㋑ この関係を利用して，様々な関数のマクローリン展開式を求めることができる．

㋒ p. 71 の 問題 4-9 の(2)で x に $-x^2$ を代入した式．

㋓ $f(0) = \sin^{-1}0 = 0$

(1)の

$f(x) = f(0) + \sum_{k=0}^{\infty} \dfrac{a_k}{k+1}x^{k+1}$

の利用．

練習問題 4-10 解答 p. 217

次の関数をマクローリン展開せよ．ただし x は $|x| < 1$ とする．

(1) $f(x) = \cos^{-1}x$　　(2) $f(x) = \tan^{-1}x$

問題 4-11 ▼マクローリン展開(5)

次の関数をマクローリン展開せよ.

(1) $f(x)=\sinh^{-1}x=\log(x+\sqrt{x^2+1})\quad(|x|<1)$

(2) $f(x)=\cosh x\quad(-\infty<x<\infty)$

●考え方●

(1) $\{\log(x+\sqrt{x^2+1})\}'=\dfrac{1}{\sqrt{1+x^2}}=(1+x^2)^{-\frac{1}{2}}$. 問題 4-10(1)の利用.

(2) $\cosh x=\dfrac{1}{2}(e^x+e^{-x})$. $e^x=1+x+\dfrac{x^2}{2!}+\dfrac{x^3}{3!}+\cdots+\dfrac{x^n}{n!}+\cdots$ の利用.

解答

(1) $(1+x^2)^{-\frac{1}{2}}$ をマクローリン展開すると,

$$f'(x)=\underbrace{(1+x^2)^{-\frac{1}{2}}}_{㋐}=1-\frac{1}{2}x^2+\frac{1}{2!}\frac{1\cdot3}{2^2}x^4+\cdots+\frac{(-1)^n}{n!}\frac{1\cdot3\cdot\cdots\cdot(2n-1)}{2^n}x^{2n}+\cdots$$

辺々を0から1まで積分して,

$$f(x)=\underbrace{f(0)}_{㋑}+\left\{x-\frac{1}{2}\cdot\frac{x^3}{3}+\frac{1}{2!}\frac{1\cdot3}{2^2}\frac{x^5}{5}+\cdots+\frac{(-1)^n}{n!}\frac{1\cdot3\cdot\cdots\cdot(2n-1)}{2^n}\cdot\frac{x^{2n+1}}{2n+1}+\cdots\right\}$$

ここで,

$$\frac{1\cdot3\cdots(2n-1)}{2^n\cdot n!(2n+1)}=\frac{1\cdot3\cdot\cdots\cdot(2n-1)}{(2\cdot4\cdot6\cdot\cdots\cdot2n)(2n+1)}$$
$$=\frac{\{1\cdot3\cdot\cdots\cdot(2n-1)\}\{1\cdot3\cdot\cdots\cdot(2n-1)\}}{(2\cdot4\cdot6\cdot\cdots\cdot2n)\{1\cdot3\cdot\cdots\cdot(2n-1)\}(2n+1)}$$
$$=\frac{1^2\cdot3^2\cdot5^2\cdot\cdots\cdot(2n-1)^2}{(2n+1)!}$$ と変形できるから,

$$\underbrace{\sinh^{-1}x}_{㋒}=\frac{x}{1!}-\frac{1^2}{3!}x^3+\frac{1^2\cdot3^2}{5!}x^5+\cdots+(-1)^n\frac{1^2\cdot3^2\cdots(2n-1)^2}{(2n+1)!}x^{2n+1}+\cdots$$ 答

(2) $f(x)=\cosh x=\dfrac{1}{2}(e^x+e^{-x})$

① $\underbrace{e^x}_{㋓}=1+\dfrac{x}{1!}+\dfrac{x^2}{2!}+\cdots+\dfrac{x^n}{n!}+\cdots\quad(-\infty<x<\infty)$

上式の x に $-x$ を代入して,

② $e^{-x}=1-\dfrac{x}{1!}+\dfrac{x^2}{2!}+\cdots+(-1)^n\dfrac{x^n}{n!}+\cdots\quad(-\infty<x<\infty)$ 辺々を加えて

$$e^x+e^{-x}=2\left(1+\frac{x^2}{2!}+\frac{x^4}{4!}+\cdots+\frac{x^{2n}}{(2n)!}+\cdots\right)$$

$$\therefore\ \underbrace{\cosh x=\frac{1}{2}(e^x+e^{-x})}_{㋔}=1+\frac{x^2}{2!}+\frac{x^4}{4!}+\cdots+\frac{x^{2n}}{(2n)!}+\cdots(-\infty<x<\infty)$$ 答

ポイント

㋐ p. 70
$(1+x)^a$
$=1+ax+\dfrac{a(a-1)}{2!}x^2+\cdots+\dfrac{a(a-1)\cdots(a-n+1)}{n!}x^n+\cdots$
の x に x^2, $a=-\dfrac{1}{2}$ を代入.

㋑ $f(0)=\log1=0$

㋒ 別解 練習問題 4-11

㋓ p. 69 問題 4-7

㋔ $\sinh x=\dfrac{1}{2}(e^x-e^{-x})$ も同様に考える.

練習問題 4-11 (問題 4-11(1)の別解) 解答 p. 217

$y=f(x)=\log(x+\sqrt{x^2+1})\ (|x|<1)$. ライプニッツの公式を用いて, $f^{(n+2)}(0)=-n^2f^{(n)}(0)$ を導いてマクローリン展開せよ.

問題 4-⑫ ▼近似値(1)

$-\dfrac{\pi}{2} \leqq x \leqq \dfrac{\pi}{2}$ の範囲で，誤差が 10^{-3} 以下となるように $f(x) = \sin x$ を多項式によって近似して表せ．

●考え方●

マクローリン展開式（p. 62）から $\sin x$ の近似式として，$\sin x = \sum_{k=1}^{n} (-1)^{k-1} \dfrac{x^{2k-1}}{(2k-1)!}$ をとると，$(\sin c)^{(2n+1)} = \sin\left(c + \dfrac{2n+1}{2}\pi\right) = \pm\cos c$ より，誤差を E で表すと，$|E| = |R_{2n+1}| = \left|(-1)^n \dfrac{(\pm\cos c)}{(2n+1)!} x^{2n+1}\right|$ $(0 < \theta < 1)$ である．誤差が 10^{-3} 以下となる n を決定する．

解答

$\sin x$ の近似式として，

$\sin x = x - \dfrac{x^3}{3!} + \dfrac{x^5}{5!} - \cdots + (-1)^{n-1} \dfrac{x^{2n-1}}{(2n-1)!}$

をとると（p. 62），このとき，誤差 E は，

$|E| = |R_{2n+1}| = \left|(-1)^n \dfrac{(\pm\cos c)}{(2n+1)!} x^{2n+1}\right|$ $(c = \theta x,\ 0 < \theta < 1)$ となる．

$|E|$ が 10^{-3} 以下となる n を決定する．

$$|E| = |R_{2n+1}| = \underbrace{\left|(-1)^n \frac{(\pm\cos c)}{(2n+1)!} x^{2n+1}\right| < \frac{\left(\frac{\pi}{2}\right)^{2n+1}}{(2n+1)!}}_{㋐}$$

$$< \underbrace{\frac{(1.6)^{2n+1}}{(2n+1)!}}_{㋑}$$

ここで，$\underbrace{\dfrac{(1.6)^{2n+1}}{(2n+1)!}}_{㋒}$ の値は，

$n = 1$ のとき，$\dfrac{(1.6)^3}{3!} = \dfrac{4.096}{6} = 0.6826\cdots$

$n = 2$ のとき，$\dfrac{(1.6)^5}{5!} = \dfrac{10.48576}{120} = 0.0873\cdots$

$n = 3$ のとき，$\dfrac{(1.6)^7}{7!} = \dfrac{26.84354}{5040} = 0.0053\cdots$

$n = 4$ のとき，$\dfrac{(1.6)^9}{9!} = \dfrac{68.71947}{362880} = 0.00018\cdots < 10^{-3}$

$|E| = |R_{2n+1}|$ の右辺は $n = 4$ のとき，誤差が 10^{-3} 以下となるから近似式として，

$\sin x \fallingdotseq x - \dfrac{x^3}{6} + \dfrac{x^5}{120} - \dfrac{x^7}{5040}$ 答

ポイント

㋐ $-\dfrac{\pi}{2} \leqq x \leqq \dfrac{\pi}{2}$ より
$|x^{2n+1}| \leqq \left(\dfrac{\pi}{2}\right)^{2n+1}$
$c = \theta x$ $(0 < \theta < 1)$
$|\cos c| < 1$
から㋐が成り立つ．

㋑ $\dfrac{\pi}{2} < \dfrac{3.2}{2} = 1.6$

㋒ 誤差の限界が 10^{-3} 以下となる n を
$n = 1, 2, 3, 4, \cdots$
と代入してさがす．

練習問題 4-12 解答 p. 218

対数の底 e の値を小数第5位まで正しく求めよ．

問題 4-13 ▼近似値(2)

次の値を有効数字3桁まで求めよ.

(1) $\cos 31^\circ$　　　(2) $e^{0.01}$

●考え方●

$x = a + h$ とおくと,

$$f(x) = f(a) + f'(a)h + \frac{f''(a)}{2!}h^2 + \cdots + \frac{f^{(n-1)}(a)}{(n-1)!}h^{n-1} + \cdots$$

で誤差 $E = \left|\dfrac{f^n(c)}{n!}h^n\right|$ が $E < 10^{-4}$ となる最小の n を定める.

(1) $a = \dfrac{\pi}{6}$, $h = 1^\circ = \dfrac{\pi}{180} = 0.01745\cdots$ と置いてみる.

(2) $a = 0$, $h = 0.01$ と置いてみる.

解答

(1) $a = \dfrac{\pi}{6}$, $h = 1^\circ = \dfrac{\pi}{180}$ とおくと, $31^\circ = x = a + h$

$$\cos 31^\circ = \cos(a+h) = \sum_{k=1}^{n}\frac{\cos^{(k-1)}(a)}{(k-1)!}h^{n-1} + R_n$$

$$|E| = |R_n| = \left|\frac{\cos^{(n)}(c)}{n!}h^n\right| < \frac{h^n}{n!} \quad (ア)$$

$c = a + \theta h \quad (0 < \theta < 1)$

$n = 1$ のとき, $h = 0.01745\cdots$

$n = 2$ のとき, $\dfrac{h^2}{2!} = 0.00015\cdots$ (イ)

$$\therefore \cos 31^\circ \fallingdotseq \cos a - \frac{1}{2}\cdot h = \cos\frac{\pi}{6} - \frac{1}{2}\cdot\frac{\pi}{180}$$
$$= 0.86602 - 0.008725$$
$$= 0.8572\cdots \ (イ)$$

$\therefore \cos 31^\circ \fallingdotseq 0.857$ 答

(2) $e^x = \displaystyle\sum_{k=0}^{n-1}\frac{1}{k!}h^k + R_n = \sum_{k=0}^{n-1}\frac{1}{k!}(0.01)^k + R_n$

$$|E| = |R_n| = \left|\frac{f^{(n)}(\theta h)}{n!}h^n\right| = \left|\frac{e^{(0.01)\theta}}{n!}0.01^n\right| < \frac{e}{n!}0.01^n < \frac{3}{n!}0.01^n \quad (ウ)(エ)$$

$n = 2$ のとき, $\dfrac{3}{2!}(0.01)^2 = 0.00015$ (オ)　　$e^{0.01} \fallingdotseq 1 + 0.01 = 1.01$ 答

ポイント

ア p.54
$\cos^{(n)}(x) = \cos\left(x + \dfrac{n}{2}\pi\right)$
$|\cos^{(n)}(c)| = \left|\cos\left(c + \dfrac{n}{2}\pi\right)\right| < 1$

イ 小数第3位までは0で0.8572…の有限数字の3桁に影響を与えない. 1次近似式で表すことになる.

ウ $e^{(0.01)\theta} < e^1$

エ $e < 3$

オ 小数第3位までは0で有効数字3桁に影響を与えない. 1次近似式で表すことになる.

練習問題 4-13　　解答 p. 218

次の値を有効数字3桁まで求めよ.

(1) $\log(1.01)$　　　(2) $\sqrt[3]{30}$

コラム４　◆円周率 π に魅せられて

円周率 π の記号が広まったのは，スイスの数学者オイラーが 1748 年に著した『無限解析入門』でこの記号を用いてからである．

円周率 π の近似値を求める挑戦は多くの数学者が大変な労力をついやしてきた．

1668 年，スコットランドの数学者グレゴリーは，$\tan^{-1}x$ のマクローリン展開式

$$\tan^{-1}x = \sum_{n=1}^{\infty}(-1)^{n-1}\frac{x^{2n-1}}{2n-1} = x - \frac{1}{3}x^3 + \frac{1}{5}x^5 - \frac{1}{7}x^7 + \cdots \quad (|x| \leqq 1)$$

〔《注意》p. 72 **練習問題 4-10** で $|x|<1$ の範囲で求めている．じつは $|x|=1$ のときも収束する.〕に $x=1$ を代入して，

$$\frac{\pi}{4} = \tan^{-1}1 = 1 - \frac{1}{3} + \frac{1}{5} - \frac{1}{7} + \cdots$$

を利用して π を求めようとした．これはなかなかのアイデアであるが，収束は非常に遅く，π を小数点以下 5 桁まで正しく求めるのに 10 万項が必要となる．

オイラーは π を計算する方法をいろいろと工夫し，そのうちいくつかは，先人が開発した手順よりも速く π の値に近づき，

$$\frac{\pi^2}{6} = 1 + \frac{1}{2^2} + \frac{1}{3^2} + \frac{1}{4^2} + \frac{1}{5^2} + \cdots$$ を用いて 126 桁まで正確に計算している．

ドイツの大数学者ガウスは，p. 12 **練習問題 1-5** で求めた，

$$\frac{\pi}{4} = \tan^{-1}\frac{1}{2} + \tan^{-1}\frac{1}{5} + \tan^{-1}\frac{1}{13} + \tan^{-1}\frac{1}{21}$$

を利用して，$\tan^{-1}x$ の展開式にあてはめた

$$\begin{cases} \tan^{-1}\dfrac{1}{2} = \dfrac{1}{2} - \dfrac{1}{3}\left(\dfrac{1}{2}\right)^3 + \dfrac{1}{5}\left(\dfrac{1}{2}\right)^5 - \dfrac{1}{7}\left(\dfrac{1}{2}\right)^7 + \cdots \\ \tan^{-1}\dfrac{1}{5} = \dfrac{1}{5} - \dfrac{1}{3}\left(\dfrac{1}{5}\right)^3 + \dfrac{1}{5}\left(\dfrac{1}{5}\right)^5 - \dfrac{1}{7}\left(\dfrac{1}{5}\right)^7 + \cdots \\ \tan^{-1}\dfrac{1}{13} = \dfrac{1}{13} - \dfrac{1}{3}\left(\dfrac{1}{13}\right)^3 + \dfrac{1}{5}\left(\dfrac{1}{13}\right)^5 - \dfrac{1}{7}\left(\dfrac{1}{13}\right)^7 + \cdots \\ \tan^{-1}\dfrac{1}{21} = \dfrac{1}{21} - \dfrac{1}{3}\left(\dfrac{1}{21}\right)^3 + \dfrac{1}{5}\left(\dfrac{1}{21}\right)^5 - \dfrac{1}{7}\left(\dfrac{1}{21}\right)^7 + \cdots \end{cases}$$

を計算して小数点以下 200 桁まで正しい値を求めた．これは小さい数のべき乗を計算するため，速く収束する．

現在 π の値はコンピューターを用いて，1 兆桁を超えるまで正確に求められるようになっている．π の近似値を求める挑戦はいまだ続いている．

Chapter 5

微分 III

関数を調べグラフを厳密に図示
することを目指す.

1 接線と法線
2 関数の極大・極小および曲線の凹凸と変曲点
3 極値の判定法
4 漸近線
5 ニュートン法による解の決定

基本事項

1　接線と法線（問題 5-1）

❶ 接線の方程式

曲線 $y = f(x)$ 上の点 $(t, f(t))$ における**接線**の方程式は

$$y - f(t) = f'(t)(x - t)$$

❷ 法線の方程式

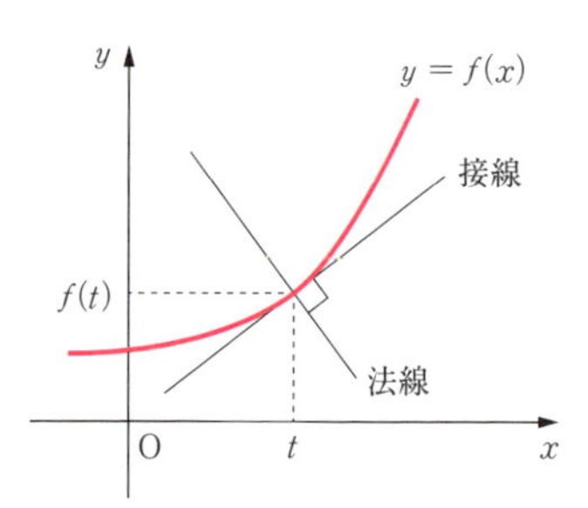

曲線上の点 P を通り，P におけるその曲線の接線と垂直である直線を，その曲線の点 P における**法線**という．

曲線 $y = f(x)$ 上の点 $(t, f(t))$ における法線の方程式は次のようになる．

$f'(t) \neq 0$ のとき，$y - f(t) = \dfrac{-1}{f'(t)}(x - t)$

$f'(t) = 0$ のとき，$x = t$

《注意》法線の方程式はまとめて，$(x - t) + f'(t)\{y - f(t)\} = 0$ と書くこともできる．

2　関数の極大・極小および曲線の凹凸と変曲点（問題 5-3, 4）

❶ 関数の増減

関数 $f(x)$ について，

常に $f'(x) > 0$ である区間では，$f(x)$ は**増加**する．

常に $f'(x) < 0$ である区間では，$f(x)$ は**減少**する．

常に $f(x) = 0$ である区間では，$f(x)$ は**定数**である．

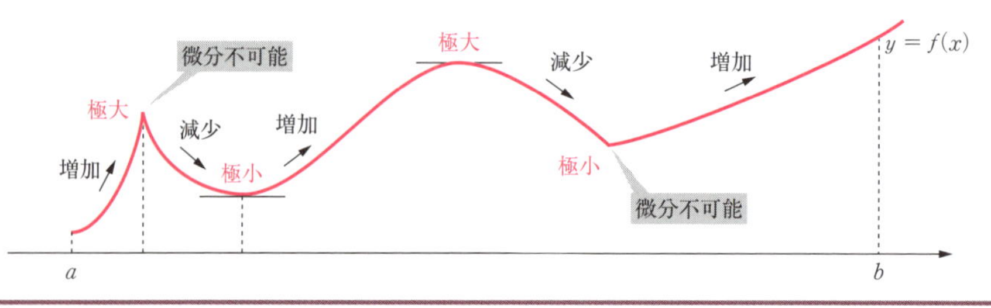

❷ 関数の極大・極小

$f(x)$ が連続な関数とするとき，x を含む十分小さな区間において，その区間の任意の x $(x \neq a)$ に対して，

$f(a) > f(x)$ が成り立つとき，$f(x)$ は $x = a$ で極大であるといい，$f(a)$ を $f(x)$ の**極大値**，

$f(a) < f(x)$ が成り立つとき，$f(x)$ は $x = a$ で極小であるといい，$f(a)$ を $f(x)$ の**極小値**という．

また，極大値と極小値を合わせて，**極値**という．

❸ 曲線の凹凸と変曲点

$f'(x)$ は $y = f(x)$ のグラフ上の各点での接線の傾きを表す．$f''(x)$ によって，接線の傾きの増加および減少を調べることができ，

・$\boldsymbol{f''(x) > 0}$ のとき，接線の傾きが増加することを意味し，グラフの形は**下に凸**となる．

・$\boldsymbol{f''(x) < 0}$ のとき，接線の傾きが減少することを意味し，グラフの形は**上に凸**となる．

$f''(a) = 0$ で $x = a$ の前後で曲線の凹凸が変わる点 $(a, f(a))$ を**変曲点**という．

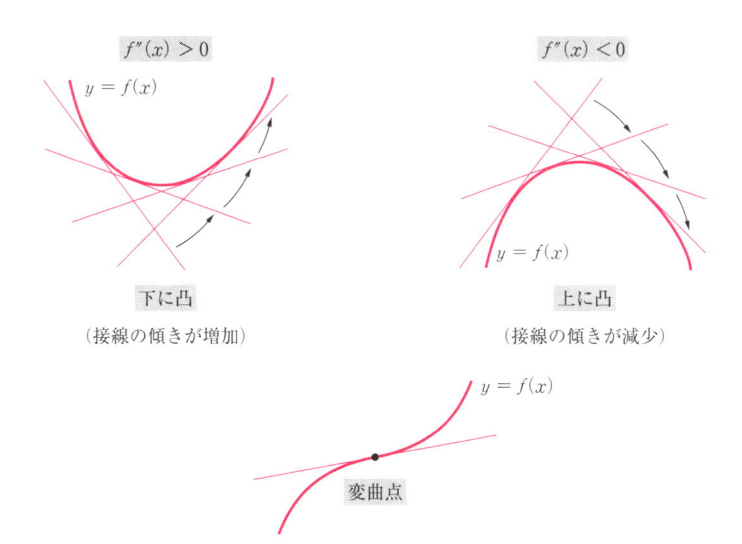

《注意》変曲点の十分近くでは曲線は変曲点における接線の両側に現れる．

3 極値の判定法（問題 5-2）

❶ 極値の判定法 1

$f'(x) = 0$ の解の1つを $x = a$ とするとき，
$f''(a) > 0$ ならば，$f(a)$ は極小値であり，
$f''(a) < 0$ ならば，$f(a)$ は極大値である．

証明 $f'(a) = 0$，$f''(a) \neq 0$ と仮定する．$f''(a) > 0$ のときは，$f''(x)$ は $x = a$ で増加の状態にあるから，十分小さな正の数 h に対して

$$f'(a-h) < f'(a) < f'(a+h)$$

が成り立つ．$f'(a) = 0$ より，$f'(a-h) < 0$ かつ $0 < f'(a+h)$
したがって，$f'(x)$ は x が増加しながら a を通るとき，符号は負から正へ変わるから，$f(a)$ は極小値となる．同様にして，$f''(a) < 0$ のときは $f(a)$ は極大値となる．■

《注意》$f'(a) = f''(a) = 0$ などの場合は，次の判定法2が判定の手段となる．

❷ 極値の判定法 2

関数 $f(x)$ が連続で，n 回微分可能で $f^{(n)}(x)$ が連続であるとき，$f'(x) = 0$ の解が極値を与える点であるための十分条件は次のようになる．

$f^{(n)}(x)$ が連続で，

$$f'(a) = f''(a) = \cdots = f^{(n-1)}(a) = 0,\quad f^{(n)}(a) \neq 0 \quad (n \geqq 2)$$

のとき，

n が偶数で $f^{(n)}(a) > 0$ ならば $f(a)$ は極小値
$f^{(n)}(a) < 0$ ならば $f(a)$ は極大値
n が奇数のときは，$f(a)$ は極値ではない．

証明 $f'(a) = f''(a) = \cdots = f^{(n-1)}(a) = 0$，$f^{(n)}(a) \neq 0$ より，$f^{(n)}(a) > 0$ のとき，テイラーの定理より

$$f(a+h) = f(a) + h\underset{0}{\underset{\|}{f'(a)}} + \frac{h^2}{2!}\underset{0}{\underset{\|}{f''(a)}} + \cdots + \frac{h^{n-1}}{(n-1)!}\underset{0}{\underset{\|}{f^{(n-1)}(a)}} + \frac{h^n}{n!}f^{(n)}(a)$$

$$\Leftrightarrow f(a+h)-f(a)=\frac{h^n}{n!}f^{(n)}(a)$$

・n：偶数のとき，$h>0$，$h<0$ のどちらも $h^n>0$ であり，$f^{(n)}(a)>0$ から

$$f(a+h)>f(a)$$

よって，$f(a)$ は極小値．

$f^{(n)}(a)<0$ のとき，同様にして $f(a)$ は極大値となる．

・n：奇数のとき，$f^{(n)}(a)>0$ の場合，

$h>0$ のとき，$h^n>0$ より，$f(a+h)>f(a)$

$h<0$ のとき，$h^n<0$ より，$f(a+h)<f(a)$

したがって，$f(a)$ は $x=a$ の前後において増加の状態にあり，$f(a)$ は極値でない．

$f^{(n)}(a)<0$ のときも同様にして成り立つ．■

4　漸近線（問題 5-5，6，7，8）

グラフをかくとき，$x\to\pm\infty$ のときの様子，および漸近線の有無を調べる必要がある．

y 軸に平行でない直線 g が曲線 C（$y=f(x)$）の**漸近線**であるとは，$x\to\infty$ または $x\to-\infty$ のとき，直線 g と曲線 C の距離がいくらでも小さくなるときをいう．曲線 C の y 軸に平行でない漸近線を $y=\alpha x+\beta$ …①として α，β を求めてみよう．

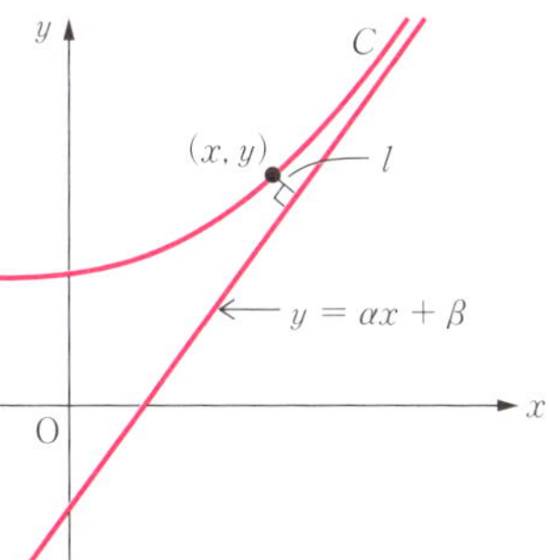

曲線 C 上の 1 点 (x, y) から，漸近線①に下ろした垂線の長さ l は，距離公式より，

$$l=\frac{|y-\alpha x-\beta|}{\sqrt{1+\alpha^2}}$$

であり，$x\to\pm\infty$ で，定義より $l\to 0$ である．

$$\therefore \lim_{x\to\pm\infty}|y-\alpha x-\beta|=0 \quad \cdots②$$

これより，

$$\lim_{x\to\pm\infty}\left|\frac{y}{x}-\alpha-\frac{\beta}{x}\right|=0 \quad \text{すなわち，} \boldsymbol{\alpha=\lim_{x\to\pm\infty}\frac{y}{x}}$$

この α を用いて，②より，$\boldsymbol{\beta=\lim_{x\to\pm\infty}(y-\alpha x)}$

5 ニュートン法による解の決定（問題 5-⑬）

方程式 $f(x)=0$ の実数解 α の一つの近似値を a_1 とするとき，$f''(x)$ が $f(a_1)$ と同符合ならば

$$a_2 = a_1 - \frac{f(a_1)}{f'(a_1)}$$

は a_1 よりもよい α の近似である．

考え方としては a_2 が a_1 と実数解 α の間にあることを示せば a_2 は a_1 よりもよい α の近似となる．

証明

$a \leqq x \leqq b$ の区間で常に $f''(x) > 0$ が成り立ち，$f(a) > 0$，$f(b) < 0$ ㊟としても，一般性を失わない．

このとき，$f(x)=0$ となる解は，連続性と㊟の条件から，$a < x < b$ にただ1つの解 α をもつ．

$a_1 \leqq x \leqq \alpha$ において，$f'(x) < 0$ であり $(a_1, f(a_1))$ における接線は

$$y = f(a_1) + f'(a_1)(x - a_1) \quad \cdots \quad ①$$

これが x 軸と交わる x 座標を a_2 とすると，$y = 0$ を代入して

$$a_2 = a_1 - \frac{f(a_1)}{f'(a_1)}$$

曲線は $f''(x) > 0$ より，①の接線の上側にあることから

$$a_1 < a_2 < \alpha$$

が成り立つ．

《注意》$f(a)f(b) < 0$，$f''(x)$ の符号が $a \leqq x \leqq b$ で一定で，$f(a)f''(x) > 0$ ならば上の方法が用いられ，$f(b)f''(x) > 0$ ならば b から出発して同じことができる．

Memo a_1 を a_2 にかえて条件は全く同じであるから，$a_2 < a_3 < \alpha$ が成り立ち，同様にして，

$$a_1 < a_2 < a_3 < \cdots < a_n < a_{n+1} < \cdots < \alpha$$

$\{a_n\}$ は収束して，$\lim_{n\to\infty} a_n = \alpha$

ニュートン法を何回か繰り返すことで，解 α により近い近似値を求めることができる．

問題 5-1 ▼接線

曲線　$x=a\log\dfrac{a+\sqrt{a^2-y^2}}{y}-\sqrt{a^2-y^2}$　$(a>0)$ 上の点 $\mathrm{P}(x,y)$ における接線と x 軸との交点を Q とする．線分 PQ の長さが一定であることを示せ．

●考え方●

$y=f(x)$ 上の点 $\mathrm{P}(t,f(t))$ の接線は，$y-f(t)=f'(t)(x-t)$．$y=0$ を代入すると，

$$x=t-\frac{f(t)}{f'(t)}\quad\therefore\ \mathrm{Q}\left(t-\frac{f(t)}{f'(t)},0\right)$$

$$\mathrm{PQ}=\sqrt{\left\{\frac{f(t)}{f'(t)}\right\}^2+\{f(t)\}^2}=f(t)\cdot\sqrt{1+\frac{1}{\{f'(t)\}^2}}\quad\cdots※$$

である．$0\leqq y\leqq a$ でグラフはトラクトリクスとよばれる曲線で右図．

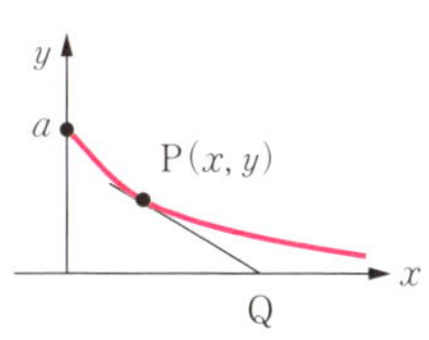

解答

※より $\mathrm{PQ}=y\sqrt{1+\left(\dfrac{dx}{dy}\right)^2}$ ㋐

$x=a\{\log(a+\sqrt{a^2-y^2})-\log y\}-\sqrt{a^2-y^2}$

の両辺を y で微分すると，

$$\left(\frac{dx}{dy}\right)=a\left\{\frac{1}{a+\sqrt{a^2-y^2}}\cdot\frac{-y}{\sqrt{a^2-y^2}}-\frac{1}{y}\right\}+\frac{y}{\sqrt{a^2-y^2}}\quad ㋑$$

$$=a\left\{\frac{-y(a-\sqrt{a^2-y^2})}{y^2\sqrt{a^2-y^2}}-\frac{1}{y}\right\}+\frac{y}{\sqrt{a^2-y^2}}\quad ㋒$$

$$=\frac{-a^2}{y\sqrt{a^2-y^2}}+\frac{y}{\sqrt{a^2-y^2}}=-\frac{\sqrt{a^2-y^2}}{y}\quad ㋓$$

$$\therefore\ \sqrt{1+\left(\frac{dx}{dy}\right)^2}=\sqrt{1+\frac{a^2-y^2}{y^2}}=\sqrt{\frac{a^2}{y^2}}=\frac{a}{y}$$

$$\therefore\ \mathrm{PQ}=y\cdot\frac{a}{y}=a\quad(一定)$$

（別解）$0<y\leqq a$ であるから $y=a\sin t\left(0<t\leqq\dfrac{\pi}{2}\right)$ とおくと，㋔

$x=a\{\log(1+\cos t)-\log\sin t-\cos t\}$　$\therefore\ \dfrac{dx}{dy}=-\dfrac{\cos t}{\sin t}$ ㋔

$\therefore\ \mathrm{PQ}=(a\sin t)\cdot\sqrt{1+\left(-\dfrac{\cos t}{\sin t}\right)^2}=a\sin t\cdot\dfrac{1}{\sin t}=a$（一定）

ポイント

㋐ $1+\dfrac{1}{\left(\dfrac{dy}{dx}\right)^2}=1+\left(\dfrac{dx}{dy}\right)^2$

㋑ 分母，分子に $a-\sqrt{a^2-y^2}$ を乗じる．

$\dfrac{-y}{y^2\sqrt{a^2-y^2}}$

㋒ $\dfrac{-a+\sqrt{a^2-y^2}-\sqrt{a^2-y^2}}{y\sqrt{a^2-y^2}}$

㋓ $\dfrac{-(a^2-y^2)}{y\sqrt{a^2-y^2}}=-\dfrac{\sqrt{a^2-y^2}}{y}$

㋔ $\dfrac{dx}{dy}=\dfrac{\frac{dx}{dt}}{\frac{dy}{dt}}=\dfrac{-a\frac{\cos^2 t}{\sin t}}{a\cos t}=-\dfrac{\cos t}{\sin t}$

練習問題　5-1　解答 p. 219

(1) 半径 a の円が x 軸上をすべらずに回転する．はじめ原点にあった点の描く曲線は，$\begin{cases}x=a(\theta-\sin\theta)\\y=a(1-\cos\theta)\end{cases}$ となることを示せ．

(2) (1)の曲線上の $\theta=\dfrac{\pi}{2}$ に対応する点における接線および法線の方程式を求めよ．

問題 5-2 ▼極値（1）

次の関数の極値を，$f''(x)$ を利用して求めよ．

(1) $f(x)=\dfrac{x}{\log x}$　　(2) $f(x)=e^x\sin x$

●考え方●

極値の判定法1により判定する．$f'(x)=0$ の解を求め，$f''(x)$ の符号を判定する．

解答

(1) $f'(x)=\dfrac{\log x-1}{(\log x)^2}$，$f'(x)=0$ となる x は $\log x=1$，$x=e$

$$f''(x)=\frac{(\log x-1)'(\log x)^2-(\log x-1)\cdot\{(\log x)^2\}'_{㋐}}{(\log x)^4}$$

$$=\frac{\frac{1}{x}(\log x)^2-2(\log x)(\log x-1)\cdot\frac{1}{x}}{(\log x)^4}$$

$$=\frac{\log x-2(\log x-1)}{x(\log x)^3}=\frac{2-\log x}{x(\log x)^3}$$

$f''(e)=\dfrac{1}{e}>0$. よって $x=e$ で極小で，極小値 $f(e)=e$ 答

(2) $f'(x)=e^x\sin x+e^x\cos x=e^x\left\{\sqrt{2}\sin\left(x+\dfrac{\pi}{4}\right)\right\}_{㋑}$

$$=\sqrt{2}e^x\sin\left(x+\frac{\pi}{4}\right)$$

$f'(x)=0$ となる x は $\sin\left(x+\dfrac{\pi}{4}\right)=0$ となる x で，

$x+\dfrac{\pi}{4}=n\pi$ から $x=n\pi-\dfrac{\pi}{4}$　(n：整数)

$f''(x)=\underbrace{(e^x)'\sin x+e^x(\sin x)'+(e^x)'\cos x+e^x(\cos x)'}_{㋒}=2e^x\cos x$

$f''\left(n\pi-\dfrac{\pi}{4}\right)=2e^{n\pi-\frac{\pi}{4}}\cdot\cos\left(n\pi-\dfrac{\pi}{4}\right)$ の符号は $\cos\left(n\pi-\dfrac{\pi}{4}\right)$ の符号に一致し，

n：偶数のとき，$\underbrace{f''\left(n\pi-\dfrac{\pi}{4}\right)>0}_{㋓}$，$n$：奇数のとき，$\underbrace{f''\left(n\pi-\dfrac{\pi}{4}\right)<0}_{㋔}$ よって，

・n：偶数のとき，$x=n\pi-\dfrac{\pi}{4}$ で極小で

極小値 $f\left(n\pi-\dfrac{\pi}{4}\right)=e^{n\pi-\frac{\pi}{4}}\cdot\underbrace{\sin\left(n\pi-\dfrac{\pi}{4}\right)}_{㋕}=-\dfrac{1}{\sqrt{2}}e^{n\pi-\frac{\pi}{4}}$ 答

・n：奇数のとき，$x=n\pi-\dfrac{\pi}{4}$ で極大で

極大値 $f\left(n\pi-\dfrac{\pi}{4}\right)=e^{n\pi-\frac{\pi}{4}}\cdot\underbrace{\sin\left(n\pi-\dfrac{\pi}{4}\right)}_{㋖}=\dfrac{1}{\sqrt{2}}e^{n\pi-\frac{\pi}{4}}$ 答

ポイント

㋐ $\{(\log x)^2\}'=2(\log x)\cdot\dfrac{1}{x}$

㋑ 合成公式
$\sin x+\cos x=\sqrt{2}\sin\left(x+\dfrac{\pi}{4}\right)$

㋒
$e^x(\sin x+\cos x+\cos x-\sin x)=2e^x\cos x$

㋓ n：偶数のとき，
$\cos\left(n\pi-\dfrac{\pi}{4}\right)=\dfrac{1}{\sqrt{2}}$

㋔ n：奇数のとき，
$\cos\left(n\pi-\dfrac{\pi}{4}\right)=-\dfrac{1}{\sqrt{2}}$

㋕ n：偶数のとき，
$\sin\left(n\pi-\dfrac{\pi}{4}\right)=-\dfrac{1}{\sqrt{2}}$

㋖ n：奇数のとき，
$\sin\left(n\pi-\dfrac{\pi}{4}\right)=\dfrac{1}{\sqrt{2}}$

練習問題 5-2　解答 p. 219

$f(x)=x^5-10x^4+20x^3$ の極大値，極小値を求めよ．

問題 5-3 ▼極値（2）

$f(x)=(x-1)^{\frac{2}{3}}+2(x+1)^{\frac{1}{3}}$ の増減を調べ極値を求めよ．

●考え方●

$f'(x)$ を求めてみる．$f'(x)$ の分母 $=0$ となる x では $f'(x)$ は定義されない．極限で調べる必要がある．

解答

$$f'(x)=\frac{2}{3}(x-1)^{-\frac{1}{3}}+\frac{2}{3}(x+1)^{-\frac{2}{3}}$$

$$=\frac{2}{3}\left(\frac{1}{(x-1)^{\frac{1}{3}}}+\frac{1}{(x+1)^{\frac{2}{3}}}\right)$$

$$=\frac{2}{3}\cdot\frac{(x+1)^{\frac{2}{3}}-\{-(x-1)^{\frac{1}{3}}\}}{(x-1)^{\frac{1}{3}}(x+1)^{\frac{2}{3}}}$$

$f'(x)=0$ となる x は，$(x+1)^{\frac{2}{3}}=-(x-1)^{\frac{1}{3}}$ となる x で，

$(x+1)^2=-(x-1)$

$x^2+3x=x(x+3)=0$

から $x=-3,0$

$f'(x)$ の分母 $=0$ となる x は $x=-1,1$ であることに注意して，増減表をかくと，

x		-3		-1		0		1	
$f'(x)$	$-$	0	$+$ ㋒	╳	$+$ ㋒	0	$-$	╳	$+$
$f(x)$	↘	極小	↗	$2^{\frac{2}{3}}$	↗	極大	↘	極小	↗

$(x+1)^{\frac{2}{3}}>-(x-1)^{\frac{1}{3}}$ ㋐ となる x の範囲は $x(x+3)>0$

$\therefore\ x<-3,\ 0<x$

分母 >0 となる x の範囲は $x>1$ ㋑

$f(-3)=0$，㋓ $f(0)=3$，$f(1)=2^{\frac{4}{3}}$

$\lim_{x\to1+0}f'(x)=+\infty$，㋔ $\lim_{x\to1-0}f'(x)=-\infty$，㋕

$\lim_{x\to-1}f'(x)=+\infty$ ㋖

極大値 3 ($x=0$)，極小値 0 ($x=-3$)，極小値 $2^{\frac{4}{3}}$ ($x=1$)　答

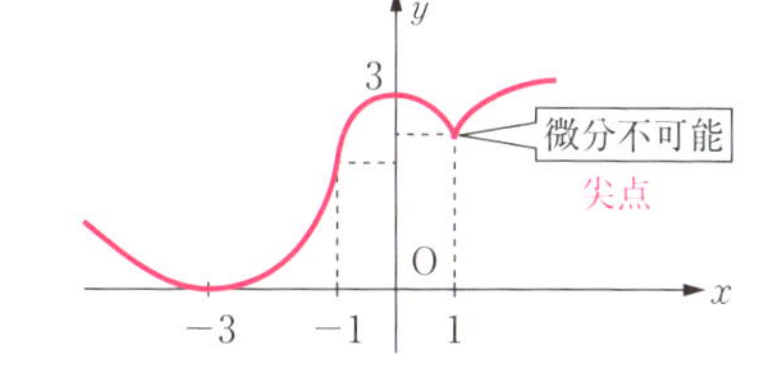

ポイント

㋐ 逆に，$(x+1)^{\frac{2}{3}}<-(x-1)^{\frac{1}{3}}$ となる x の範囲は
$\Leftrightarrow x(x+3)<0$
$-3<x<0$

㋑ 分母 <0 となる x の範囲は $x<1$

㋒ $-3<x<0$
$\frac{分子}{分母}=\frac{負}{負}=正$

㋓ $f(-3)=(-4)^{\frac{2}{3}}+2(-2)^{\frac{1}{3}}$
$=16^{\frac{1}{3}}-2\cdot2^{\frac{1}{3}}=0$

㋔ $\lim_{x\to1+0}\frac{1}{(x-1)^{\frac{1}{3}}}=+\infty$

㋕ $\lim_{x\to1-0}\frac{1}{(x-1)^{\frac{1}{3}}}=-\infty$

㋖ $\lim_{x\to-1}\frac{1}{(x+1)^{\frac{2}{3}}}=+\infty$

練習問題　5-3

解答 p. 219

$f(x)=\frac{(x-a)(x-b)}{x-c}$ が極値をもたないための条件を求めよ．ただし，a,b,c はいずれも等しくないとする．

問題 5-4 ▼変曲点

曲線 $y=\dfrac{\sin x}{x}$ $(x>0)$ は無数に多くの変曲点をもつことを示せ.

●考え方●

$f(x)=\dfrac{\sin x}{x}$ とおき, $f''(x)=0$ の解が無数にあることをいい, その解の前後で $f''(x)$ の符号が変化することをいう.

解答

$$f'(x)=\frac{(\cos x)\cdot x-\sin x}{x^2}$$

$$f''(x)=\frac{\{(\cos x)\cdot x-\sin x\}'x^2-\{(\cos x)\cdot x-\sin x\}(x^2)'}{x^4}$$

$$=\frac{\{(-\sin x)\cdot x+\cos x-\cos x\}x-2\{(\cos x)x-\sin x\}}{x^3}$$

$$=\frac{(2-x^2)\sin x-2x\cos x}{x^3}\text{㋐}$$

$f''(x)$ の分子を, $g(x)=(2-x^2)\sin x-2x\cos x$ とおく. $x=k\pi+\dfrac{\pi}{2}$ $(k=0, 1, 2, \cdots)$ のとき, $\cos x=0$ で, これを除く区間における $\cos x$ の符号はポイント中の右図となる.㋑

$x\fallingdotseq k\pi+\dfrac{\pi}{2}$ のとき, $g(x)=(2-x^2)\cos x\left(\tan x-\dfrac{2x}{2-x^2}\right)$

$\tan x-\dfrac{2x}{2-x^2}=0$ となる解を $y=\tan x$, $y=\dfrac{2x}{2-x^2}$㋒ のグラフで考える.

$y'=\dfrac{2\{2-x^2+2x^2\}}{(2-x^2)^2}=\dfrac{2(x^2+2)}{(2-x^2)^2}>0$ ∴ 単調増加.

$x>\sqrt{2}$ の範囲で, $y=\tan x$, $y=\dfrac{2x}{2-x^2}$ のグラフをかくと, 下図でこれらの2つのグラフは $\dfrac{\pi}{2}<x<\dfrac{3\pi}{2}$, $\dfrac{3\pi}{2}<x<\dfrac{5\pi}{2}$, $\cdots$ の区間で一回ずつ交わる.

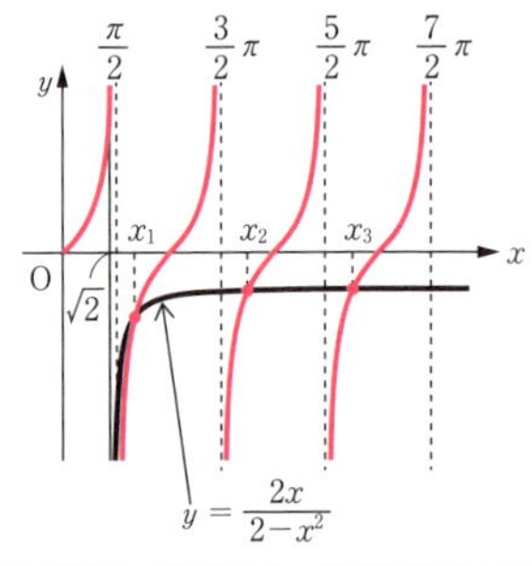

この交点の x 座標を $x_1, x_2, x_3, \cdots$ とすると, $(2-x^2)\cos x$ は区間内で符号をかえず, $\tan x-\dfrac{2x}{2-x^2}$ が符号をかえるから,㋓ $f''(x)$ はこれら無限に多くの点 $x_1, x_2, \cdots$ で符号を変え, 無数に多くの変曲点をもつ.

ポイント

㋐ $x>0$ より分母 $=x^3>0$
分子 $=0$ となる解を調べる.
分子を $g(x)$ とおく.

㋑

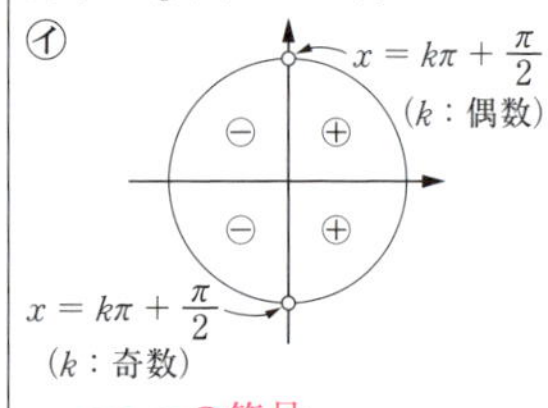

$\cos x$ の符号.

㋒ $\displaystyle\lim_{x\to+\infty}\frac{2x}{2-x^2}=0$

$\displaystyle\lim_{x\to\sqrt{2}+0}\frac{2x}{2-x^2}=-\infty$

㋓ $x_1, x_2, x_3, \cdots$ で $\tan x-\dfrac{2x}{2-x^2}$ の符号は, 負から正へ変化する.

練習問題 5-4 解答 p. 220

$f(x)=x^n$ (n：自然数) の変曲点を極値の判定法2を用いて求めよ.

問題 5-5 ▼漸近線

次の関数の漸近線を求めよ．a は0でない定数．

(1) $y=\dfrac{x^3}{a^2+x^2}$　　(2) $x^3+y^3-3axy=0$（デカルトの葉形）

●考え方●

(1) $y=\alpha x+\beta+$ ㊟ の形に変形でき，$\displaystyle\lim_{x\to\pm\infty}$ ㊟ $=0$ となることから，漸近線が $y=\alpha x+\beta$ と変形できる．

(2) $y=\alpha x+\beta$ とおくと，$\alpha=\displaystyle\lim_{x\to\pm\infty}\frac{y}{x}$，$\dfrac{y}{x}=m$ とおき，x, y を m で表してみよ．

解答

(1) $y=\dfrac{x^3}{a^2+x^2}=x-\dfrac{a^2x}{a^2+x^2}$

$\displaystyle\lim_{x\to\pm\infty}\frac{a^2x}{a^2+x^2}=\lim_{x\to\pm\infty}\frac{a^2}{\frac{a^2}{x}+x}=0$，漸近線は $y=x$ 答

（別解）$y=\alpha x+\beta$ とおくと，㋐

$\alpha=\displaystyle\lim_{x\to\pm\infty}\frac{y}{x}=\lim_{x\to\pm\infty}\frac{x^2}{a^2+x^2}=\lim_{x\to\pm\infty}\frac{1}{\frac{a^2}{x^2}+1}=1$

$\beta=\displaystyle\lim_{x\to\pm\infty}(y-x)=\lim_{x\to\pm\infty}\left(\frac{x^3}{a^2+x^2}-x\right)=\lim_{x\to\pm\infty}\left(\frac{a^2x}{a^2+x^2}\right)=0$

よって，漸近線は $y=x$ 答

(2) $x^3+y^3-3axy=0$ ㋑ …①

①の辺々を x^3 で割ると，$1+\left(\dfrac{y}{x}\right)^3-3a\left(\dfrac{y}{x}\right)\cdot\dfrac{1}{x}=0$

$\dfrac{y}{x}=m$ とおくと，$1+m^3-3am\cdot\dfrac{1}{x}=0$，$x=\dfrac{3am}{1+m^3}$ ㋒

$y=mx$ より $y=\dfrac{3am^2}{1+m^3}$　㋒より $x\to\pm\infty$ のとき，

$m^3+1\to0$ ㋓　$\therefore\ m\to-1$

漸近線を $y=\alpha x+\beta$ とおくと，

$\alpha=\displaystyle\lim_{x\to\pm\infty}\frac{y}{x}=\lim_{x\to\pm\infty}\frac{3am^2}{3am}=\lim_{x\to\pm\infty}m=-1$

$\beta=\displaystyle\lim_{x\to\pm\infty}\{y-(-x)\}=\lim_{m\to-1}\left(\frac{3am^2}{1+m^3}+\frac{3am}{1+m^3}\right)$ ㋔ $\displaystyle=\lim_{m\to-1}\frac{3am}{1-m+m^2}=-a$

よって，漸近線は，$y=-x-a$ 答

ポイント

㋐ p. 81

㋑ グラフは下図．

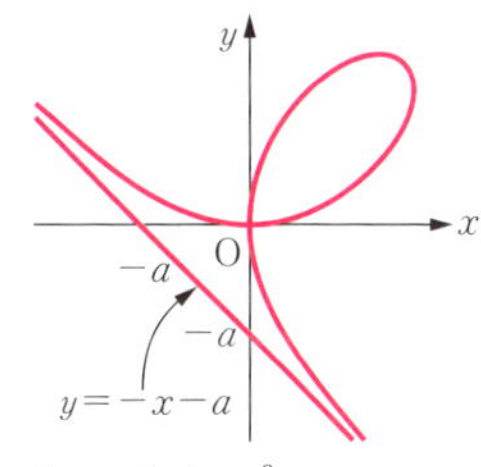

㋒ $\dfrac{1}{x}=\dfrac{1+m^3}{3am}$

$\therefore\ x=\dfrac{3am}{1+m^3}$

㋓ $\displaystyle\lim_{x\to\pm\infty}\left(1+m^3-3am\frac{1}{x}\right)=0$　（$\frac{1}{x}\downarrow0$）

$\therefore\ \displaystyle\lim_{x\to\pm\infty}m^3=-1$

㋔ $\dfrac{3am(1+m)}{1+m^3}$

$=\dfrac{3am(1+m)}{(1+m)(1-m+m^2)}$

$=\dfrac{3am}{1-m+m^2}$

練習問題　5-5　　解答 p. 220

次の関数の漸近線を求めよ．(1) $y=\dfrac{x}{1+e^{\frac{1}{x}}}$　　(2) $y^3=x^2+x^3$

問題 5-6 ▼グラフ (1)　高校数学

次の関数のグラフの概形をかけ.

(1) $y=\dfrac{x}{e^x}$　　(2) $y=\dfrac{x}{\log x}$

●考え方●

(1), (2) とも漸近線を求め, $f'(x)=0$ となる x を求め増減表をかく.

解答

(1) $y'=\dfrac{1\cdot e^x-x\cdot e^x}{(e^x)^2}=\dfrac{1-x}{e^x}$

$y'=0$ となる x は $x=1$

$\displaystyle\lim_{x\to\infty}\frac{x}{e^x}=\lim_{x\to\infty}\frac{(x)'}{(e^x)'}=\lim_{x\to\infty}\frac{1}{e^x}=0$, $y=0$ は漸近線. ㋐

$\displaystyle\lim_{x\to-\infty}\frac{x}{e^x}=\lim_{x\to-\infty}xe^{-x}=-\infty$ ㋑

増減表をかくと,

x		1	
y'	+	0	−
y	↗	$\frac{1}{e}$	↘

グラフは右図. ㋒

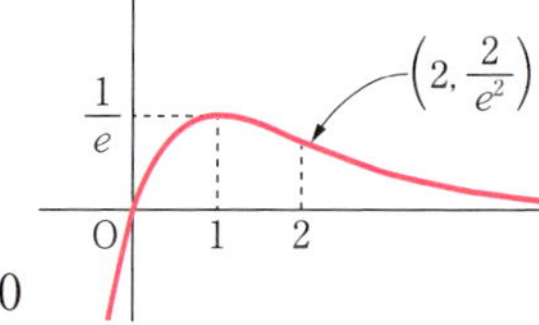

(2) 真数条件より, $x>0$

$y'=\dfrac{\log x-1}{(\log x)^2}$　$y'=0$ となる x は $\log x=1$ から $x=e$

増減表をかくと,

x	0		1		e	
y'		−	╳	−	0	+
y		↘	╳	↘	e	↗

グラフは下図. ㋕

$\displaystyle\lim_{x\to1-0}\frac{x}{\log x}=-\infty$,

$\displaystyle\lim_{x\to1+0}\frac{x}{\log x}=+\infty$

これより, $x=1$ は漸近線.

$\displaystyle\lim_{x\to\infty}\frac{x}{\log x}=\lim_{x\to\infty}\frac{1}{\frac{\log x}{x}}=+\infty$ ㋓

$\displaystyle\lim_{x\to+0}\frac{x}{\log x}=\lim_{x\to+0}x\cdot\frac{1}{\log x}=0$ ㋔

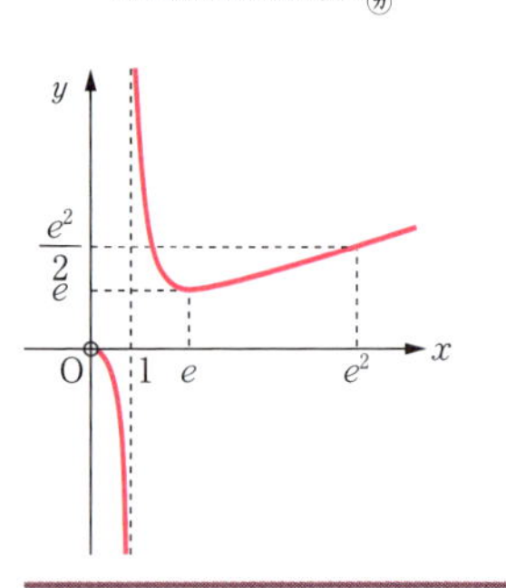

ポイント

㋐ $\dfrac{\infty}{\infty}$：不定形.
ロピタルの定理活用.

㋑ $-\infty\times\infty$から $-\infty$

㋒ $f''(x)=(x-2)e^{-x}$
$f''(x)=0$ となる x は
$x=2$
凹凸表は

x		2	
$f''(x)$	−	0	+
$f(x)$	∩	$\frac{2}{e^2}$	∪

変曲点 $\left(2, \dfrac{2}{e^2}\right)$

㋓ $\dfrac{\infty}{\infty}$：不定形.
ロピタルの定理

㋔ $0\times\dfrac{1}{-\infty}\to 0$

㋕ $f''(x)=\dfrac{2-\log x}{x(\log x)^3}$
$f''(x)=0$ となる x は
$x=e^2$.
凹凸表は

x	0		1		e^2	
$f''(x)$		−	╱	+	0	−
$f(x)$		∩	╱	∪	変曲点	∩

変曲点 $\left(e^2, \dfrac{e^2}{2}\right)$

練習問題 5-6　解答p. 220

次の関数のグラフをかけ.

(1) $y=\dfrac{\log x}{x}$　　(2) $y=x\log x$

問題 5-7 ▼グラフ（2）（減衰曲線）　高校数学

(1) $y = e^{-x}\sin x\ (0 \leqq x \leqq 2\pi)$ の増減を調べ，グラフをかけ．
(2) $x \geqq 0$ において $f(x) = e^{-x}\sin x$ を極大にする x の値を小さい方から順に $a_1, a_2, a_3, \cdots$ とするとき，$f(a_n)$ を求めよ．

●考え方●

(1) $-1 \leqq \sin x \leqq 1$ であるから，$-e^{-x} \leqq e^{-x}\sin x \leqq e^{-x}$
$y = e^{-x}\sin x$ は $y = e^{-x}$ と $y = -e^{-x}$ の間にある曲線である．
(2) 極大になる x を $f''(x) < 0$ により判定する．

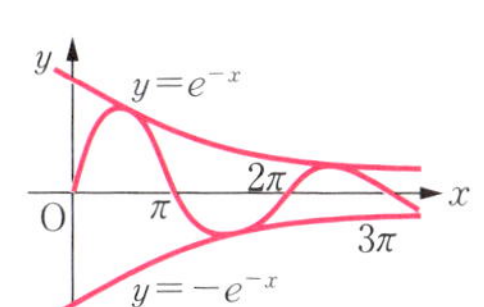

解答

(1) $y' = e^{-x}(\cos x - \sin x) = \sqrt{2}e^{-x}\sin\left(x + \dfrac{3}{4}\pi\right)$

$0 < x < 2\pi$ で $y' = 0$ となる x は $\sin\left(x + \dfrac{3}{4}\pi\right) = 0$ なる x で $x + \dfrac{3\pi}{4} = \pi$, $x + \dfrac{3\pi}{4} = 2\pi$ から $x = \dfrac{\pi}{4}, \dfrac{5\pi}{4}$

増減表をかくと，

x	0		$\frac{\pi}{4}$		$\frac{5\pi}{4}$		2π
y'		+	0	−	0	+	
y	0	↗	極大	↘	極小	↗	0

極大値　$(1/\sqrt{2})e^{-\frac{\pi}{4}}$
極小値　$-(1/\sqrt{2})e^{-\frac{5\pi}{4}}$

(2) (1)より

$f'(x) = e^{-x}\cdot(\cos x - \sin x) = \sqrt{2}e^{-x}\sin\left(x + \dfrac{3}{4}\pi\right)$

$f''(x) = -2e^{-x}\cos x$

$f'(x) = 0$ となる x は $x > 0$ ㋐ で $x + \dfrac{3}{4}\pi = (k+1)\pi$,

$x = \dfrac{\pi}{4} + k\pi\ (k = 0, 1, 2, 3, \cdots)$ ㋐

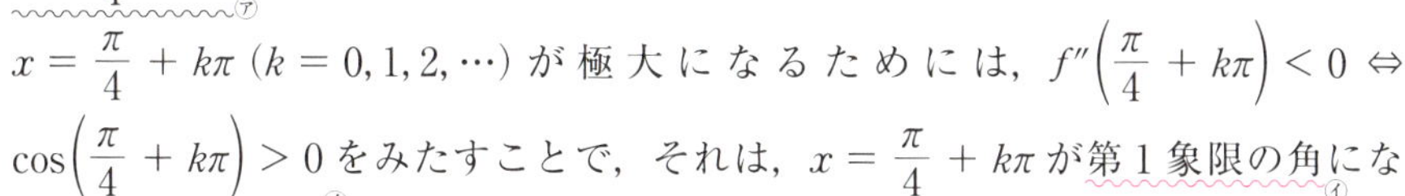

$x = \dfrac{\pi}{4} + k\pi\ (k = 0, 1, 2, \cdots)$ が極大になるためには，$f''\left(\dfrac{\pi}{4} + k\pi\right) < 0 \Leftrightarrow$ $\cos\left(\dfrac{\pi}{4} + k\pi\right) > 0$ ㋑ をみたすことで，それは，$x = \dfrac{\pi}{4} + k\pi$ が第1象限の角にな ㋑ るときである．

x を小さい方から $a_1, a_2, \cdots$ とすることから，$k = 2(n-1)\ (n = 1, 2, \cdots)$ とおくと，

$a_n = \dfrac{\pi}{4} + 2(n-1)\pi$ で，$f(a_n) = e^{-\left(\frac{\pi}{4}+2(n-1)\pi\right)}\sin\left(\dfrac{\pi}{4} + 2(n-1)\pi\right)$ ㋒

$= \dfrac{\sqrt{2}}{2}e^{-\frac{\pi}{4}}\cdot(e^{-2\pi})^{n-1}$ 答

ポイント

㋐ 極値をもつための必要条件．

㋑

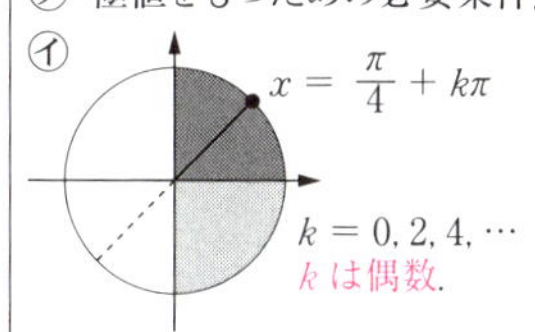

㋒ $\sin\left(\dfrac{\pi}{4} + 2(n-1)\pi\right) = \dfrac{\sqrt{2}}{2}$

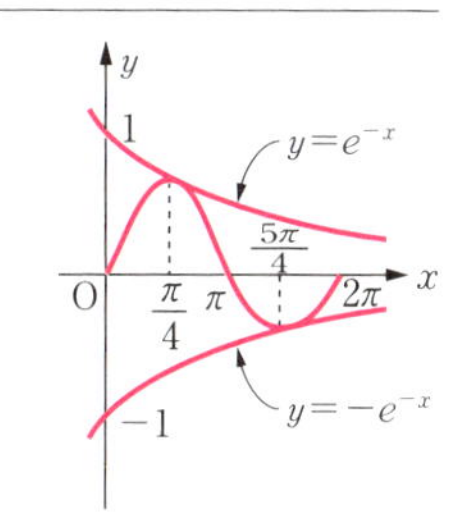

練習問題　5-7 (p. 49 参照)　解答 p. 221

曲線 $x^{\frac{2}{3}} + y^{\frac{2}{3}} = a^{\frac{2}{3}}$（アステロイド）の増減および凹凸を調べて，グラフの概形をかけ．

問題 5-8 ▼グラフ (3)

次の関数の増減，凹凸を調べてグラフをかけ．

$$y = \tanh^{-1}x = \frac{1}{2}\log\frac{1+x}{1-x} \quad (-1 < x < 1)$$

●考え方●

$f(x) = \tanh^{-1}x$ とおくと，$f(x) = \dfrac{1}{2}\{\log(1+x) - \log(1-x)\}$

$f(-x) = \dfrac{1}{2}\{\log(1-x) - \log(1+x)\} = -f(x)$ が成り立ち，$y = f(x)$ は奇関数となる．原点に関して対称なグラフである．

解答

$f(x) = \tanh^{-1}x$ とおくと，$f(-x) = -f(x)$ となり，$f(x)$ は奇関数．よって，$0 \leqq x < 1$ についてのみ調べる．

$$f'(x) = \underbrace{\frac{1}{2}\left\{\frac{1}{1+x} + \frac{1}{1-x}\right\}}_{㋐} = \underbrace{\frac{1}{1-x^2}}_{㋑} > 0 \quad (0 \leqq x < 1)$$

よって，$f(x)$ は単調に増加する．

$$f''(x) = \frac{-(-2x)}{(1-x^2)^2} = \frac{2x}{(1-x^2)^2} \geqq 0$$

$0 \leqq x < 1$ の範囲で $y = f(x)$ は下に凸な関数．㋒

$$\lim_{x\to 1-0} f(x) = \lim_{x\to 1-0} \tanh^{-1}x = \lim_{x\to 1-0} \frac{1}{2}\log\frac{1+x}{1-x} = \infty$$

から $x = 1$ は漸近線となる．

原点に関する対称性を考慮して㋓グラフは下図．

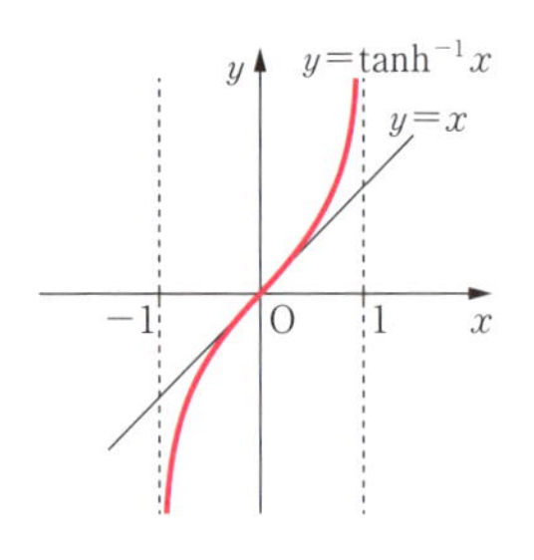

ポイント

㋐ $f(x) = \dfrac{1}{2}\{\log(1+x) - \log(1-x)\}$ と変形し，微分する．
$\{\log(1-x)\}' = \dfrac{-1}{1-x}$

㋑ $f'(0) = 1$ より原点における接線は $y = x$

㋒ 原点に関しての対称性から，原点 $(0, 0)$ は変曲点になる．

㋓ 対称性から，$x = -1$ も漸近線になる．

練習問題 5-8

解答 p. 221

次の関数の増減，凹凸を調べてグラフをかけ．

$$y = \sinh^{-1}x = \log(x + \sqrt{x^2+1})$$

問題 5-9 ▼方程式の解（1）　高校数学

a を実数として，方程式 $2x^3-3ax^2+8=0$ …① の実数解の個数を調べよ．また実数解の符合を調べよ．

●考え方●

$x=0$ は①の解でないから，①の辺々を x で割って，

$$① \Leftrightarrow a=\frac{1}{3}\left(2x+\frac{8}{x^2}\right)$$

右辺を $f(x)=\frac{1}{3}\left(2x+\frac{8}{x^2}\right)$ とおき，$y=f(x)$ と $y=a$ の共有点の個数を調べる．

解答

$x\neq 0$ より ① $\Leftrightarrow a=\frac{1}{3}\left(2x+\frac{8}{x^2}\right)$

右辺を $f(x)=\frac{1}{3}\left(2x+\frac{8}{x^2}\right)$ とおき，$y=f(x)$ と $y=a$ の共有点の個数を調べる．

$$f'(x)=\frac{1}{3}\left(2-\frac{16}{x^3}\right)=\frac{2}{3}\left(1-\frac{8}{x^3}\right)=\frac{2}{3}\frac{1}{x^3}(x^3-8)$$

$f'(x)=0$ となる x は $x=2$

$\lim_{x\to 0} f(x)=+\infty$ より $x=0$ は漸近線．

$y=\alpha x+\beta$ の漸近線は㋐

$$\alpha=\lim_{x\to\pm\infty}\frac{y}{x}=\lim_{x\to\pm\infty}\left(\frac{2}{3}+\frac{8}{3}\frac{1}{x^3}\right)=\frac{2}{3}$$

$$\beta=\lim_{x\to\pm\infty}\left(\frac{2}{3}x+\frac{8}{3x^2}-\frac{2}{3}x\right)=\lim_{x\to\pm\infty}\left(\frac{8}{3x^2}\right)=0$$

となるから，$y=\frac{2}{3}x$

増減表をかくと，

x		0		2	
y'	+	／	−	0	+
y	↗	／	↘	極小	↗

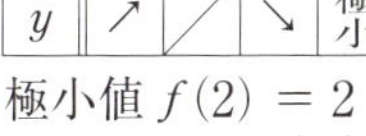

極小値 $f(2)=2$

$y=a$ との共有点により，①の個数と解の符号は，

$$\begin{cases} 2<a \text{ のとき，3 個で 2 個が正，1 個が負．} \\ a=2 \text{ のとき，2 個で 1 個が正，1 個が負．㋑} \\ a<2 \text{ のとき，1 個で 1 個が負．㋒} \end{cases}$$

ポイント

㋐ $y=\frac{2}{3}x+\frac{8}{3x^2}$

$\lim_{x\to\pm\infty}\frac{8}{3x^2}=0$ より

漸近線 $y=\frac{2}{3}x$

と求めてもよい．

㋑ ①は 3 次方程式より 3 つの解をもつ．負の解が 1 つ．$x=2$ は重解となる．
（$y=f(x)$ と $y=a$ が接する．）

㋒ ①は 1 つが負の実数解．2 つが虚数解．

練習問題　5-9

解答 p. 222

曲線 $y=xe^{-x^2}$ について，傾き m の接線は何本引けるか．m の値により分類してその本数を求めよ．

問題 5-⑩ ▼方程式の解 (2)

$\sinh x - \dfrac{16}{15}x = 0$ …① は $0 < x < 1$ にただ1つの解をもつことを示せ．

●考え方●

$\sinh x = \dfrac{1}{2}(e^x - e^{-x})$，① の左辺を $f(x) = \dfrac{1}{2}(e^x - e^{-x}) - \dfrac{16}{15}x$ とおき，$y = f(x)$ のグラフを調べ $y = 0$（x 軸）と $0 < x < 1$ にただ1つ共有点をもつことを示す．

解答

①の左辺を $f(x) = \sinh x - \dfrac{16}{15}x$

$$= \frac{1}{2}(e^x - e^{-x}) - \frac{16}{15}x$$

とおくと，

$$f'(x) = \frac{1}{2}(e^x + e^{-x}) - \frac{16}{15}$$

$f(0) = 0$，$f'(0) = -\dfrac{1}{15} < 0$ であるから，x が十分小さい正の値のとき $f(x) < 0$ である．㋐

また，$x > 0$ のとき $f''(x) = \dfrac{1}{2}(e^x - e^{-x}) > 0$ より

$f'(x)$ は $x > 0$ で増加関数である．㋑

$x = 1$ のときの状態は

$$f(1) = \frac{1}{2}\left(e - \frac{1}{e}\right) - \frac{16}{15} = \frac{1}{2}\left(e - \frac{1}{e} - \frac{32}{15}\right) > 0,$$

$$f'(1) > 0$$

以上㋐，㋑と $f(1) > 0$ より $f(x)$ は $0 < x < 1$ で1回だけ0となり，①は $0 < x < 1$ にただ1つの解をもつ．

ポイント

㋐ $x > 0$ の近傍のグラフの状態は

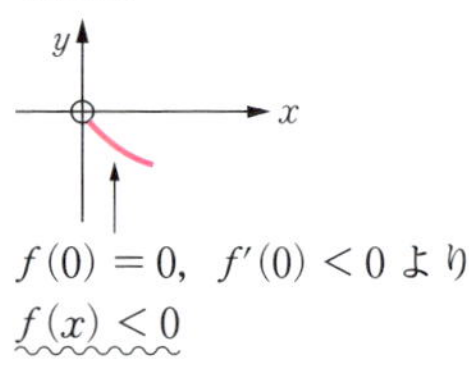

$f(0) = 0$，$f'(0) < 0$ より $f(x) < 0$

㋑ $x = 0$ の近傍の状態と $f(x)$ が単調増加 $f'(1) > 0$ からグラフは

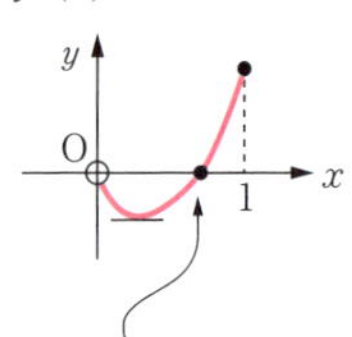

$y = f(x)$ は下に凸な関数で，1回だけ $0 < x < 1$ で x 軸と共有点をもつ．

練習問題 5-10

解答 p. 222

方程式 $1 + x + \dfrac{x^2}{2!} + \dfrac{x^3}{3!} + \cdots + \dfrac{x^n}{n!} = 0$ は，n が奇数ならただ1つの実数解をもち，n が偶数ならば実数解をもたないことを示せ．

問題 5-⑪ ▼不等式の証明（1）　高校数学

次の不等式を証明せよ．

(1) $x > \sin x \quad (x > 0)$　(2) $\cos x > 1 - \dfrac{x^2}{2} \quad (x > 0)$

(3) $\sin x > x - \dfrac{x^3}{6} \quad (x > 0)$

●考え方●

(1) $f(x) = x - \sin x$ とおき，$f(x)$ の下限の値を調べる．

(2), (3) (1)と同様な対処．前の結果の利用がポイント．

解答

(1) $f(x) = x - \sin x,\ \underset{㋐}{f'(x) = 1 - \cos x \geqq 0}$

$\therefore\ f(x) > \underset{㋑}{f(0)} = 0 \quad \therefore\ x > \sin x$

(2) $g(x) = \cos x - \left(1 - \dfrac{x^2}{2}\right)$ とおくと，

$g'(x) = \underset{㋒}{x - \sin x > 0}$

$x > 0$ で $g(x)$ は単調に増加する関数．

$\therefore\ g(x) > g(0) = 0 \quad \therefore\ \cos x > 1 - \dfrac{x^2}{2}$

(3) $h(x) = \sin x - \left(x - \dfrac{x^3}{6}\right)$ とおくと，

$h'(x) = \underset{㋓}{\cos x - \left(1 - \dfrac{x^2}{2}\right)} > 0$

$x > 0$ で $h(x)$ は単調に増加する関数．

$\therefore\ h(x) > h(0) = 0 \quad \therefore\ \sin x > x - \dfrac{x^3}{6}$

ポイント

㋐ $x > 0$ のとき，$f'(x) > 0$ または $f'(x) = 0$ で増加関数

㋑ 不限は $f(0)$

㋒ (1)の結果より $x - \sin x > 0$

㋓ (2)より $\cos x - \left(1 - \dfrac{x^2}{2}\right) > 0$

練習問題　5-11

解答 p. 223

$0 < x < \dfrac{\pi}{2}$ ならば

$$x < \frac{1}{3}\tan x + \frac{2}{3}\sin x$$

が成り立つことを証明せよ．

問題 5-⑫ ▼不等式の証明（2）

(1) $x>0$ のとき，$e^x > 1+\frac{x}{1!}+\frac{x^2}{2!}+\cdots+\frac{x^n}{n!}$ を証明せよ．

(2) (1)を用いて，$\lim_{t\to\infty}\frac{(\log t)^{n-1}}{t}$ の値を求めよ．

●考え方●

(1) 数学的帰納法を用いて示す．(2) はさみうちの原理の活用．

解答

(1) 数学的帰納法で示す．

$f_n(x)=e^x-\left(1+\frac{x}{1!}+\frac{x^2}{2!}+\cdots+\frac{x^n}{n!}\right)>0 \cdots①$ ㋐

〔1〕 $n=1$ のとき，$f_1(x)=e^x-(1+x)$ ㋑

$f_1'(x)=e^x-1>0$ より，$x>0$ で $f_1(x)$ は単調に増加する関数．

$\therefore\ f_1(x)>f_1(0)=0$ となり，①は成り立つ．

〔2〕 $n=k\ (k\geqq 1)$ のとき，成り立つと仮定する．すなわち，$f_k(x)>0$．$n=k+1$ のとき，

$f_{k+1}(x)=e^x-\left(1+\frac{x}{1!}+\frac{x^2}{2!}+\cdots+\frac{x^k}{k!}+\frac{x^{k+1}}{(k+1)!}\right)$

$f_{k+1}'(x)=e^x-\left(1+\frac{x}{1!}+\frac{x^2}{2!}+\cdots+\frac{x^k}{k!}\right)=f_k(x)>0$ ㋒

$f_{k+1}'(x)>0$ となり，$x>0$ で $f_{k+1}(x)$ は単調に増加する関数．

$\therefore\ f_{k+1}(x)>f_{k+1}(0)=0$ となり，①は成り立つ．

〔1〕,〔2〕により，すべての自然数 n について①は成り立つ．■

(2) $\lim_{t\to\infty}\frac{(\log t)^{n-1}}{t}$ ㋓ で $\log t=x$ とおき，(与式)$=\lim_{x\to\infty}\frac{x^{n-1}}{e^x}$

(1)の結果より，$0<\frac{1}{e^x}<\frac{1}{1+\frac{x}{1!}+\frac{x^2}{2!}+\cdots+\frac{x^n}{n!}}$

$t>1$ のとき $x>0$ で，㋔ このとき辺々に x^{n-1} を乗じて，

$$0<\frac{x^{n-1}}{e^x}<\frac{x^{n-1}}{1+\frac{x}{1!}+\frac{x^2}{2!}+\cdots+\frac{x^n}{n!}}$$ ㋕

$x\to\infty$ で右辺（〰〰㋕）$\to 0$ となるから，はさみうちの原理より

$$\lim_{x\to\infty}\frac{x^{n-1}}{e^x}=0 \qquad \therefore\ \lim_{t\to\infty}\frac{(\log t)^{n-1}}{t}=0$$

ポイント

㋐ すべての自然数 n で $f_n(x)>0$ を示す．

㋑ p. 93 問題 5-⑪ と同様な処理．

㋒ 仮定より．

㋓ $\frac{\infty}{\infty}$：不定形

㋔ $t\to\infty$ より $t>1$ としてよい．

（$0<t<1$ であると，$x=\log t<0$ となることから，はさみうちに持ち込めなくなる．そのため $t>1$ で考える．）

㋕ 分母，分子に $\frac{1}{x^{n-1}}$ を乗じる．

（分子の次数＜分母の次数より．）

（注）(1) の不等式は，p. 62 の e^x のマクローリン展開で，x^{n+1} の項から先の項を取ったものである．

練習問題 5-12

解答 p. 223

$f(x)=\frac{a-\cos x}{x^2}$ が $0<x\leqq\frac{\pi}{2}$ の範囲で増加関数となるような定数 a のうち最大のものを求めよ．

問題 5-13 ▼ニュートン法による解の決定

方程式 $x^3-2x-5=0$ …① はただ1つの実数解をもつことを証明し，かつこの解の近似値をニュートン法により小数第4位まで求めよ．

●考え方●

$f(x)=x^3-2x-5$ とおき，$y=f(x)$ のグラフを調べる．$f''(x)=6x$
$x>0$ のとき $f''(x)>0$．$f(x)>0$ となる解の候補をさがす．
$f(2)=8-4-5=-1<0$，$f''(x)>0$ と符号が異なる．$f(3)=16>0$，$x=2.1$ の値を調べる．$f(2.1)=2.1^3-2\cdot(2.1)-5=9.261-9.2=0.061>0$，$f''(x)>0$ と符号が一致．$a_1=2.1$ としてニュートン法を適用する (p. 82)．

解答

①の左辺を $f(x)=x^3-2x-5$ とおくと，$f'(x)=3x^2-2$
$f'(x)=0$ となる x は $x=\pm\sqrt{\dfrac{2}{3}}$．$x=-\sqrt{\dfrac{2}{3}}$ で極大になり，極大値 $f\left(-\sqrt{\dfrac{2}{3}}\right)=\dfrac{4}{3}\sqrt{\dfrac{2}{3}}-5<0$，$\displaystyle\lim_{x\to\infty}f(x)=+\infty$ ㋐ となるから，$y=f(x)$ は $x>0$ で x 軸とただ1つの共有点をもち，①はただ1つの実数解をもつ．この解を $x=\alpha$ とする．
次に，$x>0$ のとき，$f''(x)=6x>0$ であり，$f(2)<0$，$f(3)>0$ ㋑
$x=2.1$ のときの $f(x)$ の値は，$f(2.1)=(2.1)^3-2(2.1)-5=0.061>0$
$f''(x)>0$，$f(2.1)>0$ で同符号である．α の第1近似値として $a_1=2.1$ を選ぶと，ニュートン法より，

$$a_2=a_1-\frac{f(a_1)}{f'(a_1)}\text{㋒}=2.1-\frac{0.061}{11.23}=2.094568\cdots$$

近似値を小数第4位まで求めることから，$x=2.0945$ ㋓ のときの $f(x)$ の値の符号を調べる．

$$f(2.0945)=(2.0945)^3-2(2.0945)-5$$
$$=9.1884254-4.189-5=-0.00057<0$$

よって，
$2.0945<\alpha<2.094568\cdots$ ㋔
となるから解 α の小数第4位までの近似値は，

2.0945 **答**

ポイント

㋐

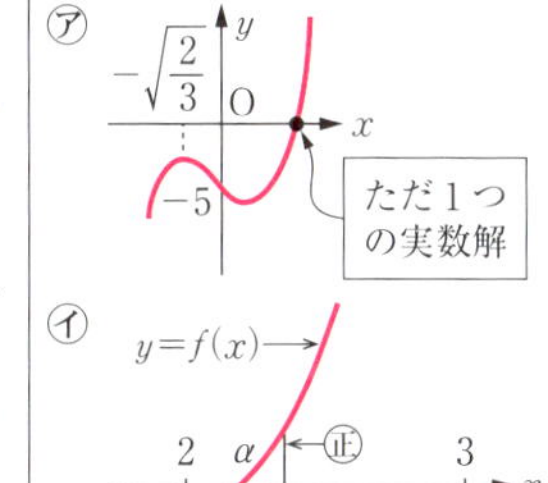

㋑ $f(2)$，$f(3)$ の値は上の「考え方」を参照．

㋒ $f'(2.1)=3(2.1)^2-2$
$=11.23$

㋓ a_2 の小数5位以下を切った値である．

㋔

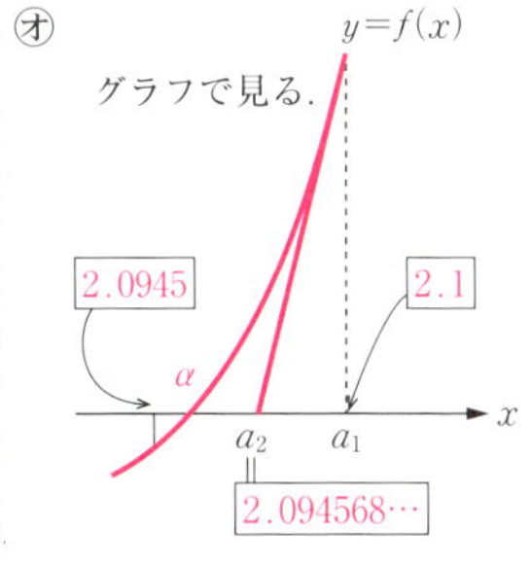

練習問題 5-13　　解答 p. 223

$x^3-6x+11=0$ の実数解を小数第4位まで求めよ．

問題 5-⑭ ▼図形量の最大・最小（1）

弧の長さが一定である弓形のうち，面積の最大のものを求めよ．

●考え方●

弓形の中心角を θ，半径を r とすると弧の長さ l は $l=r\theta$（一定）である．弓形は中心が弓形の外にある場合と内にある場合で分けて考える必要がある．

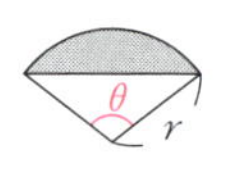

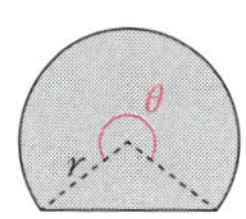

解答

弓形の中心角を θ，半径を r とすれば弧の長さは $l=r\theta$（一定），このとき弓形の面積 S は

・中心が弓形の外にあるとき，

$$S=\frac{1}{2}r^2\theta-\frac{1}{2}r^2\sin\theta \quad \cdots①$$

・中心が弓形の内にあるとき，

$$S=\frac{1}{2}r^2\theta+\frac{1}{2}r^2\sin(2\pi-\theta)=\frac{1}{2}r^2\theta-\frac{1}{2}r^2\sin\theta \quad \cdots②$$

いずれにしても，$S=\frac{1}{2}r^2\theta-\frac{1}{2}r^2\sin\theta$ ㋑

$$=\frac{1}{2}r^2(\theta-\sin\theta) \quad (0\leqq\theta\leqq 2\pi)$$

$l=r\theta$ より $r=\dfrac{l}{\theta}$ を代入して，$S=\dfrac{l^2}{2}\left(\dfrac{1}{\theta}-\dfrac{\sin\theta}{\theta^2}\right)$

$$S'=\frac{l^2}{2}\left(\frac{-1}{\theta^2}-\frac{\cos\theta}{\theta^2}+\frac{2\sin\theta}{\theta^3}\right)$$

$$=\frac{l^2}{2\theta^3}\{2\sin\theta-\theta(1+\cos\theta)\} \text{ ㋒}$$

$$=\frac{l^2}{2\theta^3}\left(4\sin\frac{\theta}{2}\cos\frac{\theta}{2}-2\theta\cos^2\frac{\theta}{2}\right) \text{ ㋓}$$

$$=\frac{2l^2}{\theta^3}\cdot\cos^2\frac{\theta}{2}\left(\tan\frac{\theta}{2}-\frac{\theta}{2}\right) \text{ ㋔}$$

$0<\theta\leqq 2\pi$，$g(\theta)=\tan\dfrac{\theta}{2}-\dfrac{\theta}{2}$ とおくと，

$$g'(\theta)=\frac{1}{2\cos^2(\theta/2)}-\frac{1}{2}=\frac{1}{2\cos^2(\theta/2)}\left(1-\cos^2\frac{\theta}{2}\right)$$

$\theta\neq\pi$ であり，$0<\theta<\pi$，$\pi<\theta<2\pi$ のとき，$g'(\theta)>0$

より，$0<\theta<\pi$ のとき，$g(\theta)>g(0)=0$ ㋕

　　$\pi<\theta<2\pi$ のとき，$g(\theta)<g(2\pi)=-\pi<0$ ㋖

S' の増減表をかくと，S は $\theta=\pi$ のとき極大かつ最大で最大値 $\dfrac{l^2}{2\pi}$ 答

θ	0		π		2π
S'		+	╳	−	
S		↗	極大	↘	

ポイント

㋐

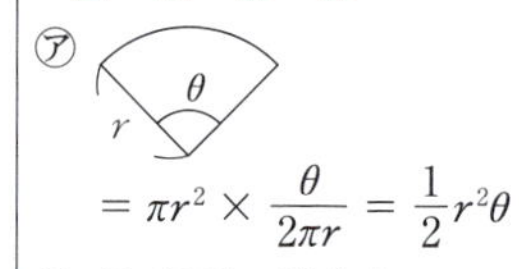

$=\pi r^2\times\dfrac{\theta}{2\pi r}=\dfrac{1}{2}r^2\theta$

㋑ ①，②は一致する．

㋒ 2倍角の公式より

$\sin\theta=2\sin\dfrac{\theta}{2}\cos\dfrac{\theta}{2}$

$\cos\theta=2\cos^2\dfrac{\theta}{2}-1$

を代入．

㋓ θ を分離

$4\cos^2\dfrac{\theta}{2}$ でくくる．

㋔ S' の符号は，$\tan\dfrac{\theta}{2}-\dfrac{\theta}{2}$ の符号に一致する．

㋕ このとき，$S'>0$

㋖ このとき，$S'<0$

実際 S' の符号は，$\dfrac{\theta}{2}=x$ とおくと，$y=\tan x$ と $y=x$ のグラフから，判断できる．

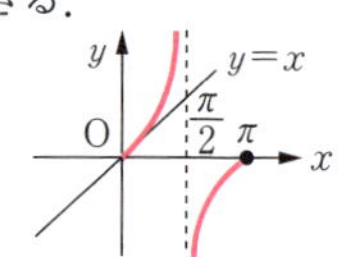

$y=x$ は $y=\tan x$ の原点の接線．

練習問題　5-14

解答 p. 224

扇形の周の長さが一定のとき，その面積が最大となるものを求めよ．

問題 5-⑮ ▼図形量の最大・最小（2）

容積が一定な直円錐の側面積を最小にするには，この円錐の高さと底面の円の半径の比をどのようにすればよいか求めよ．

●考え方●

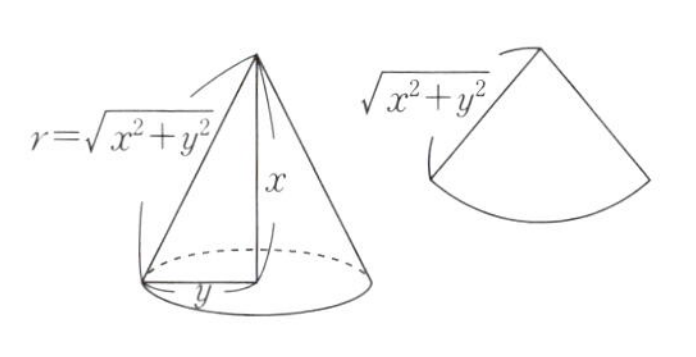

直円錐の高さを x, 底円の半径を y とすると，$r=\sqrt{x^2+y^2}$ とおくと側面積 S は，$S=\pi r^2\times\dfrac{2\pi y}{2\pi r}=\pi yr=\pi y\sqrt{x^2+y^2}$. 容積 V は $V=\dfrac{\pi}{3}\underbrace{y^2x}_{3次式}$（一定）.
ここで $y^2x=a^3$（a は一定）とおくと，$V=\dfrac{\pi}{3}a^3$,
S を x で表してみる．

解答

直円錐の高さを x，底円の半径を y とすると，

$$S=\pi y\sqrt{x^2+y^2},\quad V=\frac{\pi}{3}y^2x$$

$V=\dfrac{\pi}{3}a^3$ とおくと，$y^2x=a^3$，$y=\sqrt{\dfrac{a^3}{x}}$ ㋐

S を x で表すと，$S=\pi\cdot\sqrt{\dfrac{a^3}{x}}\sqrt{x^2+\dfrac{a^3}{x}}$ ㋑

$$=\pi a^{\frac{3}{2}}\sqrt{x+\frac{a^3}{x^2}}$$

$f(x)=x+\dfrac{a^3}{x^2}$ とおくと，㋒

$$f'(x)=1-\frac{2a^3}{x^3}$$

$$=\frac{1}{x^3}(x^3-2a^3)=\frac{1}{x^3}(x-2^{\frac{1}{3}}\cdot a)(x^2+2^{\frac{1}{3}}\cdot ax+2^{\frac{2}{3}}\cdot a^2)$$ ㋓

$f'(x)=0$ となる x は $x=2^{\frac{1}{3}}\cdot a$ で増減表をかくと，

x	0		$2^{\frac{1}{3}}\cdot a$	
$f'(x)$		$-$	0	$+$
$f(x)$		↘	極小	↗

$x=2^{\frac{1}{3}}\cdot a$ で極小かつ最小でこのとき S は最小となる．
このとき，$y=a^{\frac{3}{2}}\cdot x^{-\frac{1}{2}}=a^{\frac{3}{2}}\cdot(2^{\frac{1}{3}}\cdot a)^{-\frac{1}{2}}=2^{-\frac{1}{6}}\cdot a$

$\therefore\ x:y=2^{\frac{1}{3}}\cdot a:2^{-\frac{1}{6}}\cdot a=2^{\frac{1}{2}}:1=\sqrt{2}:1$ ㋔ 答

ポイント

㋐ V は一定であり3次の定数 $\dfrac{\pi}{3}a^3$ とおき，処理しやすくする．
㋑ S を1変数 x に統一．
㋒ $\sqrt{\ }$ の中を調べればよい．
（微分の計算，整理を楽にするため．）
㋓ A^3-B^3
$=(A-B)(A^2+AB+B^2)$
$A=x$，$B=2^{\frac{1}{3}}a$
と置いたもの．
㋔ $2^{\frac{1}{6}}$ を乗じて，比を簡単に．

練習問題　5-15　解答 p. 224

半径 a の円の厚紙から扇形を切り捨て，残りを折りまげて直円すいを作るとき，その体積を最大にするための切り捨てるべき扇形の中心角 θ を求めよ．

コラム5　◆ π と e を結ぶ関係式，$e^{i\pi}=-1$ の輝き！

e^x のべき級数展開

$$e^x = 1 + \frac{x}{1!} + \frac{x^2}{2!} + \frac{x^3}{3!} + \cdots + \frac{x^n}{n!} + \cdots \qquad \text{(p. 62)}$$

は x が実数に限られていた．この x を複素数の世界に拡張して考えてみる．上式の x に $i\theta$ ($i=\sqrt{-1}$，θ：実数）を代入すれば，

$$e^{i\theta} = 1 + \frac{i\theta}{1!} + \frac{(i\theta)^2}{2!} + \frac{(i\theta)^3}{3!} + \cdots + \frac{(i\theta)^n}{n!} + \cdots$$

$$= \underbrace{\left(1 - \frac{\theta^2}{2!} + \frac{\theta^4}{4!} - \frac{\theta^6}{6!} + \cdots\right)}_{\boxed{\cos\theta}\text{(p. 62)}} + i\underbrace{\left(\theta - \frac{\theta^3}{3!} + \frac{\theta^5}{5!} - \frac{\theta^7}{7!} + \cdots\right)}_{\boxed{\sin\theta}\text{(p. 62)}}$$

$$= \cos\theta + i\sin\theta$$

$$e^{i\theta} = \cos\theta + i\sin\theta \quad \cdots①$$

の関係式が得られる．これを**オイラーの公式**とよぶ．

①で θ を $-\theta$ でおきかえると，

$$e^{-i\theta} = \cos\theta - i\sin\theta \quad \cdots②$$

①, ②式より，

$$\cos\theta = \frac{1}{2}(e^{i\theta} + e^{-i\theta})$$

$$\sin\theta = \frac{1}{2i}(e^{i\theta} - e^{-i\theta})$$

が得られ，三角関数は，$e^{i\theta}, e^{-i\theta}$ で表すことができる．

特に①式で $\theta=\pi$ とおくと，

$$e^{i\pi} = -1$$

が得られる．

「人類の至宝」とまでよばれるシンプルなこの関係式は，美しい輝きを放ち続ける．

Chapter 6

積分 I

高校で学んだ基本的な積分を復習するとともに,
一歩踏み込んで有理関数, 無理関数
初等超越関数の積分を学ぶ.

基本事項

積分は，現在授業で，微分の**逆演算**として教えられている．これから扱う不定積分は（微分）方程式の**解の概念**で，これが微分の逆演算となる．

ところが定積分は**量の概念**で，微分とは別物であった．この2つの概念が微積分の基本定理（p. 109）の登場で手を結んだのである．

この定理により，「求積問題」に使われる定積分の計算が“微分の逆演算”を利用して機械的に計算できるようになった．

1 不定積分

❶ 不定積分

関数 $F(x)$ の導関数 $F'(x)$ が関数 $f(x)$ に等しいとき，すなわち，

$$F'(x) = f(x)$$

のとき，$F(x)$ を $f(x)$ の**原始関数**または**不定積分**といい，

$$F(x) = \int f(x)dx$$

の記号で表す．

$f(x)$ の原始関数の1つを $F(x)$ とすれば，他の任意の原始関数は $\boldsymbol{F(x)+C}$ である．C は任意の定数で**積分定数**という．

《注意》$f(x)$ の原始関数を求めることを，$f(x)$ を**積分する**といい，$f(x)$ を**被積分関数**という．

2 不定積分の計算

被積分関数を見て，何を使えば原始関数が求められるのか，解法の方向性が見えてこなくてはいけない．そのためには大きくタイプ別に分類して，いくつかの**解法の“型”**を知り，何度か練習し，その型を身に付けることが積分計算の近道である．

微分，積分が互いに逆演算の関係から，微分の基本公式がそのまま不定積分の基本公式につながる．

タイプ1．初等関数の微分公式 ⟶ 初等関数の積分公式
タイプ2．合成関数の微分公式 ⟶ 置換積分法
タイプ3．積の微分公式 ⟶ 部分積分法
タイプ4．その他のタイプ

以下，不定積分で積分定数 C は省略するものとする．

❶ 基本公式 (1) (タイプ 1) 高校数学

微　分	不定積分
$(x^a)' = ax^{a-1}$	$\int x^\alpha dx = \frac{x^{\alpha+1}}{\alpha+1}$ $(\alpha \neq -1)$
$(\log x)' = \frac{1}{x}$	$\int \frac{1}{x} dx = \log\|x\|$
$(e^x)' = e^x$	$\int e^x dx = e^x$
$(a^x)' = (\log a) \cdot a^x$	$\int a^x dx = \frac{a^x}{\log a}$ $(a > 0,\ a \neq 1)$
$(\sin x)' = \cos x$	$\int \cos x\, dx = \sin x$
$(\cos x)' = -\sin x$	$\int \sin x\, dx = -\cos x$
$(\tan x)' = \frac{1}{\cos^2 x} = (\sec^2 x)$	$\int \frac{1}{\cos^2 x} dx = \tan x$
$(\cot x)' = -\frac{1}{\sin^2 x} = (-\mathrm{cosec}^2 x)$	$\int \frac{1}{\sin^2 x} dx = -\cot x$

❷ 基本公式 (2) (タイプ 1)

微　分	不定積分
・$(\sin^{-1}x)' = \frac{1}{\sqrt{1-x^2}}$ ・$(\cos^{-1}x)' = -\frac{1}{\sqrt{1-x^2}}$ ・$(\tan^{-1}x)' = \frac{1}{1+x^2}$	・$\int \frac{1}{\sqrt{1-x^2}} dx = \sin^{-1}x$ または，$-\cos^{-1}x$ ・$\int \frac{1}{1+x^2} dx = \tan^{-1}x$
・$(\sinh x)' = \cosh x$ ・$(\cosh x)' = \sinh x$ ・$(\tanh x)' = \frac{1}{\cosh^2 x}$	・$\int \cosh x\, dx = \sinh x$ ・$\int \sinh x\, dx = \cosh x$ ・$\int \frac{1}{\cosh^2 x} dx = \tanh x$
・$(\sinh^{-1}x)' = \{\log(x+\sqrt{x^2+1})\}'$ $= \frac{1}{\sqrt{x^2+1}}$ ・$(\cosh^{-1}x)' = \{\log(x+\sqrt{x^2-1})\}'$ $= \frac{1}{\sqrt{x^2-1}}$ ・$(\tanh^{-1}x)' = \left\{\frac{1}{2}\log\frac{1+x}{1-x}\right\}'$ $= \frac{1}{1-x^2}$	・$\int \frac{1}{\sqrt{x^2+1}} dx = \sinh^{-1}x$ $= \log(x+\sqrt{x^2+1})$ ・$\int \frac{1}{\sqrt{x^2-1}} dx = \cosh^{-1}x$ $= \log(x+\sqrt{x^2-1})$ ・$\int \frac{1}{1-x^2} dx = \tanh^{-1}x$ $= \frac{1}{2}\log\frac{1+x}{1-x}$

$$\int \frac{1}{\sqrt{a^2-x^2}} dx = \sin^{-1}\frac{x}{a}$$
$(a>0)$

$$\int \frac{1}{a^2+x^2} dx = \frac{1}{a}\tan^{-1}\frac{x}{a}$$
$(a>0)$

$$\int \frac{1}{\sqrt{x^2+a^2}} dx = \sinh^{-1}\frac{x}{a} = \log(x+\sqrt{x^2+a^2})$$
$(a>0)$

$$\int \frac{1}{\sqrt{x^2-a^2}} dx = \cosh^{-1}\frac{x}{a} = \log(x+\sqrt{x^2-a^2})$$
$(a>0,\ x>0)$

$$\int \frac{1}{a^2-x^2} dx = \frac{1}{a}\tanh^{-1}\frac{x}{a} = \frac{1}{2a}\log\frac{a+x}{a-x}$$
$(|x|<a)$

3 置換積分法（タイプ2）（問題 6-6, 7, 9）

$\int f(x)dx = F(x)$ で，$x = g(t)$ とおくと，$F(x)$ は t の合成関数 $F(g(t))$ となる．

$$\frac{dF}{dt} = \frac{dF}{dx} \cdot \frac{dx}{dt} = f(x) \cdot g'(t) = f(g(t)) \cdot g'(t)$$

これを t について積分すれば

$$F(g(t)) = \int f(g(t)) \cdot g'(t)dt \quad \cdots ⊛$$

が得られる．

$\int f(g(t)) \cdot g'(t)dt$ を求めたいとき，被積分関数 $f(g(t)) \cdot g'(t)$ は異なる関数 $f(g(t))$ と $g'(t)$ の積になっているが，この2つの関数は関係がある．

すなわち，$g'(t)$ は，合成関数 $f(g(t))$ を形づくっている $g(t)$ を微分したものである．このとき，積になっている2つの関数を**相関関係がある**とよぶ．

被積分関数が異なる関数の積で表されているとき，これらの関数が**相関関係があるかないか**を判定しなくてはいけない．

（例）

$$\int \frac{(\log t)^n}{t} dt = \int \frac{1}{t} \cdot (\log t)^n dt$$ は上の⊛で

$$g(t) = \log t, \quad g'(t) = \frac{1}{t}$$

と置いたものである．$\log t = x$ とおくと，$\frac{1}{t}dt = dx$ で

$$\int \frac{(\log t)^n}{t} dt = \int x^n dx = \frac{1}{n+1} x^{n+1} + C$$

積が解除できる

4 部分積分法（タイプ3）（問題 6-8）

2つの関数 $f(x)$ と $g(x)$ が微分可能で，その導関数が連続のとき，次が成立する．

$$\int f'(x)g(x)dx = f(x)g(x) - \int f(x) \cdot g'(x)dx$$

これは，2つの関数 $f(x)$，$g(x)$ に相関関係はなく，積の微分公式の逆戻りにあたる関係式である．

5 その他のタイプの積分（問題 6-[2], [3], [4], [5], [6], [7], [8]）

個々の関数の性質により対処するようになる.

タイプ別に整理すると

① 有理関数（分数関数）
② 無理関数
③ 初等超越関数

❶ 有理関数（p. 113 問題 6-[2]）

x の整式の一般の形は

$$a_0x^n + a_1x^{n-1} + \cdots + a_{n-1}x + a_n \quad (a_0 \fallingdotseq 0,\ n：正の整数)$$

である（$a_0, a_1, \cdots, a_{n-1}, a_n$：定数）.

この整式を x の**有理整関数**という. この形の式の積分は項別の積分で得られる.

次に, $f(x)$, $g(x)$ が x の整式のとき, 分数式 $\dfrac{f(x)}{g(x)}$ を x の**有理関数**という. 分子の次数が分母の次数より大か, または等しいときには, 分子を分母で割り, 商を $Q(x)$, 剰余を $R(x)$ とすれば

$$\frac{f(x)}{g(x)} = Q(x) + \frac{R(x)}{g(x)}$$

整式 $Q(x)$ の積分は容易であり, 有理関数 $\dfrac{R(x)}{g(x)}$ の積分について考えればよいことになる.

$g(x)$ が互いに素である因数 $g_1(x), g_2(x), \cdots, g_n(x)$ に分解されるとき, $\dfrac{f(x)}{g(x)}$ は部分分数に分解した

$$\frac{f(x)}{g(x)} = \frac{f_1(x)}{g_1(x)} + \frac{f_2(x)}{g_2(x)} + \cdots + \frac{f_n(x)}{g_n(x)}$$

と表せる.

一般に, 有理関数の積分は部分分数分解してから行う場合が多い.

（例）
$$\int \frac{1}{x^2-4x+3}\,dx = \int \frac{1}{(x-3)(x-1)}\,dx = \frac{1}{2}\int\left(\frac{1}{x-3} - \frac{1}{x-1}\right)dx$$
$$= \frac{1}{2}\{\log|x-3| - \log|x-1|\} + C = \frac{1}{2}\log\left|\frac{x-3}{x-1}\right| + C$$

❷ 無理関数の積分

無理関数を積分するのには，適当な置換を実行して，求める積分を有理関数の積分に帰着させるのが基本方針であるが，一般に，無理関数の積分を実行するのは困難である．特別な形をした無理関数の積分法を列挙する．

今後は，$f(x, y)$ で文字 x, y の有理関数を表すものとする．

（Ⅰ）$\displaystyle\int f\left(x, \sqrt[n]{\frac{ax+b}{cx+d}}\right)dx$　（p. 114，問題 6-3）

$\displaystyle\sqrt[n]{\frac{ax+b}{cx+d}} = t$ とおく

（Ⅱ）$\displaystyle\int f(x, \sqrt{ax^2+bx+c})\,dx$　（p. 115，問題 6-4）（p. 118，問題 6-7）

（ｉ）$a>0$ のとき，$\sqrt{ax^2+bx+c} = t - \sqrt{a}\,x$ とおく．

（ii）$a<0$ のとき，

根号内の判別式が正のとき，$ax^2+bx+c=0$ は異なる2実解をもち，その2解を $\alpha, \beta\ (\alpha<\beta)$ とすると，

$$\begin{aligned}\sqrt{ax^2+bx+c} &= \sqrt{-a(x-\alpha)(\beta-x)}\\ &= \sqrt{-a}\,(x-\alpha)\sqrt{\frac{\beta-x}{x-\alpha}}\end{aligned}$$

となって，（Ⅰ）の形に帰着できる．

（Ⅱ）のタイプは，$\sin\theta$，$\cos\theta$ の有理式の積分に帰着できることを以下に示しておこう．

$$ax^2+bx+c = a\left\{\left(x+\frac{b}{2a}\right)^2 - \frac{b^2-4ac}{4a^2}\right\}$$

$$t = x+\frac{b}{2a},\ A = \frac{b^2-4ac}{4a^2}\ \text{とおくと，}\ dx = dt\ \text{で}$$

$$\begin{cases} a>0\ \text{のとき，}\sqrt{ax^2+bx+c} = \sqrt{a}\sqrt{t^2-A} \\ a<0\ \text{のとき，}\sqrt{ax^2+bx+c} = \sqrt{-a}\sqrt{A-t^2} \end{cases} \quad \cdots ⊛$$

となる．⊛より（Ⅱ）のタイプは，$r>0$ とすると次の3つの有理式の積分に帰着する．

（ｉ）$f(x, \sqrt{r^2-x^2})$　（ii）$f(x, \sqrt{x^2+r^2})$　（iii）$f(x, \sqrt{x^2-r^2})$

これらの積分は

$\sqrt{r^2 - x^2} \Longrightarrow x = r\sin\theta \quad \left(-\dfrac{\pi}{2} \leqq \theta \leqq \dfrac{\pi}{2}\right)$ ➡(p. 112, 問題 6-1)

$\sqrt{x^2 + r^2} \Longrightarrow x = r\tan\theta \quad \left(-\dfrac{\pi}{2} < \theta < \dfrac{\pi}{2}\right)$ ➡(p. 118, 問題 6-7)
(p. 120, 問題 6-9)

$\sqrt{x^2 - r^2} \Longrightarrow x = r\sec\theta \quad \left(0 \leqq \theta \leqq \pi,\ \theta \neq \dfrac{\pi}{2}\right)$

$\left(= \dfrac{r}{\cos\theta}\right)$

の置換積分で直接求めるか，$\tan\dfrac{\theta}{2} = t$ とおいて t の有理式の積分に導いてもよい．2次関数の平方根を含む式は，上の置換により三角関数の有理式に変形することができる．

その結果

$\dfrac{1}{\cos x}\,(= \sec x), \quad \dfrac{1}{\cos^3 x}\,(= \sec^3 x)$ ➡(p. 117, 問題 6-6)

の積分を求めなければならないことがしばしばある．

❸ 初等超越関数の積分

（Ⅰ）$\displaystyle\int f(\sin x, \cos x)\,dx$ の積分法 ➡(p. 116, 問題 6-5)
➡(p. 117, 問題 6-6)

$\tan\dfrac{x}{2} = t$

の置換によって，有理式の積分になる．

$$\sin\frac{x}{2} = \frac{t}{\sqrt{1+t^2}}, \quad \cos\frac{x}{2} = \frac{1}{\sqrt{1+t^2}}$$

$$\sin x = 2\sin\frac{x}{2}\cos\frac{x}{2} = \frac{2t}{1+t^2}$$

$$\cos x = \cos^2\frac{x}{2} - \sin^2\frac{x}{2} = \frac{1-t^2}{1+t^2}$$

$$\frac{dx}{dt} = 2\cos^2\frac{x}{2} = \frac{2}{1+t^2}$$

$$\int f(\sin x, \cos x)\,dx = \int f\left(\frac{2t}{1+t^2}, \frac{1-t^2}{1+t^2}\right)\cdot\frac{2}{1+t^2}\,dt$$

は有理式の積分となる．

特殊な場合は，

（i）$f(-u,-v)=f(u,v)$ のときは，$f(\sin x,\cos x)=g(\sin 2x,\cos 2x)$ の形に直せるから $\tan x=t$ なる置換で有理化できる．

（ii）$f(-u,v)=-f(u,v)$ のときは，$f(\sin x,\cos x)=g(\cos x)\sin x$ の形になるから，$\cos x=t$ なる置換で有理化できる．同様に $R(u,-v)=-R(u,v)$ のときは $\sin x=t$ なる置換で有理化できる．

（II）**$\int \sin^m x\cos^n x\,dx$ の積分法**　（m, n：整数）　➡（p. 121，**問題** 6-⑩）

漸化式を作り，不定積分を求める．

（III）雑例

（i）$\int f(e^x)dx$ は $e^x=t$ なる積分で有理関数の積分になる．

（ii）$\int f'(x)\log x\,dx$，$\int f'(x)\sin^{-1}x\,dx$，$\int f'(x)\tan^{-1}x\,dx$ 等は部分積分法によって有理関数の積分または上の（I），（II）の積分になおすことができる．

➡（p. 121，**練習問題 6-10**）
➡（p. 122，**問題** 6-⑪）

（例）

$$\int f'(x)\tan^{-1}x\,dx=f(x)\tan^{-1}x-\int\frac{f(x)}{1+x^2}dx$$

$\dfrac{f(x)}{1+x^2}dx$ は有理関数．

6　定積分（問題 6-①，⑨，⑩，⑪，⑫，⑬，⑭）

❶ リーマン積分の定義と微積分の基本定理

定積分は面積や体積を求める工夫から発展し，微分と積分が逆の関係にあることがはっきりと認識されることにより，一気に体系的な理論になった．

このことを次のステップに分けて解説してみよう．

Step 1　領域を細かく長方形で分割してその面積和を表すことで定積分の定義をする（リーマン積分の定義）．

Step 2　積分に関する平均値の定理を示し，「**微積分の基本定理**」を示す．

Step 1　(リーマン積分の定義)

下図のように，区間 $a \leqq x \leqq b$ 内に，分点

$$a = a_0 < a_1 < a_2 < \cdots < a_{n-1} < a_n = b$$

をとって，この区間を n 個の小区間,

$$a_0 \leqq x \leqq a_1,\quad a_1 \leqq x \leqq a_2,\ \cdots,\ a_{n-1} \leqq x \leqq a_n$$

に分割する．各小区間から，代表点 x_k $(a_{k-1} \leqq x_k \leqq a_k)$ をとり，面積の近似和,

$$f(x_1)\Delta x_1 + f(x_2)\Delta x_2 + \cdots + f(x_n)\Delta x_n = \sum_{k=1}^{n} f(x_k)\Delta x_k \quad \cdots ⊛$$

を作る．ただし，$\Delta x_k = a_k - a_{k-1}$（小区間の幅）である．

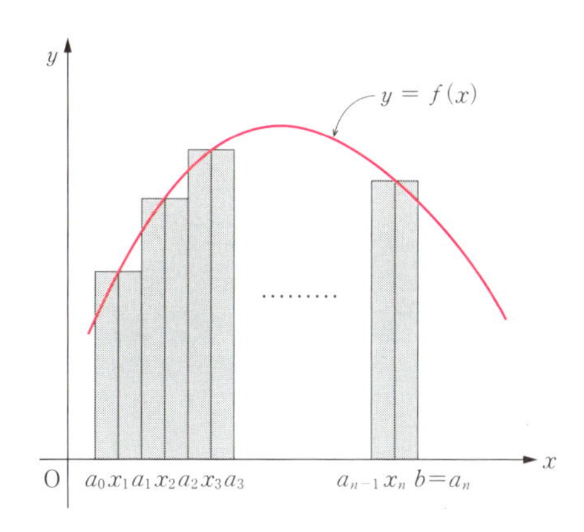

このとき，各区間の幅 Δx_k が，どれも 0 に近づくように分割を細かく，$n \to \infty$ としたとき，⊛の近似和が，分点 $a_0, a_1, a_2, \cdots, a_n$ のとり方や，代表点 $x_1, x_2, \cdots, x_n$ の選び方によらず一定の値に近づくとき，この近づく値（**極限値**）を，関数 $f(x)$ の区間 $a \leqq x \leqq b$ における**定積分**とよび,

$$\int_a^b f(x)\,dx = \lim_{n\to\infty} \sum_{k=1}^{n} f(x_k)\Delta x_k$$

とかく（定積分の定義）.

このとき，a を積分の**下端**，b を**上端**とよび，$a \leqq x \leqq b$ を**積分区間**という．

《注意》上の定義は $a < b$ で考えている．$a < b$ でないときも使えるように,

$a > b$ のとき，$\displaystyle\int_a^b f(x)\,dx = -\int_b^a f(x)\,dx$

$a = b$ のとき，$\displaystyle\int_a^a f(x)\,dx = 0$ の約束をする．

Memo どのような関数 $f(x)$ がリーマン積分可能か？　というと，関数 $f(x)$ が下図のように $[a, b]$ で有界かつ連続な関数であればよい．

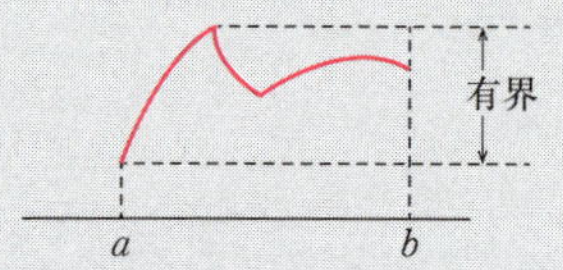

もう少し条件をゆるめて，区間 $[a, b]$ で区分的に連続な関数．すなわち有限個の不連続点が存在しても有界であればリーマン積分可能である．

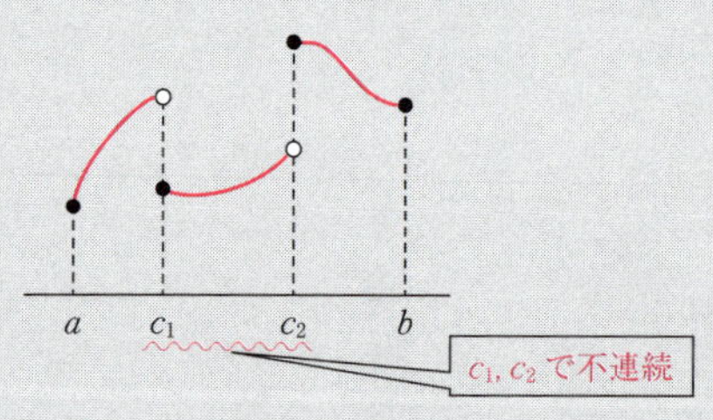

それでは，不連続で ∞ に発散したり，積分区間が $[a, \infty]$ のような場合についてはどうなるか？　それは Chapter 7 の“広義積分”“無限積分”で取り扱う（p. 128）．

Step 2（微積分の基本定理を求める）

積分に関する平均値の定理をまず証明する．

積分の平均値の定理

$f(x)$ が区間 $[a, b]$ $(a < b)$ で連続であれば，

$$\int_a^b f(x)dx = (b-a)f(c)$$

を満たす c が，積分区間内に少なくとも1つ存在する．

証明

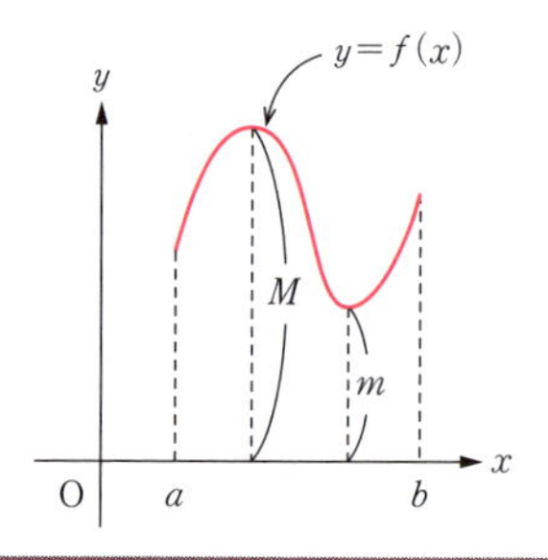

$f(x)$ は閉区間 $[a, b]$ で連続であるから，この区間内で最大値 M と最小値 m をとる．すなわち

$m \leqq f(x) \leqq M$ …①

$a < b$ だから，①より

$$\int_a^b m\,dx \leqq \int_a^b f(x)dx \leqq \int_a^b M\,dx \quad \cdots②$$

$\int_a^b m\,dx$ は $b-a$ を底辺とし，m を高さとする長方形の面積に等しく，

$\int_a^b m\,dx = m(b-a)$　同様に　$\int_a^b M\,dx = M(b-a)$

② $\Leftrightarrow$ $m(b-a) \leqq \int_a^b f(x)dx \leqq M(b-a)$

$$\therefore\ m \leqq \frac{1}{b-a}\int_a^b f(x)dx \leqq M$$

よって，①と比較して，$\frac{1}{b-a}\int_a^b f(x)dx = f(c)$ となる c が，区間 $[a, b]$ に少なくとも 1 つあり（これは中間値の定理を意味する），このとき，$\int_a^b f(x)dx = (b-a)f(c)$ を得る．■

平均値の定理を用いて，次の微積分の基本定理を証明しよう．

微積分の基本定理

$f(x)$ は $[a, b]$ で連続とする．関数 $S(x)$ を

$$S(x) = \int_a^x f(t)dt \quad \text{（リーマン積分）}$$

とすると，次の(1), (2)が成り立つ．

(1) $S'(x) = f(x)$．すなわち，$\frac{d}{dx}\int_a^x f(t)dt = f(x)$

(2) $S(x)$ を $f(x)$ の不定積分とすると，

$$\int_a^b f(x)dx = S(b) - S(a)$$

証明

考え方としては微分の定義にもどって示す．

(1) $S(x) = \int_a^x f(t)dt$ のとき，

$$S(x+h) - S(x) = \int_a^{x+h} f(t)dt - \int_a^x f(t)dt = \int_a^{x+h} f(t)dt + \int_x^a f(t)dt$$

$$= \int_x^{x+h} f(t)dt$$

ここで，積分の平均値の定理より

$\int_x^{x+h} f(t)dt = (x + h - x)f(c) = hf(c)$ となる c が $[x, x+h]$ に少なくとも 1 つ存在する．

よって，$h \fallingdotseq 0$ のとき，

$$\frac{S(x+h)-S(x)}{h}=f(c)$$

が成り立つ．$h\to 0$ のとき，$c\to x$ で $f(c)\to f(x)$ となるから，

$$\lim_{h\to 0}\frac{S(x+h)-S(x)}{h}=f(x)$$

$\therefore\ S'(x)=f(x)$ ■

(2) (1)より，$S'(x)=f(x)$

このことから $S(x)$，$\int_a^x f(t)\,dt$ は $f(x)$ の原始関数．

よって，$\int_a^x f(t)\,dt=S(x)+C$

$x=a$ を代入して，$0=S(a)+C$ から $C=-S(a)$

$$\therefore\ \int_a^x f(t)\,dt=S(x)-S(a)$$

$x=b$ を代入して，

$$\int_a^b f(t)\,dt=S(b)-S(a)$$ ■

Memo 微積分の基本定理の意味するところは，細分した長方形の面積和で定義された定積分（リーマン積分）が，$f(x)$ の原始関数を1つ知れば，積分範囲の $x=b$，$x=a$ のみで，$S(b)-S(a)$ として表すことができるということである．原始関数が1つでよいのは，$S(b)-S(a)$ によって積分定数 C は必ず消えるからである．

定積分は，“量の概念”であり不定積分は，（微分）方程式の“解空間の概念”である．この2つの概念が微積分の基本定理により手を結んだのである．

この定理は，グリーンの定理，ガウスの定理，ストークスの定理へと拡張されていく．

これらの3つの定理はベクトル解析で取り扱う重要な定理である．ガウスの定理は発散定理とよばれ，体積分と面積分の関係式で，物理的にも非常に重要な意味をもつ定理である．ストークスの定理はベクトル場の中の閉曲線で囲まれた曲面について，面積分と線積分との関係を表す公式である．

❷ 定積における基本公式

(1) 部分積分法

$$\int_a^b f(x)\cdot g'(x)dx = [f(x)g(x)]_a^b - \int_a^b f'(x)g(x)dx$$

(2) 次の定積分の値は，記憶しておくと便利である．➡(p. 123，**問題** 6-⑫)
➡(p. 125，**問題** 6-⑭)

$$\int_0^{\frac{\pi}{2}} \sin^n x\,dx = \int_0^{\frac{\pi}{2}} \cos^n x\,dx \quad \cdots ⊛$$

$$= \begin{cases} \dfrac{n-1}{n}\cdot\dfrac{n-3}{n-2}\cdot\cdots\cdot\dfrac{4}{5}\cdot\dfrac{2}{3} & (n：奇数) \\ \dfrac{n-1}{n}\cdot\dfrac{n-3}{n-2}\cdot\cdots\cdot\dfrac{3}{4}\cdot\dfrac{1}{2}\cdot\dfrac{\pi}{2} & (n：偶数) \end{cases}$$

《注意》 $\int \sin^n x\,dx = \int \cos^n x\,dx$ は成り立たない．このように定積分では，不定積分では見られない独得の関係が成り立つものがある．

Memo

$I_n = \int_0^{\frac{\pi}{2}} \sin^n x dx$ と置くと **問題** 6-⑫の(2)で部分積分法を用いて，$I_n = \dfrac{n-1}{n} I_{n-2}$ $(n \geqq 2)$ …① が得られる．⊛の証明は **問題** 6-⑫(1)で取り扱う．

$\int_0^{\frac{\pi}{2}} \sin^2 x\,dx$，$\int_0^{\frac{\pi}{2}} \sin^3 x\,dx$ は，

$$\int_0^{\frac{\pi}{2}} \sin^2 x\,dx = \frac{1}{2}\int_0^{\frac{\pi}{2}} (1-\cos 2x)dx = \frac{1}{2}\left[x - \frac{1}{2}\sin 2x\right]_0^{\frac{\pi}{2}} = \frac{\pi}{4}$$

$$\int_0^{\frac{\pi}{2}} \sin^3 x\,dx = \int_0^{\frac{\pi}{2}} \sin x(1-\cos^2 x)dx = \left[-\cos x + \frac{1}{3}\cos^3 x\right]_0^{\frac{\pi}{2}} = \frac{2}{3}$$

と計算できる．これを①の漸化式を利用すると，

$$I_2 = \int_0^{\frac{\pi}{2}} \sin^2 x\,dx = \frac{1}{2}I_0 = \frac{1}{2}\int_0^{\frac{\pi}{2}} dx = \frac{\pi}{4}$$

$$I_3 = \int_0^{\frac{\pi}{2}} \sin^3 x\,dx = \frac{2}{3}I_1 = \frac{2}{3}\int_0^{\frac{\pi}{2}} \sin x\,dx = \frac{2}{3}[-\cos x]_0^{\frac{\pi}{2}} = \frac{2}{3}$$

と簡単に求めることができる．n の次数が大きい場合，①は非常に便利な公式となる（p. 123，**練習問題** 6-12）．

問題 6-1 ▼基本積分…定積分　高校数学

次の定積分の値を求めよ．

(1) $\int_1^e x\log x\,dx$　(2) $\int_0^{\frac{\pi}{2}} e^{-3x}\sin x\,dx$　(3) $\int_{-1}^2 \sqrt{4-x^2}\,dx$

●考え方●　(1), (2) 部分積分法を活用．(3) $x=2\sin\theta$ とおく．

解答

(1) $\int_1^e \underset{\left(\frac{1}{2}x^2\right)'}{x}\log x\,dx$ ㋐ $=\left[\frac{x^2}{2}\log x\right]_1^e-\int_1^e\frac{1}{2}x\,dx=\frac{e^2}{2}-\left[\frac{x^2}{4}\right]_1^e$

$=\frac{1}{4}(e^2+1)$ 答

(2) $I=\int_0^{\frac{\pi}{2}}e^{-3x}\underset{(-\cos x)'}{\sin x}\,dx$ ㋑ $=[-e^{-3x}\cos x]_0^{\frac{\pi}{2}}$

$-\int_0^{\frac{\pi}{2}}(e^{-3x})'(-\cos x)\,dx$

$=1-3\int_0^{\frac{\pi}{2}}e^{-3x}\underset{(\sin x)'}{\cos x}\,dx$

$=1-3\left\{[e^{-3x}\sin x]_0^{\frac{\pi}{2}}-\int_0^{\frac{\pi}{2}}(e^{-3x})'\sin x\,dx\right\}$

$=1-3\left\{e^{-\frac{3\pi}{2}}+3\int_0^{\frac{\pi}{2}}e^{-3x}\sin x\,dx\right\}$ ㋒

$I=1-3e^{-\frac{3\pi}{2}}-9I$ ㋓　$\therefore\ I=\frac{1}{10}(1-3e^{-\frac{3}{2}\pi})$ 答

ポイント

㋐ p. 102 参照
先に x を積分実行．

㋑ 部分積分法．
先に $\sin x$ を積分実行．先に e^{-3x} を実行してもよい．

㋒ I が出てくる．ここで積分をストップする．

㋓ この関係式を解いて I を求める．

㋔ 一般に $\int\sqrt{a^2-x^2}\,dx$ は $x=a\sin\theta$ と置く．

㋕ 半角の公式．
$\cos^2\theta=\frac{1}{2}(1+\cos 2\theta)$

㋖ $\frac{\pi}{2}+\frac{\pi}{6}-\frac{1}{2}\sin\left(-\frac{\pi}{3}\right)$
$=\frac{2}{3}\pi+\frac{\sqrt{3}}{4}$

(3) $I=\int_{-1}^2\sqrt{4-x^2}\,dx$　$x=2\sin\theta$ とおくと，㋔ $dx=2\cos\theta\,d\theta$

x	$-1\to 2$
θ	$-\frac{\pi}{6}\to\frac{\pi}{2}$

$I=\int_{-\frac{\pi}{6}}^{\frac{\pi}{2}}\sqrt{4(1-\sin^2\theta)}\,(2\cos\theta)\,d\theta=4\int_{-\frac{\pi}{6}}^{\frac{\pi}{2}}\cos^2\theta\,d\theta$ ㋕

$=2\int_{-\frac{\pi}{6}}^{\frac{\pi}{2}}(1+\cos 2\theta)\,d\theta=2\left[\theta+\frac{1}{2}\sin 2\theta\right]_{-\frac{\pi}{6}}^{\frac{\pi}{2}}$ ㋖ $=\frac{4}{3}\pi+\frac{\sqrt{3}}{2}$ 答

$y=\sqrt{4-x^2}$ は半径 2 の半円であり，積分値を図形の面積で求めることをよく行う．

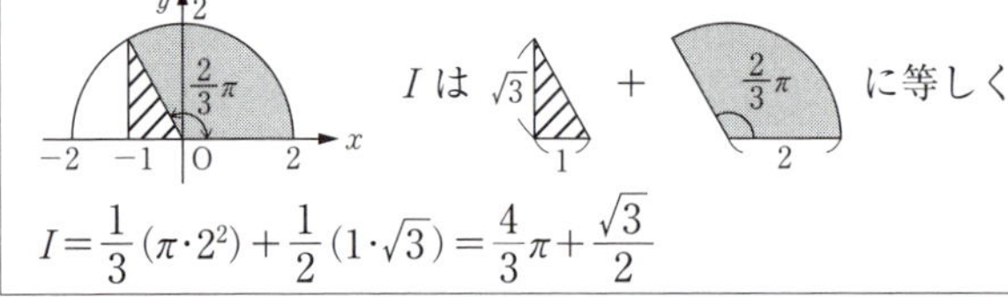

$I=\frac{1}{3}(\pi\cdot 2^2)+\frac{1}{2}(1\cdot\sqrt{3})=\frac{4}{3}\pi+\frac{\sqrt{3}}{2}$

練習問題 6-1　解答 p. 224

次の定積分の値を求めよ．

(1) $\int_0^2\frac{1}{\sqrt{16-x^2}}\,dx$　(2) $\int_0^3\frac{1}{x^2+9}\,dx$　(3) $\int_1^2\frac{1}{x^2-2x+2}\,dx$

問題 6-2 ▼有理関数の積分

次の関数の不定積分を求めよ.

(1) $\dfrac{1}{x^3+1}$　　(2) $\dfrac{x^3+2x^2}{x^2-1}$

●考え方●

(1) $x^3+1=(x+1)(x^2-x+1)$ となる. 部分分数分解する.

(2) 分子の次数 > 分母の次数. $\dfrac{x^3+2x^2}{x^2-1}=x+2+\dfrac{x+2}{x^2-1}$ と変形する.

解答

(1) $x^3+1=(x+1)(x^2-x+1)$ であり,

$\dfrac{1}{x^3+1}=\dfrac{a}{x+1}+\dfrac{bx+c}{x^2-x+1}$ となるように,

a, b, c を定めると,㋐ $a=\dfrac{1}{3}$, $b=-\dfrac{1}{3}$, $c=\dfrac{2}{3}$

$$\int\frac{1}{x^3+1}dx=\frac{1}{3}\int\frac{dx}{x+1}_{㋑}-\frac{1}{3}\int\frac{x-2}{x^2-x+1}dx$$

ここで, $\displaystyle\int\frac{x-2}{x^2-x+1}dx=\frac{1}{2}\int\frac{2x-1-3}{x^2-x+1}_{㋒}dx$

$$=\frac{1}{2}\int\frac{2x-1}{x^2-x+1}dx-\frac{3}{2}\int\frac{dx}{\left(x-\frac{1}{2}\right)^2+\frac{3}{4}}_{㋓}$$

$$=\frac{1}{2}\log(x^2-x+1)-\frac{3}{2}\left\{\frac{2}{\sqrt{3}}\tan^{-1}\frac{2}{\sqrt{3}}\left(x-\frac{1}{2}\right)\right\}$$

$$\therefore\int\frac{dx}{x^3+1}=\frac{1}{3}\log|x+1|-\frac{1}{6}\log(x^2-x+1)+\frac{1}{\sqrt{3}}\tan^{-1}\frac{2x-1}{\sqrt{3}}$$ 答

(2) $\displaystyle\int\frac{x^3+2x^2}{x^2-1}dx=\int\left(x+2+\frac{x+2}{x^2-1}\right)dx$

ここで, $\dfrac{x+2}{x^2-1}=\dfrac{a}{x-1}+\dfrac{b}{x+1}$㋔ となるように a, b を定めると, $a=\dfrac{3}{2}$, $b=-\dfrac{1}{2}$

$$\int\frac{x^3+2x^2}{x^2-1}dx=\int(x+2)dx+\frac{3}{2}\int\frac{dx}{x-1}-\frac{1}{2}\int\frac{dx}{x+1}$$

$$=\frac{x^2}{2}+2x+\frac{3}{2}\log|x-1|-\frac{1}{2}\log|x+1|$$ 答

ポイント

㋐ $1=a(x^2-x+1)+(bx+c)(x+1)$
$\Leftrightarrow(a+b)x^2-(a-b-c)x+(a+c-1)=0$
$\begin{cases}a+b=0\\a-b-c=0\\a+c-1=0\end{cases}$
より $a=\dfrac{1}{3}$, $b=-\dfrac{1}{3}$, $c=\dfrac{2}{3}$

㋑ $\displaystyle\int\frac{dx}{x+1}=\log|x+1|$

㋒ $(x^2-x+1)'=2x-1$ であり, 分子にこの項を作る.

㋓ $\displaystyle\int\frac{dx}{x^2+a^2}=\frac{1}{a}\tan^{-1}\frac{x}{a}$

㋔ $x+2=a(x+1)+b(x-1)$
$=(a+b)x+a-b$
$\begin{cases}a+b=1\\a-b=2\end{cases}$, $a=\dfrac{3}{2}$, $b=-\dfrac{1}{2}$

練習問題 6-2　解答 p. 225

次の関数の不定積分を求めよ.

(1) $\dfrac{x^2}{x^4+x^2-2}$　　(2) $\dfrac{1}{(x^2+a^2)(x+b)}$　$(a\neq 0)$

問題 6-3 ▼無理関数の積分（1）

次の関数の不定積分を求めよ．

(1) $\dfrac{\sqrt[4]{x}}{1+\sqrt{x}}$　　(2) $\dfrac{1}{\sqrt{x}+\sqrt[3]{x}}$

●考え方●　p. 104（Ⅰ）のタイプ．

(1) $\sqrt[4]{x}=t$ とおくと，$x=t^4$, $\sqrt{x}=t^2$, $dx=4t^3dt$ で t の有理関数に変形できる．

(2) $\sqrt{x}$，$\sqrt[3]{x}$ の 2 つの根号をはずすために $x=t^6$，$t=x^{\frac{1}{6}}$ とおくと，$dx=6t^5dt$ で t の有理関数に変形できる．

解答

(1) $\sqrt[4]{x}=t$ とおくと，$x=t^4$，$\sqrt{x}=t^2$，$dx=4t^3dt$ となるから，

$$\int\frac{\sqrt[4]{x}}{1+\sqrt{x}}dx=\int\frac{t}{1+t^2}(4t^3)dt=4\int\underbrace{\frac{t^4}{1+t^2}}_{㋐}dt$$

$$=4\int\left(t^2-1+\frac{1}{1+t^2}\right)dt$$

$$=4\underbrace{\left(\frac{t^3}{3}-t+\tan^{-1}t\right)}_{㋑}$$

$$=\frac{4}{3}\cdot\sqrt[4]{x^3}-4\sqrt[4]{x}+4\tan^{-1}\sqrt[4]{x}$$　**答**

(2) $\underbrace{t=x^{\frac{1}{6}}}_{㋒}$ とおくと，$x=t^6$ から $\sqrt{x}=t^3$，$\sqrt[3]{x}=t^2$，$dx=6t^5dt$ となるから

$$\int\frac{1}{\sqrt{x}+\sqrt[3]{x}}dx=\int\frac{6t^5}{t^3+t^2}dt=6\int\underbrace{\frac{t^3}{t+1}}_{㋓}dt$$

$$=6\int\frac{t^3+1-1}{t+1}dt=6\int\left(t^2-t+1-\frac{1}{t+1}\right)dt$$

$$=6\left(\frac{t^3}{3}-\frac{t^2}{2}+t-\log|t+1|\right)$$

$t=x^{\frac{1}{6}}$ を代入して，

$$=2\sqrt{x}-3\sqrt[3]{x}+6\sqrt[6]{x}-6\log(\sqrt[6]{x}+1)$$　**答**

ポイント

㋐ 分子を分母で割って表すと，
$t^4=(1+t^2)(t^2-1)+1$

㋑ $t=\sqrt[4]{x}$ を代入．

㋒ $x^{\frac{1}{2}}$，$x^{\frac{1}{3}}$
で 2 と 3 の最小公倍数は 6．よって，$t=x^{\frac{1}{6}}$ と置くと，t の有理関数に変形できる．

㋓ 分子を分母で割って表す（p. 103 参照）．

練習問題　6-3　　解答 p. 225

次の関数の不定積分を求めよ．

(1) $\dfrac{1}{(x+1)\sqrt{x-3}}$　　(2) $\dfrac{1}{\sqrt{(x-2)(1-x)}}$

問題 6-4 ▼無理関数の積分 (2)

次の関数の不定積分を求めよ.

(1) $\dfrac{1}{1+\sqrt[3]{x+1}}$　　(2) $\dfrac{1}{x\sqrt{1+x+x^2}}$

●考え方●

(1) $\sqrt[3]{x+1}=t$ とおくと, $x=t^3-1$, $dx=3t^2dt$.

(2) $\sqrt{1+x+x^2}=t-x$ と置換する.

解答

(1) $\sqrt[3]{x+1}=t$ ㋐ と置くと, $x=t^3-1$, $dx=3t^2dt$

$$\int\frac{1}{1+\sqrt[3]{x+1}}dx=\int\frac{3t^2}{1+t}dt=3\int\frac{t^2-1+1}{1+t}dt$$

$$=3\int\left(t-1+\frac{1}{1+t}\right)dt=3\left\{\frac{t^2}{2}-t+\log|1+t|\right\}$$

$$=3\left\{\frac{1}{2}(x+1)^{\frac{2}{3}}-(x+1)^{\frac{1}{3}}+\log(1+\sqrt[3]{x+1})\right\}$$

答

(2) $\sqrt{1+x+x^2}=t-x$ と置き, ㋑ 辺々を 2 乗して,

$$1+x+x^2=t^2-2tx+x^2,\quad x=\frac{t^2-1}{1+2t},\quad dx=2\cdot\frac{1+t+t^2}{(1+2t)^2}dt$$

$$t-x=\frac{1+t+t^2}{1+2t}$$

$$\int\frac{1}{x\sqrt{1+x+x^2}}dx=\int\frac{1+2t}{t^2-1}\cdot\frac{1+2t}{1+t+t^2}\cdot\frac{2(1+t+t^2)}{(1+2t)^2}dt \text{ ㋒}$$

$$=2\int\frac{1}{t^2-1}dt=\int\left(\frac{1}{t-1}-\frac{1}{t+1}\right)dt=\log\left|\frac{t-1}{t+1}\right|$$

$$=\log\left|\frac{\sqrt{1+x+x^2}+x-1}{\sqrt{1+x+x^2}+x+1}\right| \text{ ㋓} =\log\left|\frac{2+x-2\sqrt{1+x+x^2}}{x}\right|$$

答

ポイント

㋐ $\sqrt[3]{x+1}=t$ の置換で t の有理関数に変形できる.

㋑ p. 104 (II) の (i) のタイプ.

㋒ $\sqrt{1+x+x^2}=t-x$
$=t-\dfrac{t^2-1}{1+2t}=\dfrac{1+t+t^2}{1+2t}$

㋓ 有理化
分母, 分子に
$\sqrt{1+x+x^2}-(x+1)$
を乗じる.

練習問題　6-4

解答 p. 225

次の関数の不定積分を求めよ.

(1) $\dfrac{1+x}{x\sqrt{x^2+2x-1}}$　　(2) $\dfrac{1}{\sqrt{x-x^2}}$

問題 6-5 ▼三角関数の積分（1）

次の関数を積分せよ．

(1) $\dfrac{1}{1+\sin x}$　(2) $\dfrac{1+\sin x}{\sin x(1+\cos x)}$　(3) $\dfrac{2-\sin x}{2+\cos x}$

●考え方●　(1) 分母，分子に $1-\sin x$ を乗じる．(2)(3) $t=\tan\dfrac{x}{2}$ の置換．

解答

(1) $\displaystyle\int\frac{1}{1+\sin x}dx=\int\frac{1-\sin x}{\cos^2 x}dx=\int\frac{1}{\cos^2 x}dx$ ㋐

$\displaystyle-\int\frac{\sin x}{\cos^2 x}dx=\tan x-\frac{1}{\cos x}$ ㋑　答

(2) $\tan\dfrac{x}{2}=t$ とおくと，$\sin x=\dfrac{2t}{1+t^2}$，$\cos x=\dfrac{1-t^2}{1+t^2}$，

$dx=\dfrac{2}{1+t^2}dt$ ㋒

$$\int\frac{1+\sin x}{\sin x(1+\cos x)}dx=\int\frac{1+\dfrac{2t}{1+t^2}}{\dfrac{2t}{1+t^2}\left(1+\dfrac{1-t^2}{1+t^2}\right)}\cdot\frac{2}{1+t^2}dt$$

$$=\int\frac{t^2+2t+1}{2t}dt=\frac{1}{2}\int\left(t+2+\frac{1}{t}\right)dt$$

$$=\frac{1}{2}\left(\frac{1}{2}t^2+2t+\log|t|\right)$$

$$=\frac{1}{2}\left(\frac{1}{2}\tan^2\frac{x}{2}+2\tan\frac{x}{2}+\log\left|\tan\frac{x}{2}\right|\right)$$ 答

(3) $\displaystyle\int\frac{2-\sin x}{2+\cos x}dx=\int\frac{2}{2+\cos x}dx-\int\frac{\sin x}{2+\cos x}dx$

（$\displaystyle\int\frac{2}{2+\cos x}dx$ = I とおく）

$\displaystyle\int\frac{\sin x}{2+\cos x}dx=-\log|2+\cos x|$ であり， ㋓

I は(2)と同様に $\tan\dfrac{x}{2}=t$ とおくと，

$$I=\int\frac{2}{2+\dfrac{1-t^2}{1+t^2}}\cdot\frac{2}{1+t^2}dt=4\int\frac{dt}{t^2+3}=\frac{4}{\sqrt{3}}\tan^{-1}\frac{t}{\sqrt{3}}$$

$$\therefore\ (\text{与式})=\frac{4}{\sqrt{3}}\tan^{-1}\left(\frac{1}{\sqrt{3}}\tan\frac{x}{2}\right)+\log|2+\cos x|$$ 答

ポイント

㋐ 分母，分子に $1-\sin x$ を乗じる．

㋑ $\displaystyle\int\frac{-(\cos x)'}{\cos^2 x}dx=\frac{1}{\cos x}$

㋒

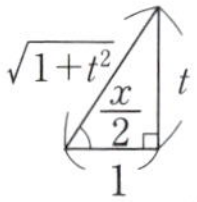

$\sin\dfrac{x}{2}=\dfrac{t}{\sqrt{1+t^2}}$

$\cos\dfrac{x}{2}=\dfrac{1}{\sqrt{1+t^2}}$

$\sin x=2\sin\dfrac{x}{2}\cos\dfrac{x}{2}=\dfrac{2t}{1+t^2}$

$\cos x=\cos^2\dfrac{x}{2}-\sin^2\dfrac{x}{2}=\dfrac{1-t^2}{1+t^2}$

$t=\tan\dfrac{x}{2}$ を x で微分して，

$\dfrac{dt}{dx}=\dfrac{1}{2\cos^2(x/2)}$

$\therefore\ \dfrac{dx}{dt}=2\cos^2\dfrac{x}{2}=\dfrac{2}{1+t^2}$

㋓ $2+\cos x=t$ とおくと，

$\sin x\,dx=-dt$

$\displaystyle\int\frac{\sin x}{2+\cos x}dx=-\int\frac{1}{t}dt$

より．

練習問題　6-5

解答 p. 226

次の関数を積分せよ．

(1) $\dfrac{\sin x}{1+\sin x}$　(2) $\dfrac{1}{a^2\cos^2 x+b^2\sin^2 x}$　(a, b は 0 でない定数)

問題 6-6 ▼三角関数の積分（2） $\left(\frac{1}{\cos x}, \frac{1}{\sin x}\text{ の積分}\right)$

次の関数を指示に従い積分せよ．

(1) $\frac{1}{\sin x}(=\operatorname{cosec} x)$ を $t=\cos x$ で置換．

(2) $\frac{1}{\sin x}(=\operatorname{cosec} x)$ を $t=\tan\frac{x}{2}$ で置換．

(3) $\frac{1}{\cos x}(=\sec x)$ を(2)を利用して求めよ．

●考え方● (1) $\frac{1}{\sin x}$ の分母，分子に $\sin x$ を乗じ，$\frac{\sin x}{1-\cos^2 x}$ の形に変形．

(2) 問題 6-5(2)，(3)と同様の方法．(3) $\cos x=\sin\left(\frac{\pi}{2}+x\right)$ で，(2)の利用．

解答

(1) $\int\frac{1}{\sin x}dx=\int\frac{\sin x}{\sin^2 x}dx=\int\frac{\sin x}{1-\cos^2 x}dx$

$t=\cos x$ とおくと，$dt=-\sin x\,dx$ で，

$$\int\frac{1}{\sin x}dx=\int\frac{-1}{1-t^2}dt=\int\frac{1}{(t-1)(t+1)}dt \quad ㋐$$

$$=\frac{1}{2}\log\left|\frac{t-1}{t+1}\right|=\frac{1}{2}\log\left|\frac{\cos x-1}{\cos x+1}\right| \quad ㋑$$

$$=\log\left|\tan\frac{x}{2}\right| \quad \text{答}$$

(2) $t=\tan\frac{x}{2}$ ㋒ とおくと，$\sin x=\frac{2t}{1+t^2}$，$\cos x=\frac{1-t^2}{1+t^2}$，

$dx=\frac{2}{1+t^2}dt$ となるから，

$$\int\frac{1}{\sin x}dx=\int\frac{1+t^2}{2t}\cdot\frac{2}{1+t^2}dt=\int\frac{1}{t}dt=\log|t|$$

$$=\log\left|\tan\frac{x}{2}\right| \quad \text{答}$$

(3) $\cos x=\sin\left(\frac{\pi}{2}+x\right)$ より

$$\int\frac{1}{\cos x}dx=\int\frac{1}{\sin\left(\frac{\pi}{2}+x\right)}dx \ ㋓ =\log\left|\tan\left(\frac{\pi}{4}+\frac{x}{2}\right)\right| \ ㋔ \quad \text{答}$$

（または $=\log|\sec x+\tan x|$）㋔

> ㋔の例のように，同一関数の原始関数が異なる形に求められることがある．一般に両者の差は積分定数の差に帰せられる．

ポイント

㋐ $\frac{1}{2}\int\left(\frac{1}{t-1}-\frac{1}{t+1}\right)$

$=\frac{1}{2}(\log|t-1|-\log|t+1|)$

㋑ $\left|\frac{\cos x-1}{\cos x+1}\right|=\left|\frac{-2\sin^2\frac{x}{2}}{2\cos^2\frac{x}{2}}\right|$

$=\left(\tan\frac{x}{2}\right)^2$

㋒ p.116 問題 6-5 の(2)を参照．

㋓ (2)の結果の x に $\frac{\pi}{2}+x$ を代入．

㋔ $\tan\left(\frac{\pi}{4}+\frac{x}{2}\right)$

$=\frac{\tan\frac{\pi}{4}+\tan\frac{x}{2}}{1-\tan\frac{\pi}{4}\tan\frac{x}{2}}$

$=\frac{1+\tan\frac{x}{2}}{1-\tan\frac{x}{2}}$

$=\frac{\cos\frac{x}{2}+\sin\frac{x}{2}}{\cos\frac{x}{2}-\sin\frac{x}{2}}$

$=\frac{1+\sin x}{\cos x}$

$=\sec x+\tan x$

練習問題　6-6　解答 p. 226

$\frac{1}{\cos x}$ の積分を　(1) $t=\sin x$ での置換　(2) $t=\tan\frac{x}{2}$ の置換で求めよ．

問題 6-[7] ▼無理関数の積分（3）

$\dfrac{1}{\sqrt{x^2+a^2}}$ の積分を次の方法で求めよ．ただし $a>0$ とする．

(1) $\sqrt{x^2+a^2}=t-x$ と置換せよ．

(2) $x=a\tan\theta$ と置換せよ．$\left(-\dfrac{\pi}{2}<\theta<\dfrac{\pi}{2}\right)$

●考え方●

$\displaystyle\int\frac{1}{\sqrt{x^2+a^2}}dx=\sinh^{-1}\frac{x}{a}=\log(x+\sqrt{x^2+a^2})$ は公式として覚えて処理したい（p. 101）．

(1) t の有理関数に変形する．(2) $\displaystyle\int\frac{1}{\cos\theta}d\theta$ の積分（p. 117）に帰着する．

解答

(1) $\sqrt{x^2+a^2}=t-x$ より $x=\dfrac{t^2-a^2}{2t}$，

$$\sqrt{x^2+a^2}=\frac{t^2+a^2}{2t},\quad dx=\frac{t^2+a^2}{2t^2}dt$$

$$\int\frac{1}{\sqrt{x^2+a^2}}dx=\int\frac{2t}{t^2+a^2}\cdot\frac{t^2+a^2}{2t^2}dt=\int\frac{1}{t}dt$$

$$=\log|t|=\log(x+\sqrt{x^2+a^2})\quad \text{答}$$

(2) $x=a\tan\theta\left(-\dfrac{\pi}{2}<\theta<\dfrac{\pi}{2}\right)$ とおくと，

$$dx=\frac{a}{\cos^2\theta}d\theta$$

$$\int\frac{1}{\sqrt{x^2+a^2}}dx=\int\frac{1}{\sqrt{a^2(1+\tan^2\theta)}}\cdot\frac{a}{\cos^2\theta}d\theta$$

$$=\int\frac{1}{\cos\theta}d\theta=\log\left|\frac{1+\sin\theta}{\cos\theta}\right|$$

$\tan\theta=\dfrac{x}{a}$ のとき，$\sin\theta=\dfrac{x}{\sqrt{x^2+a^2}}$，

$\cos\theta=\dfrac{a}{\sqrt{x^2+a^2}}$ であるから，

$$\int\frac{1}{\sqrt{x^2+a^2}}dx=\log\left|\frac{1+\dfrac{x}{\sqrt{x^2+a^2}}}{\dfrac{a}{\sqrt{x^2+a^2}}}\right|=\log\frac{x+\sqrt{x^2+a^2}}{a}$$

$$=\log(x+\sqrt{x^2+a^2})-\log a\quad \text{答}$$

ポイント

㋐ 辺々を2乗して，
$x^2+a^2=t^2-2tx+x^2$
$\therefore\ x=\dfrac{t^2-a^2}{2t}$

㋑ $1+\tan^2\theta=\dfrac{1}{\cos^2\theta}$
$\dfrac{1}{a\cdot\dfrac{1}{\cos\theta}}\cdot\dfrac{a}{\cos^2\theta}=\dfrac{1}{\cos\theta}$

㋒ p. 117 **練習問題 6-6**(1)
$\sin\theta=t$ とおくと，
$\displaystyle\int\frac{1}{\cos\theta}d\theta=\log\left|\frac{1+\sin\theta}{\cos\theta}\right|$

㋓ 分母，分子に $\sqrt{x^2+a^2}$ を乗じる．

㋔ (1) と (2) の違いは，積分定数 $-\log a$ の違いだけである．

練習問題 6-7　　　解答 p. 226

$\dfrac{1}{x\sqrt{x^2+1}}$ $(x>0)$ の積分を次の方法で求めよ．

(1) $\sqrt{x^2+1}=t-x$ と置換．　　(2) $x=\dfrac{1}{t}$ と置換．

問題 6-8 ▼部分積分法の利用

次の積分を部分積分法を利用して求めよ．

(1) $I=\int \frac{1}{\cos^3 x}dx$　　(2) $I=\int \sqrt{a^2+x^2}\,dx$

●考え方●

(1) $\int \frac{1}{\cos^3 x}dx=\int \frac{1}{\cos x}\cdot\frac{1}{\cos^2 x}dx=\int \frac{1}{\cos x}\cdot(\tan x)'dx$ とし，部分積分法の適用．

(2) $\int 1\cdot\sqrt{a^2+x^2}\,dx=\int (x)'\cdot\sqrt{a^2+x^2}\,dx$ とし，部分積分法の適用．

解答

(1) 部分積分法を用いて，

$$I=\int \frac{1}{\cos^3 x}dx=\int \frac{1}{\cos x}\cdot(\tan x)'dx$$

$$=\frac{1}{\cos x}\cdot\tan x-\int\left(\frac{1}{\cos x}\right)'\tan x\,dx$$

$$=\frac{1}{\cos x}\cdot\tan x-\underbrace{\int\frac{\sin x}{\cos^2 x}\cdot\frac{\sin x}{\cos x}dx}_{㋐}$$

$$=\frac{\tan x}{\cos x}\underbrace{-I+\int\frac{1}{\cos x}dx}_{㋐}$$

$$2I=\frac{\tan x}{\cos x}+\underbrace{\int\frac{1}{\cos x}dx}_{㋑}\text{ より}$$

$$I=\frac{1}{2}\{\sec x\tan x+\underbrace{\log|\sec x+\tan x|}_{㋑}\}$$ 答

(2) $\int \underset{(x)'}{1}\cdot\sqrt{a^2+x^2}dx=x\sqrt{a^2+x^2}-\int x\cdot\underbrace{(\sqrt{a^2+x^2})'}_{㋒}dx$

$$=x\sqrt{a^2+x^2}-\int\underbrace{\frac{x^2}{\sqrt{a^2+x^2}}}_{㋓}dx$$

$$=x\sqrt{a^2+x^2}-\underbrace{\int\sqrt{a^2+x^2}dx}_{=I}+a^2\int\frac{1}{\sqrt{a^2+x^2}}dx$$

$$I=\frac{1}{2}\left\{x\sqrt{a^2+x^2}+a^2\underbrace{\int\frac{1}{\sqrt{a^2+x^2}}dx}_{㋔}\right\}$$

$$=\frac{1}{2}\{x\sqrt{x^2+a^2}+a^2\log(x+\sqrt{x^2+a^2})\}$$ 答

ポイント

㋐ $\frac{\sin^2 x}{\cos^3 x}=\frac{1-\cos^2 x}{\cos^3 x}$
$=\frac{1}{\cos^3 x}-\frac{1}{\cos x}$

㋑ p. 117. 問題 6-6 (3) より．

㋒ $(\sqrt{a^2+x^2})'$
$=\frac{2x}{2\sqrt{a^2+x^2}}=\frac{x}{\sqrt{a^2+x^2}}$

㋓ $\frac{x^2}{\sqrt{a^2+x^2}}=\frac{a^2+x^2-a^2}{\sqrt{a^2+x^2}}$
$=\sqrt{a^2+x^2}-\frac{a^2}{\sqrt{a^2+x^2}}$

㋔ p. 101（公式）
$\int\frac{1}{\sqrt{a^2+x^2}}dx$
$=\log(x+\sqrt{a^2+x^2})$
（問題 6-7 参照）

練習問題　6-8　解答 p. 227

部分積分法を用いて，次の関数を積分せよ．

(1) $\tan^{-1}x$　　(2) $\frac{x\sin^{-1}x}{\sqrt{1-x^2}}$

問題 6-9 ▼定積分

$\int_0^1 \sqrt{1+x^2}\,dx$ の積分を次の方法で求めよ．

(1) $x=\tan\theta$ と置換せよ．　　(2) $x=\frac{1}{2}(e^t-e^{-t})$ と置換せよ．

●考え方●

(1) $x=\tan\theta$ と置換すると，問題は $\int \frac{1}{\cos^3\theta}d\theta$ の積分に帰着される．

(2) 双曲線 $y=\sqrt{1+x^2}$ $(y \geqq 0)$ 上の点 (x, y) は $(x, y)=(\sinh x, \cosh x)$ と表現できる．$x=\sinh x=\frac{1}{2}(e^t-e^{-t})$ の置換である．

解答

(1) $x=\tan\theta\left(-\frac{\pi}{2}<\theta<\frac{\pi}{2}\right)$ とおくと, $dx=\frac{1}{\cos^2\theta}d\theta$,

積分範囲は

x	$0 \to 1$
θ	$0 \to \pi/4$

$$\int_0^1 \sqrt{1+x^2}\,dx=\int_0^{\frac{\pi}{4}} \sqrt{1+\tan^2\theta}\cdot\frac{1}{\cos^2\theta}d\theta$$

$$=\underbrace{\int_0^{\frac{\pi}{4}} \frac{1}{\cos^3\theta}d\theta}_{㋐}$$

$$=\frac{1}{2}\underbrace{\left[\frac{\tan\theta}{\cos\theta}+\log\left|\frac{1}{\cos\theta}+\tan\theta\right|\right]_0^{\frac{\pi}{4}}}_{㋑}$$

$$=\frac{1}{2}\{\sqrt{2}+\log(\sqrt{2}+1)\} \quad 答$$

(2) $\sqrt{1+x^2}=\underbrace{\sqrt{1+\frac{1}{4}(e^t-e^{-t})^2}=\frac{1}{2}(e^t+e^{-t})}_{㋒}$

$dx=\frac{1}{2}(e^t+e^{-t})dt$ となるから

x	$0 \to 1$
t	$0 \to \log(\sqrt{2}+1)$ ㋓

$$\int_0^1 \sqrt{1+x^2}\,dx=\int_0^{\log(\sqrt{2}+1)} \frac{1}{2}(e^t+e^{-t})\cdot\frac{1}{2}(e^t+e^{-t})dt$$

$$=\frac{1}{4}\int_0^{\log(\sqrt{2}+1)}(e^{2t}+e^{-2t}+2)dt$$

$$=\frac{1}{4}\cdot\left[\frac{1}{2}(e^{2t}-e^{-2t})+2t\right]_0^{\log(\sqrt{2}+1)}$$

$$=\frac{1}{8}(\underbrace{e^{2\log(\sqrt{2}+1)}}_{㋔}-\underbrace{e^{-2\log(\sqrt{2}+1)}}_{㋔})+\frac{1}{2}\log(\sqrt{2}+1)$$

$$=\frac{1}{8}\underbrace{\{(\sqrt{2}+1)^2-(\sqrt{2}+1)^{-2}\}}_{㋕}+\frac{1}{2}\log(\sqrt{2}+1)$$

$$=\frac{1}{8}(4\sqrt{2})+\frac{1}{2}\log(\sqrt{2}+1)=\frac{1}{2}\{\sqrt{2}+\log(\sqrt{2}+1)\} \quad 答$$

ポイント

㋐ p. 119 問題 6-8 の (1)

$$\int \frac{1}{\cos^3\theta}d\theta=\frac{\tan\theta}{\cos\theta}+\log\left|\frac{1}{\cos\theta}+\tan\theta\right|$$

㋑

$$\frac{\tan\frac{\pi}{4}}{\cos\frac{\pi}{4}}+\log\left|\frac{1}{\cos\frac{\pi}{4}}+\tan\frac{\pi}{4}\right|$$

$$=\sqrt{2}+\log(\sqrt{2}+1)$$

㋒ $1+\frac{1}{4}(e^t-e^{-t})^2$

$$=\frac{1}{4}(e^{2t}+e^{-2t}+2)$$

$$=\frac{1}{4}(e^t+e^{-t})^2$$

㋓ $x=1$ のとき,

$\frac{1}{2}(e^t-e^{-t})=1$

$\Leftrightarrow (e^t)^2-2(e^t)-1=0$

$e^t>0$ より $e^t=\sqrt{2}+1$

$\therefore\ t=\log(\sqrt{2}+1)$

㋔ $e^{\log a}=a$ である．

㋕ $(\sqrt{2}+1)^{-2}=\frac{1}{(\sqrt{2}+1)^2}$

$=(\sqrt{2}-1)^2$

練習問題 6-9　　解答 p. 227

上の積分を $\sqrt{1+x^2}=t-x$ と置換し，積分せよ．

問題 6-⑩ ▼n 乗積分 (1)

$I_{m,n}=\int \sin^m x\cos^n x\,dx$ (m, n：正の整数) のとき，

$$I_{m,n}=\frac{\sin^{m+1}x\cos^{n-1}x}{m+n}+\frac{n-1}{m+n}I_{m,n-2}$$

が成り立つことを示せ．

●考え方●

$\sin^m x\cdot\cos^n x=\underline{\sin^m x\cdot\cos x}\cdot\cos^{n-1}x$ と変形し，$\sin^m x\cos x=\left(\frac{1}{m+1}\sin^{m+1}x\right)'$

$\sin^m x\cos x$ の積分を先に実行し，部分積分法を活用する．

解答

$$I_{m,n}=\int\left(\frac{1}{m+1}\sin^{m+1}x\right)'\cos^{n-1}x\,dx$$

$$=\frac{\sin^{m+1}x}{m+1}\cdot\cos^{n-1}x-\frac{1}{m+1}\int\sin^{m+1}x\cdot\underbrace{(n-1)\cos^{n-2}x\cdot(-\sin x)}_{㋐}dx$$

$$=\frac{\sin^{m+1}x\cos^{n-1}x}{m+1}+\frac{n-1}{m+1}\int\sin^{m+2}x\cos^{n-2}x\,dx$$

ここで，$\underbrace{\sin^{m+2}x\cos^{n-2}x}_{㋑}=\sin^m x\cdot(1-\cos^2 x)\cos^{n-2}x$

$$=\sin^m x\cos^{n-2}x-\sin^m x\cos^n x$$

を上式に代入すると，

$$I_{m,n}=\frac{\sin^{m+1}x\cos^{n-1}x}{m+1}+\frac{n-1}{m+1}\underbrace{I_{m,n-2}}_{㋒}-\frac{n-1}{m+1}I_{m,n}$$

$$\Leftrightarrow\underbrace{\left(1+\frac{n-1}{m+1}\right)}_{㋓}I_{m,n}=\frac{\sin^{m+1}x\cos^{n-1}x}{m+1}+\frac{n-1}{m+1}I_{m,n-2}$$

$$\therefore\ I_{m,n}=\frac{\sin^{m+1}x\cos^{n-1}x}{m+n}+\frac{n-1}{m+n}I_{m,n-2}\quad\cdots①$$

ポイント

㋐ $(\cos^{n-1}x)'=(n-1)\cos^{n-2}x(-\sin x)$

㋑ $\sin^{m+2}x\cos^{n-2}x=\sin^m x\cdot\sin^2 x\cdot\cos^{n-2}x$ （$\sin^2 x=1-\cos^2 x$）

この変形はポイントである．

㋒ $\int\sin^m x\cos^{n-2}x=I_{m,n-2}$

㋓ $\frac{m+n}{m+1}$ で辺々を割る．

上と同様にして，$\sin x\cos^n x=\left(-\frac{1}{n+1}\cos^{n+1}x\right)'$ として，部分積分をすると，

$$I_{m,n}=-\frac{\sin^{m-1}x\cos^{n+1}x}{m+n}+\frac{m-1}{m+n}I_{m-2,n}\quad\cdots②\text{ を得る．}$$

①, ②により，その指数を漸次減少させることができる．
m または n が負のときでも $m+n=0$ でない限り①または②は成り立つ．
①で $m=0$，②で $n=0$ とすると，

$$\int\cos^n x\,dx=\frac{1}{n}\left\{\sin x\cos^{n-1}x+(n-1)\int\cos^{n-2}x\,dx\right\}$$

$$\int\sin^m x\,dx=\frac{1}{m}\left\{-\sin^{m-1}x\cos x+(m-1)\int\sin^{m-2}x\,dx\right\}$$ を得る．

練習問題　6-10　解答 p. 227

次の 2 つの積分の漸化式を作れ．(1) $\int(\log x)^n dx$　　(2) $\int(\sin^{-1}x)^n dx$

問題 6-11 ▼n 乗積分 (2)

$I(m, n)=\int_a^b (x-a)^m (b-x)^n dx$ (m, n：自然数) とするとき,

(1) $I(m, n)=\dfrac{n}{m+1} I(m+1, n-1)$ を示せ.

(2) $I(m, n)=\dfrac{m!\,n!}{(m+n+1)!}(b-a)^{m+n+1}$ を示せ.

●考え方●

(1) $m \to m+1$, $n \to n-1$ と変化していることより, 部分積分法で $(x-a)^m$ を先に実行する.

(2) (1)の漸化式を利用し, $I(m, n) \to I(m+1, n-1) \to \cdots \to I(m+n, 0)$ と求める.

解答

(1)
$$
\begin{aligned}
I(m, n) &= \int_a^b (x-a)^m (b-x)^n dx \\
&= \int_a^b \left\{\frac{1}{m+1}(x-a)^{m+1}\right\}'(b-x)^n dx \\
&= \underbrace{\left[\frac{1}{m+1}(x-a)^{m+1} \cdot (b-x)^n\right]_a^b}_{=0} - \frac{1}{m+1}\int_a^b (x-a)^{m+1} \underbrace{\{(b-x)^n\}'}_{㋐} dx \\
&= \frac{n}{m+1}\underbrace{\int_a^b (x-a)^{m+1}(b-x)^{n-1} dx}_{=I(m+1, n-1)}
\end{aligned}
$$

$$\therefore\ I(m, n) = \frac{n}{m+1} I(m+1, n-1)$$

(2)
$$
\begin{aligned}
\underbrace{I(m, n)}_{㋑} &= \frac{n}{m+1}\underbrace{I(m+1, n-1)}_{㋑} \\
&= \frac{n}{m+1} \cdot \frac{n-1}{m+2} I(m+2, n-2) = \frac{n}{m+1} \cdot \frac{n-1}{m+2} \cdot \frac{n-2}{m+3} I(m+3, n-3) \\
&\ \ \vdots \\
&= \frac{n}{m+1} \cdot \frac{n-1}{m+2} \cdot \frac{n-2}{m+3} \cdot \cdots \cdot \frac{1}{m+n} \cdot \underbrace{I(m+n, 0)}_{㋒} \\
&= \underbrace{\frac{m!\,n!}{(m+n)!}}_{㋓}\int_a^b (x-a)^{m+n} dx = \frac{m!\,n!}{(m+n)!} \cdot \left[\frac{1}{m+n+1}(x-a)^{m+n+1}\right]_a^b \\
&= \frac{m!\,n!}{(m+n+1)!}(b-a)^{m+n+1}
\end{aligned}
$$

ポイント

㋐ $\{(b-x)^n\}'$
$= -n(b-x)^{n-1}$

㋑ $I(m+1, n-1)$
$= \dfrac{n-1}{m+2} I(m+2, n-2)$

㋒ $I(m, n)$ から $I(m+n, 0)$ になるまで(1)を順次あてはめていく.

㋓ 分母, 分子に $m!$ を乗じると,

$$\frac{1}{(m+1) \cdot (m+2) \cdots (m+n)} = \frac{m!}{(m+n) \cdots (m+1) \cdot m!} = \frac{m!}{(m+n)!}$$

練習問題 6-11 解答 p. 227

$I_n=\int \dfrac{dx}{(x^2+a^2)^n}$ とおけば

(1) $I_{n+1}=\dfrac{1}{a^2} \cdot \dfrac{2n-1}{2n} I_n + \dfrac{1}{2a^2 n} \cdot \dfrac{x}{(x^2+a^2)^n}$ $(a \neq 0)$ を示せ. (2) I_2, I_3 を求めよ.

問題 6-12 ▼n 乗積分（3）

(1) $\int_0^{\frac{\pi}{2}} \sin^n x\,dx = \int_0^{\frac{\pi}{2}} \cos^n x\,dx$（$n$：自然数）を証明せよ．

(2) (1)の定積分 I_n の値を求めよ．

●考え方●

(1) $\cos x = \sin\left(\frac{\pi}{2} - x\right)$ である．$x = \frac{\pi}{2} - t$ と変換する．

(2) $I_n = \int_0^{\frac{\pi}{2}} \sin^n x\,dx$，漸化式を作る．

解答

(1) $I_n = \int_0^{\frac{\pi}{2}} \sin^n x\,dx$ において，$x = \frac{\pi}{2} - t$ とおけば

$dx = -dt$,

x	$0 \to \frac{\pi}{2}$
t	$\frac{\pi}{2} \to 0$

$$\therefore\ I_n = \underbrace{\int_{\frac{\pi}{2}}^{0} \sin^n\left(\frac{\pi}{2} - t\right)(-dt) = \int_0^{\frac{\pi}{2}} \sin^n\left(\frac{\pi}{2} - t\right)dt}_{㋐}$$

$$= \int_0^{\frac{\pi}{2}} \cos^n t\,dt$$

$$\therefore\ \int_0^{\frac{\pi}{2}} \sin^n x\,dx = \int_0^{\frac{\pi}{2}} \cos^n x\,dx$$

(2) $I_n = \int_0^{\frac{\pi}{2}} \sin^n x\,dx = \underbrace{\int_0^{\frac{\pi}{2}} \sin x \cdot \sin^{n-1} x\,dx}_{㋑}$　（$\sin x = (-\cos x)'$）

$$= \left[-\cos x \cdot \sin^{n-1} x\right]_0^{\frac{\pi}{2}} - \int_0^{\frac{\pi}{2}} (-\cos x) \cdot \underbrace{(\sin^{n-1} x)'}_{㋒} dx$$

（$\left[-\cos x \cdot \sin^{n-1} x\right]_0^{\frac{\pi}{2}} = 0$）

$$= (n-1)\int_0^{\frac{\pi}{2}} \underbrace{\cos^2 x \cdot \sin^{n-2} x\,dx}_{㋓} = (n-1)\int_0^{\frac{\pi}{2}} (1 - \sin^2 x) \cdot \sin^{n-2} x\,dx$$

$$= (n-1)\underbrace{\int_0^{\frac{\pi}{2}} \sin^{n-2} x\,dx}_{I_{n-2}} - (n-1)\underbrace{\int_0^{\frac{\pi}{2}} \sin^n x\,dx}_{I_n}$$

$I_n = (n-1)I_{n-2} - (n-1)I_n$　$\therefore\ \underbrace{I_n = \frac{n-1}{n} I_{n-2}}_{㋔}$

この漸化式を繰り返し用いることで，**n が奇数のときは I_1**㋕，**n が偶数のときは I_0**㋖ の積分に帰着されることができる．よって，

$$n：奇数\quad I_n = \frac{n-1}{n} \cdot \frac{n-3}{n-2} \cdot \cdots \cdot \frac{4}{5} \cdot \frac{2}{3}$$

$$n：偶数\quad I_n = \frac{n-1}{n} \cdot \frac{n-3}{n-2} \cdot \cdots \cdot \frac{3}{4} \cdot \frac{1}{2} \cdot \frac{\pi}{2}$$

答

ポイント

㋐ 一般に
$\int_a^b f(x)\,dx = -\int_b^a f(x)\,dx$

㋑ 部分積分に持ち込むため分解して表す．

㋒ $(\sin^{n-1} x)'$
$= (n-1)\sin^{n-2} x \cdot \cos x$

㋓ sin に統一．
$\cos^2 x = 1 - \sin^2 x$

㋔ n と $n-2$ の関係の漸化式．
n が 2 つずつ下がる構造．

㋕ $I_1 = \int_0^{\frac{\pi}{2}} \sin x\,dx$
$= \left[-\cos x\right]_0^{\frac{\pi}{2}} = 1$

㋖ $I_0 = \int_0^{\frac{\pi}{2}} dx = \frac{\pi}{2}$

練習問題　6-12

解答 p. 228

上の結果を用いて，

(1) $\int_0^{\frac{\pi}{2}} \sin^6 x\,dx$　(2) $\int_0^{\frac{\pi}{2}} \sin^5 x\,dx$　(3) $\int_0^{\frac{\pi}{2}} \cos^6 x \sin^2 x\,dx$

問題 6-13 ▼置換積分の利用

$f(x)$ は連続関数であるとすると

(1) $\displaystyle\int_0^{\pi} f(\sin x)\,dx = 2\int_0^{\frac{\pi}{2}} f(\sin x)\,dx$ を示せ．

(2) $\displaystyle\int_0^{\pi} xf(\sin x)\,dx = \frac{\pi}{2}\int_0^{\pi} f(\sin x)\,dx$ を示せ．

●考え方●

(1) 積分区間が $[0,\pi]$ から $\left[0,\dfrac{\pi}{2}\right]$ と変化している．$\displaystyle\int_0^{\pi} f(\sin x)\,dx$ の積分区間を $\left[0,\dfrac{\pi}{2}\right]$，$\left[\dfrac{\pi}{2},\pi\right]$ と分割する．

(2) 左辺において，$x=\pi-t$ とおいてみよ．

解答

(1) $\displaystyle\int_0^{\pi} f(\sin x)\,dx = \int_0^{\frac{\pi}{2}} f(\sin x)\,dx + \underbrace{\int_{\frac{\pi}{2}}^{\pi} f(\sin x)\,dx}_{㋐}$ …①

右辺の第２項を $\underline{x=\pi-t}_{㋐}$ とおくと，$dx=-dt$

積分範囲は，

x	$\dfrac{\pi}{2}\to\pi$
t	$\dfrac{\pi}{2}\to 0$

$\displaystyle\int_{\frac{\pi}{2}}^{\pi} f(\sin x)\,dx = \int_{\frac{\pi}{2}}^{0} f(\underbrace{\sin(\pi-t)}_{㋐})(-dt) = \underbrace{\int_0^{\frac{\pi}{2}} f(\sin t)\,dt}_{㋑}$

よって，

$\displaystyle ① \Leftrightarrow \int_0^{\pi} f(\sin x)\,dx = \int_0^{\frac{\pi}{2}} f(\sin x)\,dx + \int_0^{\frac{\pi}{2}} f(\sin x)\,dx$

$\displaystyle = 2\int_0^{\frac{\pi}{2}} f(\sin x)\,dx$ ■

(2) 左辺において，$\underline{x=\pi-t}_{㋒}$ とおくと，$dx=-dt$，

x	$0\to\pi$
t	$\pi\to 0$

$\displaystyle I = \int_0^{\pi} xf(\sin x)\,dx = \int_{\pi}^{0} (\pi-t)f(\sin(\pi-t))(-dt)$

$\displaystyle = \int_0^{\pi} (\pi-t)f(\sin t)\,dt$

$\displaystyle = \pi\int_0^{\pi} f(\sin t)\,dt - \underbrace{\int_0^{\pi} tf(\sin t)\,dt}_{㋓ \;=\; I}$，$\displaystyle 2I=\pi\int_0^{\pi} f(\sin t)\,dt$ $\displaystyle\therefore\ I=\frac{\pi}{2}\int_0^{\pi} f(\sin x)\,dx$

$\displaystyle\therefore\ \underbrace{\int_0^{\pi} xf(\sin x)\,dx = \frac{\pi}{2}\int_0^{\pi} f(\sin x)\,dx}_{㋔}$ ■

ポイント

㋐ $x=\pi-t$ と置換する．$\sin(\pi-x)=-\sin x$ の関係が背景にある．

㋑ $\displaystyle\int_0^{\frac{\pi}{2}} f(\sin t)\,dt = \int_0^{\frac{\pi}{2}} f(\sin x)\,dx$

㋒ 積分範囲は $[0,\pi]$ で変化がなく，$f(\underline{\sin x})\to f(\underline{\sin x})$ も変化がない．$x=\pi-t$ の置換．

㋓ $\displaystyle\int_0^{\pi} tf(\sin t)\,dt = \int_0^{\pi} xf(\sin x)\,dx$ で I に等しくなる．

㋔ x と $f(\sin x)$ の積が $\dfrac{\pi}{2}$ 倍になることで，積が解除することを意味する．

練習問題 6-13

解答 p. 228

次の定積分の値を求めよ．

(1) $\displaystyle I=\int_0^{\frac{\pi}{2}} \frac{\cos x-\sin x}{1+\sin x\cos x}\,dx$　　(2) $\displaystyle I=\int_0^{\pi} \frac{x\sin x}{1+\cos^2 x}\,dx$

問題 6-14 ▼$I_n = \int_0^{\frac{\pi}{2}} \sin^n x\,dx$ の利用

問題 6-12 $I_n = \int_0^{\frac{\pi}{2}} \sin^n x\,dx$ の結果を用いて,

(1) $\lim_{n\to\infty} \frac{I_{2n}}{I_{2n+1}} = 1$ を示せ.

(2) $\lim_{n\to\infty} \sqrt{n}\, I_{2n} = \lim_{n\to\infty} \sqrt{n}\, I_{2n+1} = \frac{\sqrt{\pi}}{2}$ が成り立つことを示せ.

●考え方●

(1) $0 < x < \frac{\pi}{2}$ において, $0 < \sin^{2n+1} x < \sin^{2n} x\,dx < \sin^{2n-1} x$ …㊀ が成り立つ.
はさみうちの原理を活用. I_{2n} の結果は p. 123.

(2) $I_{2n} \cdot I_{2n+1}$ の関係式を作り, (1)の活用へ!

解答

(1) ㊀ の辺々を x で 0 から 1 まで積分して,

$0 < I_{2n+1} < I_{2n} < I_{2n-1}$ が成り立つ.

辺々を I_{2n+1} で割って,

$$1 < \frac{I_{2n}}{I_{2n+1}} < \frac{I_{2n-1}}{I_{2n+1}} = \frac{2n+1}{2n} = 1 + \frac{1}{2n} \quad ㋐$$

$n \to \infty$ で右辺 $\to 1$ より, はさみうちの原理を用いて,

$$\lim_{n\to\infty} \frac{I_{2n}}{I_{2n+1}} = 1 \quad ■ \quad ㋑$$

(2) $$I_{2n} \cdot I_{2n+1} = \left(\frac{\pi}{2} \cdot \frac{1}{2} \cdot \frac{3}{4} \cdot \cdots\cdots \frac{2n-1}{2n}\right) \cdot \left(\frac{2}{3} \cdot \frac{4}{5} \cdot \cdots\cdots \frac{2n-2}{2n-1} \cdot \frac{2n}{2n+1}\right) \quad ㋒$$

$$= \frac{\pi}{2(2n+1)}$$

$\Leftrightarrow \pi = 2(2n+1) I_{2n} I_{2n+1}$, $\sqrt{\pi} = \sqrt{2(2n+1) I_{2n} I_{2n+1}}$ …①

$$\frac{\sqrt{\pi}}{2} = \sqrt{\frac{2(2n+1)}{4}} \cdot I_{2n+1} \cdot \sqrt{\frac{I_{2n}}{I_{2n+1}}} \quad ㋓$$

$$= \sqrt{n}\, I_{2n+1} \cdot \sqrt{\frac{1}{4}\left(4 + \frac{2}{n}\right)} \cdot \sqrt{\frac{I_{2n}}{I_{2n+1}}}$$

$n \to \infty$ で, $\frac{\sqrt{\pi}}{2} = \lim_{n\to\infty} \sqrt{n}\, I_{2n+1}$ ㋔ 同様に $\frac{\sqrt{\pi}}{2} = \lim_{n\to\infty} \sqrt{n}\, I_{2n}$ ㋕ ■

ポイント

㋐ $$\frac{I_{2n-1}}{I_{2n+1}} = \frac{\frac{2}{3} \cdot \frac{4}{5} \cdot \cdots\cdots \frac{2n-2}{2n-1}}{\frac{2}{3} \cdot \frac{4}{5} \cdot \cdots\cdots \frac{2n-2}{2n-1} \cdot \frac{2n}{2n+1}} = \frac{2n+1}{2n}$$

㋑ p. 123 より,

$I_{2n} = \frac{\pi}{2} \cdot \frac{1}{2} \cdot \frac{3}{4} \cdot \cdots\cdots \frac{2n-1}{2n}$

$I_{2n+1} = \frac{2}{3} \cdot \frac{4}{5} \cdot \cdots\cdots \frac{2n}{2n+1}$

㋒ （波線）と（枠）の分子, 分母はキャンセルされる.

㋓ (1) を活用するための変形.

㋔ $\lim_{n\to\infty} \sqrt{\frac{1}{4}\left(4 + \frac{2}{n}\right)} = 1$

$\lim_{n\to\infty} \sqrt{\frac{I_{2n}}{I_{2n+1}}} = 1$ ((1)より)

㋕ ①を

$I_{2n} \cdot \sqrt{\frac{I_{2n+1}}{I_{2n}}}$ の項を作り変形.

練習問題　6-14　解答 p. 228

上の解答の①式を使い, $\sqrt{\pi} = \lim_{n\to\infty} \frac{2^{2n}(n!)^2}{\sqrt{n}\,(2n)!}$ を示せ.　ウォリスの公式

コラム6 ◆1665～1666年…「奇跡の2年間」

ニュートンがケンブリッジ大学トリニティカレッジの学士の称号を得たばかりの23～24歳の2年間を「奇跡の2年間」とよぶ．それは，彼の3大業績とよばれる

① 微積分

② 万有引力の法則

③ 光の粒子説（色彩論）

が，2年あまりの期間に成し遂げられたからである．

1665年はヨーロッパのペスト流行の最後の頂点をなす有名な「ロンドン大疫」の年でもある．ロンドンの人口約46万人のうち7万人以上が死亡し，全人口の3分の2がロンドンから疎開する状況で，ケンブリッジ大学も閉鎖になった．

ニュートンは生まれ故郷に帰省し，“死の恐怖”と隣り合わせの環境の中で，一つの現象でつかんだ法則を，途切れることなく，連続的に広範囲に適用し，“創造の翼”をはばたかせるのである．

彼が残している次のメッセージに思考の原点を見い出すことができる．

「世間が私をどう見ているかわかりませんが，私自身は自分を，浜辺で遊ぶひとりの子供のようなものだと思っています．私はただ，形のよい小石や綺麗な貝殻を探すことに夢中になっている．
だが，そのすぐ眼の前には，大いなる真理の海が，いまだ発見されぬまま広がっているのです．」

アイザック・ニュートン(*)

「奇跡の2年間」は真理の海の探検の成果でもある．

(*)創元社『ニュートン』（ジャン＝ピエール・モーリ著　遠藤ゆかり訳）より．

Chapter 7

積分 II

広義積分を学び
求積問題として面積，体積，
立体の表面積を求める．
また，曲線の曲率および重心の概念を学ぶ．

基本事項

Chapter 6 において，有限の閉区間における連続な関数の定積分を取り扱ったが，応用上今少し広い範囲の積分について考える必要がある．本章では，Chapter 6 で定義した定積分の概念を拡張して，関数または区間が有界でない場合に定積分を定義する．

・**特異積分**…$f(x)$ が区間 $[a, b]$ で不連続な点をもつ場合．

・**無限積分**…定積分の積分範囲の一方または両方が無限大となる場合．

これらの拡張した積分を**広義積分**という．

1 広義積分（問題 7-1, 2, 3, 4, 5）

❶ 特異積分

$f(x)$ が $[a, b]$ で不連続な点をもつとき，$\int_a^b f(x)dx$ を次のように定義する（不連続な点を**特異点**とよぶ）．以下，任意の正数 ε，ε' に対して，

（i）$f(x)$ が $x = b$ で不連続　$\displaystyle\int_a^b f(x)dx = \lim_{\varepsilon\to 0}\int_a^{b-\varepsilon} f(x)dx$

（ii）$f(x)$ が $x = a$ で不連続　$\displaystyle\int_a^b f(x)dx = \lim_{\varepsilon\to 0}\int_{a+\varepsilon}^{b} f(x)dx$

（iii）$f(x)$ が $x = a$，$x = b$ で不連続　$\displaystyle\int_a^b f(x)dx = \lim_{\substack{\varepsilon\to 0\\ \varepsilon'\to 0}}\int_{a+\varepsilon'}^{b-\varepsilon} f(x)dx$

（iv）$f(x)$ が $a < c < b$ で $x = c$ で不連続

$$\int_a^b f(x)dx = \int_a^c f(x)dx + \int_c^b f(x)dx$$

$$= \lim_{\varepsilon\to 0}\int_a^{c-\varepsilon} f(x)dx + \lim_{\varepsilon'\to 0}\int_{c+\varepsilon'}^{b} f(x)dx$$

a　c　b

例　$f(x) = \dfrac{1}{\sqrt{1-x^2}}$ は $-1 < x < 1$ で連続，$x = \pm 1$ で不連続．

$$\int_{-1}^{1}\frac{1}{\sqrt{1-x^2}}dx = \lim_{\substack{\varepsilon\to 0\\ \varepsilon'\to 0}}\int_{-1+\varepsilon'}^{1-\varepsilon}\frac{1}{\sqrt{1-x^2}}dx = [\sin^{-1}x]_{-1+\varepsilon'}^{1-\varepsilon}$$

$$= \lim_{\substack{\varepsilon\to 0\\ \varepsilon'\to 0}}\{\sin^{-1}(1-\varepsilon) - \sin^{-1}(-1+\varepsilon')\} = \sin^{-1}1 - \sin^{-1}(-1)$$

$$= \frac{\pi}{2} - \left(-\frac{\pi}{2}\right) = \pi$$

❷ 無限積分

定積分の積分範囲の一方または両方が無限大となる場合の積分で，a より大きいすべての b に対して積分 $\int_a^b f(x)dx$ が存在すると仮定し，$b \to \infty$ のとき極限値が存在するとき，その極限値を $\int_a^\infty f(x)dx$ と定義する．

（i）$\displaystyle\int_a^\infty f(x)dx = \lim_{b\to\infty}\int_a^b f(x)dx$

（ii）$\displaystyle\int_{-\infty}^b f(x)dx = \lim_{a\to-\infty}\int_a^b f(x)dx$

（iii）$\displaystyle\int_{-\infty}^\infty f(x)dx = \lim_{\substack{b\to\infty \\ a\to-\infty}}\int_a^b f(x)dx$

例

・$\displaystyle\int_0^\infty \frac{1}{1+x}dx = \lim_{b\to\infty}[\log(1+x)]_0^b = \lim_{b\to\infty}\log(1+b) = \infty$

・$\displaystyle\int_0^\infty \cos x\,dx = \lim_{b\to\infty}\int_0^b \cos x\,dx = \lim_{b\to\infty}[\sin x]_0^b =$（不定）

《注意》上の積分は，次のように $\lim\limits_{b\to\infty}$ で表さず，簡略化して $\int_0^\infty \frac{1}{1+x}dx = [\log(1+x)]_0^\infty$ $= \infty$ というように表してもよい．

❸ 広義積分の収束条件

広義の積分 $\int_a^b |f(x)|\,dx$ $\left(または \int_a^\infty |f(x)|\,dx\right)$ が収束する場合，$\int_a^b f(x)dx$ $\left(または \int_a^\infty f(x)dx\right)$ は**絶対収束**するという．

・特異積分が存在するかどうかは，特異点における $f(x)$ の状態に左右される．

・無限積分が存在するかどうかは，$|x|$ が十分大きいときの $f(x)$ の状態に左右される．

これを判定するのに以下の定理がある．

定理

（Ⅰ）$0 < \lambda < 1$ を満足する λ に対して
$(x-a)^\lambda f(x)$ が $(a, b]$ で有界ならば，$\int_a^b f(x)dx$ は絶対収束する．

（Ⅱ）$\lambda > 1$ を満足する λ に対して
$x^\lambda f(x)$ が適当な無限区間 $[a, +\infty)$ で有界ならば，$\int_a^\infty f(x)dx$ は絶対収束する．

(証明)→問題 7-4

具体的に問題を解くとき重要なことは,

(Ⅰ) $\lim_{x \to a}(x-a)^{\lambda} f(x) = l \quad (0 < \lambda < 1)$ ← $a < x \leqq b$ より $x = a$ の極限値を調べる

(Ⅱ) $\lim_{x \to \infty} x^{\lambda} f(x) = l \quad (\lambda > 1)$ ← $a \leqq x < \infty$ より $x \to \infty$ の極限値を調べる

という**有限値** l が存在することである. このとき, 定理の(Ⅰ), (Ⅱ)をみたす.

Memo 定理の証明は 問題 7-4 で取り扱うが

「$(x-a)^{\lambda} f(x)$ が有界である」という条件の意味するところは,

$(x-a)^{\lambda}|f(x)| < M \Leftrightarrow |f(x)| < \dfrac{M}{(x-a)^{\lambda}}$ となり,

$\varepsilon > 0$ のとき, x で $a+\varepsilon$ から b まで積分すると,

$$\int_{a+\varepsilon}^{b} |f(x)|\,dx < \int_{a+\varepsilon}^{b} \frac{M}{(x-a)^{\lambda}}\,dx$$ が得られる.

このことにより, $|f(x)|$ の積分が $(x-a)^{-\lambda}$ の積分の評価に持ち込めることを意味している.

2 ベータ関数 (β 関数) (問題 7-6)

p, q を正の数として,

$$B(p, q) = \int_0^1 x^{p-1}(1-x)^{q-1}\,dx$$

によって定義される p, q の関数 $B(p, q)$ を**ベータ関数**という. β 関数は収束し (→**練習問題 7-6**), 次の性質が成り立つ.

(1) $B(p, q) = B(q, p)$

(2) $B(p, q) = \displaystyle\int_0^{\infty} \frac{t^{p-1}}{(1+t)^{p+q}}\,dt$

(3) $B(p, q) = \dfrac{q-1}{p} B(p+1, q-1)$

(証明)「考え方」(1), (2) 置換積分. (3)部分積分法

(1) $B(p,q)=\int_0^1 x^{p-1}(1-x)^{q-1}dx$

$1-x=t$ とおくと，$-1=\dfrac{dt}{dx}$ から，$dx=-dt$，$\begin{array}{c|c} x & 0\to 1 \\ \hline t & 1\to 0 \end{array}$

$$B(p,q)=\int_1^0 (1-t)^{p-1}t^{q-1}(-dt)=\int_0^1 t^{q-1}(1-t)^{p-1}dt=B(q,p)$$

(2) $1-x=\dfrac{1}{1+t}$ とおくと，$x=\dfrac{t}{1+t}$ で，$\dfrac{dx}{dt}=\dfrac{1}{(1+t)^2}$ から，

$dx=\dfrac{dt}{(1+t)^2}$，$\begin{array}{c|c} x & 0\to 1 \\ \hline t & 0\to \infty \end{array}$

$$B(p,q)=\int_0^\infty \left(\frac{t}{1+t}\right)^{p-1}\cdot\frac{1}{(1+t)^{q-1}}\cdot\frac{1}{(1+t)^2}dt=\int_0^\infty \frac{t^{p-1}}{(1+t)^{p+q}}dt$$

(3) $B(p,q)=\int_0^1 x^{p-1}(1-x)^{q-1}dx$　（$x^{p-1}=\left(\dfrac{1}{p}x^p\right)'$）

$$=\left[\frac{1}{p}x^p\cdot(1-x)^{q-1}\right]_0^1-\frac{1}{p}\int_0^1 x^p\cdot\{(1-x)^{q-1}\}'dx$$

（$\left[\dfrac{1}{p}x^p\cdot(1-x)^{q-1}\right]_0^1=0$）

$$=\frac{q-1}{p}\int_0^1 x^p(1-x)^{q-2}dx=\frac{q-1}{p}B(p+1,q-1)$$

$$\therefore\ B(p,q)=\frac{q-1}{p}B(p+1,q-1)\quad\cdots①$$

特に p,q が自然数のとき，

$$B(p,q)=\frac{q-1}{p}B(p+1,q-1)=\frac{q-1}{p}\cdot\frac{q-2}{p+1}B(p+2,q-2)$$

$$=\cdots=\frac{q-1}{p}\cdot\frac{q-2}{p+1}\cdot\cdots\cdot\frac{1}{p+q-2}\cdot B(p+q-1,1)\quad\cdots②$$

$$B(p+q-1,1)=\int_0^1 x^{p+q-2}dx=\frac{1}{p+q-1}$$

$$\therefore\ B(p,q)=\frac{(p-1)!(q-1)!}{(p+q-1)!}$$

を得る．

《注意》　①の特徴は，$B(p,q)=\dfrac{q-1}{p}B(p+1,q-1)$ となる．

（q は 1減る，p はそのまま，$B(p+1,q-1)$ は たして $p+q$）

②は q が $q\to q-1\to q-2\cdots\to 1$

となるまで①を適用していく．

3 ガンマ関数（γ 関数）（問題 7-6）

$s>0$ で定義される s の関数

$$\Gamma(s)=\int_0^\infty e^{-x}x^{s-1}\,dx \quad (s>0)$$

を**ガンマ関数**という．これは無限積分であるが収束する．ガンマ関数は次のような性質が成り立つ．

(1) $\Gamma(s)=(s-1)\Gamma(s-1) \quad (s>1)$

(2) $\Gamma(1)=1$

(3) $\Gamma(n)=(n-1)! \quad (n\geqq 2,\ \text{整数})$

（証明）

(1) $\Gamma(s)=\int_0^\infty \underset{(-e^{-x})'}{e^{-x}}\cdot x^{s-1}dx=\underbrace{\left[-e^{-x}x^{s-1}\right]_0^\infty}_{0}+(s-1)\int_0^\infty e^{-x}x^{s-2}dx$

$$=(s-1)\int_0^\infty e^{-x}x^{s-2}dx=(s-1)\Gamma(s-1) \quad (s>1)$$

(2) $\Gamma(1)=\int_0^\infty e^{-x}dx=\left[-e^{-x}\right]_0^\infty=-e^{-\infty}+1=1$

(3) (1), (2)を用いて，$(n\geqq 2,\ \text{整数})$

$$\Gamma(n)=(n-1)\Gamma(n-1)=(n-1)(n-2)\Gamma(n-2)$$

$$=\cdots=(n-1)(n-2)\cdot\cdots\cdot 1\cdot\Gamma(1)=(n-1)!$$

$\therefore\ \Gamma(n)=(n-1)!$

4 求積問題（平面図形）（問題 7-7, 8, 9, 10, 11）

求積問題として，面積，体積，曲線の長さ，回転体の表面積を取り扱う．

面積，体積，曲線の長さは高校数学で取り扱っている．大学で新しく学ぶ項目は，

（i）極座標で表された関数の面積，体積，曲線の長さ

（ii）回転体の表面積

《注意》高等学校の一部の教科書では（i）を発展として取り扱っているものもある．

❶ 面積

定積分の定義 (p. 106) から明らかに次の定理が得られる．

定理

関数 $f(x)$ が区間 $[a, b]$ で連続で，かつ $f(x) \geqq 0$ とする．

$y = f(x)$ と 3 直線 $x = a$，$x = b$，$y = 0$ で囲まれた領域 D の面積 S は

$$S = \int_a^b f(x)\,dx$$

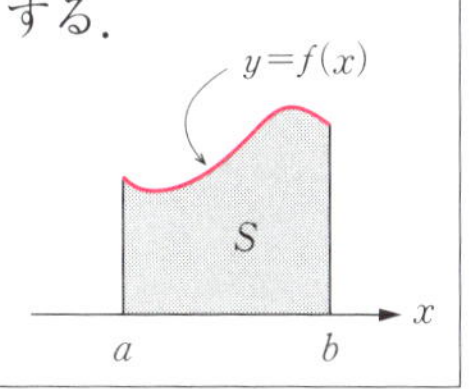

$f(x)$ のかわりに $f(x) - g(x) \geqq 0$ とおけば，次の系が得られる．

系

2 つの関数 $f(x), g(x)$ が区間 $[a, b]$ で連続で，かつ $f(x) \geqq g(x)$ とする．2 曲線 $y = f(x)$，$y = g(x)$ と 2 直線 $x = a$，$x = b$ で囲まれた領域 D の面積 S は，

$$S = \int_a^b |f(x) - g(x)|\,dx$$

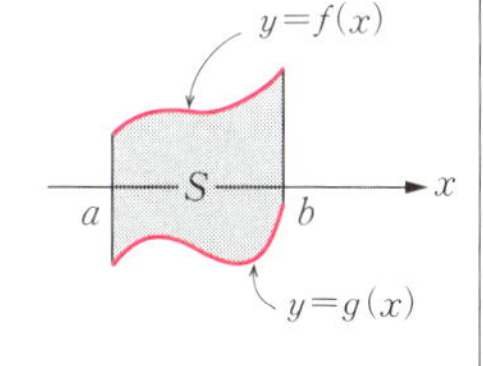

例　曲線 $\sqrt{x} + \sqrt{y} = 1$ と x 軸，y 軸で囲まれる部分の面積を求めよ．

［解答］

$\sqrt{x} + \sqrt{y} = 1$ から $\sqrt{y} = 1 - \sqrt{x}$，辺々を 2 乗して

$y = (1 - \sqrt{x})^2$，求める面積を S とすると，

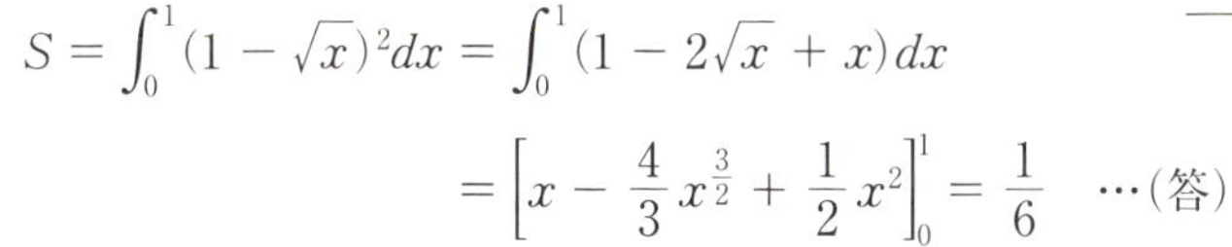

$$S = \int_0^1 (1 - \sqrt{x})^2 dx = \int_0^1 (1 - 2\sqrt{x} + x)\,dx$$

$$= \left[x - \frac{4}{3}x^{\frac{3}{2}} + \frac{1}{2}x^2\right]_0^1 = \frac{1}{6} \quad \cdots(答)$$

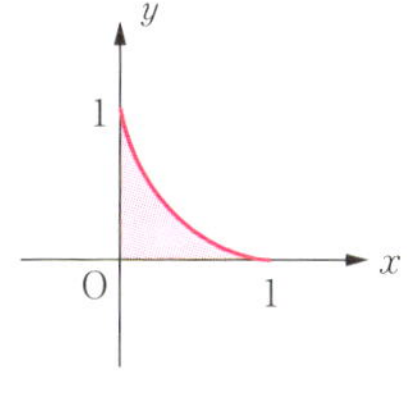

《注意》 $\sqrt{x} + \sqrt{y} = 1$ は $y = x$ に関して対称であり，座標軸を $-\frac{\pi}{4}$ 回転すると，

$$y = \frac{1}{\sqrt{2}}x^2 + \frac{1}{2\sqrt{2}} \left(|x| \leqq \frac{1}{\sqrt{2}}\right)$$ で放物線の一部となる．

❷ 極座標表示の曲線の面積

極座標によって，$r = f(\theta)$ という方程式と極を通る 2 つの半直線 $\theta = \alpha$，$\theta = \beta$ $(\alpha < \beta)$ で囲まれる部分の面積 S は

$$S = \frac{1}{2}\int_\alpha^\beta r^2\,d\theta$$

証明のポイントは，領域をどのように細く分割するかである．

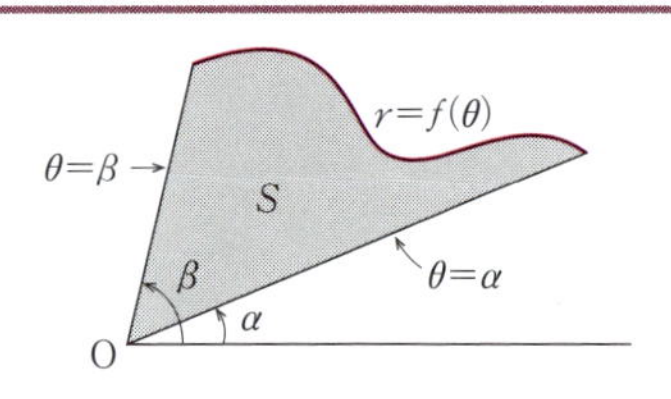

極座標で表された領域を細かく扇形で分割する偏角が h だけ変化したときの扇形で考え，はさみうちの原理の活用をはかる．

《証明》 曲線 $r=f(\theta)$ と2つの半直線 $\theta=\alpha$ と $\theta=\theta$ $(\alpha \leqq \theta \leqq \beta)$ で囲まれた部分の面積を $S(\theta)$ で表せば，求める面積 S は $S=S(\beta)$ である．

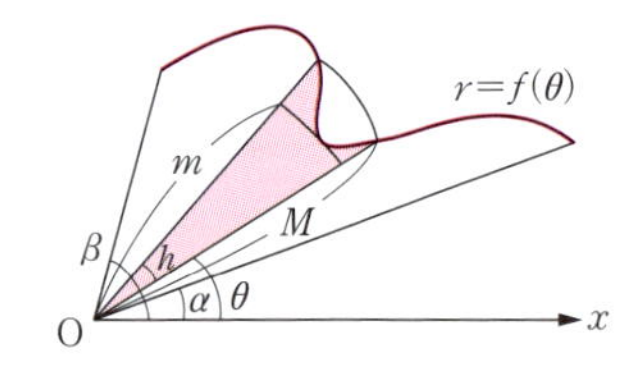

$h>0$ として，$[\theta, \theta+h]$ における $f(\theta)$ の最大値を M，最小値を m とすれば，図から，

$\leqq$ $\leqq$ が成り立ち，

$$\frac{1}{2}m^2 h \leqq S(\theta+h)-S(\theta) \leqq \frac{1}{2}M^2 h$$

$$\therefore\ \frac{1}{2}m^2 \leqq \frac{S(\theta+h)-S(\theta)}{h} \leqq \frac{1}{2}M^2$$

ここで，$h \to 0$ とすれば，$m \to f(\theta)$，$M \to f(\theta)$ であるから，

$$\frac{dS(\theta)}{d\theta}=\lim_{h \to 0}\frac{S(\theta+h)-S(\theta)}{h}=\frac{1}{2}\,|f(\theta)|^2=\frac{1}{2}r^2$$

すなわち，$S(\theta)$ は $\frac{1}{2}r^2$ の原始関数である．

ゆえに，$S(\beta)-S(\alpha)=\frac{1}{2}\int_\alpha^\beta r^2\,d\theta$

$S(\alpha)=0$ であるから，

$$S=\frac{1}{2}\int_\alpha^\beta r^2\,d\theta$$

Memo イメージは，角 θ が微小量 $\Delta\theta$ だけ増加するとき，OP の通過する領域の面積を ΔS とすると，

$$\Delta S \fallingdotseq \frac{1}{2}r^2\,d\theta$$

S は ΔS を $\theta=\alpha$ から $\theta=\beta$ まで加えたものであるから

$$S=\frac{1}{2}\int_\alpha^\beta r^2\,d\theta$$

と考えると処理しやすい．

❸ 曲線の長さ

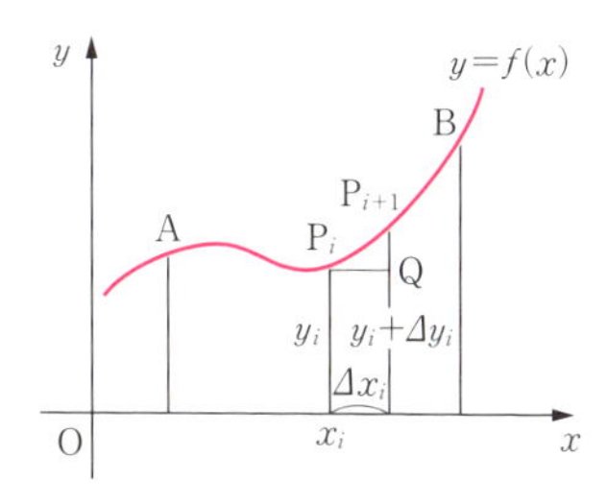

曲線の長さはどのように求めたらよいか．それは曲線を細分して，**線分の長さの総和**を求める．曲線上の 2 点を A，B とするとき，曲線の弧 AB 上に $n-1$ 個の点 $P_1, P_2, \cdots, P_{n-1}$ をとり，n 個の線分 $AP_1, P_1P_2, \cdots, P_{n-1}B$ を作り，これらの線分の長さをそれぞれ $p_1, p_2, \cdots, p_n$ とし，

$$s_n = p_1 + p_2 + \cdots + p_n$$

とする，$n \to \infty$ のとき，$p_1, p_2, \cdots, p_n$ がすべて 0 に収束するとき，$\lim_{n\to\infty} s_n$ がある一定の極限値 s に限りなく近づくとすると，このとき，**この曲線は長さをもつ**といい，s をその**長さ**という．

s は次の関係式で求められる．

定理

関数 $f(x)$ が区間 $[a, b]$ を含むある区間で微分可能で，$f'(x)$ が連続ならば，区間 $[a, b]$ における曲線 $y = f(x)$ の長さ s は，

$$s = \int_a^b \sqrt{1 + \left(\frac{dy}{dx}\right)^2}\, dx$$

曲線が媒介変数表示　$x = f(t)$，$y = g(t)$

極座標表示　$r = f(\theta)$

で与えられたとき，曲線の長さ s は次のようになる．

(系 1)　媒介変数表示のとき，$x = x(t)$，$y = y(t)$ で与えられたとき，t の区間 $[\alpha, \beta]$ における曲線の長さ s は，

$$s = \int_\alpha^\beta \sqrt{\left(\frac{dx}{dt}\right)^2 + \left(\frac{dy}{dt}\right)^2}\, dt$$

(系 2)　極座標のとき，曲線が $r = f(\theta)$ で与えられたとき，θ の区間 $[\alpha, \beta]$ における曲線の長さ s は，

$$s = \int_\alpha^\beta \sqrt{r^2 + \left(\frac{dr}{d\theta}\right)^2}\, d\theta$$

系 2 は，系 1 で $x = r\cos\theta$，$y = r\sin\theta$ とおくと，

$$\left(\frac{dx}{d\theta}\right)^2+\left(\frac{dy}{d\theta}\right)^2=\left(-r\sin\theta+\frac{dr}{d\theta}\cos\theta\right)^2+\left(r\cos\theta+\frac{dr}{d\theta}\sin\theta\right)^2$$
$$=r^2+\left(\frac{dr}{d\theta}\right)^2$$

Memo 媒介変数表示での曲線の長さは，t を時刻，$(x(t), y(t))$ を時刻 t での位置と思えば，$\left(\frac{dx}{dt}, \frac{dy}{dt}\right)$ は速度を表す．
$\sqrt{\left(\frac{dx}{dt}\right)^2+\left(\frac{dy}{dt}\right)^2}$ は速さ v となる．速さを時間で積分すると距離になる．こう考えると，イメージがつきやすくなる．

5 立体の体積と表面積（問題 7-13, 14, 15, 16）

❶ 回転体の体積

定理

曲線 $y=f(x)\,(a \leqq x \leqq b)$ が x 軸のまわりに 1 回転してできる立体の体積 V は

$$V=\pi\int_a^b |f(x)|^2\,dx$$

また，曲線 $x=g(y)$ と y 軸および 2 直線 $y=c$，$y=d$ で囲まれた部分を y 軸のまわりに 1 回転してできる立体の体積は，上と同様な考え方で，

$$V=\pi\int_c^d x^2\,dy=\pi\int_c^d \{g(y)\}^2\,dy$$

となる．

❷ 回転体の表面積

曲線 $y=f(x) \geqq 0\ (a \leqq x \leqq b)$ が x 軸のまわりに 1 回転して得られる曲面の面積を考える．

曲面の面積は小さい直円錐台の側面積の和を考えるようになる．回転体の表面積を求める前に，直円錐台の側面積を求めておく．

上底，下底の半径がそれぞれ r_1, r_2 で斜高 k の直円錐台の側面積は，

$$\pi k(r_1+r_2)$$

側面積の公式

（証明）

直円錐台の側面積は展開図の図形 ABDC の面積となる．

$\angle \mathrm{AOB}=\alpha$ とおけば，

$$S = \frac{1}{2}\mathrm{OA}^2\cdot\alpha - \frac{1}{2}\mathrm{OC}^2\cdot\alpha$$
$$= \frac{1}{2}(\mathrm{OA}^2 - \mathrm{OC}^2)\alpha$$
$$= \frac{1}{2}\underbrace{(\mathrm{OA} - \mathrm{OC})}_{k}(\mathrm{OA} + \mathrm{OC})\alpha$$
$$= \frac{1}{2}k(\mathrm{OA} + \mathrm{OC})\alpha$$

$\mathrm{OA}\cdot\alpha = \overset{\frown}{\mathrm{AB}} = 2\pi r_2$，$\mathrm{OC}\cdot\alpha = \overset{\frown}{\mathrm{CD}} = 2\pi r_1$

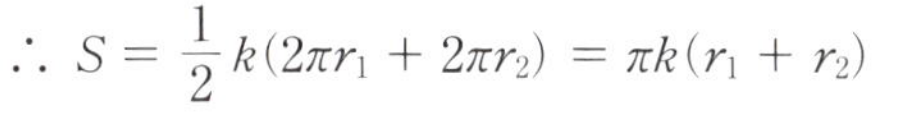

$$\therefore\ S = \frac{1}{2}k(2\pi r_1 + 2\pi r_2) = \pi k(r_1 + r_2)$$

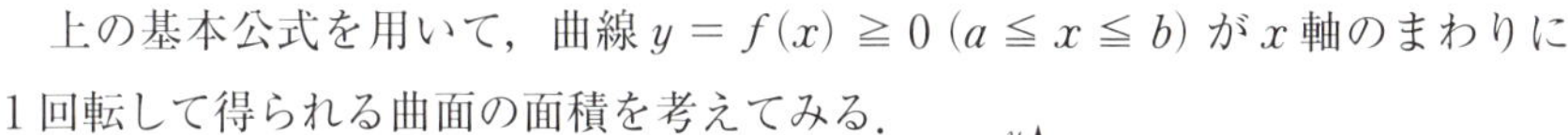

上の基本公式を用いて，曲線 $y = f(x) \geqq 0\ (a \leqq x \leqq b)$ が x 軸のまわりに1回転して得られる曲面の面積を考えてみる.

まず第1に，区間 $[a, b]$ を，

$$a = x_0 < x_1 < x_2 < \cdots < x_{n-1} < x_n = b$$

と分割する．そして，x_i に対応する曲線上の点を P_i とし，$\mathrm{P}_0, \mathrm{P}_1, \mathrm{P}_2, \cdots, \mathrm{P}_n$ を順次に結んで得られる折れ線を，x 軸のまわりに1回転して得られる回転面の面積を S_n とする.

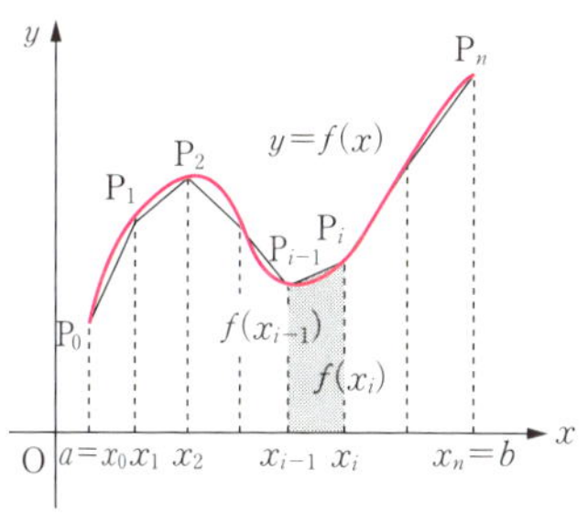

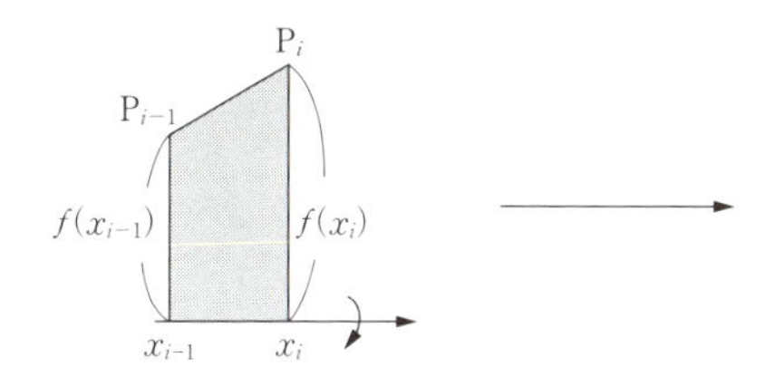

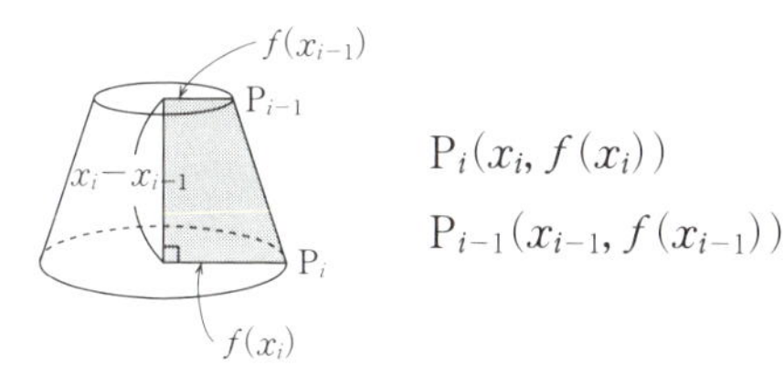

$\mathrm{P}_i(x_i, f(x_i))$

$\mathrm{P}_{i-1}(x_{i-1}, f(x_{i-1}))$

$$\overline{\mathrm{P}_{i-1}\mathrm{P}_i} = \sqrt{(x_i - x_{i-1})^2 + \{f(x_i) - f(x_{i-1})\}^2}$$
$$= \sqrt{1 + \left\{\frac{f(x_i) - f(x_{i-1})}{x_i - x_{i-1}}\right\}^2}\,(x_i - x_{i-1})$$

平均値の定理より

$$\frac{f(x_i) - f(x_{i-1})}{x_i - x_{i-1}} = f'(c_i)$$

$x_{i-1} < c_i < x_i$ となる c_i が存在する.

S_n は直円錐台の側面積の公式を使って，

$$S_n = \sum_{i=1}^{n}\pi\{f(x_i) + f(x_{i-1})\}\cdot\overline{\mathrm{P}_{i-1}\mathrm{P}_i}$$
$$= 2\pi\sum_{i=1}^{n}\frac{f(x_i) + f(x_{i-1})}{2}\cdot\sqrt{1 + \{f'(c_i)\}^2}\,(x_i - x_{i-1})$$

平均をとる　→ $f(x)$ へ！　→ $f'(x)$ へ！　→ dx へ！

ここで，$f(x)$ と $f'(x)$ が連続ならば，この分割の幅がどれも 0 に収束するとき，S_n は

$$2\pi\int_a^b f(x)\sqrt{1+\{f'(x)\}^2}\,dx$$

に収束する．

これより，次の定理を得る．

定理

> $y=f(x)\geqq 0$ が区間 $[a,b]$ で微分可能で，$f'(x)$ が連続ならば，曲線 $y=f(x)$ を x 軸のまわりに 1 回転したときにできる回転曲面の面積は，
>
> $$S=2\pi\int_a^b f(x)\sqrt{1+\{f'(x)\}^2}\,dx$$

回転体の表面積をイメージでつかんでみよう．

$\sqrt{1+\{f'(x)\}^2}\,dx=\sqrt{1+\left(\dfrac{dy}{dx}\right)^2}\,dx=\sqrt{dx^2+dy^2}$ を ds とおく．

$ds=\sqrt{dx^2+dy^2}$ を**線素**とよぶ．

$2\pi y$ は円周の長さで，そこに曲線に沿った微小な長さ ds をかけた，

$$2\pi y\times ds$$

は細分した**曲面の面積**を表す．それを集めたものが，

$$S=\int 2\pi y\,ds \quad \cdots①$$

また，xy 平面上の曲線 $x=g(y)$ を y 軸のまわりに 1 回転してできる回転体の側面積は，

$$S=\int 2\pi x\,ds \quad \cdots②$$

①，②のいずれの場合でも，実際の計算では，都合のよい積分変数に合わせて，ds を次のように変形する．

ds の変形

> （i）x で積分：$ds=\sqrt{1+\left(\dfrac{dy}{dx}\right)^2}\,dx$
>
> （ii）y で積分：$ds=\sqrt{1+\left(\dfrac{dx}{dy}\right)^2}\,dy$
>
> （iii）t で積分：$ds=\sqrt{\left(\dfrac{dx}{dt}\right)^2+\left(\dfrac{dy}{dt}\right)^2}\,dt$
>
> （iv）極座標：$ds=\sqrt{r^2+\left(\dfrac{dr}{d\theta}\right)^2}\,d\theta$

線素という考え方を用いると，曲線の長さも曲面積もイメージがつかみやすくなる．ds を集めると曲線の長さで，（円周の長さ）$\times ds$ を集めると回転体の曲面積になる．

6　曲線の曲率・曲率半径（問題 7-⑫）

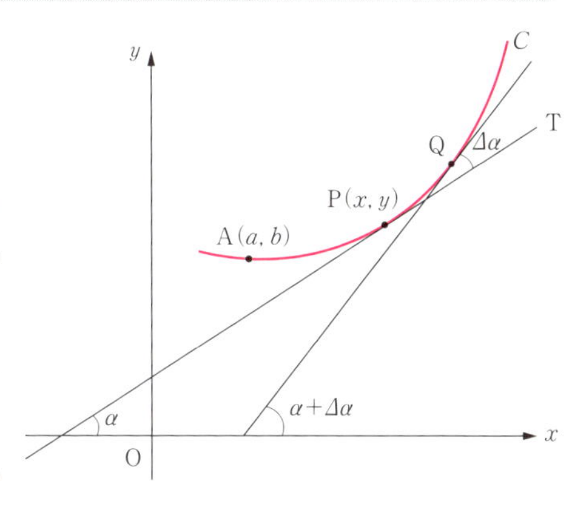

関数 $y=f(x)$ の表す曲線を C とする．C 上の点 $\mathrm{P}(x,y)$ における接線 PT が x 軸の正の向きと作る角を α，曲線 C 上の定点 $\mathrm{A}(a,b)$ から点 P までの弧の長さを s とすれば，α は s の関数となる．

点 P の曲線 C に沿った微小変化後の点を Q とすれば，$\mathrm{PQ}=\Delta s$，点 Q における接線が x 軸と $\alpha+\Delta\alpha$ の角で交わるものとすれば，$\Delta\alpha$ は s の増分 Δs に対する α の増分である．

$\dfrac{\Delta\alpha}{\Delta s}$ の $\Delta s\to 0$ の極限値として $\dfrac{d\alpha}{ds}$ が考えられる．これを曲線 $y=f(x)$ 上の点 P における**曲率**という．

微分法で既知のように，$y'=\tan\alpha$ であるから，x で微分して

$$\frac{1}{\cos^2\alpha}\cdot\frac{d\alpha}{dx}=y'',\quad (1+\underbrace{\tan^2\alpha}_{(y')^2})\frac{d\alpha}{dx}=y''\quad\therefore\ \frac{d\alpha}{dx}=\frac{y''}{1+(y')^2}\quad\cdots①$$

一方，曲線上の定点 A から点 P までの弧の長さ s は

$$s=\int_a^x\sqrt{1+(y')^2}\,dx\qquad\therefore\ \frac{ds}{dx}=\sqrt{1+(y')^2}\quad\cdots②$$

ゆえに，$y=f(x)$ 上の点 P における曲率 κ は

$$\kappa=\frac{d\alpha}{ds}=\underbrace{\frac{d\alpha}{dx}}_{①}\cdot\underbrace{\frac{dx}{ds}}_{②}=\frac{y''}{\{1+(y')^2\}^{\frac{3}{2}}}$$

すなわち，$\kappa=\dfrac{y''}{\{1+(y')^2\}^{\frac{3}{2}}}$

この曲率 κ の絶対値の逆数 ρ を**曲率半径**という．

$$\rho=\frac{\{1+(y')^2\}^{\frac{3}{2}}}{|y''|}$$

7 重心（問題 7-12）

❶ 質点系の重心

質量 $m_1, m_2, \cdots, m_n$ の n 個の質点があるとき，その座標を $(x_1, y_1), (x_2, y_2), \cdots, (x_n, y_n)$ とすれば，この質点系の**重心**の座標 $(\bar{x}, \bar{y})$ は次式で与えられる．

$$\bar{x} = \frac{\sum_{i=1}^{n} m_i x_i}{\sum_{i=1}^{n} m_i} \qquad \bar{y} = \frac{\sum_{i=1}^{n} m_i y_i}{\sum_{i=1}^{n} m_i}$$

このとき，分子 $\sum_{i=1}^{n} m_i x_i$，$\sum_{i=1}^{n} m_i y_i$ を x 軸，y 軸に関する**一次モーメント**という．

❷ 平面曲線の重心

曲線 $y = f(x)$ $(a \leqq x \leqq b)$ を考えれば，線素 ds は

$$ds = \sqrt{1 + (y')^2}\,dx$$

であるから，この曲線 $[a, b]$ 間の重心を $(\bar{x}, \bar{y})$ とすれば

$$\bar{x} = \frac{\int x\,ds}{\int ds} = \frac{\int_a^b x\sqrt{1 + (y')^2}\,dx}{\int_a^b \sqrt{1 + (y')^2}\,dx}$$

$$\bar{y} = \frac{\int y\,ds}{\int ds} = \frac{\int_a^b y\sqrt{1 + (y')^2}\,dx}{\int_a^b \sqrt{1 + (y')^2}\,dx}$$

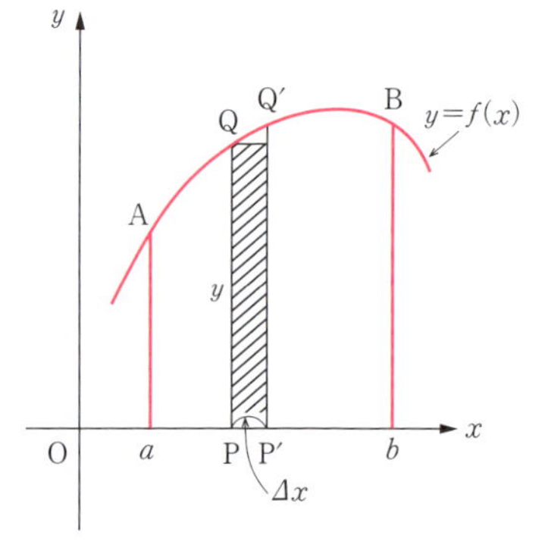

❸ 平面部分の重心

曲線 $y = f(x)$ と x 軸および 2 直線 $x = a$，$x = b$ とで囲まれた**平面部分 abBA の重心**を $(\bar{x}, \bar{y})$ とする．P$(x, 0)$，P′$(x + \Delta x, 0)$ が a, b の間にあるとし，点 P，P′ に対応する曲線上の点を Q(x, y)，Q′$(x + \Delta x, y + \Delta y)$ とする．このとき，図形 PP′Q′Q の面積は近似的に $y\Delta x$ と表せるから，図形 abBA の面積は $\int_a^b y\,dx$ である．このとき

$$\bar{x} = \frac{\int_a^b xy\,dx}{\int_a^b y\,dx}, \quad \bar{y} = \frac{\int_a^b y^2\,dx}{\int_a^b y\,dx}$$

を図形 **abBA の重心**と定義する．

問題 7-[1] ▼広義積分の基本（1）

次の積分をせよ．

(1) $\displaystyle\int_{-1}^{1}\frac{1}{\sqrt[3]{x}}\,dx$　　(2) $\displaystyle\int_{-1}^{1}\frac{1}{x^2}\,dx$　　(3) $\displaystyle\int_{0}^{a}\frac{x^4}{\sqrt{a^2-x^2}}\,dx$　$(a>0)$

●考え方●　(1), (2) $x=0$ で不連続．(3) $x=a$ で不連続．積分は特異積分であるが，$x=a\sin\theta$ と置換することによって常積分に変わる．

解答

(1) $\displaystyle\underbrace{\int_{-1}^{1}\frac{1}{\sqrt[3]{x}}\,dx}_{ア}=\int_{-1}^{0}\frac{dx}{\sqrt[3]{x}}+\int_{0}^{1}\frac{dx}{\sqrt[3]{x}}$

$$=\lim_{\varepsilon\to+0}\int_{-1}^{-\varepsilon}\frac{dx}{\sqrt[3]{x}}+\lim_{\varepsilon'\to+0}\int_{\varepsilon'}^{1}\frac{dx}{\sqrt[3]{x}}$$

$$=\lim_{\varepsilon\to+0}\left[\frac{3}{2}x^{\frac{2}{3}}\right]_{-1}^{-\varepsilon}+\lim_{\varepsilon'\to+0}\left[\frac{3}{2}x^{\frac{2}{3}}\right]_{\varepsilon'}^{1}$$

$$=\lim_{\varepsilon\to+0}\frac{3}{2}\{(-\varepsilon)^{\frac{2}{3}}-(-1)^{\frac{2}{3}}\}+\lim_{\varepsilon'\to+0}\frac{3}{2}\{1-(\varepsilon')^{\frac{2}{3}}\}$$

$=0$　**答**

(2) $\displaystyle\underbrace{\int_{-1}^{1}\frac{1}{x^2}\,dx}_{イ}=\int_{-1}^{0}\frac{dx}{x^2}+\int_{0}^{1}\frac{dx}{x^2}$

$$=\lim_{\varepsilon\to+0}\int_{-1}^{-\varepsilon}\frac{dx}{x^2}+\lim_{\varepsilon'\to+0}\int_{\varepsilon'}^{1}\frac{dx}{x^2}$$

$$=\lim_{\varepsilon\to+0}\left[-\frac{1}{x}\right]_{-1}^{-\varepsilon}+\lim_{\varepsilon'\to+0}\left[-\frac{1}{x}\right]_{\varepsilon'}^{1}$$

$$=\lim_{\varepsilon\to+0}\frac{1}{\varepsilon}+\lim_{\varepsilon'\to+0}\frac{1}{\varepsilon'}-2=\infty$$　**答**

(3) $x=a\sin\theta\left(0\leqq\theta\leqq\dfrac{\pi}{2}\right)$ とおくと，$dx=a\cos\theta\,d\theta$

x	$0\to a$
θ	$0\to\dfrac{\pi}{2}$

$$\int_{0}^{a}\frac{x^4}{\sqrt{a^2-x^2}}\,dx=\int_{0}^{\frac{\pi}{2}}\frac{a^4\sin^4\theta}{a\cos\theta}\cdot a\cos\theta\,d\theta=a^4\underbrace{\int_{0}^{\frac{\pi}{2}}\sin^4\theta\,d\theta}_{ウ}$$

$$=a^4\cdot\underbrace{\frac{3}{4}\cdot\frac{1}{2}\cdot\frac{\pi}{2}}_{ウ}=\frac{3}{16}\pi a^4$$　**答**

《注意》置換積分をして，特異積分が常積分に変わることもある．

ポイント

㋐ $\dfrac{1}{\sqrt[3]{x}}$ の原始関数 $\dfrac{3}{2}x^{\frac{2}{3}}$ は $[-1,1]$ で連続であるから

$$\int_{-1}^{1}\frac{dx}{\sqrt[3]{x}}=\left[\frac{3}{2}x^{\frac{2}{3}}\right]_{-1}^{1}$$

$$=\frac{3}{2}(1-1)=0$$

とできる．

㋑ $\dfrac{1}{x^2}$ の原始関数 $-\dfrac{1}{x}$ が $x=0$ で不連続であるから，㋐と同じようにできない．

$$\int_{-1}^{1}\frac{dx}{x^2}=\left[-\frac{1}{x}\right]_{-1}^{1}=-2$$

とするのは誤り．

㋒ p. 123 問題 6-[12]

$$I_n=\int_{0}^{\frac{\pi}{2}}\sin^n x\,dx$$

のとき，

$$I_n=\frac{n-1}{n}I_{n-2}$$

$(n\geqq 2)$

練習問題　7-1　解答 p. 229

次の積分をせよ．

(1) $\displaystyle\int_{0}^{\infty}\frac{1}{1+x^2}\,dx$　　(2) $\displaystyle\int_{0}^{\infty}e^{-x}\cos x\,dx$

問題 7-2 ▼広義積分の基本(2)

次の積分を求めよ．ただし，n は自然数とする．

(1) $\displaystyle\int_0^{\infty}\frac{dx}{(1+x^2)^n}$　　(2) $\displaystyle\int_0^{a}\frac{x^n}{\sqrt{ax-x^2}}dx$　$(a>0)$

●考え方●

適当な置換によって，p. 123 問題 6-12，$I_n=\displaystyle\int_0^{\frac{\pi}{2}}\sin^n x\,dx=\int_0^{\frac{\pi}{2}}\cos^n x\,dx$ に帰する．(1) $x=\tan\theta$ で置換する．(2) $x=a\sin^2\theta$ で置換する．

解答

(1) $x=\tan\theta$ とおくと，$dx=\dfrac{1}{\cos^2\theta}d\theta$．

x	$0\to\infty$
θ	$0\to\frac{\pi}{2}$

$$(与式)=\int_0^{\frac{\pi}{2}}\frac{1}{(1+\tan^2\theta)^n}\cdot\frac{1}{\cos^2\theta}d\theta \quad ㋐$$

$$=\int_0^{\frac{\pi}{2}}\cos^{2n-2}d\theta=I_{2n-2} \quad ㋑$$

$$=\frac{2n-3}{2n-2}\cdot\frac{2n-5}{2n-4}\cdot\cdots\cdot\frac{3}{4}\cdot\frac{1}{2}\cdot\frac{\pi}{2} \quad ㋑ \quad 答$$

(2) $x=a\sin^2\theta$ ㋒ とおくと，$dx=2a\sin\theta\cos\theta\,d\theta$．

x	$0\to a$
θ	$0\to\frac{\pi}{2}$

$$\frac{x^n}{\sqrt{ax-x^2}}=\frac{a^n\sin^{2n}\theta}{\sqrt{a^2\sin^2\theta-a^2\sin^4\theta}} \quad ㋓$$

$$=\frac{a^n\sin^{2n}\theta}{\sqrt{a^2\sin^2\theta\cos^2\theta}} \quad ㋓$$

となるから，

$$(与式)=\int_0^{\frac{\pi}{2}}\frac{a^n\sin^{2n}\theta}{a\sin\theta\cos\theta}\cdot 2a\sin\theta\cos\theta\,d\theta=2a^n\int_0^{\frac{\pi}{2}}\sin^{2n}\theta\,d\theta$$

$$=2a^nI_{2n} \quad ㋔$$

$$=2a^n\cdot\left(\frac{2n-1}{2n}\cdot\frac{2n-3}{2n-2}\cdot\cdots\cdot\frac{1}{2}\cdot\frac{\pi}{2}\right) \quad ㋔$$

$$=\left(\frac{2n-1}{2n}\cdot\frac{2n-3}{2n-2}\cdot\cdots\cdot\frac{1}{2}\right)\cdot\pi a^n \quad 答$$

ポイント

㋐ 特異積分が $x=\tan\theta$ の置換で常積分に．

㋑ p. 123
n：偶数のとき，
$I_n=\dfrac{n-1}{n}\cdot\dfrac{n-3}{n-2}\cdot\cdots\cdot\dfrac{1}{2}\dfrac{\pi}{2}$
の n に $2n-2$ を代入．

㋒ この置換で $\displaystyle\int_0^{\frac{\pi}{2}}\sin^n x\,dx$ の積分に持ち込むことができる．

㋓ $\sqrt{a^2\sin^2\theta(1-\sin^2\theta)}=\sqrt{a^2\sin^2\theta\cos^2\theta}$
$0\leqq\theta\leqq\dfrac{\pi}{2}$ の範囲で，
$=a\sin\theta\cos\theta$

㋔ $I_n=\dfrac{n-1}{n}\cdot\dfrac{n-3}{n-2}\cdot\cdots\cdot\dfrac{1}{2}\dfrac{\pi}{2}$
の n に $2n$ を代入．

練習問題 7-2　　解答 p. 229

$\displaystyle\int_0^{1}(1-x^2)^n dx$ の積分を求めよ．(n：自然数)

問題 7-3 ▼広義積分の収束，発散

$\int_0^{\infty}\left|\frac{\sin x}{x^{\lambda}}\right|dx$ について答えよ．

(1) $1<\lambda<2$ のとき，絶対収束することを示せ．

(2) $\lambda=1$ のとき，絶対収束しないことを示せ．

●考え方●

(1) 特異積分である．$x=0,\ x\to\infty$ の状態を調べる必要がある．p. 130 の（Ⅰ），（Ⅱ）の判定条件をともにみたす λ の共通範囲を求める必要がある．

(2) $(n-1)\pi\leqq x\leqq n\pi$ の範囲で，$a_n=\int_{(n-1)\pi}^{n\pi}\left|\frac{\sin x}{x}\right|dx>\frac{1}{n\pi}\int_{(n-1)\pi}^{n\pi}|\sin x|\,dx$ が成り立つことを示し，これを活用してみよ．

解答

(1) ・$0<x\leqq b$（定数）㋐ のとき，$0<\lambda-1<1$，$1<\lambda<2$ ㋑ となる λ に対して，

$$\lim_{x\to+0}x^{\lambda-1}\cdot\left|\frac{\sin x}{x^{\lambda}}\right|=\lim_{x\to+0}\left|\frac{\sin x}{x}\right|=1 \text{ ㋒}$$

となり極限値をもつ．

このとき $\int_0^{b}\left|\frac{\sin x}{x^{\lambda}}\right|dx$ は絶対収束する．

・$b\leqq x$ のとき，$\frac{1+\lambda}{2}>1$，$\lambda>1$ ㋑ となる λ に対して，

$$\lim_{x\to\infty}x^{\frac{1+\lambda}{2}}\cdot\left|\frac{\sin x}{x^{\lambda}}\right|=0 \text{ ㋓}$$

となり極限値をもつ．

このとき $\int_b^{\infty}\left|\frac{\sin x}{x^{\lambda}}\right|dx$ は絶対収束する．

以上より，$1<\lambda<2$ ㋑ のとき，$\int_0^{\infty}\left|\frac{\sin x}{x^{\lambda}}\right|dx$ は絶対収束する．

(2) $(n-1)\pi\leqq x\leqq n\pi$ の範囲で，$\frac{|\sin x|}{n\pi}\leqq\frac{|\sin x|}{x}$ ㋔ $\leqq\frac{|\sin x|}{(n-1)\pi}$ となり，

$a_n=\int_{(n-1)\pi}^{n\pi}\frac{|\sin x|}{x}dx$ とおく．

$$\therefore\ a_n=\int_{(n-1)\pi}^{n\pi}\frac{|\sin x|}{x}dx>\frac{1}{n\pi}\int_{(n-1)\pi}^{n\pi}|\sin x|dx \text{ ㋔}=\frac{1}{n\pi}\left|\int_{(n-1)\pi}^{n\pi}\sin x\,dx\right|=\frac{2}{n\pi}$$

$$\therefore\ \int_0^{n\pi}\frac{|\sin x|}{x}dx \text{ ㋕}=a_1+a_2+\cdots+a_n>\frac{2}{\pi}\left(1+\frac{1}{2}+\cdots+\frac{1}{n}\right)$$

$\to\infty$ ㋖ $(n\to\infty)$

ポイント

㋐ p. 130 の判定条件で $a=0$ としたもの．

㋑ $1<\lambda<2$，$1<\lambda$ の共通範囲は $1<\lambda<2$．

㋒ 極限の基本公式．p. 36

㋓ $1<\lambda$ のとき，$\frac{1+\lambda}{2}<\lambda$ が成り立ち，極限値 0 をもつ．

㋔ $\frac{|\sin x|}{n\pi}\leqq\frac{|\sin x|}{x}$ の辺々を $(n-1)\pi$ から $n\pi$ まで積分．

㋕ $\int_0^{n\pi}\frac{|\sin x|}{x}dx=\sum_{k=1}^{n}a_k$

㋖ p. 27 **練習問題 2-4** を参照．

練習問題　7-3　　解答 p. 229

問題 7-3 の無限積分は，$0<\lambda\leqq 1$ のとき，絶対収束しないことを示せ．

問題 7-④ ▼**定理の証明** (p. 129)

(Ⅰ) $0<\lambda<1$ のとき，$(x-a)^{\lambda}f(x)$ が $(a,b]$ で有界ならば，$\int_a^b f(x)dx$ は絶対収束する．

(Ⅱ) $\lambda>1$ のとき，$x^{\lambda}f(x)$ が $[a,+\infty)$ で有界ならば，$\int_a^{\infty} f(x)dx$ は絶対収束する．

●考え方●

(Ⅰ) $(x-a)^{\lambda}|f(x)|<M$ となる定数 M が存在する．これより $|f(x)|<\dfrac{M}{(x-a)^{\lambda}}$．辺々を x で $a+\varepsilon$ から b まで定積分してみよ．

(Ⅱ) (Ⅰ)と同様の考えで，$x^{\lambda}|f(x)|<M$ なる定数 M が存在する．

解答

(Ⅰ) 仮定により，$(x-a)^{\lambda}|f(x)|<M \Leftrightarrow |f(x)| < \dfrac{M}{(x-a)^{\lambda}}$ ㋐ となる定数 M が存在する．$\varepsilon>0$ とするとき，

$$\int_{a+\varepsilon}^{b}|f(x)|\,dx < M\int_{a+\varepsilon}^{b}\frac{1}{(x-a)^{\lambda}}dx$$
$$= M\left[\frac{(x-a)^{1-\lambda}}{1-\lambda}\right]_{a+\varepsilon}^{b}$$
$$= \frac{M}{1-\lambda}\{(b-a)^{1-\lambda}-\varepsilon^{1-\lambda}\} < \frac{M(b-a)^{1-\lambda}}{1-\lambda} \quad ㋑$$

$S(\varepsilon)=\int_{a+\varepsilon}^{b}|f(x)|\,dx$ と表すと，$|f(x)|\geqq 0$ であるから，$\varepsilon\to 0$ のとき，積分区間が増加して，$S(\varepsilon)$ は単調に増加する．しかもそれが有界であるから，㋒ 有限の $\lim_{\varepsilon\to 0}S(\varepsilon)$ が存在する．

したがって，$\int_a^b |f(x)|\,dx$ は収束．すなわち，$\int_a^b f(x)dx$ は絶対収束する．

(Ⅱ) 仮定により，$x^{\lambda}|f(x)|<M$，$|f(x)|<\dfrac{M}{x^{\lambda}}$ ㋓ なる定数 M が存在する（a は $a>0$ としてよい）．㋓の辺々を a から b まで積分して，

$$\int_a^b |f(x)|\,d\lambda < M\int_a^b \frac{1}{x^{\lambda}}dx = M\left[-\frac{1}{(\lambda-1)x^{\lambda-1}}\right]_a^b$$
$$= \frac{M}{\lambda-1}\left(\frac{1}{a^{\lambda-1}}-\frac{1}{b^{\lambda-1}}\right) < \frac{M}{\lambda-1}\cdot\frac{1}{a^{\lambda-1}}$$

$S(b)=\int_a^b |f(x)|\,dx$ とかくと，$S(b)$ は b が増加するとき，単調に増加し，それが有界であることから，有限の $\lim_{b\to\infty}S(b)$ が存在する．よって，$\int_a^{\infty} f(x)dx$ は絶対収束する．

ポイント

㋐ 辺々を x で $a+\varepsilon$ から b まで積分．

㋑ $\varepsilon^{1-\lambda}>0$ より．

㋒ $S(\varepsilon)$ は増加し，かつ上から押さえられるから，$\lim_{\varepsilon\to 0}S(\varepsilon)$ は収束する．

㋓ (Ⅰ)と同様な考え方．$M\int_a^b \dfrac{1}{x^2}dx$ で上から評価できる．

練習問題 7-4 解答 p. 229

$(a,b]$ で関数 $f(x)$ は連続で，a が特異点であるとき，ある $\lambda\geqq 1$ に対して，$\lim_{x\to a}(x-a)^{\lambda}f(x)=l\ (\neq 0)$ なる極限値が存在するならば，$\int_a^b f(x)dx$ は $\pm\infty$ に発散することを示せ．

問題 7-5 ▼ $\int_0^\infty e^{-x^2}dx$ の積分

$\int_0^\infty e^{-x^2}dx$ について，次の問に答えよ．

(1) $\sqrt{n}\int_0^1 (1-x^2)^n dx < \int_0^\infty e^{-x^2}dx < \sqrt{n}\int_0^\infty \frac{dx}{(1+x^2)^n}$ を示せ．

(2) $\int_0^\infty e^{-x^2}dx = \frac{\sqrt{\pi}}{2}$ を示せ．

●考え方●

(1) p. 62．e^x のマクローリン展開 $e^x = 1 + x + \frac{x^2}{2}e^{\theta x}(0 < \theta < 1)$ を利用せよ．

(2) (1)の左辺，右辺を適当な置換積分で考えてみよ．

解答

(1) $x \neq 0$ のとき，$e^x > 1 + x$．この x に $-x^2, x^2$ を代入して，

$$e^{-x^2} > 1 - x^2,\quad e^{x^2} > 1 + x^2 \Leftrightarrow e^{-x^2} < \frac{1}{1+x^2}\ ㋐$$

$$\therefore\ 1 - x^2 < e^{-x^2} < \frac{1}{1+x^2}$$

よって，$(1-x^2)^n < e^{-nx^2} < \frac{1}{(1+x^2)^n}$

$$\therefore\ \int_0^1 (1-x^2)^n dx\ ㋑ < \int_0^\infty e^{-nx^2}dx\ ㋒ < \int_0^\infty \frac{dx}{(1+x^2)^n}$$

$\int_0^\infty e^{-nx^2}dx$ で $x = \frac{1}{\sqrt{n}}t$ とおくと，

$$\int_0^\infty e^{-nx^2}dx = \frac{1}{\sqrt{n}}\int_0^\infty e^{-t^2}dt = \frac{1}{\sqrt{n}}\int_0^\infty e^{-x^2}dx$$

$$\therefore\ \sqrt{n}\int_0^1 (1-x^2)^n dx < \int_0^\infty e^{-x^2}dx < \sqrt{n}\int_0^\infty \frac{dx}{(1+x^2)^n}$$

■

(2) $\int_0^1 (1-x^2)^n dx$ を $x = \sin\theta$ とおくと，

$$\int_0^1 (1-x^2)^n dx = \int_0^{\frac{\pi}{2}} (\cos\theta)^{2n+1} d\theta\ ㋓$$

$\int_0^\infty \frac{dx}{(1+x^2)^n}$ を $x = \tan\theta$ とおくと，$\int_0^\infty \frac{dx}{(1+x^2)^n} = \int_0^{\frac{\pi}{2}} \cos^{2n-2}\theta\, d\theta$ ㋔

となるから，(1)より $\sqrt{n}I_{2n+1} < \int_0^\infty e^{-x^2}dx < \sqrt{n}I_{2n-2}$　$n \to \infty$ のとき，

$\sqrt{n}I_{2n+1} \to \frac{\sqrt{\pi}}{2}$，$\sqrt{n}I_{2n-2} \to \frac{\sqrt{\pi}}{2}$ ㋕ となるから，　$\therefore\ \int_0^\infty e^{-x^2}dx = \frac{\sqrt{\pi}}{2}$　■

ポイント

㋐ $e^{x^2} > 1 + x^2$
　$\Leftrightarrow \frac{1}{e^{x^2}} < \frac{1}{1+x^2}$

㋑ $(1-x^2)^n$ は　$0 \leqq x \leqq 1$ で定義されている．

㋒ $\int_0^\infty e^{-nx^2}dx$ を $\int_0^\infty e^{-x^2}dx$ で表したい．
　$x = \frac{1}{\sqrt{n}}t$ と置換．

㋓ $\int_0^{\frac{\pi}{2}} (1-\sin^2\theta)^n(\cos\theta)d\theta$
　$= \int_0^{\frac{\pi}{2}} \cos^{2n+1}\theta\, d\theta = I_{2n+1}$

㋔ $\int_0^\infty \frac{dx}{(1+x^2)^n}$
　$= \int_0^{\frac{\pi}{2}} \frac{\frac{1}{\cos^2\theta}d\theta}{(1+\tan^2\theta)^n}$
　$= \int_0^{\frac{\pi}{2}} \cos^{2n-2}\theta\, d\theta = I_{2n-2}$

㋕ p. 125 問題 6-14(2)参照．

練習問題　7-5　解答 p. 230

無限積分 $\int_0^\infty x^n e^{-x^2}dx$ (n：自然数) を求めよ．

問題 7-[6] ▼γ関数，β関数

(1) $\Gamma(s)=\int_0^{\infty}e^{-x}x^{s-1}dx\ (s>0)$ は収束することを示せ．

(2) $\int_{-\infty}^{\infty}e^{-x^2}dx=\Gamma\left(\frac{1}{2}\right)$ を示せ．

●考え方●

(1) $f(x)=e^{-x}x^{s-1}$ とおくと $\int_0^1 e^{-x}x^{s-1}dx$，$\int_1^{\infty}e^{-x}x^{s-1}dx$ の2つの部分に分けて考察する．p. 129 の定理に持ち込む．

(2) e^{-x^2} は偶関数であるから，$\int_{-\infty}^{\infty}e^{-x^2}dx=2\int_0^{\infty}e^{-x^2}dx$

解答

(1) $f(x)=e^{-x}x^{s-1}$ とおくと，

・$\int_0^1 f(x)dx$ は $s\geqq 1$ ならば通常の意味の積分である．㋐
$0<s<1$ ならば $x\to +0$ のとき，$f(x)\to +\infty$ であるから，広義の積分である．
$0<s<1$ のとき，$\lambda=1-s$ とすると $0<\lambda<1$ で
$x^{\lambda}f(x)$㋑ $=x^{\lambda}\cdot x^{-\lambda}\cdot e^{-x}=e^{-x}\to 1$ （$x\to +0$ のとき）
よって，p. 144 の 問題 7-[4] の（Ⅰ）により，㋑ $\int_0^1 f(x)dx$ は収束する．

・$\int_1^{\infty}f(x)dx$ は，例えば $\lambda=2$ のとき，

$$x^{\lambda}f(x)=x^2\cdot x^{s-1}\cdot e^{-x}=x^{s+1}\cdot e^{-x}=\frac{x^{s+1}}{e^x}\to 0$$

（$x\to +\infty$ のとき）

同様に，$\lambda>1$ のとき，$x^{\lambda}f(x)$ が $1\leqq x<\infty$ で有界となり，㋒ $\int_1^{\infty}f(x)dx$ は絶対収束する．

以上より，$\Gamma(s)=\int_0^{\infty}e^{-x}x^{s-1}dx$ ㋓ （$s>0$）は収束する．

(2) e^{-x^2} は偶関数であるから，$\int_{-\infty}^{\infty}e^{-x^2}dx=2\int_0^{\infty}e^{-x^2}dx$

ここで，$\int_0^{\infty}e^{-x^2}dx$ で，$x=\sqrt{t}$ ㋔ とおくと，$x^2=t$，$2x=\dfrac{dt}{dx}$，$dx=\dfrac{dt}{2\sqrt{t}}$

x	$0\to\infty$
t	$0\to\infty$

となるから，$\int_{-\infty}^{\infty}e^{-x^2}dx$ ㋕ $=2\int_0^{\infty}e^{-t}\left(\dfrac{1}{2\sqrt{t}}\right)dt$

$$=\int_0^{\infty}e^{-t}\cdot t^{-\frac{1}{2}}dt=\int_0^{\infty}e^{-t}\cdot t^{\frac{1}{2}-1}dt=\Gamma\left(\frac{1}{2}\right)\ ■$$

ポイント

㋐ 有限値になる．

㋑ $x^{\lambda}f(x)$ が $0<x\leqq 1$ で有界であることを示したい．このことより，$\int_0^1 f(x)dx$ は絶対収束する．

㋒ p. 144 の 問題 7-[4] の（Ⅱ）による．

㋓ $\Gamma(s)$ を**オイラーの Γ 関数**とよぶ．

㋔ $\int_0^{\infty}e^{-x^2}dx$ を $\int_0^{\infty}e^{-x}x^{s-1}dx$ としたい．$x^2=t$ と置換してみる．

㋕ $\int_{-\infty}^{\infty}e^{-x^2}dx=\sqrt{\pi}$ から
$\therefore\ \Gamma\left(\frac{1}{2}\right)=\sqrt{\pi}$

練習問題 7-6 解答 p. 230

ベータ関数 $B(p,q)=\int_0^1 x^{p-1}\cdot(1-x)^{q-1}dx\ (p,q>0)$ は収束することを示せ．

問題 7-7 ▼面積（1）

曲線 $x^3+y^3-3axy=0$（$a>0$）…①について次の問に答えよ．
(1) ①を極形式で表せ．
(2) ①で囲まれた部分の面積を求めよ．

●考え方●

(1) グラフの形は，p. 87 問題 5-5 (2)を参照．漸近線は $x+y+a=0$ となる．$x=r\cos\theta$，$y=r\sin\theta$ の変換で，①を r と θ で表す．
(2) 極座標表示の曲線の面積はp. 133 参照．$r=f(\theta)$，$\theta=\alpha$，$\theta=\beta$ ($\alpha<\beta$) で囲まれる面積 Sは，$S=\dfrac{1}{2}\displaystyle\int_\alpha^\beta r^2\,d\theta$.

解答

(1) $x=r\cos\theta$，$y=r\sin\theta$ とおくと㋐（$r>0$），

$$r^3\cos^3\theta+r^3\sin^3\theta-3ar^2\sin\theta\cos\theta=0$$

$$r(\cos^3\theta+\sin^3\theta)=3a\sin\theta\cos\theta$$

$$\therefore\ r=\frac{3a\sin\theta\cos\theta}{\cos^3\theta+\sin^3\theta}\quad\cdots⊛\quad 答$$

(2) ①(⊛)で囲まれる部分は右図の斜線部分となる．㋑
⊛の自閉線は，第Ⅱ象限から入って極で始線 Ox に接し，ひとまわりして，極で始線 Ox に直交し，第Ⅳ象限に出る曲線となる．自閉線で囲まれる部分は，$\theta=0$ から $\theta=\dfrac{\pi}{4}$ を経て，$\theta=\dfrac{\pi}{2}$ となる．これは $0\leqq\theta\leqq\dfrac{\pi}{4}$ までの範囲の 2 倍である．よって，求める面積 S は，

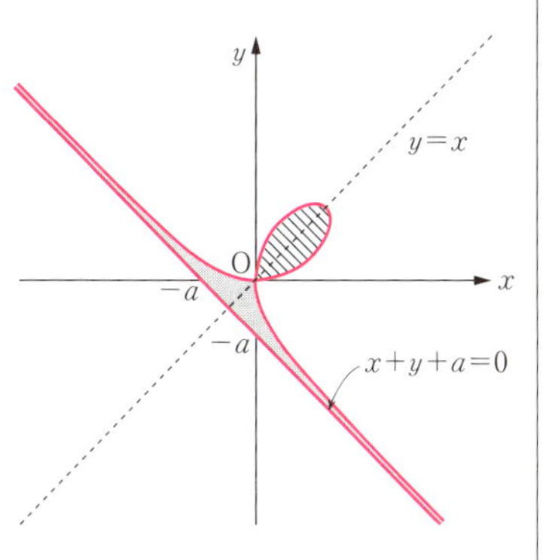

$$S=2\int_0^{\frac{\pi}{4}}\frac{1}{2}r^2\,d\theta=9a^2\int_0^{\frac{\pi}{4}}\left(\frac{\sin\theta\cos\theta}{\cos^3\theta+\sin^3\theta}\right)^2 d\theta \ ㋒$$

$$=9a^2\int_0^{\frac{\pi}{4}}\frac{\tan^2\theta\cdot\dfrac{1}{\cos^2\theta}}{(1+\tan^3\theta)^2}\,d\theta \ ㋓ =9a^2\int_0^1\frac{t^2}{(1+t^3)^2}\,dt$$

$$=9a^2\left[-\frac{1/3}{(1+t^3)}\right]_0^1=\frac{3}{2}a^2\quad 答$$

ポイント

㋐

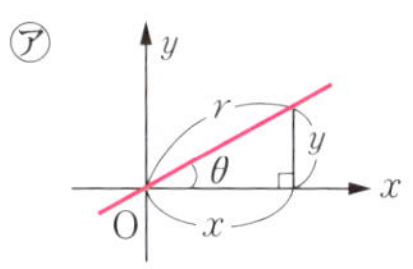

x,y を r と θ で表す．
$x=r\cos\theta$, $y=r\sin\theta$ を①に代入して，①を r,θ で表す．

㋑

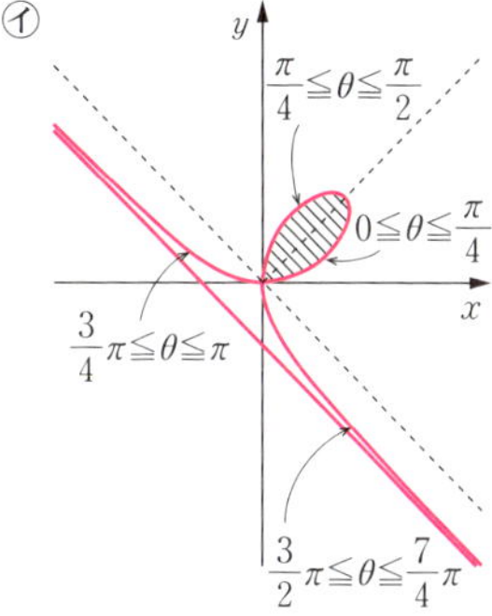

グラフの各々の曲線に関する θ の変域は上のようになる．

㋒ 分母，分子に $\dfrac{1}{\cos^6\theta}$ を乗じる．

㋓ $t=\tan\theta$ と置換．

練習問題　7-7　解答 p. 230

問題 7-7 (2)のアミかけ（灰色）部分の領域の面積を求めよ．

問題 7-8 ▼面積 (2)

次の曲線で囲まれた図形の面積を求めよ．

(1) $r^2 = 2a^2\cos 2\theta \quad (a > 0)$

(2) $\left(\dfrac{x}{a}\right)^{\frac{2}{3}} + \left(\dfrac{y}{b}\right)^{\frac{2}{3}} = 1 \quad (a > 0,\ b > 0)$

●考え方●

(1) $r^2 = 2a^2\cos 2\theta \leqq 2a^2$ から $0 \leqq r \leqq \sqrt{2}a$ で曲線は原点を中心とする半径 $\sqrt{2}a$ の円内にある．$r^2 \geqq 0$ から，曲線が存在するのは，$\cos 2\theta \geqq 0$ なる θ で $0 \leqq \theta \leqq \dfrac{\pi}{4}$，$\dfrac{3}{4}\pi \leqq \theta \leqq \dfrac{5\pi}{4}$，$\dfrac{7\pi}{4} \leqq \theta \leqq 2\pi$ である．

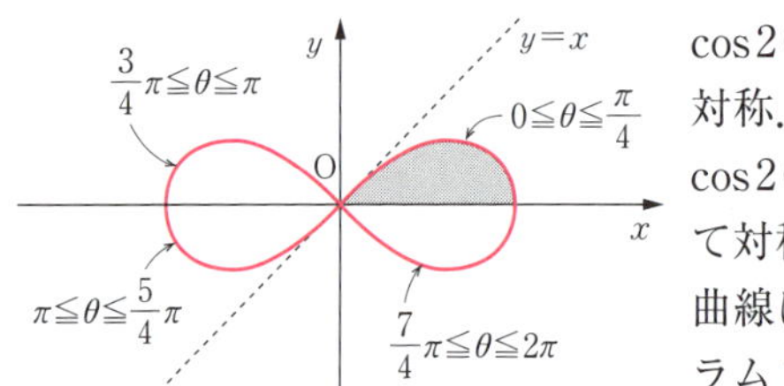

$\cos 2(-\theta) = \cos 2\theta$ より曲線は x 軸に関して対称．

$\cos 2(\pi - \theta) = \cos 2\theta$ より曲線は y 軸に関して対称．

曲線は**レムニスケート**㋐とよばれる（p. 158 コラム 7 参照）．

(2) $x = a\cos^3\theta$，$y = b\sin^3\theta$ とおき，媒介変数表示の関数の面積に持ち込む．

解答

(1) 求める面積 S は上図のアミかけ部分の面積の 4 倍となる．

$$S = 4\cdot\frac{1}{2}\int_0^{\frac{\pi}{4}} r^2\,d\theta = 2\int_0^{\frac{\pi}{4}} 2a^2\cos 2\theta\,d\theta = 4a^2\int_0^{\frac{\pi}{4}}\cos 2\theta\,d\theta$$

$$= 4a^2\left[\frac{1}{2}\sin 2\theta\right]_0^{\frac{\pi}{4}} = 2a^2 \quad \text{答}$$

(2) $x = a\cos^3\theta$, $y = b\sin^3\theta\ (0 \leqq \theta \leqq 2\pi)$ とおいて，曲線を媒介変数表示すると，求める曲線の囲む面積 S は，

$$S = 4\int_0^a y\,dx = 4\int_{\frac{\pi}{2}}^{0}(㋑)\ y\cdot\frac{dx}{d\theta}(㋒)\cdot d\theta$$

$$= 4\int_0^{\frac{\pi}{2}} b\sin^3\theta\cdot(3a\sin\theta\cos^2\theta)\,d\theta$$

$$= 12ab\int_0^{\frac{\pi}{2}}\sin^4\theta\cdot(1 - \sin^2\theta)\,d\theta$$

$$= 12ab(I_4 - I_6)(㋓) = 12ab\left(\frac{1}{6}I_4\right)$$

$$= 2ab\cdot\frac{3}{4}\cdot\frac{1}{2}\cdot\frac{\pi}{2} = \frac{3}{8}\pi ab \quad \text{答}$$

ポイント

㋐ 連珠形（レムニスケート）とよばれる曲線．
$(x^2 + y^2)^2 = a^2(x^2 - y^2)$
極座標で表すと
$r^2 = a^2\cos 2\theta$
1694 年，ヤーコブ・ベルヌーイが導入した曲線で，ラテン語のリボンからの命名．

㋑

x	$0 \to a$
θ	$\frac{\pi}{2} \to 0$

㋒ $\dfrac{dx}{d\theta} = -3a\sin\theta\cos^2\theta$

㋓ $I_n = \displaystyle\int_0^{\frac{\pi}{2}}\sin^n\theta\,d\theta$
p. 123 問題 6-12

練習問題 7-8 解答 p. 231

$r = 2a(1 + \cos\theta)$ の内側にあり，$r = \dfrac{2a}{1 + \cos\theta}$ の外側にある部分の面積を求めよ．

問題 7-9 ▼曲線の長さ（1）

だ円 $\dfrac{x^2}{a^2}+\dfrac{y^2}{b^2}=1$ $(a>b>0)$ の周の長さを求めよ．

●考え方●

だ円上の点を $x=a\cos t,\ y=b\sin t$ $(0\leqq t\leqq 2\pi)$ と媒介変数表示で表すと，周の長さ L は $0\leqq t\leqq\dfrac{\pi}{2}$ の 4 倍で，

$$L=4\int_0^{\frac{\pi}{2}}\sqrt{\left(\frac{dx}{dt}\right)^2+\left(\frac{dy}{dt}\right)^2}\,dt=4\int_0^{\frac{\pi}{2}}\sqrt{a^2\sin^2 t+b^2\cos^2 t}\,dt$$

$$\begin{aligned}a^2\sin^2 t+b^2\cos^2 t&=a^2(1-\cos^2 t)+b^2\cos^2 t=a^2-(a^2-b^2)\cos^2 t\\&=a^2\left\{1-\frac{a^2-b^2}{a^2}\cos^2 t\right\}\end{aligned}$$

$k^2=\dfrac{a^2-b^2}{a^2}$，$\underset{㋐}{k=\sqrt{1-\dfrac{b^2}{a^2}}}$ とおくと，$L=\underset{㋑}{4a\displaystyle\int_0^{\frac{\pi}{2}}\sqrt{1-k^2\cos^2 t}\,dt}$

解答

$$L=4a\int_0^{\frac{\pi}{2}}\sqrt{1-k^2\cos^2 t}\,dt=\underset{㋑}{4a\int_0^{\frac{\pi}{2}}\sqrt{1-k^2\sin^2 t}\,dt}$$

ここで 2 項定理㋒を用いて

$$\begin{aligned}(1-k^2\sin^2 t)^{\frac{1}{2}}&=1+\left(\frac{1}{2}\right)(-k^2\sin^2 t)+\frac{\frac{1}{2}\left(\frac{1}{2}-1\right)}{2!}\cdot(-k^2\sin^2 t)^2\\&\quad+\cdots+\frac{\frac{1}{2}\left(\frac{1}{2}-1\right)\cdots\cdots\left(\frac{1}{2}-n+1\right)}{n!}\cdot(-k^2\sin^2 t)^n+\cdots\\&=1+\sum_{n=1}^{\infty}\frac{\frac{1}{2}\cdot\left(-\frac{1}{2}\right)\cdot\left(-\frac{3}{2}\right)\cdot\cdots\cdot\left(\frac{-(2n-3)}{2}\right)}{n!}\\&\qquad\cdot(-1)^n k^{2n}\sin^{2n}t\\&=1+\sum_{n=1}^{\infty}\frac{1\cdot3\cdot\cdots\cdot(2n-3)}{2^n n!}\cdot(-1)^{2n-1}\cdot k^{2n}\sin^{2n}t\\&=1-\sum_{n=1}^{\infty}\frac{1\cdot3\cdot\cdots\cdot(2n-3)}{2\cdot4\cdot\cdots\cdot(2n)}k^{2n}\sin^{2n}t\end{aligned}$$

辺々を t について，0 から $\pi/2$ まで積分して，㋓

$$\begin{aligned}\int_0^{\frac{\pi}{2}}\sqrt{1-k^2\sin^2 t}\,dt&=\frac{\pi}{2}-\sum_{n=1}^{\infty}\int_0^{\frac{\pi}{2}}\frac{1\cdot3\cdot\cdots\cdot(2n-3)}{2\cdot4\cdot\cdots\cdot(2n)}k^{2n}\underset{㋔}{\sin^{2n}t\,dt}\\&=\frac{\pi}{2}-\sum_{n=1}^{\infty}k^{2n}\cdot\frac{1\cdot3\cdot\cdots\cdot(2n-3)}{2\cdot4\cdot\cdots\cdot(2n)}\cdot\underset{㋔}{\frac{\pi}{2}\cdot\frac{1\cdot3\cdot\cdots\cdot(2n-1)}{2\cdot4\cdot\cdots\cdot(2n)}}\end{aligned}$$

$$\therefore\ L=2a\pi\left\{1-\sum_{n=1}^{\infty}\frac{k^{2n}}{2n-1}\left(\frac{1\cdot3\cdot\cdots\cdot(2n-1)}{2\cdot4\cdot\cdots\cdot(2n)}\right)^2\right\}$$ 答

ポイント

㋐ $k=\sqrt{1-\dfrac{b^2}{a^2}}$
　この k を離心率という．

㋑ $t=\dfrac{\pi}{2}-\theta$ とおくと，

$$\begin{aligned}&\int_0^{\frac{\pi}{2}}\sqrt{1-k^2\cos^2 t}\,dt\\&=\int_{\frac{\pi}{2}}^{0}\sqrt{1-k^2\cos^2\left(\frac{\pi}{2}-\theta\right)}(-d\theta)\\&=\int_0^{\frac{\pi}{2}}\sqrt{1-k^2\sin^2\theta}\,d\theta\end{aligned}$$

この積分はだ円積分とよばれ，初等関数を用いて表せない．

㋒ p. 70 問題 4-8

㋓ この級数は $0\leqq t\leqq\dfrac{\pi}{2}$ において一様収束する．よって，積分できる．

㋔ p. 125 参照.

練習問題　7-9

解答 p. 231

カージオイド $r=a(1+\cos\theta)$ $(a>0)$ の全長を求めよ．

問題 7-⑩ ▼曲線の長さ（2）

レムニスケート $r^2 = a^2\cos 2\theta$ $(a > 0)$ の全長を求めよ．

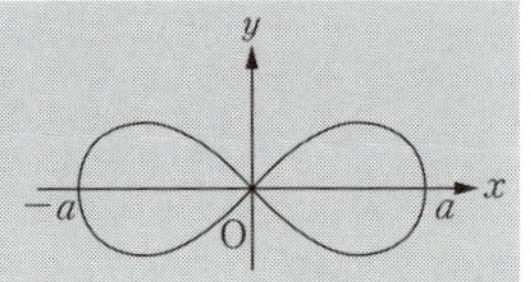

●考え方●

$L = 4\int_0^{\frac{\pi}{4}}\sqrt{r^2 + \left(\frac{dr}{d\theta}\right)^2}\,d\theta$ の公式にあてはめる．

解答

$r = a\sqrt{\cos 2\theta}$，$\dfrac{dr}{d\theta} = -a\dfrac{\sin 2\theta}{\sqrt{\cos 2\theta}}$

$$\therefore\ \sqrt{r^2 + \left(\frac{dr}{d\theta}\right)^2} = \sqrt{a^2\cos 2\theta + a^2\cdot\frac{\sin^2 2\theta}{\cos 2\theta}}$$

$$= a\cdot\frac{1}{\sqrt{\cos 2\theta}} = a\cdot\frac{1}{\sqrt{1 - 2\sin^2\theta}}$$

$$\therefore\ L = 4a\int_0^{\frac{\pi}{4}}\frac{1}{\sqrt{1 - 2\sin^2\theta}}\,d\theta \quad ㋐$$

$$= 2\sqrt{2}a\int_0^1\frac{dt}{\sqrt{(1-t^2)\left(1 - \frac{1}{2}t^2\right)}} \quad ㋐$$

ここで，新たに $t = \sin\varphi$ とおくと，$dt = \cos\varphi\, d\varphi$ ㋑

$$L = 2\sqrt{2}a\int_0^{\frac{\pi}{2}}\frac{d\varphi}{\sqrt{1 - \frac{1}{2}\sin^2\varphi}} \quad ㋒$$

$$= 2\sqrt{2}a\int_0^{\frac{\pi}{2}}\left\{1 + \sum_{n=1}^{\infty}\frac{(-1)^n 1\cdot 3\cdot\cdots\cdot(2n-1)}{n!\,2^n}\left(-\frac{1}{2}\sin^2\varphi\right)^n\right\}dx \quad ㋓$$

$$= 2\sqrt{2}a\int_0^{\frac{\pi}{2}}\left\{1 + \sum_{n=1}^{\infty}\frac{1\cdot 3\cdot\cdots\cdot(2n-1)}{2\cdot 4\cdot\cdots\cdot(2n)}\cdot\frac{1}{2^n}\cdot\sin^{2n}\varphi\right\}dx$$

$$= 2\sqrt{2}a\left\{\frac{\pi}{2} + \sum_{n=1}^{\infty}\frac{1\cdot 3\cdot\cdots\cdot(2n-1)}{2\cdot 4\cdot\cdots\cdot 2n}\cdot\frac{1}{2^n}\int_0^{\frac{\pi}{2}}\sin^{2n}\varphi\,dx\right\} \quad ㋔$$

$$= 2\sqrt{2}a\left\{\frac{\pi}{2} + \sum_{n=1}^{\infty}\frac{1\cdot 3\cdot\cdots\cdot(2n-1)}{2\cdot 4\cdot\cdots\cdot 2n}\cdot\frac{1}{2^n}\cdot\frac{\pi}{2}\cdot\frac{1\cdot 3\cdot\cdots\cdot(2n-1)}{2\cdot 4\cdot\cdots\cdot 2n}\right\}$$

$$= \sqrt{2}a\pi\left\{1 + \sum_{n=1}^{\infty}\left(\frac{1\cdot 3\cdot\cdots\cdot(2n-1)}{2\cdot 4\cdot\cdots\cdot 2n}\right)^2\cdot\frac{1}{2^n}\right\} \quad 答$$

ポイント

㋐ $\sqrt{2}\sin\theta = t$ とおくと，

$\sqrt{2}\cos\theta = \dfrac{dt}{d\theta}$

$d\theta = \dfrac{dt}{\sqrt{2}\cos\theta}$

$= \dfrac{dt}{\sqrt{2}\left(1 - \frac{1}{2}t^2\right)}$

θ	$0 \to \frac{\pi}{4}$
t	$0 \to 1$

㋑

t	$0 \to 1$
φ	$0 \to \frac{\pi}{2}$

㋒ 第1種楕円積分は次ページ **Memo** 参照．

㋓ p. 70．二項展開より

$$\left(1 - \frac{1}{2}\sin^2\varphi\right)^{-\frac{1}{2}}$$

$$= 1 + \sum_{n=1}^{\infty}\frac{\left(-\frac{1}{2}\right)\left(-\frac{3}{2}\right)\cdots\left(\frac{-(2n-1)}{2}\right)}{n!}\cdot\left(-\frac{1}{2}\sin^2\varphi\right)^n$$

$$= 1 + \sum_{n=1}^{\infty}\frac{(-1)^{2n}\cdot 1\cdot 3\cdot\cdots\cdot(2n-1)}{n!\,2^n}\sin^{2n}\varphi$$

㋔ p. 123 参照．

練習問題 7-10　　解答 p. 231

$0 \leqq \theta \leqq \dfrac{\pi}{4}$ のとき，レムニスケートの全長 L が $L = 4\int_0^a\sqrt{r^2\left(\frac{d\theta}{dr}\right)^2 + 1}\,dr$ となることを示し，L を求めよ．

Memo　楕円積分

$\sqrt{3次式}$, $\sqrt{4次式}$ の有理関数の積分のことを楕円積分という．$p(x)$ を x の 3 次または 4 次の整式とするとき，積分 $\int F(x, \sqrt{p(x)})\,dx$ は必ずしも初等関数で表せない．

しかし，これは次の 3 種の積分のいずれかに帰着されることがわかっている．

$k^2 \neq 0, 1$ のとき，

(ⅰ) $\displaystyle\int \frac{1}{\sqrt{(1-x^2)(1-k^2x^2)}}\,dx$

(ⅱ) $\displaystyle\int \frac{\sqrt{1-k^2x^2}}{1-x^2}\,dx$

(ⅲ) $\displaystyle\int \frac{dx}{(1-a^2x^2)\sqrt{(1-x^2)(1-k^2x^2)}}$

これら 3 種の積分を**第 1 種**，**第 2 種**，**第 3 種の楕円積分**という．これらはいずれも初等関数を用いて表すことができない．これらの積分において，$x = \sin\theta$ とおくと，上の 3 種の楕円積分はそれぞれ

(ⅰ) $\displaystyle\int \frac{d\theta}{\sqrt{1-k^2\sin^2\theta}}$ … (p. 150，問題 7-⑩㋐)

(ⅱ) $\displaystyle\int \sqrt{1-k^2\sin^2\theta}\,d\theta$ … (p. 149，問題 7-⑨㋑)

(ⅲ) $\displaystyle\int \frac{d\theta}{(1-a^2\sin^2\theta)\sqrt{1-k^2\sin^2\theta)}}$

の形になる．

この種の積分は楕円の弧長を求める積分の計算に現れることからこの名が出たものである．

本書は(ⅰ),(ⅱ)を実際に取り扱う．この積分の研究は 18 世紀から 19 世紀にかけて，オイラー，ルジャンドルらによって研究された．

楕円積分の研究に革命を与えたのは，19 世紀初期のアーベルとヤコビである．楕円積分の逆関数を考えるという発想を導入し，研究を推し進めた．

《注意》 p. 158，コラム 7 を参照．

問題 7-11 ▼表面積

(1) 円 $x^2+(y-c)^2=a^2$ を x 軸のまわりに回転したときにできる円環体の表面積を求めよ．ただし $0<a<c$ とする．

(2) 曲線 $y=\sin x\ (0\leqq x\leqq\pi)$ と x 軸との囲む図形を x 軸のまわりに回転してできる立体の表面積を求めよ．

●考え方●

(1) $x^2+(y-c)^2=a^2$ を y について解くと $y=c\pm\sqrt{a^2-x^2}$．円環体の表面積は上方の曲線 $y=c+\sqrt{a^2-x^2}$ と下方の曲線 $y=c-\sqrt{a^2-x^2}$ が x 軸を軸として回転したときそれぞれ回転曲面の表面積の和となる．表面積の公式は p. 138 参照．

(2) 表面積 S は $S=2\pi\int_0^{\pi}y\sqrt{1+y'^2}\,dx$

解答

(1) $x^2+(y-c)^2=a^2$ を y について解くと，$0<a<c$ より

$y=c\pm\sqrt{a^2-x^2}$ ㋐

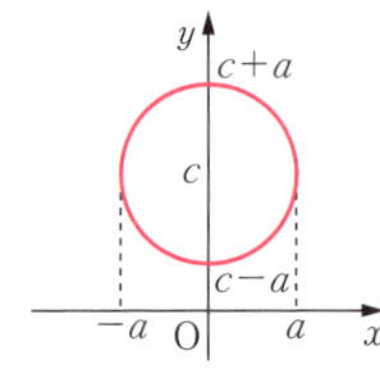

$$\frac{dy}{dx}=\frac{\mp x}{\sqrt{a^2-x^2}}$$

$$\therefore\ \sqrt{1+y'^2}=\frac{a}{\sqrt{a^2-x^2}}$$

$y=c+\sqrt{a^2-x^2}$ を回転してできる回転曲面の表面積は

$$2\pi\int_{-a}^{a}(c+\sqrt{a^2-x^2})\cdot\frac{a}{\sqrt{a^2-x^2}}\,dx$$

同様に，$y=c-\sqrt{a^2-x^2}$ を回転してできる表面積は

$2\pi\int_{-a}^{a}(c-\sqrt{a^2-x^2})\cdot\frac{a}{\sqrt{a^2-x^2}}\,dx$．求める表面積 S は，

$$S=2\pi\int_{-a}^{a}\{(c+\sqrt{a^2-x^2})+(c-\sqrt{a^2-x^2})\}\cdot\frac{a}{\sqrt{a^2-x^2}}\,dx$$

$$=4\pi ac\int_{-a}^{a}\frac{a}{\sqrt{a^2-x^2}}\ ㋑=4\pi ac\left[\sin^{-1}\frac{x}{a}\right]_{-a}^{a}\ ㋒=4\pi^2ac$$ 答

(2) 表面積を S とすると，

$$S=2\pi\int_0^{\pi}y\sqrt{1+y'^2}\,dx=2\pi\int_0^{\pi}\sin x\sqrt{1+\cos^2 x}\,dx\ ㋓\quad(t=\cos x\text{ とおく}).$$

$$=2\pi\int_1^{-1}(-\sqrt{1+t^2})\,dt=2\pi\int_{-1}^{1}\sqrt{1+t^2}\,dt\ ㋔$$

$$=2\pi\cdot2\frac{1}{2}\left[x\sqrt{x^2+1}+\log(x+\sqrt{x^2+1})\right]_0^1=2\pi\{\sqrt{2}+\log(\sqrt{2}+1)\}$$ 答

ポイント

㋐ $y-c=\sqrt{a^2-x^2}\geqq0$ より $y\geqq c$ のとき，$y=c+\sqrt{a^2-x^2}$

㋑ p. 101
$\int\frac{dx}{\sqrt{a^2-x^2}}=\sin^{-1}\frac{x}{a}$

㋒ $\left[\sin^{-1}\frac{x}{a}\right]_{-a}^{a}=\sin^{-1}1-\sin^{-1}(-1)=\frac{\pi}{2}-\left(-\frac{\pi}{2}\right)=\pi$

㋓ $t=\cos x$ とおくと，
$\frac{dt}{dx}=-\sin x\,dx$
$\sin x\,dx=-dt$

x	$0\to\pi$
t	$1\to-1$

㋔ p. 119 問題 6-8 (2) より．

練習問題 7-11 解答 p. 232

$x=a(t-\sin t)$，$y=a(1-\cos t)$ $(0\leqq t\leqq 2\pi)$ が x 軸のまわりに回転してできる回転体の表面積を求めよ．

問題 7-⑫ ▼曲率，重心の決定

(1) 曲線 $x = a\cos\theta$, $y = b\sin\theta$ 上の1点における曲率半径を求めよ（$a > 0$, $b > 0$）.

(2) 密度が一様な半円周の重心の座標を求めよ.

●考え方●

(1) 曲率半径（p. 139）は，$\rho = \dfrac{\{1 + (y')^2\}^{\frac{3}{2}}}{|y''|}$ である.

(2) 平面曲線の重心は，p. 140 ②を参照.

解答

(1) $x = a\cos\theta$, $y = b\sin\theta$ のとき，㋐

$$y' = \frac{dy}{dx} = \frac{\frac{dy}{d\theta}}{\frac{dx}{d\theta}} = \frac{b\cos\theta}{-a\sin\theta},\quad (y')^2 = \frac{b^2}{a^2}\frac{\cos^2\theta}{\sin^2\theta}$$

$$y'' = \frac{\frac{d}{d\theta}\left(\frac{dy}{dx}\right)^{㋑}}{\frac{dx}{d\theta}} = \frac{\frac{b}{a}\cdot\frac{1}{\sin^2\theta}}{-a\sin\theta} = -\frac{b}{a^2}\cdot\frac{1}{\sin^3\theta}$$

よって，点$(a\cos\theta, b\sin\theta)$ における曲率半径 ρ は

$$\rho = \frac{\{1+(y')^2\}^{\frac{3}{2}}}{|y''|} = \frac{\left\{1 + \frac{b^2}{a^2}\frac{\cos^2\theta}{\sin^2\theta}\right\}^{\frac{3}{2}}}{\left|\frac{-b}{a^2}\cdot\frac{1}{\sin^3\theta}\right|_{㋒}}$$

$$= \frac{(a^2\sin^2\theta + b^2\cos^2\theta)^{\frac{3}{2}}}{ab}$$ 答

(2) 原点を中心として，半径 a の半円周 $y = \sqrt{a^2 - x^2}$ $(-a \leqq x \leqq a)$ を考える．明らかに $\bar{x} = 0$ である．㋓
ここで，

$$y' = \frac{-x}{\sqrt{a^2-x^2}},\quad \sqrt{1+y'^2} = \sqrt{1+\frac{x^2}{a^2-x^2}} = \frac{a}{\sqrt{a^2-x^2}}$$

となるから，

$$\bar{y} = \frac{\int_{-a}^{a} y\sqrt{1+(y')^2}\,dx}{\int_{-a}^{a}\sqrt{1+(y')^2}\,dx} = \frac{2a^2}{\pi a}_{㋔} = \frac{2a}{\pi}$$

よって，重心の座標は，$\left(0, \dfrac{2a}{\pi}\right)$ 答

ポイント

㋐ 曲線はだ円 $\dfrac{x^2}{a^2} + \dfrac{y^2}{b^2} = 1$ である.

㋑ $\dfrac{d}{d\theta}\left(\dfrac{dy}{dx}\right) = \dfrac{b}{a}\dfrac{1}{\sin^2\theta}$

㋒ 分母，分子に $a^3\sin^3\theta$ を乗じる.

㋓

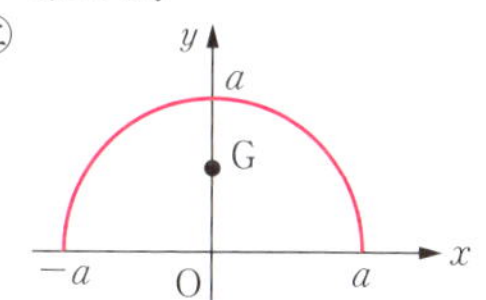

半円周は y 軸に関して対称．$\therefore\ \bar{x} = 0$

㋔ $\int_{-a}^{a} y\sqrt{1+(y')^2}\,dx$
$= \int_{-a}^{a} a\,dx = 2a^2$
$\int_{-a}^{a}\sqrt{1+(y')^2}\,dx$
$= a\int_{-a}^{a}\dfrac{dx}{\sqrt{a^2-x^2}}$
$= a\left[\sin^{-1}\dfrac{x}{a}\right]_{-a}^{a} = \pi a$

練習問題　7-12　　解答 p. 232

(1) 半径 aの半球体の重心を求めよ．ただし密度は一様とする.

(2) 密度が底面からの距離の平方に比例する半径 a の半球の重心の座標を求めよ.

(3) 密度一様のとき，心臓形（カージオイド）$r = a(1 + \cos\theta)$（$a > 0$）の弧の重心の位置を求めよ.

問題 7-13 ▼体積（1）

(1) アステロイド曲線　$x^{\frac{2}{3}}+y^{\frac{2}{3}}=a^{\frac{2}{3}}$ $(a>0)$ を，x 軸のまわりに 1 回転してできる回転体の体積を求めよ．

(2) 曲線 $y=\dfrac{1}{x^2+1}$ と x 軸の間の部分を x 軸のまわりに 1 回転してできる立体の体積を求めよ．

●考え方●

(1) アステロイド曲線（p. 49 参照）．図形は y 軸に関して対称である．
　$x=a\cos^3 t$，$y=a\sin^3 t$ と変換し，媒介変数表示で処理する．

(2) 図形は y 軸に関して対称．積分は無限積分が必要．

解答

(1) $\underset{㋐}{x=a\cos^3 t,\ y=a\sin^3 t}$ とおくと，図形は y 軸に関して対称であり，求める体積 V は

$$V=2\pi\int_0^a y^2\,dx=2\pi\int_{\frac{\pi}{2}}^0 y^2\cdot\underset{㋑}{\frac{dx}{dt}}\,dt$$

$$=2\pi\int_{\frac{\pi}{2}}^0 a^2\sin^6 t(-3a\underset{㋒}{\cos^2 t}\sin t)\,dt$$

$$=6\pi a^3\int_0^{\frac{\pi}{2}}(\sin^7 t-\sin^9 t)\,dt=6\pi a^3(I_7-\underset{㋓}{I_9})$$

$$=6\pi a^3\left(\frac{1}{9}I_7\right)=\frac{2\pi}{3}a^3\left(\frac{6}{7}\cdot\frac{4}{5}\cdot\frac{2}{3}\cdot\underset{㋔}{I_1}\right)=\frac{2\pi}{3}a^3\left(\frac{16}{35}\right)$$

$$=\frac{32}{105}\pi a^3$$ 答

(2) $y=\dfrac{1}{x^2+1}$ のグラフは右図となり，y 軸に関して対称となる．求める体積を V とすると，

$$V=2\pi\int_0^\infty y^2\,dx=2\pi\int_0^\infty\frac{dx}{(x^2+1)^2}$$

$x=\tan\theta$ とおくと，$dx=\dfrac{1}{\cos^2\theta}d\theta$ で，

x	$0\to\infty$
θ	$0\to\frac{\pi}{2}$

となるから，

$$V=\underset{㋕}{2\pi\int_0^{\frac{\pi}{2}}\frac{1}{(\tan^2\theta+1)^2}\cdot\frac{1}{\cos^2\theta}\,d\theta}=2\pi\int_0^{\frac{\pi}{2}}\frac{\cos^4\theta}{\cos^2\theta}\,d\theta$$

$$=2\pi\int_0^{\frac{\pi}{2}}\cos^2\theta\,d\theta=\pi\int_0^{\frac{\pi}{2}}(1+\cos 2\theta)\,d\theta$$

$$=\pi\left[\theta+\frac{1}{2}\sin 2\theta\right]_0^{\frac{\pi}{2}}=\frac{\pi^2}{2}$$ 答

ポイント

㋐ 曲線は

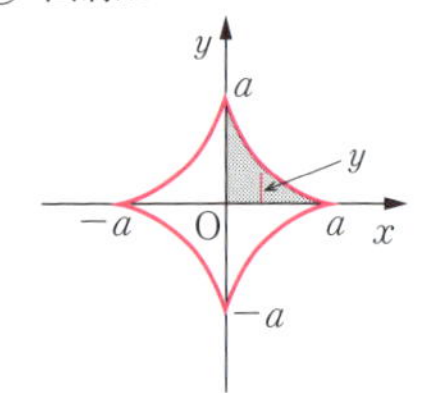

㋑ $\dfrac{dx}{dt}=-3a\cos^2 t\sin t$

㋒ $\cos^2 t=1-\sin^2 t$

㋓ p. 123 参照．
　$I_9=\dfrac{8}{9}I_7$

㋔ $\displaystyle\int_0^{\frac{\pi}{2}}\sin x\,dx=\left[-\cos x\right]_0^{\frac{\pi}{2}}=1$

㋕ $x=\tan\theta$ とおくことで特異積分が常積分に変わる（p. 141 参照）．

練習問題　7-13　　　解答 p. 233

サイクロイド曲線 $x=a(t-\sin t)$，$y=a(1-\cos t)$ $(0\leqq t\leqq 2\pi,\ a>0)$ を x 軸および y 軸のまわりに 1 回転してできる立体の体積を求めよ．

問題 7-⑭ ▼体積(2)

曲線 $r=a(1+\cos\theta)$ $(a>0)$(心臓線)で囲まれる部分を x 軸のまわりに1回転してできる立体の体積を求めよ.

●考え方●

求める体積 V は, 曲線上の x 座標が最小なものを $x=b$ とすると,

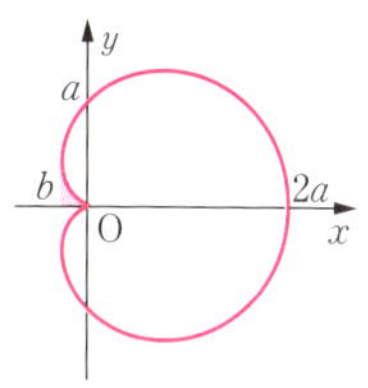

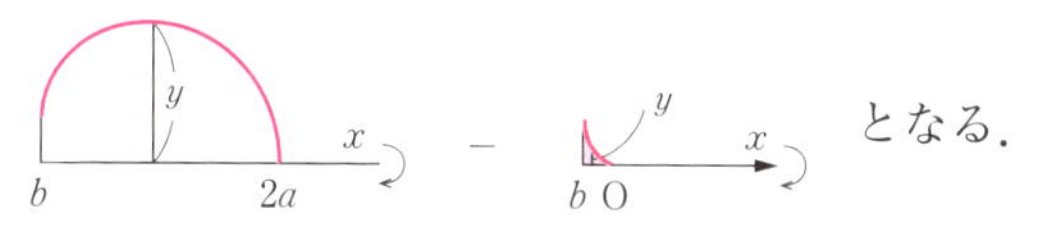

となる.

解答

$x=r\cos\theta$, $y=r\sin\theta$ とおくと, $b=r\cos\theta$ となる θ を α とする㋐. 求める体積 V は

$$V=\pi\int_b^{2a}y^2dx-\pi\int_b^0 y^2dx$$

$$=\pi\left(\int_\alpha^0 y^2\frac{dx}{d\theta}d\theta-\int_\alpha^\pi y^2\frac{dx}{d\theta}d\theta\right)=-\pi\int_0^\pi y^2\cdot\frac{dx}{d\theta}d\theta$$

$x=r\cos\theta=a(1+\cos\theta)\cos\theta$, $y=a(1+\cos\theta)\sin\theta$

$$\frac{dx}{d\theta}=-a\sin\theta\cos\theta-a(1+\cos\theta)\sin\theta$$

$=-a\sin\theta(1+2\cos\theta)$ となるから,

$$V=-\pi\int_0^\pi\{a(1+\cos\theta)\sin\theta\}^2\{-a\sin\theta(1+2\cos\theta)\}d\theta$$

$$=\pi a^3\int_0^\pi(1+\cos\theta)^2\cdot(1-\cos^2\theta)\cdot(1+2\cos\theta)\cdot\sin\theta d\theta$$ ㋑

$\cos\theta=t$ とおくと, $-\sin\theta\,d\theta=dt$,

θ	$0\to\pi$
t	$1\to-1$

となり,

$$V=\pi a^3\int_1^{-1}(1+t)^2\cdot(1-t^2)(1+2t)(-dt)$$

$$=\pi a^3\int_{-1}^1(1+\underset{㋒}{4t}+4t^2-\underset{㋒}{2t^3}-5t^4-\underset{㋒}{2t^5})dt$$

$$=2\pi a^3\int_0^1(1+4t^2-5t^4)dt=2\pi a^3\left[t+\frac{4}{3}t^3-t^5\right]_0^1=\frac{8\pi a^3}{3}$$ 答

ポイント

㋐ じつは, α は
$x=a(1+\cos\theta)\cos\theta$
を最小にする θ である.

$$\frac{dx}{d\theta}=-a\sin\theta(1+2\cos\theta)$$

$0<\theta<\pi$ で $\dfrac{dx}{d\theta}=0$

となる θ は

$\cos\theta=-\dfrac{1}{2}$ で $\theta=\dfrac{2\pi}{3}$

のとき x は最小になる.

$\therefore\ b=-\dfrac{a}{4}$, $\alpha=\dfrac{2\pi}{3}$

㋑ p. 106(Ⅰ)(ii)のタイプ
$\cos\theta=t$ とおく.

㋒ $4t$, $-2t^3$, $-2t^5$ は奇関数で積分値は0.
他の 1, $4t^2$, $-5t^4$ は偶関数.

練習問題 7-14

解答 p. 234

曲線 $r^2=\cos2\theta$(連珠形(レムニスケート))で囲まれる部分を x 軸のまわりに1回転してできる立体の体積を求めよ.

問題 7-⑮ ▼体積（3）（バームクーヘン法）

$a \leqq x \leqq b$ で連続である曲線 $y = f(x)$ は $f(a) = f(b) = 0$ でかつ $f(x) \geqq 0$ である．$y = f(x)$ と x 軸で囲まれる部分を y 軸のまわりに1回転して得られる立体の体積を V とする．

(1) $V = \int_a^b 2\pi x f(x)dx$ となることを示せ．

(2) $f(x) = \pi x^2 \sin \pi x^2$ $(0 \leqq x \leqq 1)$ のとき，V を求めよ．

●考え方●

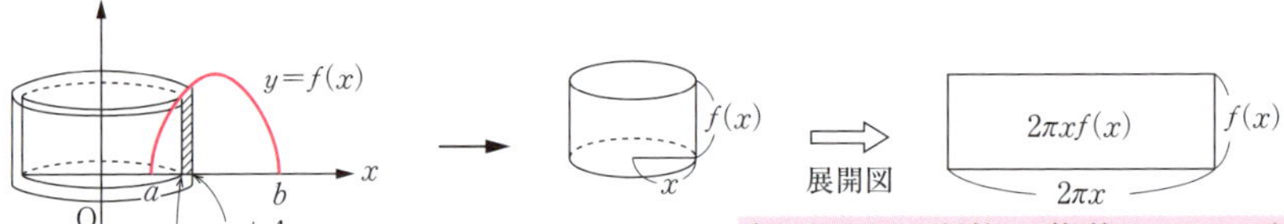

幅 Δx の円環柱の体積 $= 2\pi x f(x)\Delta x$

$[0, x]$ の弧と x 軸で囲む部分を y 軸のまわりに回転した立体の体積を $V(x)$ とすると，$\Delta V = V(x + \Delta x) - V(x)$ を求めて，ΔV を評価する（はさみうちの原理を活用）．

解答

(1) $\Delta V = V(x+\Delta x) - V(x)$ は，$y = f(x)$ の $[x, x+\Delta x]$ の部分を y 軸のまわりに1回転した円環を底面とし，高さがおよそ $f(x)$ の柱体の体積である．円環の面積は $\underset{㋐}{\pi(x + \Delta x)^2 - \pi x^2} = \pi\{2x\Delta x + (\Delta x)^2\}$ $[x, x + \Delta x]$ における $f(x)$ の最大値を M，最小値を m とすると，

$$\pi\{2x\Delta x + (\Delta x)^2\}m \leqq \Delta V \leqq \underbrace{\pi\{2x\Delta x + (\Delta x)^2\}}_{\text{底面積}}M$$

辺々を Δx で割ると，

$$\pi\{2x + \Delta x\}m \leqq \frac{\Delta V}{\Delta x} \leqq \pi\{2x + \Delta x\}M$$

$\Delta x \to 0$ のとき，$M, m \to f(x)$

$$\therefore \underset{㋑}{\lim_{\Delta x \to 0} \frac{\Delta V}{\Delta x} = 2\pi x f(x)}$$

$$\therefore \frac{dV}{dx} = 2\pi x f(x). \quad \therefore V = \int_a^b 2\pi x f(x)dx \quad ■$$

(2) $f(x) = \pi x^2 \sin \pi x^2$ のとき，(1)の結果にあてはめると，$V = 2\pi\int_0^1 \pi x^3 \sin \pi x^2\, dx$．$t = \pi x^2$ とおくと，$2\pi x\, dx = dt$

$$V = \underset{㋒}{\pi\int_0^{\pi} t\sin t\, dt} = \pi^2 \quad \text{答}$$

ポイント

㋐

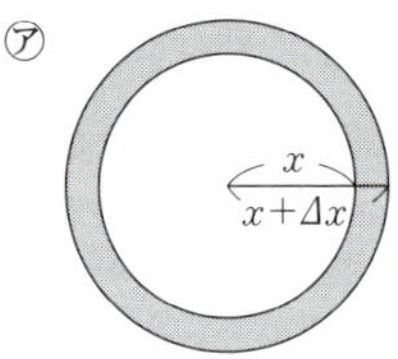

㋑ $2\pi x f(x)\Delta x$ は Δx の幅の円環柱の体積．

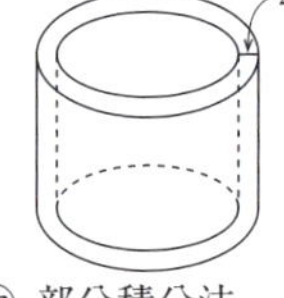

（「考え方」参照）

㋒ 部分積分法．

$\int_0^{\pi} t \sin t\, dt$　（$\sin t = (-\cos t)'$）

$= [-t\cos t]_0^{\pi} + \int_0^{\pi} \cos t\, dt$　（$\int_0^{\pi} \cos t\, dt = 0$）

$= \pi$

練習問題 7-15　解答 p. 234

円：$(x-1)^2 + y^2 = 2$ $(x \geqq 0)$ と y 軸で囲まれる部分を y 軸のまわりに1回転してできる立体の体積を求めよ．

問題 7-⑯ ▼体積（4）（斜軸回転）

放物線 $y = x^2$ と直線 $y = x$ によって囲まれる図形を $y = x$ のまわりに回転してできる回転体の体積を求めよ．

●考え方●

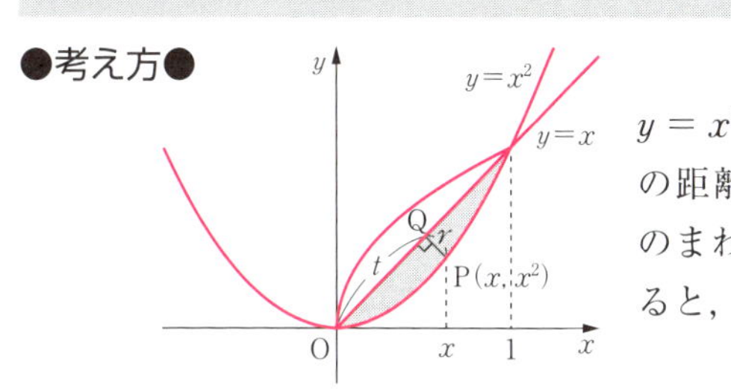

$y = x^2$ 上の点 $\mathrm{P}(x, x^2)$ から直線 $y = x$ への距離を r（＝回転半径），それを $y = x$ のまわりに回転してできる体積を V とすると，

$$V = \pi\int_0^{\sqrt{2}} r^2 dt \quad \text{と表せる．}$$

r および t を x で表す．

解答

$y = x^2$ 上の点 $\mathrm{P}(x, x^2)$ から直線 $y = x$ に下ろした垂線の足を Q，$\mathrm{PQ} = r$，$\mathrm{OQ} = t$ とおくと，距離公式から，$r = \dfrac{|x - x^2|}{\sqrt{2}} = \underset{㋐}{\dfrac{x - x^2}{\sqrt{2}}}$

次に Q の x 座標を求める．

△OPQ により，三平方の定理から

$$t^2 = \mathrm{OP}^2 - r^2 = (x^2 + x^4) - \frac{1}{2}(x - x^2)^2$$

$$= \frac{1}{2}x^2 \cdot (x + 1)^2 \quad \therefore\ t = \frac{1}{\sqrt{2}}x(x + 1) \quad \cdots①$$

求める体積を V とすると，

$$V = \pi\int_0^{\sqrt{2}} r^2 dt = \pi\int_0^1 r^2 \cdot \underset{㋑}{\frac{dt}{dx}} dx$$

$$= \pi\int_0^1 \underset{㋒}{\left(\frac{x - x^2}{\sqrt{2}}\right)^2 \cdot \frac{1}{\sqrt{2}}(2x + 1)} dx$$

$$= \frac{\pi}{2\sqrt{2}}\int_0^1 (2x^5 - 3x^4 + x^2) dx$$

$$= \frac{\pi}{2\sqrt{2}}\left[\frac{1}{3}x^6 - \frac{3}{5}x^5 + \frac{1}{3}x^3\right]_0^1 = \frac{\sqrt{2}}{60}\pi \quad \text{答}$$

ポイント

㋐ $\mathrm{P}(x, x^2)$ は，直線 $y = x$ の下側にあり
$x^2 < x$，$x - x^2 > 0$
をみたす．
$\therefore |x - x^2| = x - x^2$

㋑ ①の辺々を x で微分．
$\dfrac{dt}{dx} = \dfrac{1}{\sqrt{2}}(2x + 1)$

㋒ $(x - x^2)^2(2x + 1)$
$= (x^4 - 2x^3 + x^2)(2x + 1)$
$= 2x^5 - 3x^4 + x^2$

練習問題　7-16　解答 p. 235

曲線 $\sqrt{x} + \sqrt{y} = 1$ と x 軸，y 軸で囲まれた部分を，直線 $y = x$ のまわりに回転してできる立体の体積を求めよ．

コラム 7 ◆ガウス文書

ニュートンから始まる近代数学は，ベルヌーイ一家，オイラー，ラグランジュ，ラプラス等の時代を経て，微積分拡充の時代となる．

そして，18 世紀の終わりから 19 世紀の初めにまたがる比較的短期間に数学が急激に発展する．この時期の代表すべき一人をあげるとしたらそれは天才ガウスであろう．この時期の最初の飛躍は「楕円関数」の発見である．この発見の端緒が『ガウス文書』に記されている．ガウスは，研究の要領を極めて簡単に記載した日記を残している．これが『ガウス文書』とよばれるものであり，完成された理論を得るまでの途中のプロセスが記されている．

『ガウス文書』の中に次のような記述がある．

積分 $\displaystyle\int \frac{dx}{\sqrt{1-x^4}}$ に関してレムニスケートの研究を始める　…※

この研究の出発点は，$\displaystyle\int_0^x \frac{dx}{\sqrt{1-x^2}} = \sin^{-1}x$ であり，彼はこの計算に基づいて三角関数の拡張を試みている．

実際，$\displaystyle\int \frac{dx}{\sqrt{1-x^3}}$，$\displaystyle\int \frac{dx}{\sqrt{1-x^4}}$，$\displaystyle\int \frac{dx}{\sqrt[n]{1-x^n}}$ の種々の計算が『ガウス文書』の中に散見する．

また，『ガウス文書』の中に次のような記載もある．

何故にレムニスケートの n 等分から n 次の方程式が生じるか？

ガウスは，円周等分の拡張としてレムニスケートの等分を試みる中で，楕円積分に出会う．この出会いが彼を楕円関数の発見，複素関数の研究へと導いていく．

魅力的な曲線（レムニスケート）を調べることをきっかけに，大きな果実を実らせるのである．

レムニスケートとガウスの話は，高木貞治『近世数学史談』（岩波文庫）にくわしく書かれている．興味のある人は読んでほしい．

※ p. 150 **練習問題 7-10**．レムニスケートの曲線の長さ

$$L = 4a\int_0^1 \frac{dx}{\sqrt{1-x^4}} = 2\sqrt{2}a\int_0^{\frac{\pi}{2}} \frac{d\theta}{\sqrt{1-\frac{1}{2}\sin^2\theta}}.$$

Chapter 8

多変数関数の微分

Chapter 3〜5 では 1 変数の微分を取り扱ってきた.
本章は多変数の微分を取り扱う.
一般に数学では 1 変数の理論の大枠を
完成すると，変数の個数を増したら
どのようになるかを考える. 多変数関数の処理は,
1 変数と 2 変数とでは扱いがかなり異なるが,
2 変数以上はあまり変わらない.
このことからも本章は $z = f(x, y)$ の形の
2 変数関数の処理や微分を中心に学ぶ.

基本事項

2変数関数の微分には「偏微分」と「全微分」の2つがある．これらを学ぶためには1変数のときに準備した“道具立て”を2変数に拡張する形で話が展開していく．

1　2変数関数（問題 8-[1]）

2つの独立変数 x, y の関数 z を $z = f(x, y)$ と表す．$z = f(x, y)$ は座標空間の**曲面**を作る．

次に上げる①の2次曲面はつかみやすく，②のような曲面はつかみにくく，パソコンのグラフソフトを使ってかくと形状はある程度つかめるが，表現力には限界がある．③の**等位曲線**，**等位曲面**は曲面を把握するのに役に立つ．

❶ 2次曲面

$x^2+y^2-z^2=1$（1葉双曲面）

z
y
O
x

$x^2-y^2-z^2=1$（2葉双曲面）

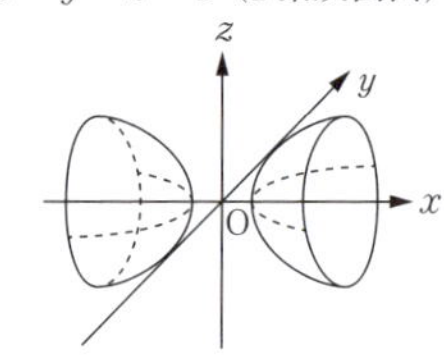

$z=x^2+y^2$（回転放物面）

z
y
O
x

$z=x^2-y^2$（双曲放物面）

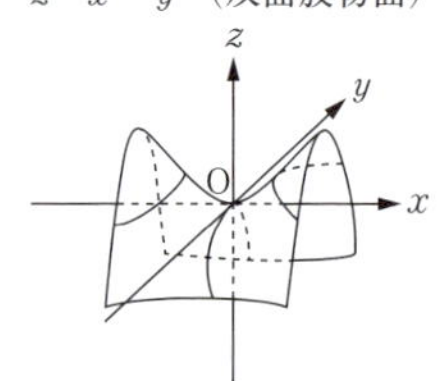

❷ いろいろな曲面

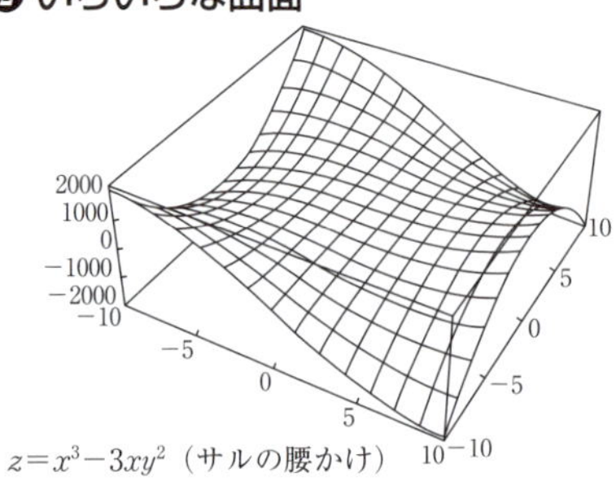

$z=x^3-3xy^2$（サルの腰かけ）

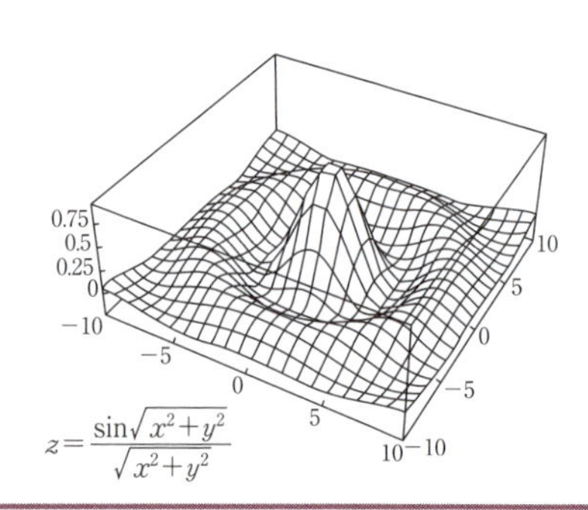

$z=\dfrac{\sin\sqrt{x^2+y^2}}{\sqrt{x^2+y^2}}$

❸ 等位曲線（等高線）と等位曲面

一般に 2 変数関数 $z = f(x, y)$ で実数 k に対して，$f(x, y) = k$ をみたす (x, y) の集合は 1 つの曲線を表す．この曲線を**等位曲線**とよぶ（地図の等高線と同じようなものと考えればよい）．

同様にして，3 変数関数 $\mu = f(x, y, z)$ で実数 k に対して $f(x, y, z) = k$ をみたす (x, y, z) の集合は 1 つの曲面を作る．この曲面を**等位曲面**とよぶ．

2　2 変数関数の極限と連続（問題 8-2, 3）

❶ 2 変数関数の極限

定義

点 $\mathrm{P}(x, y)$ が点 $\mathrm{A}(a, b)$ に限りなく近づくとき，関数 $f(p)$ の値が一定値 α に限りなく近づくならば，$f(p)$ は α に**収束する**といい，α をその**極限値**という．

記号はいろいろな表し方がある．

$$\lim_{p \to A} f(p) = \alpha, \qquad \lim_{\substack{x \to a \\ y \to b}} f(x, y) = \alpha$$

❷ 2 変数関数の連続

定義

$$\lim_{(x, y) \to (a, b)} f(x, y) = f(a, b)$$

が成り立つとき，$f(x, y)$ は (a, b) において**連続**であるという．

連続の定義で，$(x, y) \to (a, b)$ には深い意味がある．(x, y) から (a, b) のあらゆる近づき方を考える必要がある．代表的な近づき方をあげておこう．

（i）$(x, y) = t(m, n)$ という傾き $\dfrac{n}{m}$ $(m \neq 0)$ の直線のパラメータ表示を利用する．

（ii）$(x, y) = (r\cos\theta, r\sin\theta)$ の変数変換をして近づく．$r \to 0$ とした極限が θ によらず一定値に近づくか否かを調べる．

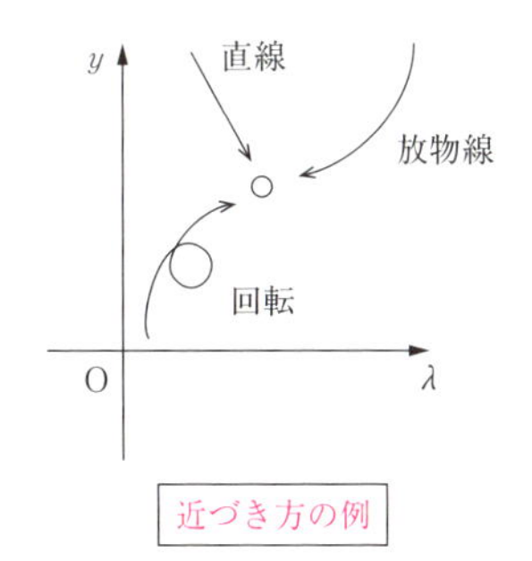

近づき方の例

3 偏導関数（問題 8-4, 5）

❶ 偏微分

1 変数のとき，$y = f(x)$ が微分可能であるとは，

$$\lim_{h \to 0} \frac{f(x+h) - f(x)}{h}$$

が各点で存在することであり，この値を $f'(x)$ と表したのであった（p. 40）．

それでは 2 変数の場合 $z = f(x, y)$ のときどう考えるか？　最も近づきやすい考え方は，2 つの変数 x, y を 2 つとも自由に動かさないで，1 つの変数だけ動かし，他の変数をとめて考えてみようということである．例えば，変数 y の方を y_0 で止めると，$z = f(x, y_0)$ となる．

この関数は x についての 1 変数の関数となっている．ここはすでに知っている 1 変数の考え方が適用できる．この考え方が**偏微分**の考え方で，次のように定義する．

定義

2 変数関数 $z = f(x, y)$ において

（i）y を固定して，したがって $f(x, y)$ を x だけの（1 変数の）関数とみなして，微分したものを $f(x, y)$ の x についての**偏導関数**といい，

$$f_x(x, y),\quad z_x,\quad \frac{\partial f}{\partial x},\quad \frac{\partial z}{\partial x}$$

などと表す．

（ii）x を固定して，したがって $f(x, y)$ を y だけの（1 変数の）関数とみなして，微分したものを $f(x, y)$ の y についての**偏導関数**といい，

$$f_y(x, y),\quad z_y,\quad \frac{\partial f}{\partial y},\quad \frac{\partial z}{\partial y}$$

などと表す．

すなわち

（i）$$f_x(x, y) = \lim_{h \to 0} \frac{f(x+h, y) - f(x, y)}{h}$$

（ii）$$f_y(x, y) = \lim_{k \to 0} \frac{f(x, y+k) - f(x, y)}{k}$$

❷ 高次導関数

$f_x(x, y), f_y(x, y)$ が x または y について偏微分可能であるとき，偏微分したものを第 2 次偏導関数といい，次のように表す．

$$\frac{\partial}{\partial x}f_x = f_{xx},\quad \frac{\partial}{\partial y}f_x = f_{yx},\quad \frac{\partial}{\partial x}f_y = f_{xy},\quad \frac{\partial}{\partial y}f_y = f_{yy}$$

f_{xy}, f_{yx} が存在して連続なとき，次の定理が成り立つ．

定理

f_{xy}, f_{yx} が存在して連続であるならば

$$f_{xy} = f_{yx}$$

が成り立つ．

《注意》
証明は参考書〔1〕高木貞治『解析概論』，p. 231 を参照．

4　合成関数の偏導関数（問題 8-6, 7）

1 変数関数の合成関数の微分公式（p. 41）は，$y = f(g(x))$ で，$u = g(x)$ とおくと，

$$\frac{dy}{dx} = \frac{dy}{du}\cdot\frac{du}{dx} = f'(u)\cdot g'(x) = f'(g(x))\cdot g'(x)$$

であった．このことを 2 変数に拡張してみよう．

① x, y が t の関数ならば，z は t の（1 変数の）関数となる．

② x, y が u, v の関数ならば，z は u, v の（2 変数の）関数となる．

❶ z が t の 1 変数の関数

次の定理が成り立つ

定理

z は x, y について偏微分可能，x, y は t について微分可能ならば，z は t について微分可能で，

$$\frac{dz}{dt} = \frac{\partial z}{\partial x}\cdot\frac{dx}{dt} + \frac{\partial z}{\partial y}\cdot\frac{dy}{dt}$$

$t \to x \to z$, $t \to y \to z$

証明　t の増分 Δt に対する x, y の増分をそれぞれ $\Delta x, \Delta y$，z の増分を Δz とすると，

$$\Delta z = f(x + \Delta x, y + \Delta y) - f(x, y)$$
$$= \{f(x + \Delta x, y + \Delta y) - f(x, y + \Delta y)\} + \{f(x, y + \Delta y) - f(x, y)\}$$

平均値の定理を用いて，

$$= \Delta x\cdot f_x(x + \theta_1\Delta x, y + \Delta y) + \Delta y\cdot f_y(x, y + \theta_2\Delta y)\quad \begin{pmatrix}0 < \theta_1 < 1\\ 0 < \theta_2 < 1\end{pmatrix}$$

よって,

$$\frac{\Delta z}{\Delta t}=\frac{\Delta x}{\Delta t}\cdot f_x(x+\theta_1\Delta x, y+\Delta y)+\frac{\Delta y}{\Delta t}\cdot f_y(x, y+\theta_2\Delta y)$$

$$\therefore\ \lim_{\Delta t\to 0}\frac{\Delta z}{\Delta t}=\lim_{\Delta t\to 0}\left\{\frac{\Delta x}{\Delta t}\cdot f_x(x+\theta_1\Delta x, y+\Delta y)+\frac{\Delta y}{\Delta t}\cdot f_y(x, y+\theta_2\Delta y)\right\}$$

$\Delta t\to 0$ のとき, $\Delta x\to 0$, $\Delta y\to 0$ で $f_x(x, y)$, $f_y(x, y)$ はいずれも連続関数より,

$$\frac{dz}{dt}=\frac{dx}{dt}\cdot f_x(x, y)+\frac{dy}{dt}\cdot f_y(x, y)\qquad\therefore\ \frac{dz}{dt}=\frac{\partial z}{\partial x}\cdot\frac{dx}{dt}+\frac{\partial z}{\partial y}\cdot\frac{dy}{dt}\quad ■$$

前ページのことは, 多変数でも同じように成り立つ. 例えば, $u=f(x, y, z)$ において, x, y, z がいずれも1つの変数 t の関数であれば, u は t のみの関数になり,

$$\frac{du}{dt}=\frac{\partial u}{\partial x}\cdot\frac{dx}{dt}+\frac{\partial u}{\partial y}\cdot\frac{dy}{dt}+\frac{\partial u}{\partial z}\cdot\frac{dz}{dt}$$

となる.

5 全微分 (問題 8-8)

❶ 全微分可能

点 (a, b) において, $f(x, y)$ の**任意の方向の微分係数**が存在するとき, $f(x, y)$ は (a, b) で**全微分可能**であるという.

これを具体的に式で表したものが次の 定義 1 である.

定義 1

h, k に無関係な定数 C_1, C_2 を適当に選んで, h, k の関数 $f(a+h, b+k)-f(a, b)$ を考えるとき,

$$f(a+h, b+k)-f(a, b)=C_1h+C_2k+\varepsilon\cdot\rho \quad \cdots ①$$

$\rho\to 0$ のとき, $\varepsilon\to 0$ とすることができる場合 $f(x, y)$ は点 (a, b) で**全微分可能**であるという.

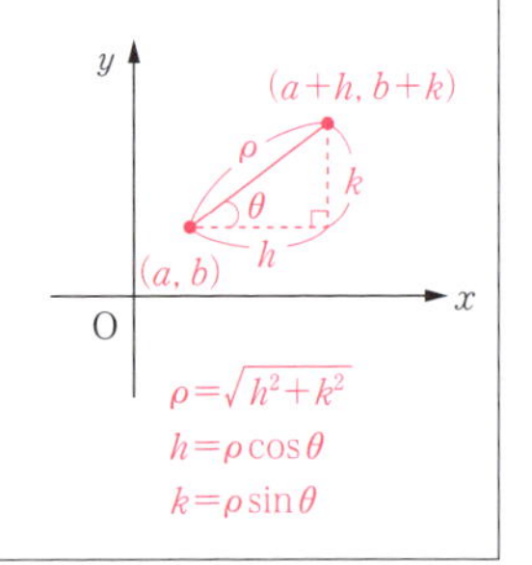

このとき, 便宜上①において, $h=\Delta x$, $k=\Delta y$, ①の左辺を Δz とおく. $k=0$ のとき, C_1 は $C_1=f_x(a, b)$, $h=0$ のとき, C_2 は $C_2=f_y(a, b)$ とおけ, ①は,

$$\Delta z=f_x(a, b)\Delta x+f_y(a, b)\Delta y+\varepsilon\cdot\rho$$

$\Delta x \to 0$，$\Delta y \to 0$ のとき，$\varepsilon \cdot \rho$ は $\Delta x, \Delta y$ に比べて高位の無限小になる．したがって，定義1を次のようにかくことができる．

定義 2

2変数関数 $z = f(x, y)$ が点 (a, b) で全微分可能なとき，

$$dz = \frac{\partial z}{\partial x}dx + \frac{\partial z}{\partial y}dy \quad \cdots②$$

《注意》ある特定の方向微分係数が存在しないところでは全微分可能でない．

Memo　等式②は多変数関数の重要な性質を表している．これを，“小さな作用が重ね合わされる性質”とよぶことができる．その本質は，いくつかの小さな変化 $\Delta x, \Delta y$ の全体への影響は，個々の変化の影響の和によって十分正確に置き換えることができる，という点にある．

形式的に②の両辺を dt で割ると

$$\frac{dz}{dt} = \frac{\partial z}{\partial x}\cdot\frac{dx}{dt} + \frac{\partial z}{\partial y}\cdot\frac{dy}{dt}$$

が得られる．これはp. 163の合成関数の偏導関数に等しくなる．

❷ 方向微分係数

p. 164の①式で $h = \rho\cos\theta$，$k = \rho\sin\theta (0 \leqq \theta \leqq 2\pi)$ と表すと，θ の変化によりあらゆる方向の微分係数を調べることができる．①式の辺々を ρ で割ると，

$$\lim_{\rho \to 0}\frac{f(a + \rho\cos\theta, b + \rho\sin\theta) - f(a, b)}{\rho} = C_1\cos\theta + C_2\sin\theta + \varepsilon \quad \cdots⊛$$

$\rho \to 0$ のとき，上式が有限確定値になるとき，$f(x, y)$ は (a, b) で $(\cos\theta, \sin\theta)$ の方向に微分可能であるといい，この極限値を **$(\cos\theta, \sin\theta)$ の方向の微分係数** という．

全微分可能なとき，$\rho \to 0$ のとき，$\varepsilon \to 0$ で⊛は

$$\lim_{\rho \to 0}\frac{f(a + \rho\cos\theta, b + \rho\sin\theta) - f(a, b)}{\rho} = \cos\theta f_x(a, b) + \sin\theta f_y(a, b)$$

となり，任意の θ で，点 (a, b) において，$f(x, y)$ の任意の方向微分係数が確定する．

6 テイラーの定理（問題 8-9, 10）

1変数のテイラーの定理（p. 59）は，$f(x)$ を $n-1$ 次までの多項式で表し，その誤差を n 次導関数で表すものであり，

$$f(x+h) = f(x) + f'(x)h + \frac{f''(x)}{2!}h^2 + \cdots + \frac{f^{(n-1)}(x)}{(n-1)!}h^{n-1} + R_n$$

$$\left(R_n = \frac{f^{(n)}(x+\theta h)}{n!}h^n\,;\, 0 < \theta < 1\right)$$

と表せた．この考え方を2変数関数 $f(x, y)$ に拡張する．すなわち，$f(x+h, y+k)$ を $\boldsymbol{h}$ **および** $\boldsymbol{k}$ **のべき級数**に展開する．

2変数関数 $f(x, y)$ のテイラーの定理は次のようになる．

テイラーの定理

関数 $f(x, y)$ が連続な n 次偏導関数をもつとき，

$$\begin{aligned} f(x+h, y+k) = f(x, y) &+ \left(h\frac{\partial}{\partial x} + k\frac{\partial}{\partial y}\right)f(x, y) \\ &+ \frac{1}{2!}\left(h\frac{\partial}{\partial x} + k\frac{\partial}{\partial y}\right)^2 f(x, y) + \cdots \\ &+ \frac{1}{(n-1)!}\left(h\frac{\partial}{\partial x} + k\frac{\partial}{\partial y}\right)^{n-1} f(x, y) + R_n \end{aligned}$$

$$\left(R_n = \frac{1}{n!}\left(h\frac{\partial}{\partial x} + k\frac{\partial}{\partial y}\right)^n f(x+\theta h, y+\theta k) \quad (0 < \theta < 1)\right)$$

（証明は 問題 8-9）

2変数のテイラーの定理で $x = 0$，$y = 0$ とし，h, k をそれぞれ x, y と置き換えると，

$$\begin{aligned} f(x, y) = f(0, 0) &+ \left(x\frac{\partial}{\partial x} + y\frac{\partial}{\partial y}\right)f(0, 0) + \frac{1}{2!}\left(x\frac{\partial}{\partial x} + y\frac{\partial}{\partial y}\right)^2 f(0, 0) + \cdots \\ \cdots &+ \frac{1}{(n-1)!}\left(x\frac{\partial}{\partial x} + y\frac{\partial}{\partial y}\right)^{n-1} f(0, 0) + \frac{1}{n!}\left(x\frac{\partial}{\partial x} + y\frac{\partial}{\partial y}\right)^n f(\theta x, \theta y) \end{aligned}$$

$$(0 < \theta < 1)$$

が得られる．これを（2変数の）**マクローリンの定理**という．

7　2変数関数の極値（問題 8-11, 12）

1変数関数のときの極値(p. 78)の考え方を，2変数関数(曲面)に拡張しよう．極値の考え方は1変数のときと同じで，局所的な最大最小として定義される．

2変数関数のグラフは3次元空間における曲面になるので，1変数のときのようにグラフをかくことはできない．しかし極大・極小を調べることで，ある程度グラフの形状とその特徴をつかむことができる．

定義

点 (a, b) に十分近いすべての点 $(x, y) \neq (a, b)$ について，

・$f(x, y) < f(a, b)$ が成り立つとき，関数 $f(x, y)$ は，点 (a, b) で**極大**になるといい，$f(a, b)$ を**極大値**という．

・$f(x, y) > f(a, b)$ が成り立つとき，関数 $f(x, y)$ は，点 (a, b) で**極小**になるといい，$f(a, b)$ を**極小値**という．

定義から，$f(x, y)$ が点 (a, b) で極値をとるときは，y に一定の値 b を与えたときの x の関数 $f(x, b)$（x の1変数関数）も $x = a$ で極値をとらなければならない．よって，$f_x(a, b) = 0$ が成り立つ．同様に $f_y(a, b) = 0$ が成り立つ．したがって，$f(x, y)$ が点 (a, b) で極値をとるための必要条件は次のようになる．

定理　**極値の必要条件**

点 (a, b) において，$z = f(x, y)$ が極値をとれば，

$$f_x(a, b) = f_y(a, b) = 0$$

上の条件はあくまで必要条件である．以下十分条件を求めてみよう．テイラーの定理（p. 166）を用いて，

$$f(a+h, b+k) - f(a, b) = \underbrace{\{hf_x(a, b) + kf_y(a, b)\}}_{=0}$$
$$+ \frac{1}{2!}\underbrace{\{h^2 f_{xx}(a, b) + 2hkf_{xy}(a, b) + k^2 f_{yy}(a, b)\}}_{㋐} + \cdots$$

h, k の3次, 4次…の項は高位の無限小となり，㋐の符号で

$f(a+h, b+k) - f(a, b)$ の符号が判断できる．

$k^2 > 0$ より㋐の辺々を k^2 で割って，$\dfrac{h}{k} = t$ とおくと，

$$Y = g(t) = f_{xx}(a, b)t^2 + 2f_{xy}(a, b)t + f_{yy}(a, b)$$

Y は t の 2 次関数である．$Y=0$ の判別式を 4 で割ったものを D とおくと，

$$D=\{f_{xy}(a,b)\}^2-f_{xx}(a,b)\cdot f_{yy}(a,b)$$

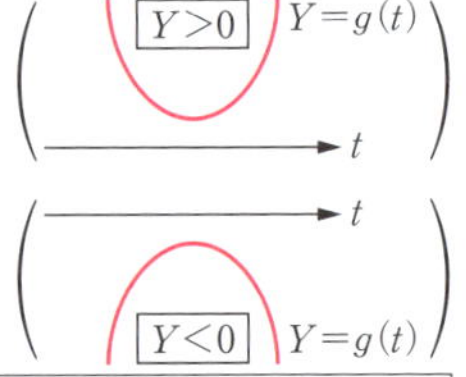

$Y=g(t)$ のグラフは

$f_{xx}(a,b)>0$ のとき下に凸で，$D<0$ のとき，$Y>0$

$f_{xx}(a,b)<0$ のとき上に凸で，$D<0$ のとき，$Y<0$

が成り立つ．以上より次の**極値判定条件**を得る．

定理　極値判定条件

関数 $f(x,y)$ において，点 (a,b) で $f_x=f_y=0$ をみたす．このとき，$D=f_{xy}^2-f_{xx}f_{yy}$ とおくと，

① $D<0$

（i） $f_{xx}>0$ ならば，$f(x,y)$ は点 (a,b) で 極小 である．

（ii） $f_{xx}<0$ ならば，$f(x,y)$ は点 (a,b) で 極大 である．

② $D>0$

$f(x,y)$ は点 (a,b) で極値をとらない．

《注意》$D=0$ の場合には，極値をとるかどうかはこの定理によって判定できない．

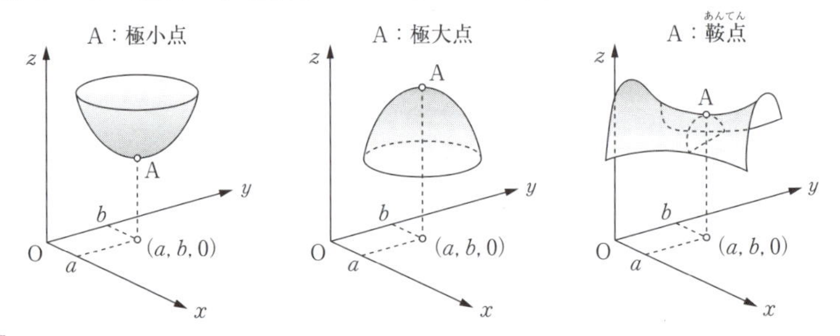

8 陰関数の微分（問題 8-13, 14, 15）

❶ 陰関数定理

xy 平面内の曲線 $F(x,y)=0$ と，その上の点 (a,b) が与えられたとする．$F(x,y)=0$ から定まる陰関数について，次の問題を考えよう．

ア．$f(a)=b$ となる陰関数は存在するか．

イ．アの陰関数は一意的に定まるか．

ウ．その微分はどうなるか．

これらの問いに答えるのが次の陰関数定理である．

陰関数定理

関数 $F(x,y)$ の偏導関数が $\mathrm{P}(a,b)$ の近くで存在して連続であるとする．点 $\mathrm{P}(a,b)$ で $F(a,b)=0$，$F_y(a,b)\neq 0$ ならば点 P の近くで $F(x,f(x))=0$，$f(a)=b$ をみたす関数 $\boldsymbol{y=f(x)}$ が一意的に定まる．$f(x)$ は $x=a$ の近くで微分可能であり，その導関数について

$$\frac{dy}{dx}=-\frac{F_x(x,y)}{F_y(x,y)}$$

が成り立つ．

（証明は略，〔1〕高木貞治著『解析概論』，p. 295 参照）

$F(x,y)=0$ ㋐ より得られる $y=f(x)$ が微分可能であることを仮定しておけば，㋐の両辺の微分をとり，$F_x+F_y\cdot\dfrac{dy}{dx}=0$ より $\boldsymbol{\dfrac{dy}{dx}=-\dfrac{F_x}{F_y}}$

3 変数のとき，$F(x,y,z)=0$ より $z=f(x,y)$ が得られる．このとき，適当な条件の下で，

$$\boldsymbol{\frac{\partial z}{\partial x}=-\frac{F_x}{F_z},\quad \frac{\partial z}{\partial y}=-\frac{F_y}{F_z}}$$

❷ 接線，法線および接平面の方程式

曲線 $F(x,y)=0$ 上の点 $\mathrm{P}(a,b)$ において，$F_y(a,b)\neq 0$ ならば陰関数の定理より，点 P の近くで y が x の関数として $y=f(x)$ の形で表され，

$$f'(a)=-\frac{F_x(a,b)}{F_y(a,b)}$$

となる．したがって点 P における接線の方向ベクトルは

$$(1,f'(a))=\left(1,-\frac{F_x(a,b)}{F_y(a,b)}\right)$$

このとき，ベクトル $\boldsymbol{(F_x(a,b),F_y(a,b))}$ は接線の方向ベクトル $(1,f'(a))$ との内積が 0 になることから，この 2 つのベクトルは垂直となる．

$\mathbf{grad}\,\boldsymbol{F(a,b)=(F_x(a,b),F_y(a,b))}$ とおくと，（《注》grad は勾配という意味 gradient の略である．）

$\mathrm{grad}\,F(a,b)$ は曲線 $F(x,y)=0$ の点 $\mathrm{P}(a,b)$ における**法線ベクトル**になっている．よって，点 $\mathrm{P}(a,b)$ における接線の式は，

$(\mathrm{grad}\,F)\cdot(x-a,y-b)=0$　（・は内積）

$F_x(a,b)(x-a)+F_y(a,b)(y-b)=0$　と表せる．

《注意》 点 P で $F(x,y)$ が微分可能でなかったり，$F_x(a,b)=F_y(a,b)=0$ ならば曲線 $F(x,y)=0$ 上の点 P における接線は種々の状態を示す．このような点を曲線の**特異点**という．

以上のことは，3 次元の場合でも同じように成り立つ．つまり曲面 $f(x,y,z)=0$ 上の点 $\mathrm{P}(a,b,c)$ の法線ベクトルは

$$\mathrm{grad}\,F=(F_x(a,b,c),F_y(a,b,c),F_z(a,b,c))$$

となる．したがって，点 P における**接平面の方程式**は，

$$(\mathrm{grad}\,F)\cdot(x-a,y-b,z-c)=0$$ となる．

Memo **微分演算子 ∇（ナブラ）と Δ（ラプラシアン）**

① ∇（ナブラ）

（《注意》 ∇ はナブラと読む．形が古代西アジアの竪琴に似ていることから，このようによばれている．）

$$\mathrm{grad}\,F=\left(\frac{\partial F}{\partial x},\frac{\partial F}{\partial y}\right)$$

を（ベクトル）微分演算子 ∇ を $\boldsymbol{\nabla}=\left(\frac{\boldsymbol{\partial}}{\boldsymbol{\partial x}},\frac{\boldsymbol{\partial}}{\boldsymbol{\partial y}}\right)$ と導入して，$\mathrm{grad}\,F=\nabla F$ と表す．$\mathrm{grad}\,F$ は ∇ という一種のベクトルに F をかけたものとみなせる．3 次元の場合も同様に $\boldsymbol{\nabla}=\left(\frac{\boldsymbol{\partial}}{\boldsymbol{\partial x}},\frac{\boldsymbol{\partial}}{\boldsymbol{\partial y}},\frac{\boldsymbol{\partial}}{\boldsymbol{\partial z}}\right)$ とおけ，

$$\mathrm{grad}\,F=\left(\frac{\partial F}{\partial x},\frac{\partial F}{\partial y},\frac{\partial F}{\partial z}\right)=\nabla F$$

これは次のようなことに利用できる．

3 変数関数 $\mu=F(x,y,z)\cdots$㋐ で $\mu=0$ とおくと，$F(x,y,z)=0$ は㋐の等位曲面の 1 つを表す．$\mathrm{grad}\,F$ は点 $\mathrm{P}\,(a,b,c)$ の法線ベクトルであり，これを利用して点 P における接平面の方程式を決定できる．

② Δ（ラプラシアン）

$\nabla=\left(\frac{\partial}{\partial x},\frac{\partial}{\partial y}\right)$ の（ベクトル）微分演算子を形式的に内積をとってできる $\nabla\cdot\nabla=\left(\frac{\partial}{\partial x},\frac{\partial}{\partial y}\right)\cdot\left(\frac{\partial}{\partial x},\frac{\partial}{\partial y}\right)=\frac{\partial^2}{\partial x^2}+\frac{\partial^2}{\partial y^2}$ を $\boldsymbol{\Delta}=\frac{\boldsymbol{\partial}^2}{\boldsymbol{\partial x}^2}+\frac{\boldsymbol{\partial}^2}{\boldsymbol{\partial y}^2}$ とおき**ラプラシアン**とよぶ．

2 変数関数 $\mu=F(x,y)$ が

$\Delta F=\frac{\partial^2 F}{\partial x^2}+\frac{\partial^2 F}{\partial y^2}=0$ をみたすとき，この方程式を**ラプラスの方程式**といい，関数 μ を**調和関数**という（p. 190 コラム 8 参照）．

9　条件付き極値問題（問題 8-16）

関数 $f(x,y)$ の極値について，7（p. 167）では，変数 x,y が互いに独立に変化する場合を考えた．ここでは，x,y が方程式 $g(x,y)=0$ を満たしながら変化するとき，関数 $f(x,y)$ の極値を考えよう．

定理　ラグランジュの未定係数法

x,y が方程式 $g(x,y)=0$ をみたしながら変化するとき，関数 $f(x,y)$ が点 $\mathrm{P}(a,b)$ で極値をとり，その点で $g_x(a,b)\neq 0$ または $g_y(a,b)\neq 0$ ならば，λ をある定数として

$$\begin{cases} f_x(a,b)-\lambda g_x(a,b)=0 \\ f_y(a,b)-\lambda g_y(a,b)=0 \end{cases} \quad \cdots(*)$$

が成り立つ．

証明

$g_y(a,b)\neq 0$ と仮定すると，陰関数定理（p. 169）により点 P の近くで，$g(x,y)=0$ から y を x の関数として表すことができる．$y=p(x)$ とすると $b=p(a)$，$p'(a)=-\dfrac{g_x(a,b)}{g_y(a,b)}$ ㋐ であり，$f(x,y)=f(x,p(x))$ は x だけの関数になる．

$f(x,y)$ を x で微分して，

$$\{f(x,y)\}'=f_x(x,y)+f_y(x,y)\cdot\frac{dy}{dx}$$
$$=f_x(x,p(x))+f_y(x,p(x))\cdot p'(x)$$

$\mathrm{P}(a,b)$ で極値をとれば，$\{f(a,b)\}'=0$ となるから，上式に $x=a$ を代入して，

$$f_x(a,p(a))+f_y(a,p(a))\cdot p'(a)=0$$ ←㋐を代入．

$$\Leftrightarrow f_x(a,b)-\frac{f_y(a,b)}{g_y(a,b)}\cdot g_x(a,b)=0$$

$\lambda=\dfrac{f_y(a,b)}{g_y(a,b)}$ とおけば，$f_x(a,b)-\lambda g_x(a,b)=0$ ←(*)の上の式．

$g_x(a,b)\neq 0$ のときは，x を y の関数として同じ論法を行い，(*)の下の式を得る．■

《注意》この定理は極値をとるための必要条件を表すものであって，条件をみたす点で関数が極値をとるかどうか吟味しなければならない．

Memo　ラグランジュの未定係数法の意味を考えてみる．

定理の㊟の式は，

$$(f_x(a,b), f_y(a,b)) = \lambda(g_x(a,b), g_y(a,b))$$

これは，2 曲線 $g(x,y)=0$ と $f(x,y)=C$（無数の等位曲線を考える）の交点の勾配ベクトル

$$\begin{cases} \mathrm{grad}\, f(a,b) = (f_x(a,b), f_y(a,b)) \\ \mathrm{grad}\, g(a,b) = (g_x(a,b), g_y(a,b)) \end{cases}$$

が**平行**であることを示している．すなわち $\mathrm{grad}\, f(a,b) /\!/ \mathrm{grad}\, g(a,b)$ である．この状態がおこるのは，2 曲線が交点 (a,b) で**接する**ときである．

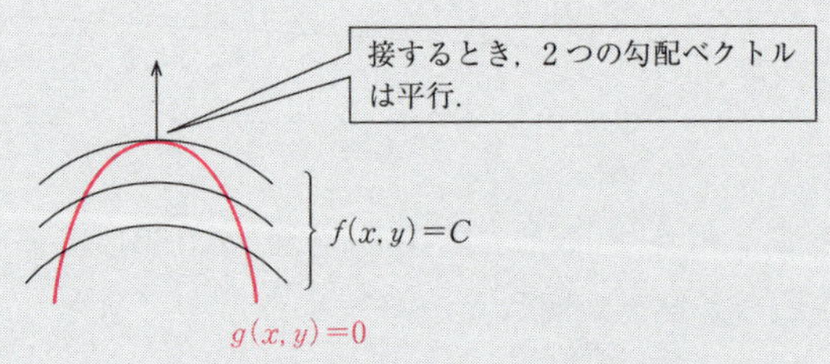

上のラグランジュの未定係数法は次のように利用される．

$g(x,y)=0$ の条件のもとに，$f(x,y)$ の極値を求める問題（問題 8-16）で，$\mathrm{grad}\, g /\!/ \mathrm{grad}\, f$ となるような点 (x,y) が決定する．この (x,y) が極値が生じる候補点となる．この候補点で，実際極値をもつかどうかは吟味する必要がある．

問題 8-1 ▼等位曲線，等位曲面

(1) 曲面

$$f(x, y) = \frac{20}{x^2 + y^2 + 1}$$

において点 P(1, 0) を含む等位曲線を求めよ．

(2) 3 変数関数

$$f(x, y, z) = \frac{2x^2 + 4y^2 + z^2}{x^2 + 3y^2 + 1}$$

において点 P(0, 0, 1) を含む等位曲面を求めよ．

●考え方●

(1) $f(1, 0) = 10$ であり，P(1, 0) を含む等位曲線は $f(x, y) = 10$.

(2) (1)と同様な考え方.

解答

(1) P(1, 0) のとき，$f(1, 0) = 10$ となるから，P(1, 0) を含む等位曲線は，

$$f(x, y) = 10,\quad \frac{20}{x^2 + y^2 + 1} = 10,\quad x^2 + y^2 + 1 = 2$$

∴ 円 : $x^2 + y^2 = 1$ ㋐ 答

(2) $f(0, 0, 1) = 1$ であるから，点 P(0, 0, 1) を含む等位曲面は

$$f(x, y, z) = \frac{2x^2 + 4y^2 + z^2}{x^2 + 3y^2 + 1} = 1$$

$$2x^2 + 4y^2 + z^2 = x^2 + 3y^2 + 1$$

$$x^2 + y^2 + z^2 = 1$$ ㋑ 答

ポイント

㋐

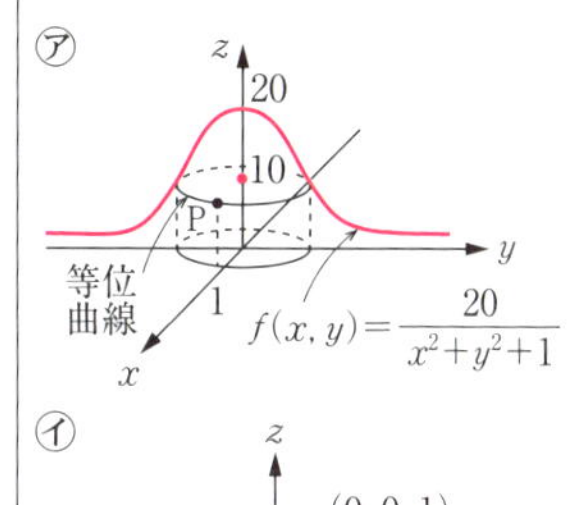

㋑

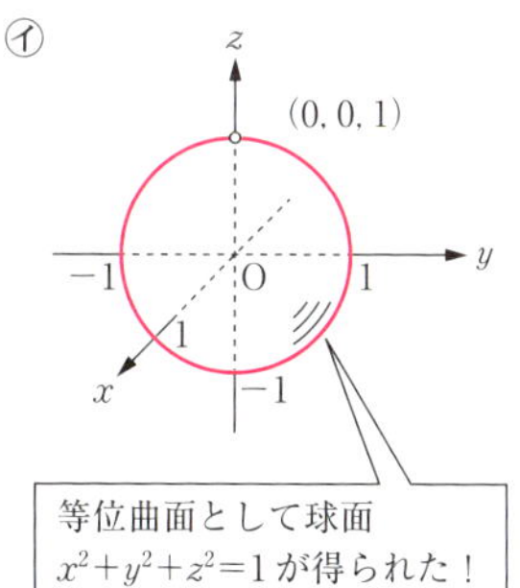

等位曲面として球面 $x^2+y^2+z^2=1$ が得られた！

練習問題　8-1

解答 p. 235

曲面 $f(x, y) = \dfrac{x^2 + 2y^2 - 1}{x^2 + y^2}$ の等位曲線を求めよ．

問題 8-2 ▼極限値

次の各関数について，$(x, y) \to (0, 0)$ のときの極限値を調べよ．

(1) $\dfrac{xy}{x^2 + 2y^2}$　　(2) $\dfrac{x - y^2}{x^2 - y}$　　(3) $\dfrac{x^2 y}{x^4 + y^2}$

●考え方●

(1) $x = r\cos\theta$，$y = r\sin\theta$ と極座標に変換して調べてみる．(別解) $y = mx$ 上で考えてみる．

(2) (1)と同様．

(3) $y = mx^2$ の放物線に沿って原点に近づいてみる．

解答

(1) $x = r\cos\theta$，$y = r\sin\theta$ $(0 \leqq \theta < 2\pi)$ とおくと，

$$\frac{xy}{x^2 + 2y^2} = \frac{r^2 \sin\theta\cos\theta}{r^2(\cos^2\theta + 2\sin^2\theta)} = \frac{\sin\theta\cos\theta}{\cos^2\theta + 2\sin^2\theta}$$

これは θ に関係し種々の値をとるから，㋐

$$\lim_{(x, y) \to (0, 0)} \frac{xy}{x^2 + 2y^2}$$ は存在しない． 答

(別解) $y = mx$ とおくと，

$$\frac{xy}{x^2 + 2y^2} = \frac{mx^2}{(1 + 2m^2)x^2} = \frac{m}{1 + 2m^2}$$

これは m に関係して，値が異なることより，極限値は存在しない．

(2) $x = r\cos\theta$，$y = r\sin\theta$ $(0 \leqq \theta < 2\pi)$ とおくと，

$$\frac{x - y^2}{x^2 - y} = \frac{\cos\theta - r\sin^2\theta}{r\cos^2\theta - \sin\theta}$$

$(x, y) \to (0, 0)$ より $r \to 0$㋑ のとき，(与式) $\to -\dfrac{\cos\theta}{\sin\theta}$

θ によって値が違うことより，極限値は存在しない． 答

(3) $y = mx^2$㋒ とおくと，

$$\frac{x^2 y}{x^4 + y^2} = \frac{mx^4}{(1 + m^2)x^4} = \frac{m}{1 + m^2}$$ ㋓

この値は m に関係するから，求める極限値は存在しない． 答

ポイント

㋐ 例えば，

・$\theta = 0$ のとき，

$$\lim_{(x, y) \to (0, 0)} \frac{xy}{x^2 + 2y^2} = 0$$

・$\theta = \dfrac{\pi}{4}$ のとき，

$$\lim_{(x, y) \to (0, 0)} \frac{xy}{x^2 + 2y^2} = \frac{1}{3}$$

2つは異なる．

㋑ 最初 θ を固定し $r \to 0$．次に θ を変化．

㋒ 放物線に沿って原点に近づくときを考える．

㋓ $(x, y) \to (0, 0)$ のとき，m により，値が変化する．

練習問題 8-2　解答 p. 236

次の関数について，$(x, y) \to (0, 0)$ のときの極限を調べよ．

(1) $\dfrac{x^2 + 2y^2}{\sqrt{x^2 + y^2}}$　　(2) $\tan^{-1}\dfrac{y}{x}$

問題 8-3 ▼2変数関数の連続

次の関数の連続性を調べよ．

(1) $f(x,y)=\begin{cases}\dfrac{x^2y}{x^4+y^2} & ((x,y)\neq(0,0)\text{のとき})\\ 0 & ((x,y)=(0,0)\text{のとき})\end{cases}$

(2) $f(x,y)=\begin{cases}(x+y)\sin\dfrac{1}{x}\sin\dfrac{1}{y} & ((x,y)\neq(0,0)\text{のとき})\\ 0 & ((x,y)=(0,0)\text{のとき})\end{cases}$

●考え方●

(1), (2)とも (0, 0) 以外では連続．(0, 0) の連続性を調べる．

(1), (2)とも $x=r\cos\theta$, $y=r\sin\theta$ $(0\leqq\theta<2\pi)$ とおいてみよ．

解答

(1), (2)とも $(x,y)\neq(0,0)$ では連続になるので，(0, 0) における連続性を調べる．

(1) $x=r\cos\theta$, $y=r\sin\theta$ $(0\leqq\theta<2\pi)$ とおくと，

$$\frac{x^2y}{x^4+y^2}=\frac{r^3\cdot\cos^2\theta\cdot\sin\theta}{r^2(r^2\cos^4\theta+\sin^2\theta)}=\frac{r\cos^2\theta\cdot\sin\theta}{r^2\cos^4\theta+\sin^2\theta}$$

$\theta\neq0,\pi$ のとき，$r\to0$ のとき，右辺 $\to0$

$\theta=0,\pi$ のとき，$r\to0$ のとき，$\dfrac{0}{0}$：不定形㋐

上の近づき方であると確定できない．

$y=x^2$㋑ に沿って原点に近づける．

$$\frac{x^2y}{x^4+y^2}=\frac{x^4}{2x^4}=\frac{1}{2}$$

0に収束しない．よって原点で不連続　答

(2) $x=r\cos\theta$, $y=r\sin\theta$ $(0\leqq\theta<2\pi)$ とおくと，

$$(x+y)\sin\frac{1}{x}\sin\frac{1}{y}=r(\cos\theta+\sin\theta)\sin\frac{1}{x}\sin\frac{1}{y}$$

$$\left|(x+y)\sin\frac{1}{x}\sin\frac{1}{y}\right|=r\,|\cos\theta+\sin\theta|\left|\sin\frac{1}{x}\sin\frac{1}{y}\right|_{㋒}\leqq r\,|\cos\theta+\sin\theta|$$

$r\to0$ で右辺 $\to0$　$\therefore\ \displaystyle\lim_{(x,y)\to(0,0)}(x+y)\sin\frac{1}{x}\sin\frac{1}{y}=0$ となり原点で連続　答

ポイント

㋐ 任意の θ で，0に収束することはわからない．別の近づき方を調べる必要がある．

㋑ $y=x^2$ であると，分母，分子がともに x^4 の項となり変数が消去される．

㋒ $\left|\sin\dfrac{1}{x}\sin\dfrac{1}{y}\right|\leqq1$

練習問題　8-3

解答 p. 236

次の連続性を調べよ．

(1) $f(x,y)=\begin{cases}\dfrac{xy}{\sqrt{x^2+y^2}} & ((x,y)\neq(0,0))\\ 0 & ((x,y)=(0,0))\end{cases}$

(2) $f(x,y)=\begin{cases}\dfrac{x^4-3x^2y}{2x^2+y^2} & ((x,y)\neq(0,0))\\ 0 & ((x,y)=(0,0))\end{cases}$

問題 8-4 ▼偏導関数

次の関数を偏微分せよ.

(1) $z = \tan^{-1}\dfrac{y}{x}$　　(2) $z = \dfrac{e^{xy}}{x^2+y^2}$　　(3) $u = x^3 + y^3 + z^3 - 3xyz$

●考え方●

(1), (2) は x, y に関して偏微分. (3) x, y, z に関して偏微分.

解答

(1)
$$\frac{\partial z}{\partial x} = \underbrace{\frac{1}{1+\dfrac{y^2}{x^2}}}_{㋐}\cdot\underbrace{\left(\frac{y}{x}\right)'}_{㋑} = \frac{1}{1+\dfrac{y^2}{x^2}}\cdot\left(-\frac{y}{x^2}\right) = \frac{-y}{x^2+y^2}$$ 答

$$\frac{\partial z}{\partial y} = \frac{1}{1+\dfrac{y^2}{x^2}}\cdot\underbrace{\left(\frac{y}{x}\right)'}_{㋒} = \frac{1}{1+\dfrac{y^2}{x^2}}\cdot\frac{1}{x} = \frac{x}{x^2+y^2}$$ 答

(2)
$$\frac{\partial z}{\partial x} = \underbrace{(e^{xy})'\cdot\frac{1}{x^2+y^2} + e^{xy}\cdot\left(\frac{1}{x^2+y^2}\right)'}_{㋓}$$
$$= y\cdot e^{xy}\cdot\frac{1}{x^2+y^2} + e^{xy}\cdot\left(\frac{-2x}{(x^2+y^2)^2}\right) = \frac{y(x^2+y^2)-2x}{(x^2+y^2)^2}\cdot e^{xy}$$ 答

$$\frac{\partial z}{\partial y} = \underbrace{(e^{xy})'\cdot\frac{1}{x^2+y^2} + e^{xy}\cdot\left(\frac{1}{x^2+y^2}\right)'}_{㋔}$$
$$= xe^{xy}\cdot\frac{1}{x^2+y^2} + e^{xy}\cdot\left(\frac{-2y}{(x^2+y^2)^2}\right) = \frac{x(x^2+y^2)-2y}{(x^2+y^2)^2}\cdot e^{xy}$$ 答

(3)
$$\left.\begin{aligned}\frac{\partial u}{\partial x} &= 3x^2 - 3yz\\ \frac{\partial u}{\partial y} &= 3y^2 - 3xz\\ \frac{\partial u}{\partial z} &= 3z^2 - 3xy\end{aligned}\right\}$$ 答

ポイント

㋐ p. 42
$(\tan^{-1}\theta)' = \dfrac{1}{1+\theta^2}$

㋑ x で微分.

㋒ y で微分.

㋓ x で微分.
積の微分.

㋔ y で微分.

練習問題　8-4　　解答 p. 236

次の関数を偏微分せよ.

(1) $z = \sin^{-1}\dfrac{x}{y}$

(2) $z = x^y$　$(x > 0,\ x \neq 1)$

(3) $z = \log_x y$

問題 8-5 ▼偏微分方程式

〔1〕次の関数の満たすべき偏微分方程式を求めよ．

(1) $z=\tan^{-1}\dfrac{y}{x}$　　(2) $z=(x-y)\log\dfrac{x}{y}$

〔2〕次の各条件を満たすような2変数の関数 $z=f(x,y)$ はそれぞれ x,y のどのような関数であるか．

(1) $\dfrac{\partial z}{\partial x}=0$　　(2) $\dfrac{\partial^2 z}{\partial x^2}=0$

●考え方●

〔1〕適当な回数だけ微分してみて見当をつける．

〔2〕(1) $\dfrac{\partial z}{\partial x}=0$ だから z は x を含まない．z は y のみの関数である．

(2) $\dfrac{\partial^2 z}{\partial x^2}=0$ だから $\dfrac{\partial z}{\partial x}$ は x を含まない．

解答

〔1〕(1) $\dfrac{\partial z}{\partial x}=\dfrac{-y}{x^2+y^2}$ ㋐，$\dfrac{\partial z}{\partial y}=\dfrac{x}{x^2+y^2}$ ㋑

$x\times$ ㋐ $+y\times$ ㋑より $x\dfrac{\partial z}{\partial x}+y\dfrac{\partial z}{\partial y}=0$ 答

(2) $z=(x-y)(\log|x|-\log|y|)$

$\dfrac{\partial z}{\partial x}=\log|x|-\log|y|+(x-y)\cdot\dfrac{1}{x}$，

$\dfrac{\partial^2 z}{\partial x^2}=\dfrac{1}{x}+\dfrac{y}{x^2}$ ㋒

$\dfrac{\partial z}{\partial y}=-(\log|x|-\log|y|)-(x-y)\cdot\dfrac{1}{y}$，

$\dfrac{\partial^2 z}{\partial y^2}=\dfrac{1}{y}+\dfrac{x}{y^2}$ ㋓

$x^2\cdot\dfrac{\partial^2 z}{\partial x^2}=x+y$，$y^2\cdot\dfrac{\partial^2 z}{\partial y^2}=x+y$ より，$x^2\dfrac{\partial^2 z}{\partial x^2}=y^2\dfrac{\partial^2 z}{\partial y^2}$ 答

《注意》(1)の結果をさらに x で微分すると，$\dfrac{\partial z}{\partial x}+x\dfrac{\partial^2 z}{\partial x^2}+y\dfrac{\partial^2 z}{\partial x\partial y}=0$．これは $z=\tan^{-1}\dfrac{y}{x}$ によってみたされる偏微分方程式である．この他みたすべき微分方程式は無数に考えられるが，その中で導関数の次数が最も低いものを答とする．

〔2〕(1) $\dfrac{\partial z}{\partial x}=0$ であるから z は x を含まなく，y のみの関数である．

$\therefore\ z=p(y)$ ㋔ 答

(2) $\dfrac{\partial^2 z}{\partial x^2}=0$ であるから $\dfrac{\partial z}{\partial x}$ は x を含まなく，y のみの関数．

$\therefore\ \dfrac{\partial z}{\partial x}=p(y)$　$\therefore\ z=p(y)\displaystyle\int dx+q(y)$ ㋕ $=xp(y)+q(y)$ 答

ポイント

㋐, ㋑
p. 176 問題 8-4の(1)より．

㋒, ㋓
$x^2\cdot$㋒ $=x+y$
$y^2\cdot$㋓ $=y+x$
両辺の右辺は等しくなり
$x^2\cdot$㋒ $=y^2\cdot$㋓

㋔ z は y の1変数関数

㋕ $q(y)$ は x で微分して0．$\dfrac{\partial z}{\partial x}=p(y)$ となる z は定数項で $q(y)$ がつく．

練習問題　8-5　解答 p. 236

次の各関数から関数記号を消去して偏微分方程式を作れ．

(1) $z=f\left(\dfrac{y}{x}\right)$　　(2) $z=(x+y)f(x^2-y^2)$

問題 8-6 ▼合成関数の微分(1)

次の関数があるとき，$\dfrac{dz}{dt}$ を求めよ．

(1) $z = \sin\sqrt{x^2+y^2}$，$x = 1-t^2$，$y = 1+t^2$

(2) $z = \dfrac{2x+3y}{x+2y}$，$x = e^t$，$y = e^{-t}$

●考え方●

p. 163 の定理 $\dfrac{dz}{dt} = \dfrac{\partial z}{\partial x}\cdot\dfrac{dx}{dt} + \dfrac{\partial z}{\partial y}\cdot\dfrac{dy}{dt}$ を用いる．

解答

(1) $\dfrac{\partial z}{\partial x} = \cos\sqrt{x^2+y^2}\cdot\underbrace{\dfrac{x}{\sqrt{x^2+y^2}}}_{㋐}$，$\underbrace{\dfrac{dx}{dt} = -2t}_{㋑}$

$\dfrac{\partial z}{\partial y} = \cos\sqrt{x^2+y^2}\cdot\dfrac{y}{\sqrt{x^2+y^2}}$，$\dfrac{dy}{dt} = 2t$

$$\therefore\ \frac{dz}{dt} = \frac{\partial z}{\partial x}\cdot\frac{dx}{dt} + \frac{\partial z}{\partial y}\cdot\frac{dy}{dt}$$

$$= \cos\sqrt{x^2+y^2}\cdot\frac{x}{\sqrt{x^2+y^2}}(-2t) + \cos\sqrt{x^2+y^2}\cdot\frac{y}{\sqrt{x^2+y^2}}(2t)$$

$$= 2t\cdot\frac{\cos\sqrt{x^2+y^2}}{\underbrace{\sqrt{x^2+y^2}}_{㋒}}\underbrace{(y-x)}_{㋓}$$

$$= 2t\cdot\frac{\cos\sqrt{2t^4+2}}{\sqrt{2}\sqrt{t^4+1}}\cdot 2t^2$$

$$= \frac{2\sqrt{2}\,t^3}{\sqrt{t^4+1}}\cdot\cos\sqrt{2t^4+2}$$ 答

(2) $\dfrac{\partial z}{\partial x} = \dfrac{2(x+2y)-(2x+3y)\cdot 1}{(x+2y)^2} = \dfrac{y}{(x+2y)^2}$，$\dfrac{dx}{dt} = e^t$

$\dfrac{\partial z}{\partial y} = \dfrac{3(x+2y)-(2x+3y)\cdot 2}{(x+2y)^2} = \dfrac{-x}{(x+2y)^2}$，$\dfrac{dy}{dt} = -e^{-t}$

$$\therefore\ \frac{dz}{dt} = \frac{\partial z}{\partial x}\cdot\frac{dx}{dt} + \frac{\partial z}{\partial y}\cdot\frac{dy}{dt}$$

$$= \underbrace{\frac{y}{(x+2y)^2}\cdot e^t}_{㋔} + \underbrace{\frac{x}{(x+2y)^2}e^{-t}}_{㋔} = \frac{2}{(e^t+2e^{-t})^2}$$ 答

ポイント

㋐ $\sqrt{x^2+y^2}$ を x で微分して
$\dfrac{1}{2}(x^2+y^2)^{-\frac{1}{2}}\cdot(x^2)'$
$= \dfrac{x}{\sqrt{x^2+y^2}}$

㋑ $x = 1-t^2$ を t で微分して，
$\dfrac{dx}{dt} = -2t$

㋒ $x^2+y^2 = (1-t^2)^2 + (1+t^2)^2 = 2(t^4+1)$

㋓ $y-x = 1+t^2-(1-t^2) = 2t^2$

㋔ $y\cdot e^t = e^{-t}\cdot e^t = 1$
$x\cdot e^{-t} = e^t\cdot e^{-t} = 1$
$x+2y = e^t+2e^{-t}$

練習問題 8-6 　　解答 p. 237

$z = f(x, y)$，$x = r\cos\theta$，$y = r\sin\theta$，$r = p(t)$，$\theta = q(t)$ のとき，$\dfrac{dz}{dt}$ を求めよ．

問題 8-7 ▼合成関数の微分(2)

$z = f(x, y)$, $x = a + ht$, $y = b + kt$ （a, b, h, k は定数）のとき,

(1) $\dfrac{dz}{dt}$ を求めよ. (2) $\dfrac{d^2z}{dt^2}$ を求めよ.

●考え方●

(1) $\dfrac{dz}{dt} = \dfrac{\partial z}{\partial x}\cdot\dfrac{dx}{dt} + \dfrac{\partial z}{\partial y}\cdot\dfrac{dy}{dt}$, $\dfrac{dx}{dt} = h, \dfrac{dy}{dt} = k$ である.

(2) $\dfrac{d^2z}{dt^2} = \dfrac{d}{dt}\left(\dfrac{dz}{dt}\right)$, (1)の結果を t で微分.

解答

(1) $\dfrac{dz}{dt} = \dfrac{\partial z}{\partial x}\cdot\underset{h}{\dfrac{dx}{dt}} + \dfrac{\partial z}{\partial y}\cdot\underset{k}{\dfrac{dy}{dt}} = h\dfrac{\partial z}{\partial x} + k\dfrac{\partial z}{\partial y}$ 答

(2) $\dfrac{d}{dt}\left(\dfrac{dz}{dt}\right) = h\dfrac{d}{dt}\left(\dfrac{\partial z}{\partial x}\right) + k\dfrac{d}{dt}\left(\dfrac{\partial z}{\partial y}\right)$ ⋯⊛ （ア）（イ）

ここで, $\dfrac{d}{dt}\left(\dfrac{\partial z}{\partial x}\right) = \dfrac{\partial}{\partial x}\left(\dfrac{\partial z}{\partial x}\right)\cdot\underset{h}{\dfrac{dx}{dt}} + \dfrac{\partial}{\partial y}\left(\dfrac{\partial z}{\partial x}\right)\cdot\underset{k}{\dfrac{dy}{dt}}$

$= h\dfrac{\partial^2 z}{\partial x^2} + k\dfrac{\partial^2 z}{\partial y\partial x}$ ⋯①

同様に $\dfrac{d}{dt}\left(\dfrac{\partial z}{\partial y}\right) = h\dfrac{\partial}{\partial x}\left(\dfrac{\partial z}{\partial y}\right) + k\dfrac{\partial}{\partial y}\left(\dfrac{\partial z}{\partial y}\right)$

$= h\dfrac{\partial^2 z}{\partial x\partial y} + k\dfrac{\partial^2 z}{\partial y^2}$ ⋯②

これら①, ②を⊛に代入して,

$$\frac{d^2z}{dt^2} = h\left\{h\frac{\partial^2 z}{\partial x^2} + k\frac{\partial^2 z}{\partial y\partial x}\right\} + k\left\{h\frac{\partial^2 z}{\partial x\partial y} + k\frac{\partial^2 z}{\partial y^2}\right\} = h^2\frac{\partial^2 z}{\partial x^2} + 2hk\frac{\partial^2 z}{\partial x\partial y} + k^2\frac{\partial^2 z}{\partial y^2}$$ 答 （ウ）

ポイント

（ア） $\dfrac{d}{dt}\left(\dfrac{\partial z}{\partial x}\right) = \dfrac{\partial}{\partial x}\left(\dfrac{\partial z}{\partial x}\right)\cdot\dfrac{dx}{dt} + \dfrac{\partial}{\partial y}\left(\dfrac{\partial z}{\partial x}\right)\cdot\dfrac{dy}{dt}$

（イ） $\dfrac{d}{dt}\left(\dfrac{\partial z}{\partial y}\right) = \dfrac{\partial}{\partial x}\left(\dfrac{\partial z}{\partial y}\right)\cdot\dfrac{dx}{dt} + \dfrac{\partial}{\partial y}\left(\dfrac{\partial z}{\partial y}\right)\cdot\dfrac{dy}{dt}$

（ウ） $\dfrac{\partial^2 z}{\partial x\partial y} = \dfrac{\partial^2 z}{\partial y\partial x}$

（エ） z を t で1回微分すると ∇ は1回施される. 2階微分すると ∇ が2回施される.

（オ） n 回微分すると ∇ が n 回施される. 証明は帰納法.

微分演算子 $h\dfrac{\partial}{\partial x} + k\dfrac{\partial}{\partial y}$ を $\nabla = h\dfrac{\partial}{\partial x} + k\dfrac{\partial}{\partial y}$ とおくと,

$\dfrac{dz}{dt} = \nabla z = \left(h\dfrac{\partial}{\partial x} + k\dfrac{\partial}{\partial y}\right)z$ （エ）

$\dfrac{d^2z}{dt^2} = \nabla^2 z = \left(h\dfrac{\partial}{\partial x} + k\dfrac{\partial}{\partial y}\right)^2 z$, $\dfrac{d^3z}{dt^3} = \nabla^3 z = \left(h\dfrac{\partial}{\partial x} + k\dfrac{\partial}{\partial y}\right)^3 z$

⋮

一般に $\dfrac{d^nz}{dt^n} = \nabla^n z = \left(h\dfrac{\partial}{\partial x} + k\dfrac{\partial}{\partial y}\right)^n z$ ⋯① が成り立つ. （オ）

練習問題　8-7　解答 p. 237

$z = f(x, y)$, $x = a + ht$, $y = b + kt$ のとき, $\dfrac{d^nz}{dt^n} = \left(h\dfrac{\partial}{\partial x} + k\dfrac{\partial}{\partial y}\right)^n z$ ⋯ ① が成り立つことを示せ.

問題 8-8 ▼全微分

次の関数の $(0,0)$ における全微分可能性を調べよ.

(1) $f(x,y)=\sqrt{x^2+y^2}$　　(2) $f(x,y)=\begin{cases}\dfrac{xy}{\sqrt{x^2+y^2}} & (x,y)\neq(0,0)\\ 0 & (x,y)=(0,0)\end{cases}$

●考え方●

(1) x 軸方向微分係数 $f_x(0,0)$ を定義に沿って求めてみよ.

(2) p. 164 の定義 1 に従い, $(\cos\theta, \sin\theta)$ 方向の微分係数を調べてみよ.
$\rho\to 0$ のとき, $r(h,k)$ がどうなるかを調べる.

解答

(1) $$f_x(0,0)=\lim_{h\to 0}\frac{f(h,0)-f(0,0)}{h}=\lim_{h\to 0}\frac{\sqrt{h^2}-0}{h}$$
$$=\lim_{h\to 0}\frac{|h|}{h}=\begin{cases}1 & (h>0)\\ -1 & (h<0)\end{cases}$$

極限が一意に確定しないから,㋐ $f_x(0,0)$ は存在しない. よって, $f(x,y)$ は $(0,0)$ では全微分可能ではない.

(2) $f(0+h,0+k)-f(0,0)=C_1h+C_2k+r(h,k)\cdot\rho$ とおく. $h=\rho\cos\theta$, $k=\rho\sin\theta$, $\rho=\sqrt{h^2+k^2}$ とおくと, 上式は,

$$\frac{\rho^2\cos\theta\sin\theta}{\rho}=C_1(\rho\cos\theta)+C_2(\rho\sin\theta)+r(h,k)\cdot\rho$$

辺々を ρ で割って,

$\cos\theta\sin\theta=C_1\cos\theta+C_2\sin\theta+r(h,k)$ ㋑

㋑式より, $\rho\to 0$ のとき, θ の値によって $r(h,k)$ はいろいろな値をとり, $r(h,k)\to 0$ とはならない.

したがって, $f(x,y)$ は $(0,0)$ では全微分可能ではない.

ポイント

㋐ x 軸の一方向でも $h>0$ と $h<0$ の極限値が異なる. 1つでもそのような例が見つかれば, 全微分可能でない.

㋑ $\rho\to 0$ のとき, $r(h,k)\to 0$ となるとき, 全微分可能. ところが両辺とも ρ が消去され, $\rho\to 0$ のとき, $r(h,k)\to 0$ とならない. θ の値によっていろいろな値をとる.
⬇
$(0,0)$ で全微分可能でない.

練習問題 8-8　　解答 p. 237

次の関数の全微分を求めよ.

(1) $z=\log\dfrac{x+y}{x-y}$　　(2) $z=\cos(x^2+y^2)$

問題 8-9 ▼テイラーの定理

関数 $f(x,y)$ が連続な n 次偏導関数をもつとき，$f(x+h,y+k)=f(x,y)$ $+\left(h\frac{\partial}{\partial x}+k\frac{\partial}{\partial y}\right)f(x,y)+\frac{1}{2!}\left(h\frac{\partial}{\partial x}+k\frac{\partial}{\partial y}\right)^2 f(x,y)+\cdots\cdots+\frac{1}{(n-1)!}$ $\times\left(h\frac{\partial}{\partial x}+k\frac{\partial}{\partial y}\right)^{n-1}f(x,y)+R_n\quad\left(R_n=\frac{1}{n!}\left(h\frac{\partial}{\partial x}+k\frac{\partial}{\partial y}\right)^n f(x+\theta h,y+\theta k)\right)$

が成り立つことを示せ（$0<\theta<1$）．

●考え方●

t に関しての1変数の関数 $F(t)=f(x+ht,y+kt)$ を用意する．手順はㆆ．

解答

$F(t)=f(x+ht,y+kt)$（h,k は定数）を用意し，マクローリンの定理より，べき級数展開すると，ㆅ

$$F(t)=F(0)+tF'(0)+\frac{t^2}{2!}F''(0)+\cdots$$

$$+\frac{t^{n-1}}{(n-1)!}F^{(n-1)}(0)+\frac{t^n}{n!}F^{(n)}(\theta t)\ (0<\theta<1)\cdots①$$

以下 $F^n(0)$ を求める．ㆇ

> $z=F(t)=f(x+ht,y+kt)$ に対して，
>
> $\nabla=h\frac{\partial}{\partial x}+k\frac{\partial}{\partial y}$ とすると，
>
> $$F^{(n)}(t)=\frac{d^nz}{dt^n}=\nabla^n z=\left(h\frac{\partial}{\partial x}+k\frac{\partial}{\partial y}\right)^n z \text{ ㆇ}$$
>
> $$=\left(h\frac{\partial}{\partial x}+k\frac{\partial}{\partial y}\right)^n f(x+ht,y+kt)$$
>
> $t=0$ を上式に代入して，
>
> $$F^{(n)}(0)=\left(h\frac{\partial}{\partial x}+k\frac{\partial}{\partial y}\right)^n f(x,y)\quad\cdots②$$

②より

$$F(0),F'(0),F''(0),\cdots,F^{(n-1)}(0),F^n(\theta t)=\left(h\frac{\partial}{\partial x}+k\frac{\partial}{\partial y}\right)^n f(x+h\theta t,y+k\theta t)$$

を①式に代入して，①式で $t=1$ とすると，

$$F(1)=f(x+h,y+k)\text{ ㆆ}=f(x,y)+\left(h\frac{\partial}{\partial x}+k\frac{\partial}{\partial y}\right)f(x,y)$$

$$+\frac{1}{2!}\left(h\frac{\partial}{\partial x}+k\frac{\partial}{\partial y}\right)^2 f(x,y)+\cdots\cdots+\frac{1}{(n-1)!}\left(h\frac{\partial}{\partial x}+k\frac{\partial}{\partial y}\right)^{n-1}f(x,y)+R_n$$

（R_n は上記）■

ポイント

ㆅ p. 61 参照.

ㆇ 問題 8-7 および練習問題 8-7 による （p. 179）.

ㆆ $f(x+h,y+k)$ のテイラーの定理を求める手順は，

（i）$F(t)=f(x+ht,y+kt)$ t の1変数関数を用意.

⬇

（ii）$F(t)$ にマクローリンの定理

⬇

（iii）$F^n(0)$ を求める.

⬇

（iv）$t=1$ を代入 $f(x+h,y+k)$ が展開できる.

練習問題 8-9　　解答 p. 237

次の関数 $f(x,y)$ について，$f(x+h,y+k)$ を h,k の2次の項まで求め，R_3 で止めよ．ただし，R_3 は算出しなくてよい．

（1）$f(x,y)=\log(x+y)$　　（2）$f(x,y)=e^x\sin y$

問題 8-⑩ ▼マクローリン展開

次の関数について，マクローリンの定理を適用し，x, y につき，2次の項まで計算し R_3 で止めよ．ただし，R_3 は算出しなくてよい．

(1) $z = x + xy + 2y^2$　　(2) $z = \cos xy$　　(3) $z = e^{x+y}$

●考え方●

テイラーの定理で $x = 0, y = 0$ とし，h, k をそれぞれ x, y で置き換えると

$$f(x, y) = f(0, 0) + \left(x\frac{\partial}{\partial x} + y\frac{\partial}{\partial y}\right)f(0, 0) + \frac{1}{2!}\left(x\frac{\partial}{\partial x} + y\frac{\partial}{\partial y}\right)^2 f(0, 0) + R_3$$

$$= f(0, 0) + xf_x(0, 0) + yf_y(0, 0)$$

$$+ \frac{1}{2}\{x^2 f_{xx}(0, 0) + 2xyf_{xy}(0, 0) + y^2 f_{yy}(0, 0)\} + R_3$$

を得る．各々の係数を求める．

解答

以下(1), (2), (3)で $z = f(x, y)$

(1) $f_x(x, y) = 1 + y$,㋐ $f_y(x, y) = x + 4y$,㋑

$f_{xx}(x, y) = 0$, $f_{yy}(x, y) = 4$, $f_{xy}(x, y) = 1$

$$\therefore\ f(x, y) = 0 + x \cdot 1 + y \cdot 0 + \frac{1}{2}(x^2 \cdot 0 + 2xy \cdot 1 + y^2 \cdot 4)$$

$$= x + xy + 2y^2$$ ㋒ 答

(2) $f_x(x, y) = -y\sin xy$,㋓ $f_y(x, y) = -x\sin xy$,

$f_{xx}(x, y) = -y^2\cos xy$, $f_{yy}(x, y) = -x^2\cos xy$,

$f_{xy}(x, y) = -\sin xy - xy\cos xy$ より

$$\therefore\ \cos xy = 1 + x \cdot 0 + y \cdot 0 + \frac{1}{2}\{x^2 \cdot 0 + 2xy \cdot 0 + y^2 \cdot 0\} + R_3 = 1 + R_3$$ 答

(3) $f_x(x, y) = e^{x+y}$,㋔ $f_y(x, y) = e^{x+y}$, $f_{xx}(x, y) = e^{x+y}$, $f_{yy}(x, y) = e^{x+y}$,

$f_{xy}(x, y) = e^{x+y}$

$$\therefore\ e^{x+y} = 1 + x + y + \frac{1}{2}(x^2 + 2y + y^2) + R_3$$

$$= 1 + (x + y) + \frac{(x + y)^2}{2} + R_3$$ 答

ポイント

㋐ $f_x(0, 0) = 1$
㋑ $f_y(0, 0) = 0$
㋒ $R_3 = 0$ である．
㋓ $f_x(0, 0) = 0$
$f_y(0, 0) = 0$
$f_{xx}(0, 0) = 0$
$f_{yy}(0, 0) = 0$
$f_{xy}(0, 0) = 0$
㋔ $f_x(0, 0) = f_y(0, 0)$
$= f_{xx}(0, 0) = f_{yy}(0, 0)$
$= f_{xy}(0, 0) = 1$

$\cos xy$, e^{x+y} は xy, $x + y$ を1変数とみなして，1変数のマクローリンの定理を利用した方が簡単に求まる．

$$\cos x = 1 - \frac{x^2}{2!} + \frac{x^4}{4!} - \cdots \xrightarrow{x \text{ に } xy \text{ を代入}},\ \cos xy = 1 - \frac{(xy)^2}{2!} + \cdots = 1 + R_3$$

（4次の項）

$$e^x = 1 + x + \frac{x^2}{2!} + \cdots \xrightarrow{x \text{ に } x+y \text{ を代入}},\ e^{x+y} = 1 + (x + y) + \frac{(x + y)^2}{2!} + R_3$$

練習問題 8-10

解答 p. 238

(1) $f(x, y) = \sqrt{1 + x}\log(y + 3)$

(2) $f(x, y) = e^x\cos y$ のマクローリン展開を 問題 8-⑩の方法と同様に求めよ．

問題 8-⑪ ▼**極値**

次の関数の極値を求めよ．

(1) $f(x,y)=x^3-3axy+y^3\quad(a>0)$

(2) $f(x,y)=x^3+y^2$

●考え方●

極値判定条件(p. 168)を調べる．$f_x=0$，$f_y=0$ となる x,y を求めて，$D=f_{xy}^2-f_{xx}\cdot f_{yy}$ で $D<0$，$f_{xx}>0$ のとき極小，$D<0$，$f_{xx}<0$ のとき極大．$D>0$ のとき極値をとらない．

解答

(1) $f_x=3(x^2-ay)$，$f_y=3(y^2-ax)$

$f_{xx}=6x$，$f_{xy}=-3a$，$f_{yy}=6y$

$f_x=0$，$f_y=0$ となる (x,y) は $(x,y)=(0,0),(a,a)$ ㋐

$D(x,y)=f_{xy}^2-f_{xx}f_{yy}=9a^2-36xy$

このとき，$D(0,0)=9a^2>0$．この関数は原点では極値をとらない．(a,a) は，$D(a,a)=9a^2-36a^2=-27a^2<0$，$f_{xx}(a,a)=6a>0$ となるから，点 (a,a) で極小となり極小値 $f(a,a)=-a^3$ 答

(2) $f_x=3x^2$，$f_y=2y$，$f_{xx}=6x$，$f_{xy}=0$，$f_{yy}=2$

$f_x=0$，$f_y=0$ となる x,y は $(x,y)=(0,0)$

$D(x,y)=f_{xy}^2-f_{xx}f_{yy}=0-(6x)\cdot2=-12x$

$D(0,0)=0$ ㋑ となるが，$y=0$ のとき $f(x,0)=x^3$ ㋒ は x の値が x の正負に従って正にも負にもなるから，原点で極値をとらない．答

ポイント

㋐
$$\begin{cases}x^2-ay=0\\ y^2-ax=0\end{cases}$$
$y=\dfrac{x^2}{a}$ より

$\dfrac{x^4}{a^2}-ax=0$

$\Leftrightarrow x(x^3-a^3)=0$

から $x=0$，$x=a$

$\therefore\ (x,y)=(0,0),(a,a)$

㋑ $D(0,0)=0$ より極値であるか，ないかわからない．調べる必要がある．

㋒ x の1変数関数で，$f'(x,0)=3x^2\geqq0$ で単調に増加し $x=0$ で極値にならない．

練習問題　8-11　解答 p. 238

次の関数の極値を求めよ．

(1) $f(x,y)=x^3-5x^2+8x+y^2+2y$

(2) $f(x,y)=x^2+4xy-8y^2$

問題 8-12 ▼関数の最大・最小

直方体の3辺の長さの和が $3a$ であるとき，体積が最大のものを求めよ．

●考え方●

直方体の3辺の長さを x, y, z とすれば $x+y+z=3a$ で，その体積は

$f(x,y) = xyz = xy(3a-x-y)$

$f(x,y)$ の定義 D は $x \geqq 0$，$y \geqq 0$，$3a-x-y \geqq 0$ で右図の三角形の領域である．

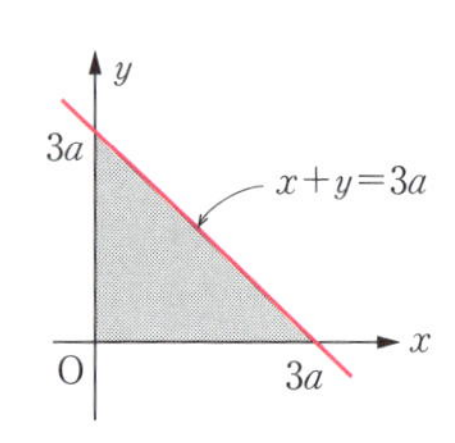

解答

直方体の3辺の長さを x, y, z とすれば，$x+y+z=3a$ で体積は $f(x,y) = xyz = xy(3a-x-y)$ で与えられる．辺の長さが0の場合も含めて考えると，$f(x,y)$ の定義域 D は $x \geqq 0,\ y \geqq 0,\ 3a-x-y \geqq 0$ ㋐

$f_x = y(3a-x-y) + xy(-1)$ ㋑ $= y(3a-2x-y)$

$f_y = x(3a-x-y) + xy(-1) = x(3a-x-2y)$

$f_x = 0$，$f_y = 0$ となる x, y の組合せは，㋒

$(x,y) = (a,a), (0,3a), (3a,0), (0,0)$

第1の点 A (a,a) は D の内部にあり，そこでは

$f_{xx}(a,a) = -2a$，$f_{xy} = -a$，$f_{yy} = -2a$ ㋓ であり，

$D(a,a) = (f_{xy})^2 - f_{xx} \cdot f_{yy} = a^2 - 4a^2 = -3a^2 < 0$

かつ $f_{xx} = -2a < 0$ となるから，f は点 A で極大値 a^3 をとる．他の解は，三角形 D の頂点を表すが，f は三角形 D の辺上では0になる．極大値をとる点は A 以外にはないから，A で最大になり，体積が最大になるのは立方体の場合である．

$\therefore$ 最大値 a^3

ポイント

㋐ 領域は上の三角形の内部および周上．

㋑ x で積の微分法を行う．

㋒ $f_x = 0$ より

$\begin{cases} y = 0 & \cdots ① \\ 2x + y = 3a & \cdots ② \end{cases}$

$f_y = 0$ より

$\begin{cases} x = 0 & \cdots ③ \\ x + 2y = 3a & \cdots ④ \end{cases}$

②, ④より，(a,a)

②, ③より，$(0,3a)$

①, ④より，$(3a,0)$

①, ③より，$(0,0)$

㋓ $f_{xx}(x,y) = -2y$

$f_{xy}(x,y) = 3a - 2x - 2y$

$f_{yy}(x,y) = -2x$

に $(x,y) = (a,a)$ を代入．

練習問題 8-12

解答 p. 238

だ円体 $\dfrac{x^2}{a^2} + \dfrac{y^2}{b^2} + \dfrac{z^2}{c^2} = 1$ に内接する直方体の体積で最大となるものを求めよ．ただし，$a > 0$，$b > 0$，$c > 0$ とする．

Memo　極大・極小と最大・最小とは厳密には異なった概念であるが，極大（極小）は局所的，すなわち限られた範囲内で最大（最小）であると考えられるので，両者の間には密接な関係がある．

$z = f(x, y)$ について，

（i）境界を含んだ有限の領域 D（有界閉集合）で連続

（ii）D の内部で微分可能

（iii）D の境界上で最大（最小）とならない

が成り立つとき，$z = f(x, y)$ の最大（最小）を与える x, y は必ず存在し，それは

$$f_x = 0,\ f_y = 0$$

を満たす．

問題 8-⑫を次の相加・相乗平均を用いて，求めてみる．

$x > 0,\ y > 0,\ z > 0$ のとき，

$$\frac{x+y+z}{3} \geqq \sqrt[3]{xyz}\quad（等号は x = y = z のとき成り立つ）$$

（∵）$x = a^3,\ y = b^3,\ z = c^3$ とおくと，$a > 0,\ b > 0,\ c > 0$ で

$$a^3 + b^3 + c^3 - 3abc = (a + b + c)(a^2 + b^2 + c^2 - ab - bc - ca)$$

$$= \frac{1}{2}(a + b + c)\{(a - b)^2 + (b - c)^2 + (c - a)^2\} \geqq 0$$

$\therefore\ a^3 + b^3 + c^3 \geqq 3abc$

（等号は $a - b = b - c = c - a = 0$，$a = b = c$ のとき成り立つ）．

（別解）

$$x + y + z = 3a,\ V = xyz$$

相加・相乗平均により，

$$3a = x + y + z \geqq 3(x \cdot y \cdot z)^{\frac{1}{3}}$$

$\Leftrightarrow\quad xyz \leqq a^3$（等号は $x = y = z = a$ のとき成り立つ）

$\therefore$ 最大値 a^3　答

問題 8-13 ▼陰関数の微分

(1) 陰関数 $f(x,y)=0$ において，$f_y(x,y)\neq 0$ で $f(x,y)$ が2回微分可能であるとき，$\dfrac{dy}{dx}$, $\dfrac{d^2y}{dx^2}$ を求めよ．

(2) $x^2+2xy-y^2=1$ のとき，$\dfrac{dy}{dx}$ を求めよ．

●考え方●

p. 168，169 を参照．

(1) $f(x,y)=0$ …①を y を x の関数とみて，①の両辺を x で微分する．

(2) $f(x,y)=x^2+2xy-y^2-1$ とおくと，$f_x=2x+2y$, $f_y=2x-2y$ である．

解答

$f(x,y)=0$ …①

(1) $f_x+f_y\dfrac{dy}{dx}=0$ $\therefore$ $\dfrac{dy}{dx}=-\dfrac{f_x}{f_y}\ (f_y\neq 0)$ 答 …②

②をさらに x で微分すると，

$$\frac{d^2y}{dx^2}=-\underbrace{\frac{\left(\dfrac{d}{dx}f_x\right)\cdot f_y-f_x\cdot\left(\dfrac{d}{dx}f_y\right)}{(f_y)^2}}_{㋐}$$

ここで，f_x, f_y は x, y の関数であるから，

$$\frac{d}{dx}f_x=\frac{\partial f_x}{\partial x}+\frac{\partial f_x}{\partial y}\cdot\frac{dy}{dx}=f_{xx}+\underbrace{f_{yx}}_{㋑}\cdot\underbrace{\frac{dy}{dx}}_{㋒}$$

$$=f_{xx}+f_{xy}\left(-\frac{f_x}{f_y}\right)=\frac{f_{xx}f_y-f_{xy}f_x}{f_y}$$

同様に，

$$\frac{d}{dx}f_y=\frac{\partial f_y}{\partial x}+\frac{\partial f_y}{\partial y}\cdot\frac{dy}{dx}=f_{xy}+f_{yy}\left(-\frac{f_x}{f_y}\right)=\frac{f_{xy}f_y-f_{yy}f_x}{f_y}$$

これらを㋐に代入して，

$$\frac{d^2y}{dx^2}=-\underbrace{\frac{f_{xx}f_y^2-2f_{xy}f_xf_y+f_{yy}f_x^2}{f_y^3}}_{㋓}$$ 答

(2) $f(x,y)=x^2+2xy-y^2-1$ とおくと，$f_x=2x+2y$, $f_y=2x-2y$

$$\therefore\ \underbrace{\frac{dy}{dx}=-\frac{f_x}{f_y}}_{㋔}=\frac{x+y}{y-x}$$ 答

ポイント

㋐ 商の微分公式を用いて x で微分．

㋑ $f_{yx}=f_{xy}$ (p. 163 定理)

㋒ ②を代入

㋓ $\left(\dfrac{d}{dx}f_x\right)f_y-f_x\left(\dfrac{d}{dx}f_y\right)$

$=\left(\dfrac{f_{xx}f_y-f_{xy}f_x}{f_y}\right)\cdot f_y$

$-f_x\cdot\left(\dfrac{f_{xy}f_y-f_{yy}f_x}{f_y}\right)$

$=\dfrac{f_{xx}f_y^2-2f_{xy}f_xf_y+f_{yy}f_x^2}{f_y}$

㋔ (1)の②より．

練習問題 8-13

解答 p. 239

次の方程式が成り立つとき，$\dfrac{dy}{dx}$ を求めよ．

(1) $\log\sqrt{x^2+y^2}=\tan^{-1}\dfrac{y}{x}$

(2) $\sin^{-1}x+\sin^{-1}y=\dfrac{\pi}{2}$

問題 8-14 ▼接線，法線および接平面の方程式

(1) 曲線 $y^2 = x^2(x+2)$ 上の点 $\mathrm{P}(a, b)$ における接線と法線の方程式を求めよ.
(2) 放物面 $z = x^2 + y^2$ 上の点 $\mathrm{P}(1, 2, 5)$ における接平面の方程式を求めよ.

●考え方●

p. 169，170 を参照.

(1) $F(x, y) = x^2(x+2) - y^2$ とおくと，曲線は $z = F(x, y)$ の $F(x, y) = 0$（等位曲線）を意味する. $\operatorname{grad} F(a, b)$ は**点 P の法線ベクトル**を表す.

(2) $F(x, y, z) = x^2 + y^2 - z$ とおくと，放物面は $\mu = F(x, y, z)$ の $F(x, y, z) = 0$（等位曲面）を意味する. $\operatorname{grad} F(1, 2, 5)$ は，曲面 $F(x, y, z) = 0$ 上の**点 P における法線ベクトル.**

解答

(1) $F(x, y) = x^2(x+2) - y^2$ とおく. 曲線の方程式は $F(x, y) = 0$ であり，

$F_x = 3x^2 + 4x$，$F_y = -2y$

よって，$\operatorname{grad} F(a, b) = (3a^2 + 4a,\ -2b)$ となるから

接線㋐ $(3a^2 + 4a)(x - a) - 2b(y - b) = 0$

法線㋑ $2b(x - a) + (3a^2 + 4a)(y - b) = 0$

$b^2 = a^3 + 2a^2$ であることに注意して，これらの方程式を整理すると，

$$\left.\begin{array}{l} \text{接線 } (3a^2 + 4a)x - 2by = a^3 \\ \text{法線 } 2bx + (3a^2 + 4a)y = 3ab(a+2) \end{array}\right\} \text{答}$$

〔注〕$F_x = 0$ かつ $F_y = 0$ をみたす x, y は $(0, 0)$. これは $F = 0$ をみたし，原点が特異点㋒となる.

(2) $F(x, y, z) = x^2 + y^2 - z$ とおくと，

$$\operatorname{grad} F = \left(\frac{\partial F}{\partial x}, \frac{\partial F}{\partial y}, \frac{\partial F}{\partial z}\right) = (2x, 2y, -1)$$

点 $\mathrm{P}(1, 2, 5)$ を代入して，$\operatorname{grad} F(1, 2, 5) = (2, 4, -1)$

これが接平面の法線ベクトルに等しくなるから，接平面の方程式は，

$2\cdot(x-1) + 4(y-2) - 1\cdot(z-5) = 0$

$\therefore\ 2x + 4y - z = 5$　答

ポイント

㋐
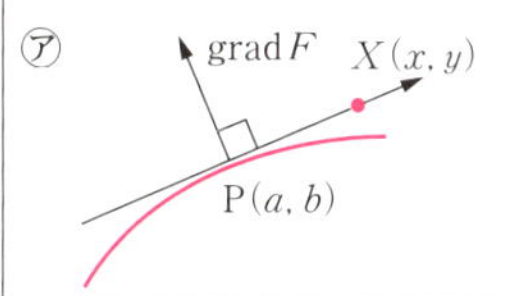

$(\operatorname{grad} F)\cdot(x-a, y-b) = 0$

㋑ 接線の方向ベクトルは $(2b, 3a^2 + 4a)$

㋒ 曲線を陽関数で表すと，
$y = \pm|x|\sqrt{x+2}$
$y = |x|\sqrt{x+2}$ のグラフは，

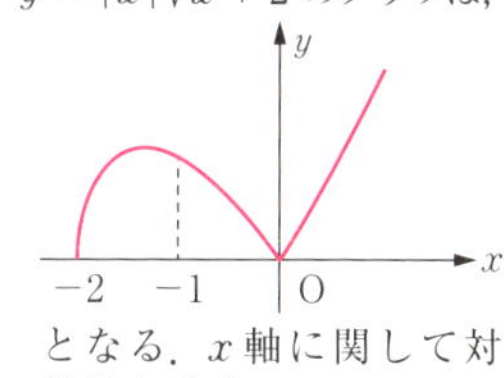

となる. x 軸に関して対称性を考慮して，

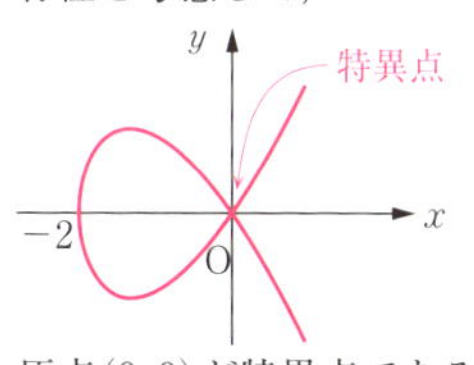

原点 $(0, 0)$ が特異点であることが，上のことからも確かめられる.

練習問題　8-14

解答 p. 239

次の曲面の点 P における接平面の方程式を求めよ.

(1) $z = x^2 y + x\sin y$　$\mathrm{P}(2, \pi, 4\pi)$　　(2) $z = e^{3 - x^2 - y^2}$　$\mathrm{P}(1, 0, e^2)$

問題 8-15 ▼ラプラシアンと調和関数

$z = f(r)$, $r = \sqrt{x^2 + y^2}$ かつ $\dfrac{\partial^2 z}{\partial x^2} + \dfrac{\partial^2 z}{\partial y^2} = 0$ …① となる.
調和関数 $z = f(r)$ を求めよ.

●考え方●

$z \to r \begin{smallmatrix} \nearrow x \\ \searrow y \end{smallmatrix}$ $\dfrac{\partial z}{\partial x} = \dfrac{dz}{dr} \cdot \dfrac{\partial r}{\partial x}$, $\dfrac{\partial r}{\partial x} = \dfrac{x}{\sqrt{x^2 + y^2}} = \dfrac{x}{r}$ から $\dfrac{\partial^2 z}{\partial x^2}$ を求める.

同様に $\dfrac{\partial^2 z}{\partial y^2}$ を求め, ①をみたす関係式を求める.

解答

$\dfrac{\partial r}{\partial x} = \dfrac{x}{\sqrt{x^2 + y^2}} = \dfrac{x}{r}$ であるから,

$$\frac{\partial z}{\partial x} = \frac{dz}{dr} \cdot \frac{\partial r}{\partial x} = f'(r) \cdot \frac{x}{r} = \frac{f'(r)}{r} \cdot x$$

したがって,

$$\frac{\partial^2 z}{\partial x^2} = \frac{\partial}{\partial x}\left(\frac{\partial z}{\partial x}\right) = \underbrace{\frac{\partial}{\partial x}\left(\frac{f'(r)}{r} x\right)}_{㋐}$$

$$= \underbrace{\frac{\partial}{\partial x}\left(\frac{f'(r)}{r}\right)}_{㋑} x + \frac{f'(r)}{r} \cdot 1$$

$$= \frac{f''(r) r - f'(r)}{r^2} \cdot \underbrace{\frac{\partial r}{\partial x}}_{㋒} \cdot x + \frac{f'(r)}{r}$$

$$= \frac{f''(r) r - f'(r)}{r^3} x^2 + \frac{f'(r)}{r}$$

同様にして,

$$\frac{\partial^2 z}{\partial y^2} = \frac{f''(r) r - f'(r)}{r^3} y^2 + \frac{f'(r)}{r}$$

これらを①式に代入して, $x^2 + y^2 = r^2$ を用いると,

$$\frac{f''(r) r - f'(r)}{r} + \frac{2f'(r)}{r} = 0, \quad \therefore \underbrace{f''(r) r + f'(r) = 0}_{㋓} \quad \cdots ②$$

② ⇔ $\underbrace{\{rf'(r)\}' = 0}_{㋔}$ から $rf'(r) = C$ (C : 定数)

$\underbrace{f'(r) = \dfrac{C}{r}}_{㋕}$, よって $f(r) = \displaystyle\int \frac{C}{r} dr = C \log r + D$ 答

(C, D : 定数)

《注意》コラム 8 (p. 190) を参照.

ポイント

㋐ 積の微分法

㋑

$$\frac{\partial}{\partial x}\left(\frac{f'(r)}{r}\right) = \frac{\frac{\partial}{\partial x}\{f'(r)\} \cdot r - f'(r) \frac{\partial r}{\partial x}}{r^2} = \frac{f''(r) \cdot \frac{\partial r}{\partial x} \cdot r - f'(r) \frac{\partial r}{\partial x}}{r^2} = \frac{f''(r) r - f'(r)}{r^2} \cdot \frac{\partial r}{\partial x}$$

㋒ $\dfrac{\partial r}{\partial x} = \dfrac{x}{r}$ を代入.

㋓ ②の左辺を 1 つの関数でまとめて表す. 常微分方程式.

㋔ $rf'(r)$ を r で微分して 0 より $rf'(r)$ は定数となる.

㋕ 辺々を r で積分.

練習問題 8-15

解答 p. 239

次の各関数 μ において, $\dfrac{\partial^2 u}{\partial x^2} + \dfrac{\partial^2 u}{\partial y^2}$ または $\dfrac{\partial^2 u}{\partial x^2} + \dfrac{\partial^2 u}{\partial y^2} + \dfrac{\partial^2 u}{\partial z^2}$ を求めよ.

(1) $\mu = \log \sqrt{x^2 + y^2}$ (2) $\mu = \dfrac{1}{\sqrt{x^2 + y^2 + z^2}}$

問題 8-16 ▼条件付き極値問題（ラグランジュの未定係数法）

条件 $\dfrac{x^2}{4}+y^2=1$ …㊟ のもとで，$f(x,y)=xy$ の極値を求めたい．

(1) 極値が生じる候補をラグランジュの未定係数法よりすべて求めよ．

(2) (1)で求めた点で極値になるかどうか判定せよ．

●考え方●

(1) $g(x,y)=\dfrac{x^2}{4}+y^2-1$ とおくと，$g(x,y)=0$ のもとで，$f(x,y)=xy$ の極値をもつ候補点は，$\mathrm{grad}\,g \,/\!/\, \mathrm{grad}\,f$ をみたす点である（p.172 参照）．

(2) $z=xy$ とおくと，陰関数の定理より $y=p(x)$ が存在する．候補点が $z''<0$ をみたすなら極大となり，$z''>0$ をみたすなら極小となる．

解答

(1) $g(x,y)=\dfrac{x^2}{4}+y^2-1$ とおき，$g(x,y)=0$ ㋐の条件のもとに考える．$g_x=\dfrac{x}{2}$，$g_y=2y$ であるから，㊟のだ円上で $g_x=g_y=0$ となることはない．

$\mathrm{grad}\,f=(y,x)$，$\mathrm{grad}\,g=\left(\dfrac{x}{2},2y\right)$ となるから，

$\mathrm{grad}\,f \,/\!/\, \mathrm{grad}\,g \Leftrightarrow y:x=\dfrac{x}{2}:2y$, $\dfrac{x^2}{2}=2y^2$, $x=\pm 2y$ ㋑

$x=2y, x=-2y$ を㊟に代入して，極値が生じる候補は次の4点を得る．

$\mathrm{A}\left(\sqrt{2},\dfrac{1}{\sqrt{2}}\right)$，$\mathrm{B}\left(-\sqrt{2},\dfrac{1}{\sqrt{2}}\right)$，$\mathrm{C}\left(-\sqrt{2},-\dfrac{1}{\sqrt{2}}\right)$，

$\mathrm{D}\left(\sqrt{2},-\dfrac{1}{\sqrt{2}}\right)$ 答

ポイント

㋐ 図のだ円上の点で，xy が極値をとる点 $\mathrm{P}(x,y)$ を求める．

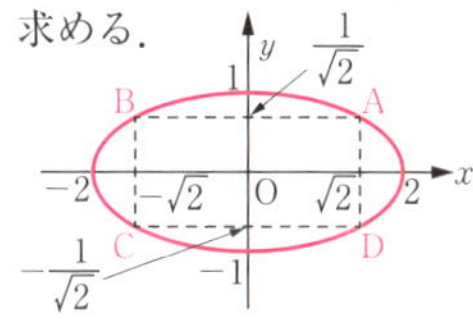

㋑ p.172 の λ は，
$x=2y$ のとき，$\lambda=1$
$x=-2y$ のとき，$\lambda=-1$

㋒ y は x の関数で $y=p(x)$ とおける．

㋓ $y'_{\mathrm{A}}=-\dfrac{1}{2}, y=\dfrac{1}{\sqrt{2}}$ を代入．

(2) 点 A, C では $f=1$，点 B, D では $f=-1$ となる．点 $\mathrm{A}\left(\sqrt{2},\dfrac{1}{\sqrt{2}}\right)$ で極値になるかどうか判定する．$z=xy$ ㋒とおくと，$z'=y+xy'$，$z''=y'+y'+xy''=2y'+xy''$…① ここで，㊟の辺々を x で微分して，点 A の座標を代入すると，

$$\frac{1}{2}x+2yy'=0,\quad y'_{\mathrm{A}}=-\frac{1}{4}\left(\frac{x}{y}\right)_{\mathrm{A}}=-\frac{1}{2}$$

$$\frac{1}{2}+2(y')^2+2yy''=0,\ ㋓\quad \frac{1}{2}+2\left(-\frac{1}{2}\right)^2+2\cdot\frac{1}{\sqrt{2}}y''_{\mathrm{A}}=0 \text{ より } y''_{\mathrm{A}}=-\frac{1}{\sqrt{2}}$$

$y'_{\mathrm{A}}=-\dfrac{1}{2}$，$y''_{\mathrm{A}}=-\dfrac{1}{\sqrt{2}}$ を①に代入して，$z''=-2<0$

点 A（同様に点 C）で極大になり，極大値 1，他も同様にチェックして点 B, D で極小になり，極小値 -1 答

練習問題　8-16　解答 p. 240

$8x^2-4xy+5y^2=180$ のとき，$f(x,y)=x^2+y^2$ の最大値・最小値を求めよ．

コラム 8　◆熱伝導方程式と調和関数

身のまわりの自然現象や社会現象を方程式に乗せて解明しようとすると，ほとんどがすべて微分方程式になってしまう．変数と関数および導関数との間に成り立つ関係式を**微分方程式**という．

偏導関数を含むものを“**偏微分方程式**”といい，そうでないもの，例えば，$\dfrac{dy}{dx}+P(x)y=Q(x)$，$\dfrac{d^2y}{dx^2}+ay=0$ などの 1 変数関数の微分方程式を“**常微分方程式**”という．

本格的な微分方程式の問題になれば，最低でも位置と時刻の 2 つの変数が必要となるから，必然的に偏微分方程式になる．

1 例をあげる．

固体に熱を加えたとき，温度変化の関数を $u(x,y,t)$ とすると，次の**熱伝導方程式**が成り立つ．

$$\frac{du}{dt}=a\left(\frac{\partial^2 u}{\partial x^2}+\frac{\partial^2 u}{\partial y^2}\right)\quad\left(\begin{array}{l}a\text{ は固体の性質により決まる，}\\\text{熱拡散率とよばれる正の定数．}\end{array}\right)$$

この式は温度変化が時刻 t と位置 (x,y) に依存していることを意味する．この方程式の特殊な状態を考える．すなわち，$\boldsymbol{\dfrac{du}{dt}=0}$ の場合を考える．

これは，時刻に依存しなく，位置だけで決まる状態を表し，定常状態という．この関係式が**ラプラスの方程式**（p. 170 参照）

$$\frac{\partial^2 u}{\partial x^2}+\frac{\partial^2 u}{\partial y^2}=0$$

となる．

ラプラスの方程式は特殊でない定常状態を表し，それをみたす関数が調和関数になる．

《注意》偏微分方程式は p. 177 を参照．常微分方程式は p. 188 を参照．調和関数は p. 188 を参照．

Chapter 9

多変数関数の積分

多変数関数の積分を習熟し，求積問題を n 重積分を用いて求められるようにする．

1 2 重積分の定義
2 累次積分
3 積分変数の変換
4 積分変数の変換（3 重積分）

基本事項

1変数関数のときは不定積分と定積分があったが，2変数関数には定積分しかない．直感的には1重積分は**面積**を表し，2重積分は**体積**を表す．

1　2重積分の定義（問題 9-1, 2, 3）

❶ 2重積分

xy 平面上のある領域 D で，2変数関数 $f(x, y)$ を考える．D を任意の n 個の小領域 $D_1, D_2, \cdots, D_n$ に分割し，領域 D_i 内の任意の1点 $\mathrm{P}_i(x_i, y_i)$ における関数値 $f(x_i, y_i)$ とこの領域の面積 ΔS_i との積の和

$$\sum_{i=1}^{n} f(x_i, y_i)\Delta S_i$$

を作る．

次に，すべての小領域の面積が0に**収束する**ように，$n \to \infty$ とするとき，上の積和が**有限確定値の極限値をもつ**ならば，$f(x, y)$ は***D* で積分可能**であるといい，この極限値を D における**2重積分**という．これを記号で次のように表す．

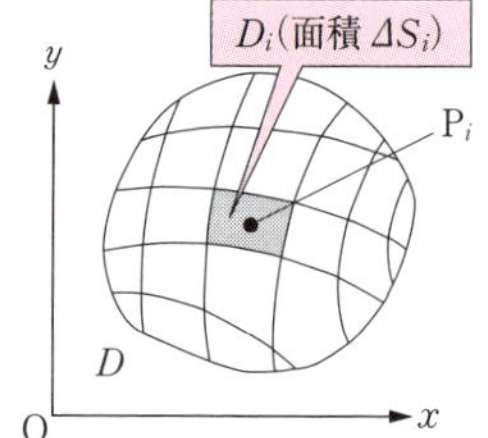

$$\iint_D f(x, y)\,dxdy$$

すなわち，$\lim \sum f(x_i, y_i)\Delta S_i = \iint_D f(x, y)\,dxdy$ …㊟

Memo　㊟の左辺の極限値が存在するというのは，D の分割の仕方がどうであっても，また各小領域 D_i 内で点 P_i をどこにとっても，とにかくすべての小領域の面積が0に収束しさえすれば，$\sum f(x_i, y_i)\Delta S_i$ は一定の値に収束するということである．
直感的にとらえると，$\iint_D f(x, y)\,dxdy$ は，D の境界となっている曲線を導線とし，z 軸に平行な母線によって作られる柱面と，xy 平面，および曲面 $z = f(x, y)$ によって囲まれる立体の体積（符号つき）となる．

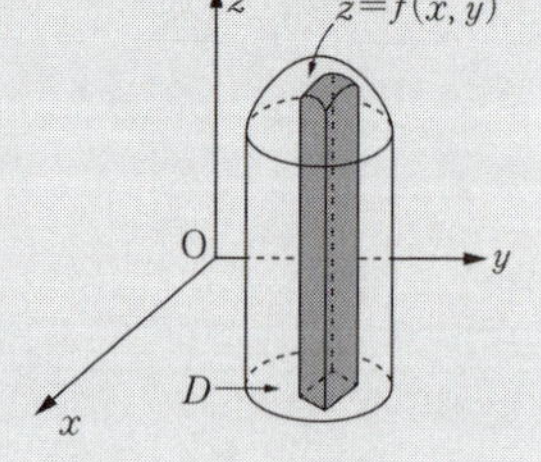

《注意》 $f(x, y) < 0$ でもかまわない．この場合，2重積分により負の体積が計算されることになる．

❷ n 重積分

2重積分と同様にして，xyz 空間内の有界閉領域 D 上で定義された関数 $f(x, y, z)$ に対して，**3重積分**を次のように定義する．

$$\iiint_D f(x, y, z)\,dxdydz$$

さらに拡張して，**n 重積分**も定義できる．

n 重積分は，2重積分の場合と同様に，いくつかの変数のうち1つの変数に着目して他を固定し，1変数の関数とみなして積分を求め，これをくり返せばよい．

2　累次積分（問題 9-1, 2）

2重積分を計算するとき，x と y に順序をつけて積分する．これを**累次積分**という．2重積分は，次のように先に y で積分するか，先に x で積分するかで2通りある．

（i）$D=\{(x, y)\,|\,a \leqq x \leqq b,\ g_1(x) \leqq y \leqq g_2(x)\}$

$$\iint_D f(x, y)\,dxdy$$

$$=\int_a^b \left\{\int_{g_1(x)}^{g_2(x)} f(x, y)\,dy\right\} dx$$

y での積分 $=S(x)$

x での積分

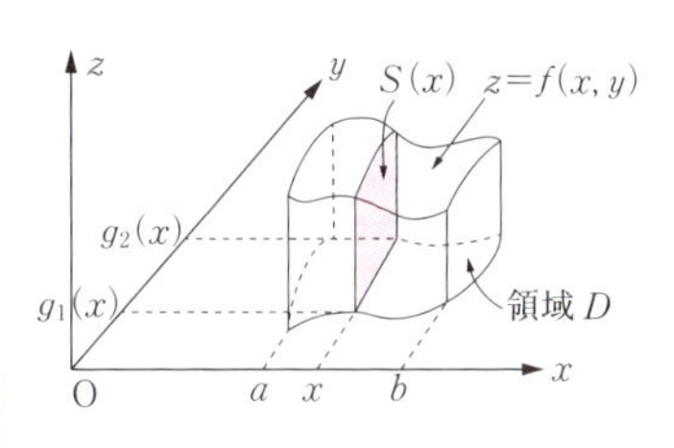

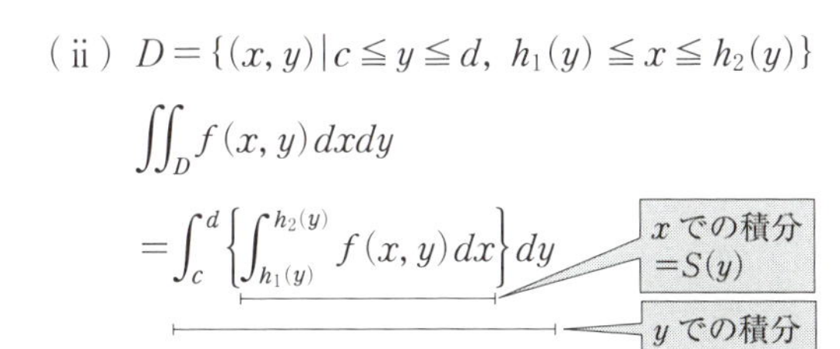

（ii）$D=\{(x, y)\,|\,c \leqq y \leqq d,\ h_1(y) \leqq x \leqq h_2(y)\}$

$$\iint_D f(x, y)\,dxdy$$

$$=\int_c^d \left\{\int_{h_1(y)}^{h_2(y)} f(x, y)\,dx\right\} dy$$

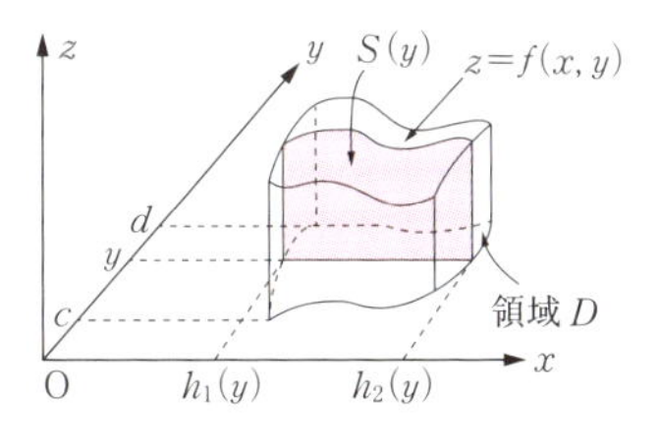

積分の順序は，$\iint_D f(x, y)\,dxdy$ が（i），（ii）のいずれでも表されるとき，この2つの表現法の一方を他方に変形することを「**2重積分の順序を変更する**」という．

3 積分変数の変換（問題 9-4）

2 重積分の置換積分は 1 重積分のときと同様な作業で，領域を新しい変数で表し，被積分関数を新しい変数で表現，$dxdy$ を新しい変数で表現するという手順を踏む．

❶ 一般の変換（2 次元曲線座標）

次の定理が成り立つ．

定理

変換 $\begin{cases} x = g(u, v) \\ y = h(u, v) \end{cases}$ …①

によって，uv 平面領域 E が xy 平面の領域 D に **1 対 1** に対応するとき，

$$\iint_D f(x, y)\,dxdy = \iint_E f(g(u, v), h(u, v))\,|J|\,dudv \quad \cdots②$$

ここに，$J = \dfrac{\partial(x, y)}{\partial(u, v)} = \begin{vmatrix} \dfrac{\partial x}{\partial u} & \dfrac{\partial x}{\partial v} \\ \dfrac{\partial y}{\partial u} & \dfrac{\partial y}{\partial v} \end{vmatrix} = \dfrac{\partial x}{\partial u}\cdot\dfrac{\partial y}{\partial v} - \dfrac{\partial x}{\partial v}\cdot\dfrac{\partial y}{\partial u}$

J は**ヤコビアン**（またはヤコビ行列式）という．

$dxdy$ は 2 次元直角座標 (x, y) での面積要素であり，$|J|\,dudv$ は 2 次元曲線座標 (u, v) での面積要素である．

1 変数の置換積分と 2 変数の置換積分を比較してみる．

〈1 変数〉	〈2 変数〉
$\displaystyle\int_{g(\alpha)}^{g(\beta)} f(x)\,dx$	$\displaystyle\iint_D f(x, y)\,dxdy$
↓ $x = g(t)$ の置換	↓ $\begin{cases} x = g(u, v) \\ y = h(u, v) \end{cases}$ の置換
(i) $dx = g'(t)dt$	(i) $dxdy = \|J\|\,dudv$
(ii) 積分範囲	(ii) 積分範囲
x: $g(\alpha) \to g(\beta)$ / t: $\alpha \to \beta$	$D \to E$

以下，(x, y) から (u, v) への変換で，面積要素 $dxdy$ が面積要素 $|J|\,dudv$ におきかえられることを説明しておこう．

$\begin{cases} x = g(u, v) \\ y = h(u, v) \end{cases}$ と x, y が u と v の 2 変数関数になるから，全微分を求めると，

$$\begin{cases} dx = \dfrac{\partial x}{\partial u}du + \dfrac{\partial x}{\partial v}dv \\ dy = \dfrac{\partial y}{\partial u}du + \dfrac{\partial y}{\partial v}dv \end{cases} \Leftrightarrow \begin{pmatrix} dx \\ dy \end{pmatrix} = \begin{pmatrix} \dfrac{\partial x}{\partial u} & \dfrac{\partial x}{\partial v} \\ \dfrac{\partial y}{\partial u} & \dfrac{\partial y}{\partial v} \end{pmatrix} \begin{pmatrix} du \\ dv \end{pmatrix}$$

《注》（行列表現については石綿夏委也著『大学1·2年生のためのすぐわかる線形代数』参照）

$A = \begin{pmatrix} \dfrac{\partial x}{\partial u} & \dfrac{\partial x}{\partial v} \\ \dfrac{\partial y}{\partial u} & \dfrac{\partial y}{\partial v} \end{pmatrix}$ とおく．領域 D と領域 E は1対1に対応している条件から，$\det A \fallingdotseq 0$ で $J = \det A = \begin{vmatrix} x_u & x_v \\ y_u & y_v \end{vmatrix} = x_u y_v - x_v y_u$ とおくと，1次変換が1対1対応であることから，微小な世界の面積要素 $dxdy$ は $dudv$ を $|J|$ 倍したものになる．

$$\therefore \quad dxdy = |J|\, dudv$$

が成り立ち，定理が得られる．

Memo　1重積分の置換積分で $dx = \dfrac{dx}{dt}dt$ の $\dfrac{dx}{dt}$ は x 軸上の長さと t 軸上の長さの換算率（レート）である．これより

$$|J| = \left| \det \frac{\partial(x, y)}{\partial(u, v)} \right| = \begin{vmatrix} \dfrac{\partial x}{\partial u} & \dfrac{\partial x}{\partial v} \\ \dfrac{\partial y}{\partial u} & \dfrac{\partial y}{\partial v} \end{vmatrix}$$

は xy 平面上の面積と uv 平面上の面積の換算率（レート）と理解できる．

❷ 極座標による変換

積分領域 D が円の場合，または被積分関数が $x^2 + y^2$ の関数になっている場合などに，極座標変換が有効である．

x, y を極座標表示 $\begin{cases} x = r\cos\theta \\ y = r\sin\theta \end{cases}$ $(r \geqq 0,\ 0 \leqq \theta < 2\pi)$

のとき，$J = \begin{vmatrix} x_r & x_\theta \\ y_r & y_\theta \end{vmatrix} = \begin{vmatrix} \cos\theta & -r\sin\theta \\ \sin\theta & r\cos\theta \end{vmatrix} = r(\cos^2\theta + \sin^2\theta) = r$

となる．

xy 平面上の領域 D が $r\theta$ 平面上の領域 E にうつるとき，

$$\iint_D f(x, y)\,dxdy = \iint_E f(r\cos\theta, r\sin\theta)\cdot r\,drd\theta$$

極座標に変換すると「**換算率（レート）は $\boldsymbol{r}$ 倍**」となることを意味している．

Memo 図形的なイメージ.

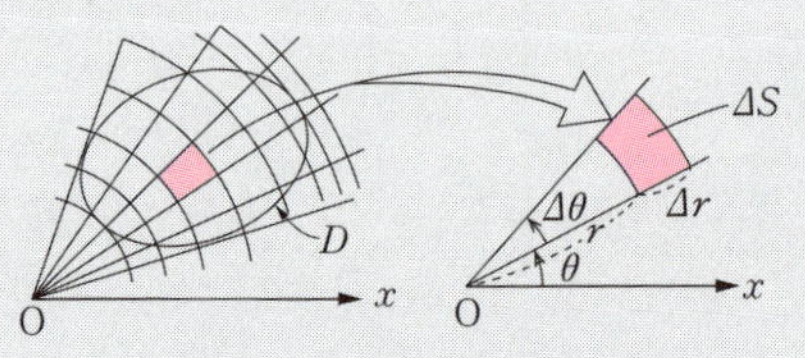

Dを, 原点を通る直線と原点を中心とする円によって分割したとき, 図の色の部分の面積は,

$$\Delta S = \frac{1}{2}(r + \Delta r)^2 \Delta\theta - \frac{1}{2}r^2 \Delta\theta$$

$$= r(\Delta r)(\Delta\theta) + \underline{\frac{1}{2}(\Delta r)^2 \Delta\theta}$$

$\Delta r \to 0$, $\Delta\theta \to 0$ のとき, 第2項 (――の部分) は第1項より**高位の無限小**になるから,

$\Delta S \fallingdotseq r\Delta r\Delta\theta$ から, $dxdy = r\, drd\theta$ となる.

4 積分変数の変換 (3重積分) (問題 9-3, 4)

3重積分 $\iiint_D f(x, y, z)\,dxdydz$ において, $dxdydz$ を3次元直交座標 (x, y, z) での**体積要素**という.

3重積分における変数変換も, 2重積分の場合のときと同じ考え方が展開できる. 置換の仕方により, 次の3つの変換を紹介する.

❶ 一般の変換 (3次元曲線座標)

定理

変換 $\begin{cases} x = g(u, v, w) \\ y = h(u, v, w), \\ z = k(u, v, w) \end{cases}$ $\quad J = \dfrac{\partial(x, y, z)}{\partial(u, v, w)} \neq 0$

によって, xyz 空間内の領域 D が uvw 空間内の領域 E にうつるとき,

$$\iiint_D f(x, y, z)\,dxdydz$$

$$= \iiint_E f(g(u, v, w), h(u, v, w), k(u, v, w))\,|J|\,dudvdw$$

ここで, ヤコビアン J は,

$$J = \frac{\partial(x, y, z)}{\partial(u, v, w)} = \begin{vmatrix} x_u & x_v & x_w \\ y_u & y_v & y_w \\ z_u & z_v & z_w \end{vmatrix}$$ と定義される.

《注意》変換により，領域 D と領域 E は 1 対 1 に対応する．$|J|\,dudvdw$ は 3 次元曲線座標における**体積要素**である．

❷ 円柱座標変換

$$\begin{cases} x = r\cos\theta \\ y = r\sin\theta \qquad (r \geqq 0,\ 0 \leqq \theta < 2\pi) \\ z = z \longleftarrow z\text{ 座標は変化しない．} \end{cases}$$

の場合のとき，ヤコビアンは，

$$J = \begin{vmatrix} \dfrac{\partial x}{\partial r} & \dfrac{\partial x}{\partial \theta} & \dfrac{\partial x}{\partial z} \\ \dfrac{\partial y}{\partial r} & \dfrac{\partial y}{\partial \theta} & \dfrac{\partial y}{\partial z} \\ \dfrac{\partial z}{\partial r} & \dfrac{\partial z}{\partial \theta} & \dfrac{\partial z}{\partial z} \end{vmatrix} = \begin{vmatrix} \cos\theta & -r\sin\theta & 0 \\ \sin\theta & r\cos\theta & 0 \\ 0 & 0 & 1 \end{vmatrix}$$

$= r\cos^2\theta + r\sin^2\theta = r$　となり，

$$\iiint_D f(x, y, z)\,dxdydz = \iiint_E f(r\cos\theta, r\sin\theta, z)\,r\,drd\theta dz$$

❸ 極座標変換

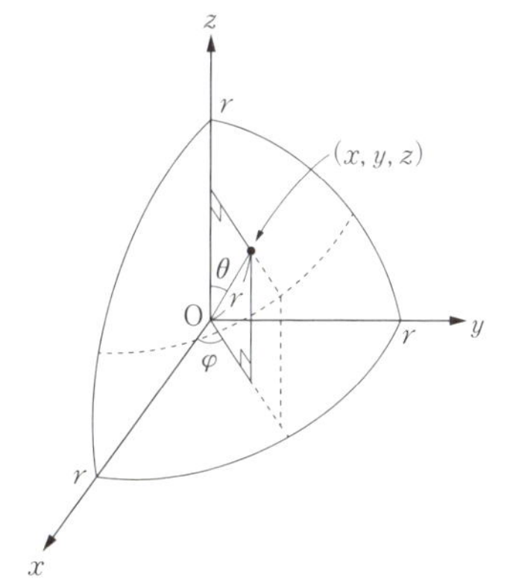

$$\begin{cases} x = r\sin\theta\cos\varphi \\ y = r\sin\theta\sin\varphi \\ z = r\cos\theta \end{cases} \quad \begin{pmatrix} r \geqq 0,\ 0 \leqq \theta \leqq \pi, \\ 0 \leqq \varphi < 2\pi \end{pmatrix}$$

の場合のとき，ヤコビアンは，

$$J = \begin{vmatrix} \dfrac{\partial x}{\partial r} & \dfrac{\partial x}{\partial \theta} & \dfrac{\partial x}{\partial \varphi} \\ \dfrac{\partial y}{\partial r} & \dfrac{\partial y}{\partial \theta} & \dfrac{\partial y}{\partial \varphi} \\ \dfrac{\partial z}{\partial r} & \dfrac{\partial z}{\partial \theta} & \dfrac{\partial z}{\partial \varphi} \end{vmatrix} = \begin{vmatrix} \sin\theta\cos\varphi & r\cos\theta\cos\varphi & -r\sin\theta\sin\varphi \\ \sin\theta\sin\varphi & r\cos\theta\sin\varphi & r\sin\theta\cos\varphi \\ \cos\theta & -r\sin\theta & 0 \end{vmatrix}$$

この行列式を展開すると，$J = r^2\sin\theta$ となり，

$$\iiint_D f(x, y, z)\,dxdydz = \iiint_E f(r\sin\theta\cos\varphi, r\sin\theta\sin\varphi, r\cos\theta)\cdot r^2\sin\theta\,drd\theta d\varphi$$

《注意》3 行 3 列の行列式

$$\begin{vmatrix} a & b & c \\ d & e & f \\ g & h & i \end{vmatrix} = aei + bfg + cdh - ceg - afh - bdi$$

問題 9-[1] ▼累次積分（1）

〔1〕次の2重積分を計算せよ．

(1) $\displaystyle\int_0^b\int_0^a xy(x-y)\,dxdy$　　(2) $\displaystyle\int_0^1\int_0^{\sqrt{x}}(x+y)\,dydx$

〔2〕次の積分の順序を変更せよ．

(1) $\displaystyle\int_0^{\frac{1}{2}}dx\int_x^{1-x}f(x,y)\,dy$　　(2) $\displaystyle\int_0^1 dy\int_{1-\sqrt{1-y^2}}^{1+\sqrt{1-y^2}}f(x,y)\,dx$

●考え方●

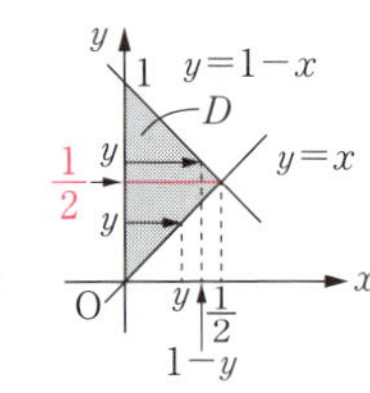

〔1〕(1), (2) 積分の領域を図示してみよ．

〔2〕(1) 領域は $0 \leqq x \leqq \frac{1}{2}$，$x \leqq y \leqq 1-x$ で右図の色塗り部分．x を先に実行するために D を直線 $y=\frac{1}{2}$ で2つに分割して考える．

解答

〔1〕

(1) $\displaystyle\int_0^b\left\{\int_0^a (yx^2-y^2x)\,dx\right\}dy$㋐ $\displaystyle=\int_0^b\left[\frac{y}{3}x^3-\frac{y^2}{2}x^2\right]_0^a dy$

$\displaystyle=\int_0^b\left(\frac{a^3}{3}y-\frac{a^2}{2}y^2\right)dy$

$\displaystyle=\left[\frac{a^3}{6}y^2-\frac{a^2}{6}y^3\right]_0^b$

$\displaystyle=\frac{a^2b^2}{6}(a-b)$ 答

(2) $\displaystyle\int_0^1\left\{\int_0^{\sqrt{x}}(x+y)\,dy\right\}dx$㋑ $\displaystyle=\int_0^1\left[xy+\frac{y^2}{2}\right]_0^{\sqrt{x}}dx$

$\displaystyle=\int_0^1\left(x^{\frac{3}{2}}+\frac{x}{2}\right)dx$

$\displaystyle=\left[\frac{2}{5}x^{\frac{5}{2}}+\frac{x^2}{4}\right]_0^1=\frac{13}{20}$ 答

ポイント

㋐ 積分する領域 D は，

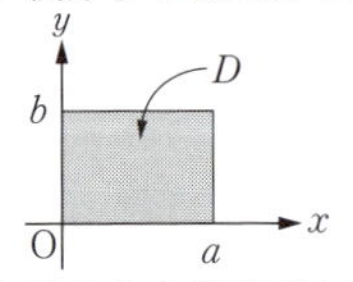

㋑ 積分する領域 D は，

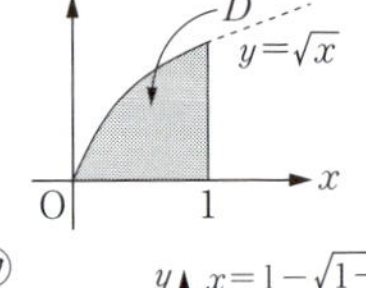

㋒

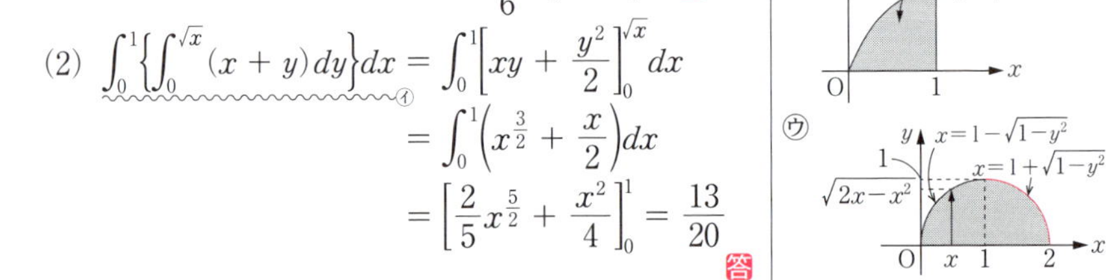

〔2〕(1)「考え方」の図を参照して，$y=\frac{1}{2}$ で分割して

$\displaystyle\int_0^{\frac{1}{2}}dx\int_x^{1-x}f(x,y)\,dy=\int_0^{\frac{1}{2}}\int_0^y f(x,y)\,dxdy+\int_{\frac{1}{2}}^1\int_0^{1-y}f(x,y)\,dxdy$ 答

(2) 領域 D㋒：$1-\sqrt{1-y^2}\leqq x\leqq 1+\sqrt{1-y^2}$，$0\leqq y\leqq 1$

$x=1\pm\sqrt{1-y^2}$ のとき，$(x-1)^2=1-y^2$，$y=\sqrt{2x-x^2}$ より，

$\displaystyle\int_0^2 dx\int_0^{\sqrt{2x-x^2}}f(x,y)\,dy$ 答

練習問題　9-1　解答 p. 240

次の2重積分の値を積分の順序を変えて求めよ．

(1) $\displaystyle\int_0^2\int_0^{y^2}\sqrt{x}\,dxdy$　　(2) $\displaystyle\int_0^a dx\int_0^{\sqrt{a^2-x^2}}xy^2\,dy$　$(a>0)$

問題 9-2 ▼累次積分（2）

次の2重積分を求めよ.

(1) $\iint_D y\,dxdy$　　$D: \sqrt{\dfrac{x}{a}}+\sqrt{\dfrac{y}{b}} \leqq 1$　$(a>0,\ b>0)$

(2) $\iint_D x\cdot e^{-y^2}dxdy$　　$D: x^2 \leqq y \leqq 1,\ x \geqq 0$

●考え方●

(1) 領域は図の色塗り部分. 積分は, x を先に実行する方が少し楽である.

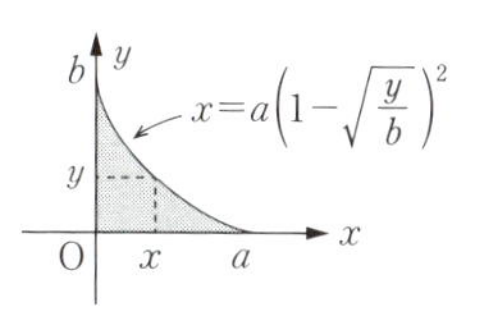

(2) y を先に実行しようとしても $\int e^{-y^2}dy$ の積分ができない. x を先に実行してみる.

解答

(1) $\sqrt{\dfrac{x}{a}}+\sqrt{\dfrac{y}{b}}=1$ より $x=a\left(1-\sqrt{\dfrac{y}{b}}\right)^2$ ㋐

$$\int_0^b dy\int_0^{a\left(1-\sqrt{\frac{y}{b}}\right)^2} y\,dx=\int_0^b y\cdot[x]_0^{a\left(1-\sqrt{\frac{y}{b}}\right)^2}dy$$

$$=a\int_0^b y\cdot\left(1-\sqrt{\frac{y}{b}}\right)^2dy=a\int_0^b\left(y-\frac{2}{\sqrt{b}}\cdot y^{\frac{3}{2}}+\frac{y^2}{b}\right)dy$$

$$=a\left[\frac{y^2}{2}-\frac{2}{\sqrt{b}}\cdot\frac{2}{5}y^{\frac{5}{2}}+\frac{y^3}{3b}\right]_0^b$$

$$=a\left(\frac{b^2}{2}-\frac{4}{5}b^2+\frac{b^2}{3}\right)=\frac{ab^2}{30}$$ 答

(2) 領域は右図. ㋑ x で先に積分を実行.

$$\iint_D xe^{-y^2}dxdy=\int_0^1\int_0^{\sqrt{y}}x\cdot e^{-y^2}dxdy$$

$$=\int_0^1 e^{-y^2}\left[\frac{x^2}{2}\right]_0^{\sqrt{y}}dy=\frac{1}{2}\int_0^1 y\cdot e^{-y^2}dy$$ ㋒

$$=\left[-\frac{1}{4}e^{-y^2}\right]_0^1=\frac{1}{4}\left(1-\frac{1}{e}\right)$$ 答

ポイント

㋐ 領域 D は「考え方」を参照.

㋑

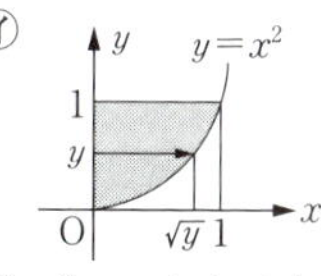

㋒ $y^2=t$ とおくと,

$2ydy=dt$

y	$0\to 1$
t	$0\to 1$

$\dfrac{1}{2}\int_0^1 y\cdot e^{-y^2}dy$

$=\dfrac{1}{4}\int_0^1 e^{-t}dt$

$=\left[-\dfrac{1}{4}e^{-t}\right]_0^1$

$=\dfrac{1}{4}\left(1-\dfrac{1}{e}\right)$

練習問題　9-2

解答 p. 241

次の2重積分を求めよ.

(1) $\iint_D \log\dfrac{x}{y^2}dxdy$

$D: 1 \leqq y \leqq x \leqq 2$

(2) $\iint_D \dfrac{x}{x^2+y^2}dxdy$

$D: y \geqq \dfrac{1}{4}x^2,\ y-x \leqq 0,\ x \geqq 2$

問題 9-3 ▼**多重積分**

次の3重積分の値を求めよ．

(1) $I=\int_0^a\int_0^x\int_0^y x^3y^2z\,dzdydx$

(2) $I=\iiint_D dxdydz \quad D: x+y+z\leqq a,\ x\geqq 0,\ y\geqq 0,\ z\geqq 0 \quad (a>0)$

●考え方●

(1) z, y, x の順で計算すればよい．

(2) D は平面 $x+y+z=a$ と3つの座標平面とで囲まれた部分．

解答

(1) $I=\int_0^a x^3dx\int_0^x y^2dy\int_0^y zdz=\int_0^a x^3dx\int_0^x y^2\left[\frac{z^2}{2}\right]_0^y dy$

$=\frac{1}{2}\int_0^a x^3dx\int_0^x y^4dy=\frac{1}{2}\int_0^a x^3\left[\frac{1}{5}y^5\right]_0^x dx$

$=\frac{1}{10}\int_0^a x^8dx=\frac{1}{10}\left[\frac{1}{9}x^9\right]_0^a=\frac{a^9}{90}$ 答

(2) 領域 D で z の積分範囲は（i 図）より㋐
$0\leqq z\leqq a-x-y$
次に y の積分範囲は（ii 図）㋑ より $0\leqq y\leqq a-x$.
x の積分範囲は $0\leqq x\leqq a$.

$I=\int_0^a dx\int_0^{a-x}dy\int_0^{a-x-y}dz$

$=\int_0^a dx\int_0^{a-x}[z]_0^{a-x-y}dy$

$=\int_0^a dx\int_0^{a-x}(a-x-y)dy$

$=\int_0^a\left[-\frac{(a-x-y)^2}{2}\right]_0^{a-x}dx$ ㋒

$=\frac{1}{2}\int_0^a(a-x)^2dx$

$=\frac{1}{2}\left[-\frac{1}{3}(a-x)^3\right]_0^a=\frac{a^3}{6}$

答

（別解）

$I=\int_0^a dx\iint_{D_1}dydz$ ㋓

$\iint_{D_1}dydz=\frac{1}{2}(a-x)^2$

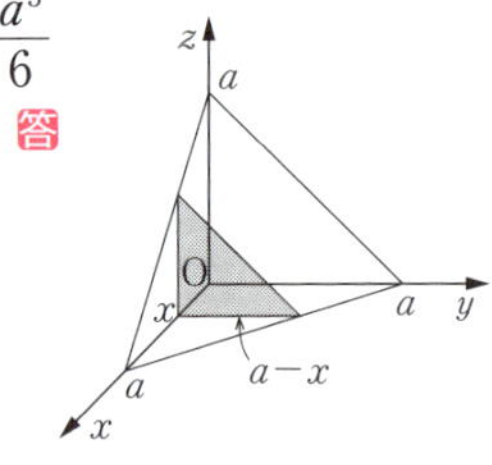

ポイント

㋐

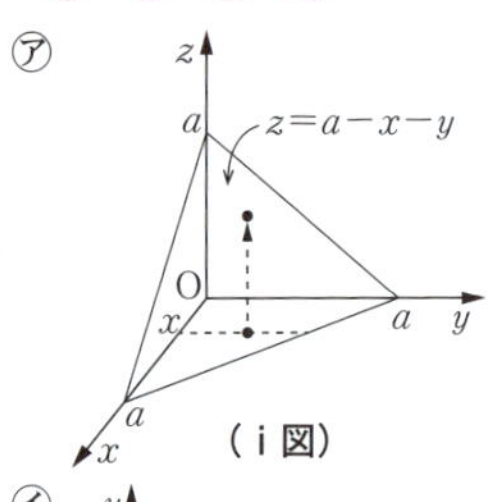

（i 図）

㋑

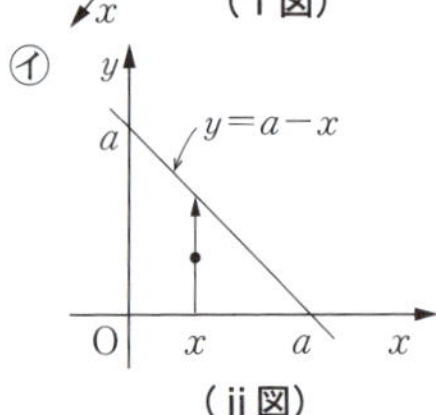

（ii 図）

㋒ $\left[-\frac{(a-x-y)^2}{2}\right]_0^{a-x}$
y に $a-x$，$y=0$ を代入
$=0+\frac{(a-x)^2}{2}=\frac{(a-x)^2}{2}$

㋓ D_1 は x を一定としたときの切り口で1辺が $a-x$ の直角二等辺三角形．$\iint_{D_1}dydz$ はその面積に等しい．

練習問題　9-3 　　解答 p. 241

次の3重積分の値を求めよ（$a>0$）．

$I=\iiint_D xyz\,dxdydz \qquad D: x+y+z\leqq a,\ x\geqq 0,\ y\geqq 0,\ z\geqq 0$

問題 9-[4] ▼極座標による変換

極座標に変換して，次の２重積分の値を求めよ．

(1) $I = \iint_D x\,dxdy \quad D : x^2 + y^2 \leqq ax \quad (a > 0)$

(2) $I = \int_0^2 dx \int_0^{\sqrt{4-x^2}} (x^2 + y^2)\,dy$

●考え方●

(1) $x = r\cos\theta$, $y = r\sin\theta$ とおいた領域 E は，$0 \leqq r \leqq a\cos\theta$, $-\dfrac{\pi}{2} \leqq \theta \leqq \dfrac{\pi}{2}$. D と E は１対１に対応する．

(2) 領域 D は $0 \leqq y \leqq \sqrt{4-x^2}$, $0 \leqq x \leqq 2$ で右図となる．

解答

(1) D の領域は円の周および内部である㋐. $x = r\cos\theta$, $y = r\sin\theta$ とおくと，$x^2 + y^2 \leqq ax$ に代入して，$r^2 \leqq ar\cos\theta$, $r \geqq 0$ とすれば $r \leqq a\cos\theta$.
よって，D が変換される領域 E㋑ は

$E : 0 \leqq r \leqq a\cos\theta, \quad -\dfrac{\pi}{2} \leqq \theta \leqq \dfrac{\pi}{2}$

D と E は１対１に対応する．$J = r$㋒ であるから，

$$\therefore\ I = \iint_D x\,dxdy = \iint_E (r\cos\theta)\,r\,drd\theta$$

$$= \int_{-\frac{\pi}{2}}^{\frac{\pi}{2}} \int_0^{a\cos\theta} \cos\theta \cdot r^2 drd\theta$$

$$= \int_{-\frac{\pi}{2}}^{\frac{\pi}{2}} \cos\theta \cdot \left[\frac{1}{3}r^3\right]_0^{a\cos\theta} d\theta = \frac{a^3}{3}\int_{-\frac{\pi}{2}}^{\frac{\pi}{2}} \cos^4\theta d\theta$$

$$= \frac{2a^3}{3}\int_0^{\frac{\pi}{2}} \cos^4\theta d\theta = \frac{2a^3}{3}\cdot\frac{3}{4}\cdot\frac{1}{2}\cdot\frac{\pi}{2} = \frac{\pi a^3}{8}$$ ㋓ **答**

(2) D は「考え方」の領域．$x = r\cos\theta$, $y = r\sin\theta$ とおくと，領域 E㋔ : $0 \leqq r \leqq 2$, $0 \leqq \theta \leqq \dfrac{\pi}{2}$ となるから，D と E は１対１に対応．

$$\therefore\ I = \int_0^{\frac{\pi}{2}}\int_0^2 r^2 \cdot r\,drd\theta = \int_0^{\frac{\pi}{2}}\int_0^2 r^3 drd\theta$$

$$= \int_0^{\frac{\pi}{2}} \left[\frac{1}{4}r^4\right]_0^2 d\theta = 4\int_0^{\frac{\pi}{2}} d\theta = 4[\theta]_0^{\frac{\pi}{2}} = 2\pi$$ **答**

ポイント

㋐

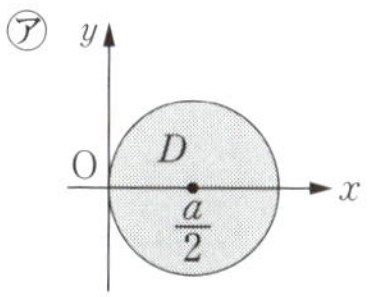

㋑

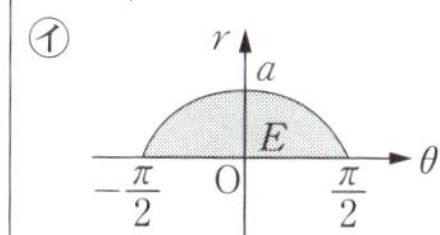

㋒ p. 195 参照.

$$J = \begin{vmatrix} x_r & x_\theta \\ y_r & y_\theta \end{vmatrix} = \begin{vmatrix} \cos\theta & -r\sin\theta \\ \sin\theta & r\cos\theta \end{vmatrix} = r$$

㋓ p. 123 参照.

㋔

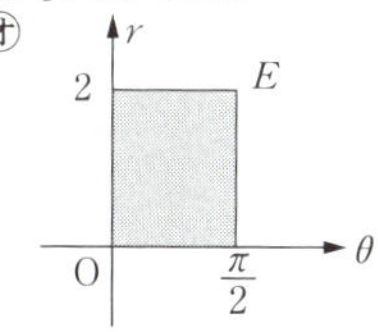

練習問題　9-4

解答 p. 241

次の２重積分を計算せよ．

(1) $I = \iint_D e^{-x^2-y^2} dxdy \qquad D : x^2 + y^2 \leqq 1,\ x \geqq 0,\ y \geqq 0$

(2) $I = \iint_D (x^2 + y^2)\,dxdy \qquad D : \dfrac{x^2}{a^2} + \dfrac{y^2}{b^2} \leqq 1,\ a > 0,\ b > 0$

問題 9-5 ▼広義積分(1)

次の2重積分の値を求めよ.

(1) $I=\iint_D \frac{dxdy}{\sqrt{x^2+y^2}}$　　$D: 0 \leqq x \leqq y,\ x^2+y^2 \leqq 1$

(2) $I=\iint_D \frac{dxdy}{(x+y+1)^3}$　　$D: x \geqq 0,\ y \geqq 0$

●考え方●

(1) $f(x,y)=\frac{1}{\sqrt{x^2+y^2}}$ は点 $(0,0)$ で定義されていない(原点は特異点). 原点を除いた領域 $D': 0 \leqq x \leqq y,\ 0 < a^2 \leqq x^2+y^2 \leqq 1\ (a>0)$ の領域で考え, $a \to 0$ とする.

(2) D は第1象限全体で有界ではない. $D': 0 \leqq x \leqq a,\ 0 \leqq y \leqq a$ とすれば, $D' \to D\ (a \to \infty)$ となる.

解答

(1) $D': 0 \leqq x \leqq y,\ 0 < a^2 \leqq x^2+y^2 \leqq 1\ (a>0)$ の領域 D' で, $f(x,y)=\frac{1}{\sqrt{x^2+y^2}}$ は連続であるから, 積分可能で, $x=r\cos\theta,\ y=r\sin\theta$ とおくと, $0 \leqq \cos\theta \leqq \sin\theta$ ㋐ から, $\frac{\pi}{4} \leqq \theta \leqq \frac{\pi}{2}$ で $a \leqq r \leqq 1$ ㋑ となるから,

$$I_a=\iint_{D'} \frac{dxdy}{\sqrt{x^2+y^2}}=\int_{\frac{\pi}{4}}^{\frac{\pi}{2}} d\theta \int_a^1 \frac{r}{\sqrt{r^2}} dr \ ㋒$$

$$=[\theta]_{\frac{\pi}{4}}^{\frac{\pi}{2}} \cdot [r]_a^1=\frac{\pi}{4}(1-a)$$

$$\therefore\ I=\lim_{a \to 0} I_a=\frac{\pi}{4}$$ 答

(2) 領域 $D': 0 \leqq x \leqq a,\ 0 \leqq y \leqq a$ ㋓ とすれば, $D' \to D\ (a \to \infty)$ である.

$$I_a=\iint_{D'} f(x,y)dxdy=\int_0^a \int_0^a \frac{1}{(x+y+1)^3} dydx$$

$$=\int_0^a \left[-\frac{1}{2}\frac{1}{(x+y+1)^2}\right]_0^a dx=\frac{1}{2}\int_0^a \left\{\frac{1}{(x+1)^2}-\frac{1}{(x+a+1)^2}\right\} dx$$

$$=\frac{1}{2}\left[-\frac{1}{x+1}+\frac{1}{(x+a+1)}\right]_0^a$$

$$=\frac{1}{2}\left(-\frac{1}{a+1}+\frac{1}{2a+1}+1-\frac{1}{a+1}\right) \qquad \therefore\ I=\lim_{a \to \infty} I_a=\frac{1}{2}$$ 答

ポイント

㋐ $0 \leqq x \leqq y$ より.

㋑ $a^2 \leqq x^2+y^2 \leqq 1$ より, $a^2 \leqq r^2 \leqq 1$

㋒ $J=\begin{vmatrix} x_r & x_\theta \\ y_r & y_\theta \end{vmatrix}=r$

㋓「考え方」より, 有界の領域 D' で考え, $a \to \infty$ として領域 D による積分を求める. 領域 D' は

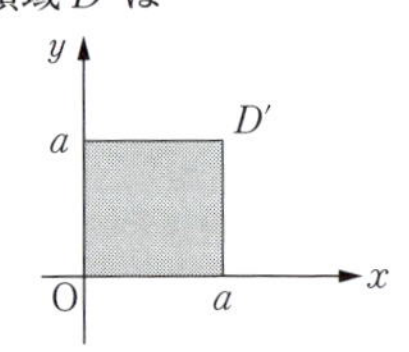

練習問題 9-5　解答 p. 242

次の2重積分の値を求めよ.

(1) $\iint_D \log(x^2+y^2)dxdy$　$D: x^2+y^2 \leqq 1$　(2) $\int_0^a \int_0^{\sqrt{a^2-x^2}} \tan^{-1}\frac{y}{x} dydx\ (a>0)$

問題 9-6 ▼広義積分 (2)

$a>0$ のとき，次の 3 つの領域 D, D_1, D_2 を用意する．

$D: 0 \leqq x \leqq a,\ 0 \leqq y \leqq a$

$D_1: x^2+y^2 \leqq a^2,\ 0 \leqq x,\ 0 \leqq y$

$D_2: x^2+y^2 \leqq 2a^2,\ 0 \leqq x,\ 0 \leqq y$

$D_1 \subset D \subset D_2$ を利用して，$\int_0^{\infty} e^{-x^2}dx$ の値を求めよ．

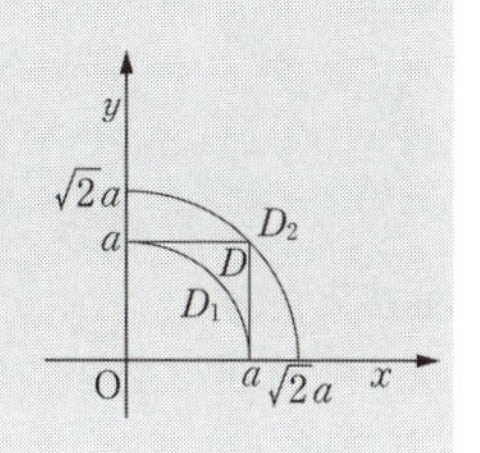

●考え方●

D は第 1 象限全体であり，有界ではない．

$D_1: x^2+y^2 \leqq a^2,\ 0 \leqq x,\ 0 \leqq y$ とすれば，$a \to \infty$ で $D_1 \to D$ となる．D_2 のときも同じように考え，はさみうちの原理に持ち込む．

解答

D_1 に極座標変換 $x=r\cos\theta,\ y=r\sin\theta$ を行うと，領域 $E_1: 0 \leqq r \leqq a,\ 0 \leqq \theta \leqq \frac{\pi}{2}$．$D_1$ と E_1 は 1 対 1 に対応する．

$$I_a = \iint_{D_1} e^{-x^2-y^2}dxdy$$

$$= \int_0^{\frac{\pi}{2}} d\theta \int_0^a e^{-r^2}\cdot r\,dr = [\theta]_0^{\frac{\pi}{2}}\left[-\frac{1}{2}e^{-r^2}\right]_0^a \quad ㋐$$

$$= \frac{\pi}{4}\cdot\left(1-\frac{1}{e^{a^2}}\right) \qquad \therefore\ I_1 = \lim_{a\to\infty} I_a = \frac{\pi}{4}$$

同様に

$$I_{\sqrt{2}a} = \iint_{D_2} e^{-x^2-y^2}dxdy = \int_0^{\frac{\pi}{2}} d\theta \int_0^{\sqrt{2}a} e^{-r^2}\cdot rdr = [\theta]_0^{\frac{\pi}{2}}\left[-\frac{1}{2}e^{-r^2}\right]_0^{\sqrt{2}a}$$

$$= \frac{\pi}{4}\cdot\left(1-\frac{1}{e^{2a^2}}\right) \quad \therefore\ I_2 = \lim_{a\to\infty} I_{\sqrt{2}a} = \frac{\pi}{4}$$

ここで，

$$\iint_D e^{-x^2-y^2}dxdy = \int_0^a dx\int_0^a e^{-x^2}\cdot e^{-y^2}dy = \left(\int_0^a e^{-x^2}dx\right)\cdot\left(\int_0^a e^{-y^2}dy\right) = \left(\int_0^a e^{-x^2}dx\right)^2 \quad ㋑$$

$D_1 \subset D \subset D_2$ で $e^{-x^2-y^2}>0$ であるから

$$I_a < \left\{\int_0^a e^{-x^2}dx\right\}^2 < I_{\sqrt{2}a}$$

$a \to \infty$ とすると，はさみうちの原理より，$\lim_{a\to\infty}\left\{\int_0^a e^{-x^2}dx\right\}^2 = \frac{\pi}{4}$

$$\therefore\ \int_0^{\infty} e^{-x^2}dx = \frac{\sqrt{\pi}}{2}$$ 答

ポイント

㋐ $J = \begin{vmatrix} x_r & x_\theta \\ y_r & y_\theta \end{vmatrix} = r$

$\int e^{-r^2}\cdot r\,d\theta$

$= \int e^{-r^2}\cdot -\frac{1}{2}(-r^2)'dr$

$= -\frac{1}{2}e^{-r^2}+C$

㋑ $\int_0^a e^{-x^2}dx = \int_0^a e^{-y^2}dy$

練習問題　9-6　解答 p. 242

次の広義積分の値を求めよ．

(1) $\int_{-\infty}^{\infty}\frac{1}{\sqrt{2\pi}}e^{-\frac{x^2}{2}}dx$　　(2) $\int_0^{\infty} e^{-x}x^{-\frac{1}{2}}dx$

問題 9-7 ▼求積問題（1）（面積）

次の領域 D の面積を 2 重積分を用いて求めよ．

(1) $D : \sqrt{x} + \sqrt{y} \leqq 1,\ x \geqq 0,\ y \geqq 0$

(2) $D : x^2 \geqq y,\ x^2 \leqq 2y,\ y^2 \geqq x,\ y^2 \leqq 2x$

●考え方●

(1) 領域 D は右図の色塗り部分．
$D : 0 \leqq y \leqq (1-\sqrt{x})^2$,
$0 \leqq x \leqq 1$ と表せる．

(2) 領域 D は右図の色塗り部分．
$x^2 = uy,\ y^2 = vx$ と置いて，(u, v) の領域 D' を考えてみよ．

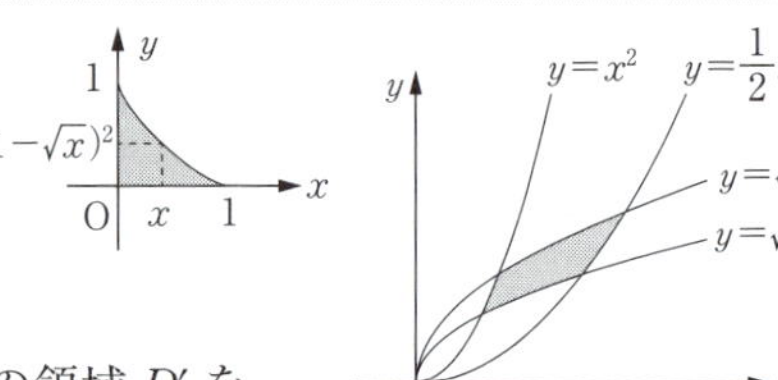

解答

(1) 領域 D は $D : 0 \leqq y \leqq (1-\sqrt{x})^2,\ 0 \leqq x \leqq 1$ ㋐

求める面積 S は

$$S = \iint dxdy = \int_0^1 dx \int_0^{(1-\sqrt{x})^2} dy$$

$$= \int_0^1 [y]_0^{(1-\sqrt{x})^2} dx = \int_0^1 (1-\sqrt{x})^2 dx \ ㋑$$

$$= \int_0^1 (x - 2\sqrt{x} + 1) dx = \left[\frac{1}{2}x^2 - 2\cdot\frac{2}{3}x^{\frac{3}{2}} + x\right]_0^1$$

$$= \frac{1}{2} - \frac{4}{3} + 1 = \frac{1}{6}$$ 答

(2) （領域 D は「考え方」を参照）

$x^2 = uy,\ y^2 = vx$ とおくと，領域 D は

$uy \geqq y,\ uy \leqq 2y,\ vx \geqq x,\ vx \leqq 2x$

$D' : u \geqq 1,\ u \leqq 2,\ v \geqq 1,\ v \leqq 2,\ \begin{cases} 1 \leqq u \leqq 2, \\ 1 \leqq v \leqq 2 \end{cases}$ ㋒

$$\frac{\partial(u, v)}{\partial(x, y)} = \begin{vmatrix} u_x & u_y \\ v_x & v_y \end{vmatrix} = \begin{vmatrix} \dfrac{2x}{y} & -\dfrac{x^2}{y^2} \\ -\dfrac{y^2}{x^2} & \dfrac{2y}{x} \end{vmatrix} = |4-1| = 3 \ ㋓$$

$$\therefore\ J = \frac{\partial(x, y)}{\partial(u, v)} = \frac{1}{3} \ ㋔$$

求める面積 S は，

$$S = \iint_D dxdy = \iint_{D'} \frac{1}{3} dudv = \frac{1}{3}\int_1^2 du \int_1^2 dv = \frac{1}{3}[u]_1^2[v]_1^2 = \frac{1}{3}$$ 答

ポイント

㋐ 境界は $y = (1-\sqrt{x})^2$ で放物線の一部．

㋑ 2 重積分でなく 1 重積分で求める場合

$S = \int_0^1 y\, dx$
$= \int_0^1 (1-\sqrt{x})^2 dx$

となる．

㋒ 領域 D' は

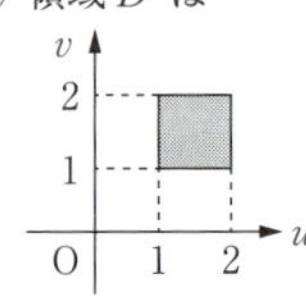

㋓ $x^2 = uy,\ y^2 = vx$ より，
$u = \dfrac{x^2}{y},\ v = \dfrac{y^2}{x}$ から
u_x, u_y, v_x, v_y を求める．

㋔ $\dfrac{\partial(x, y)}{\partial(u, v)} = \dfrac{1}{\dfrac{\partial(u, v)}{\partial(x, y)}}$
$= \dfrac{1}{3}$

練習問題 9-7

解答 p. 242

曲線 $\left(\dfrac{x}{a}\right)^{\frac{2}{3}} + \left(\dfrac{y}{b}\right)^{\frac{2}{3}} = 1\ (a > 0,\ b > 0)$ の囲む面積を 2 重積分を用いて求めよ．

問題 9-8 ▼求積問題（2）（体積）

だ円曲面 $\dfrac{x^2}{a^2}+\dfrac{y^2}{b^2}+\dfrac{z^2}{c^2}=1$ で囲まれる部分の体積 V を次の方法を用いて求めよ．ただし，$a>0$，$b>0$，$c>0$ とする．

(1) 1重積分　　(2) 2重積分

●考え方●

(1) だ円曲面を平面 $z=t$ で切った切り口は $\dfrac{x^2}{a^2}+\dfrac{y^2}{b^2}=1-\dfrac{t^2}{c^2}$ である．だ円の面積 S を求め，1重積分で V を求める．

(2) 図形は3つの座標平面について対称である．$V=8\iint_D z\,dxdy$

解答

(1) だ円曲面を平面 $z=t$ で切った切り口は

$\dfrac{x^2}{a^2}+\dfrac{y^2}{b^2}=1-\dfrac{t^2}{c^2}$．$1-\dfrac{t^2}{c^2}=k^2\ (k>0)$ とおくと，$\dfrac{x^2}{(ak)^2}+\dfrac{y^2}{(bk)^2}=1$ …①㋐

①のだ円で囲まれた部分の面積を S とすると，

$S=\pi(ak)(bk)=\pi abk^2=\pi ab\left(1-\dfrac{t^2}{c^2}\right)$

$\therefore\ V=2\int_0^c Sdt$㋑ $=2\pi ab\int_0^c\left(1-\dfrac{t^2}{c^2}\right)dt$

$=2\pi ab\left[t-\dfrac{t^3}{3c^2}\right]_0^c=2\pi ab\left(\dfrac{2}{3}c\right)=\dfrac{4}{3}\pi abc$ 答

(2) 図形は3つの座標平面について対称である㋒．

$z=c\sqrt{1-\dfrac{x^2}{a^2}-\dfrac{y^2}{b^2}}$ であり，$D:\dfrac{x^2}{a^2}+\dfrac{y^2}{b^2}\leqq 1$，$x\geqq 0$，$y\geqq 0$ とすると，

$V=8\iint_D z\,dxdy=8\iint_D c\sqrt{1-\dfrac{x^2}{a^2}-\dfrac{y^2}{b^2}}\,dxdy$

$x=ar\cos\theta$，$y=br\sin\theta$ とおくと，$J=abr$㋓

D は D'㋔ $:0\leqq r\leqq 1$，$0\leqq\theta\leqq\dfrac{\pi}{2}$ にうつる．

$\therefore\ V=8c\iint_{D'}\sqrt{1-r^2}\cdot abr\,drd\theta=8abc\int_0^{\frac{\pi}{2}}d\theta\int_0^1 r\sqrt{1-r^2}\,dr$

$=8abc[\theta]_0^{\frac{\pi}{2}}\left[-\dfrac{1}{3}(1-r^2)^{\frac{3}{2}}\right]_0^1=8abc\cdot\dfrac{\pi}{2}\cdot\dfrac{1}{3}=\dfrac{4}{3}\pi abc$ 答

ポイント

㋐

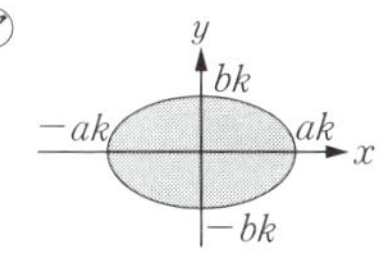

面積は $\pi(ak)(bk)$

㋑ t の範囲は $-c\leqq t\leqq c$
だ円曲面は xy 平面に関して対称である．

㋒ $f(x,y,z)=\dfrac{x^2}{a^2}+\dfrac{y^2}{b^2}+\dfrac{z^2}{c^2}$ とおくと，
$f(-x,y,z)$
$=f(x,-y,z)$
$=f(x,y,-z)$
$=f(x,y,z)$ から．

㋓ $J=\begin{vmatrix}x_r & x_\theta\\ y_r & y_\theta\end{vmatrix}=\begin{vmatrix}a\cos\theta & -ar\sin\theta\\ b\sin\theta & br\cos\theta\end{vmatrix}=abr$

㋔

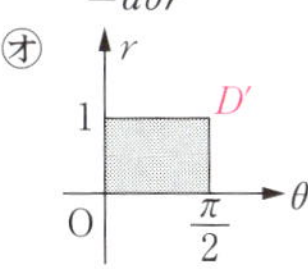

練習問題　9-8

解答 p. 243

2つの円柱面 $x^2+y^2=a^2$, $x^2+z^2=a^2$ の囲む部分の体積 V を次の方法で求めよ．

(1) 1重積分　　(2) 2重積分

問題 9-9 ▼求積問題（3）（体積）

球面 $x^2+y^2+z^2=a^2$ の内部にある円柱 $x^2+y^2=ax$ の部分の体積 V を求めよ．

●考え方●

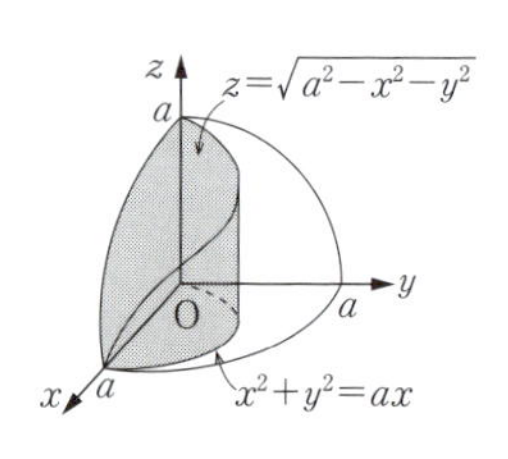

$x \geqq 0$, $y \geqq 0$, $z \geqq 0$ の部分の立体は図の色塗り部分となる．この図形は xy 平面，xz 平面とについて対称であるから，V は $x \geqq 0$, $y \geqq 0$, $z \geqq 0$ の部分の体積の 4 倍となる．xy 平面の領域を $D : x^2+y^2 \leqq ax$, $x \geqq 0$, $y \geqq 0$ で D 上にある曲面の方程式は $z=f(x,y)=\sqrt{a^2-x^2-y^2}$ となる．

解答

xy 平面の領域 $D : x^2+y^2 \leqq ax$, $x \geqq 0$, $y \geqq 0$ 上にある曲面は $z=f(x,y)=\sqrt{a^2-x^2-y^2}$

求める体積は $x \geqq 0$, $y \geqq 0$, $z \geqq 0$ の体積を 4 倍すればよく，

$$V = 4\iint_D \sqrt{a^2-x^2-y^2}\,dxdy \quad ㋐$$

ここで，$x=r\cos\theta$, $y=r\sin\theta$ とおくと，$x^2+y^2 \leqq ax$ から $r^2 \leqq ar\cos\theta$, $0 \leqq r \leqq a\cos\theta$. $r\cos\theta \geqq 0$, $r\sin\theta \geqq 0$ から $0 \leqq \theta \leqq \dfrac{\pi}{2}$ となる．

$$\therefore\ V = 4\int_0^{\frac{\pi}{2}}\int_0^{a\cos\theta}\sqrt{a^2-r^2}\,\underset{㋑}{r}\,drd\theta$$

$$= 4\int_0^{\frac{\pi}{2}}\left[-\frac{2}{3}\cdot\frac{1}{2}(a^2-r^2)^{\frac{3}{2}}\right]_0^{a\cos\theta}d\theta$$

$$= \frac{4}{3}a^3\int_0^{\frac{\pi}{2}}(1-\underset{㋒}{\sin^3\theta})\,d\theta$$

$$= \frac{4}{3}a^3\left(\frac{\pi}{2}-\frac{2}{3}\right)$$ 答

ポイント

㋐ 極座標に変換して積分．

㋑ $J=r$

㋒ $\displaystyle\int_0^{\frac{\pi}{2}}\sin^3\theta\,d\theta$
$\displaystyle= \int_0^{\frac{\pi}{2}}\sin\theta(1-\cos^2\theta)\,d\theta$
$\displaystyle= \left[-\cos\theta+\frac{1}{3}\cos^3\theta\right]_0^{\frac{\pi}{2}}$
$\displaystyle= \frac{2}{3}$

練習問題 9-9 解答 p. 243

曲面 $(x^2+y^2+z^2)^3=27a^3xyz\ (a>0)$ より囲まれた立体の体積を求めよ．

練習問題解答

Chapter 1　関数とグラフ

練習問題 1-1

(1) $y=x^2(0\leqq x\leqq 1)$ の値域は $0\leqq y\leqq 1$.

これを x について解くと，$x=\sqrt{y}$

よって，逆関数は $y=\sqrt{x}\,(0\leqq x\leqq 1)$　…(答)

(2)

$$g(f(x))=\log_2 2^x=x \quad \cdots(答)$$

$$f(g(x))=2^{\log_2 x}=x \quad \cdots(答)$$

練習問題 1-2

(1) $\sin y=-\dfrac{1}{2}\left(-\dfrac{\pi}{2}\leqq y\leqq\dfrac{\pi}{2}\right)$ $\therefore\ y=-\dfrac{\pi}{6}$

…(答)

(2) $\sin y=-1\left(-\dfrac{\pi}{2}\leqq y\leqq\dfrac{\pi}{2}\right)$ $\therefore\ y=-\dfrac{\pi}{2}$

…(答)

(3) $\cos y=-\dfrac{1}{\sqrt{2}}\ (0\leqq y\leqq\pi)$ $\therefore\ y=\dfrac{3}{4}\pi$

…(答)

(4) $\cos y=\dfrac{\sqrt{3}}{2}\ (0\leqq y\leqq\pi)$ $\therefore\ y=\dfrac{\pi}{6}$

…(答)

(5) $\tan y=-\dfrac{1}{\sqrt{3}}\left(-\dfrac{\pi}{2}<y<\dfrac{\pi}{2}\right)$

$\therefore\ y=-\dfrac{\pi}{6}$　…(答)

(6) $\tan y=-1\left(-\dfrac{\pi}{2}<y<\dfrac{\pi}{2}\right)$ $\therefore\ y=-\dfrac{\pi}{4}$

…(答)

練習問題 1-3

(∵)（i）$x>0$ のとき，

$\tan^{-1}x=\alpha$ とおくと，主値は $0<\alpha<\dfrac{\pi}{2}$ で

$\tan\alpha=x$

$\therefore\ \dfrac{1}{x}=\dfrac{1}{\tan\alpha}=\tan\left(\dfrac{\pi}{2}-\alpha\right)$

$0<\dfrac{\pi}{2}-\alpha<\dfrac{\pi}{2}$　より　$\tan^{-1}\dfrac{1}{x}=\dfrac{\pi}{2}-\alpha$

$\therefore\ \tan^{-1}x+\tan^{-1}\dfrac{1}{x}=\alpha+\left(\dfrac{\pi}{2}-\alpha\right)=\dfrac{\pi}{2}$

（ii）$x<0$ のとき，

$\tan^{-1}x=\alpha$ とおくと，主値は $-\dfrac{\pi}{2}<\alpha<0$ で

$\tan\alpha=x$

$\therefore\ \dfrac{1}{x}=\dfrac{1}{\tan\alpha}=\tan\left(-\dfrac{\pi}{2}-\alpha\right)$

$-\dfrac{\pi}{2}<-\dfrac{\pi}{2}-\alpha<0$ より

$\tan^{-1}\dfrac{1}{x}=-\dfrac{\pi}{2}-\alpha$

$\therefore\ \tan^{-1}x+\tan^{-1}\dfrac{1}{x}=\alpha-\dfrac{\pi}{2}-\alpha=-\dfrac{\pi}{2}$

以上（i），（ii）より

$\tan^{-1}x+\tan^{-1}\dfrac{1}{x}=\pm\dfrac{\pi}{2}$

練習問題 1-4

(1) $y=\sin^{-1}(\sin x)\quad\left(-\dfrac{\pi}{2}\leqq x\leqq\dfrac{3}{2}\pi\right)$

$\Leftrightarrow\ \sin y=\sin x\quad\left(-\dfrac{\pi}{2}\leqq y\leqq\dfrac{\pi}{2}\right)$

$$\begin{cases}-\dfrac{\pi}{2}\leqq x\leqq\dfrac{\pi}{2}\text{ のとき，}y=x\\[2mm]\dfrac{\pi}{2}\leqq x\leqq\dfrac{3\pi}{2}\text{ のとき，}y=\pi-x\end{cases}$$

グラフは下図.

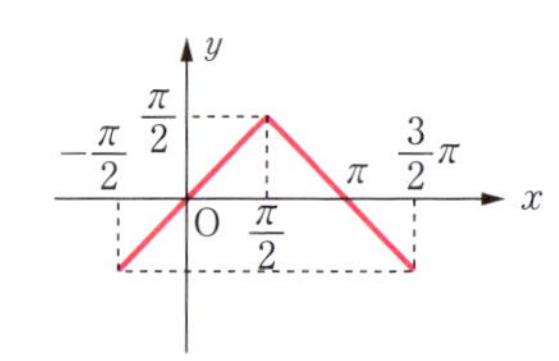

(2) $y=\sin(\cos^{-1}\sqrt{1-x^2})$ の定義域は $-1\leqq x\leqq 1$

$\cos^{-1}\sqrt{1-x^2}=\alpha$ とおくと，$\sqrt{1-x^2}\geqq 0$ であるから主値は $0\leqq\alpha\leqq\dfrac{\pi}{2}$ で $\cos\alpha=\sqrt{1-x^2}$.

このとき，$\sin\alpha\geqq 0$ となるから

$$\sin\alpha=\sqrt{1-\cos^2\alpha}=\sqrt{x^2}=|x|$$

$\therefore\ y=\sin\alpha=|x|\quad(-1\leqq x\leqq 1)$

グラフは下図.

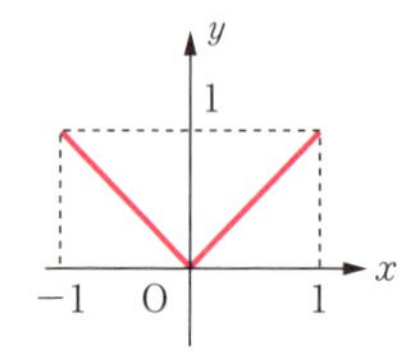

練習問題 1-5

$$\begin{array}{lllllllll} & a_1 & a_2 & a_3 & a_4 & a_5 & a_6 & a_7 & a_8 \\ \{a_n\} & 1, & 1, & 2, & 3, & 5, & 8, & 13, & 21, \cdots \end{array}$$

㊟に $n=1,\ 2,\ 3$ を代入して，

$\cdot\ \tan^{-1}\dfrac{1}{a_2}=\tan^{-1}\dfrac{1}{a_3}+\tan^{-1}\dfrac{1}{a_4}$,

$$\tan^{-1}1=\tan^{-1}\frac{1}{2}+\tan^{-1}\frac{1}{3}$$

$$\Leftrightarrow\ \underline{\frac{\pi}{4}=\tan^{-1}\frac{1}{2}+\tan^{-1}\frac{1}{3}}\quad\cdots㋑$$

$\cdot\ \tan^{-1}\dfrac{1}{a_4}=\tan^{-1}\dfrac{1}{a_5}+\tan^{-1}\dfrac{1}{a_6}$

$$\Leftrightarrow\ \underline{\tan^{-1}\frac{1}{3}=\tan^{-1}\frac{1}{5}+\tan^{-1}\frac{1}{8}}\quad\cdots㋺$$

$\cdot\ \tan^{-1}\dfrac{1}{a_6}=\tan^{-1}\dfrac{1}{a_7}+\tan^{-1}\dfrac{1}{a_8}$

$$\Leftrightarrow\ \tan^{-1}\frac{1}{8}=\tan^{-1}\frac{1}{13}+\tan^{-1}\frac{1}{21}\quad\cdots㋩$$

㋩を㋺に代入して，

$$\tan^{-1}\frac{1}{3}=\tan^{-1}\frac{1}{5}+\tan^{-1}\frac{1}{13}+\tan^{-1}\frac{1}{21}$$

これを㋑に代入して，

$$\frac{\pi}{4}=\tan^{-1}\frac{1}{2}+\tan^{-1}\frac{1}{5}+\tan^{-1}\frac{1}{13}+\tan^{-1}\frac{1}{21}$$

> じつは，㊟に $n=1,2,3,\cdots$ を代入して，練習問題 1-5 と同じことを繰り返して，
>
> $$\frac{\pi}{4}=\sum_{n=1}^{\infty}\tan^{-1}\frac{1}{a_{2n+1}}$$
>
> が得られる（円周率とフィボナッチ数列の関係を示す）．㊟が成り立つことは，数学的帰納法で示せる．

練習問題 1-6

$\cosh^2 x-\sinh^2 x=1$，$\sinh x=\dfrac{e^x-e^{-x}}{2}$ は実数．

$$\sinh x=\pm\sqrt{\cosh^2 x-1}=\pm\sqrt{a^2-1}\quad\cdots(答)$$

$$\tanh x=\frac{\sinh x}{\cosh x}=\pm\frac{\sqrt{a^2-1}}{a}\quad\cdots(答)$$

練習問題 1-7

$$\begin{aligned}\sinh(x-y)&=\frac{1}{2}\{e^{x-y}-e^{-(x-y)}\}\\&=\frac{1}{2}(e^x\cdot e^{-y}-e^{-x}\cdot e^y)\\&=\frac{1}{2}\{(\cosh x+\sinh x)\times(\cosh y-\sinh y)\\&\qquad-(\cosh x-\sinh x)\times(\cosh y+\sinh y)\}\\&=\sinh x\cosh y-\cosh x\sinh y\ ■\end{aligned}$$

練習問題 1-8

(1) $y=\cosh^{-1}x\,(x\geqq 0,y\geqq 1)$

$$\Leftrightarrow\ x=\cosh y=\frac{e^y+e^{-y}}{2}$$

$$\Leftrightarrow\ (e^y)^2-2xe^y+1=0$$

$e^y>0$ より

$e^y=x+\sqrt{x^2-1}$

$\therefore\ y=\log(x+\sqrt{x^2-1})\quad(x\geqq 1)$

(2) $y=\coth^{-1}x\ \Leftrightarrow\ x=\coth y$

$$=\frac{1}{\tanh y}=\frac{e^y+e^y}{e^y-e^{-y}}$$

$$=\frac{(e^y)^2+1}{(e^y)^2-1}$$

$$\Leftrightarrow\ x(e^y)^2-x=(e^y)^2+1$$

$$\Leftrightarrow\ (x-1)(e^y)^2=x+1$$

$$(e^y)^2=\frac{x+1}{x-1},\quad e^y=\left(\frac{x+1}{x-1}\right)^{\frac{1}{2}}$$

$$\left(\begin{aligned}&\frac{x+1}{x-1}>0\ \Leftrightarrow\ (x+1)(x-1)>0\\&\qquad\therefore\ x<-1,\ 1<x\end{aligned}\right)$$

$$\therefore\ y=\frac{1}{2}\log\frac{x+1}{x-1}\quad(x<-1,\ 1<x)$$

Chapter 2　数列と極限

練習問題 2-1

$|a_n-2|<\varepsilon$ に $a_n=\dfrac{2n^2+1}{n^2+1}$ を代入して，

$$\left|\frac{2n^2+1}{n^2+1}-2\right|=\left|\frac{-1}{n^2+1}\right|=\frac{1}{n^2+1}<\varepsilon$$

$$\frac{1}{\varepsilon}<n^2+1,\quad\frac{1}{\varepsilon}-1<n^2$$

$$\left(\frac{1}{\varepsilon}-1>0,\ \frac{1}{\varepsilon}>1\quad\therefore\ 0<\varepsilon<1\right)$$

$$\sqrt{\frac{1}{\varepsilon}-1}<n$$

自然数 N を $\sqrt{\dfrac{1}{\varepsilon}-1}<N$ となるようにとると，$n \geqq N$ のとき，$|a_n-2|<\varepsilon$ となる．

$\therefore \lim_{n\to\infty} a_n = 2$ である．■

練習問題 2-2

(1)

$n>2$ のとき，$\sqrt[n]{n}>1$

$\sqrt[n]{n}=1+h_n \quad (h_n>0)$ とおくと，

$$n=(1+h_n)^n$$
$$=\underline{1}+nh_n+\underline{\frac{n(n-1)}{2}h_n^2}+\cdots+h_n^n$$
$$>\underline{1}+\underline{\frac{n(n-1)}{2}h_n^2}$$

（[注] 左辺が n の1次式 右辺は n^2 の項を残す）

$$\Leftrightarrow n-1>\frac{n(n-1)}{2}h_n^2$$

$$\therefore 0<h_n^2<\frac{2}{n}$$

$n\to\infty$ で右辺 $\to 0$．はさみうちの原理より

$\lim_{n\to\infty} h_n=0$

$\therefore \lim_{n\to\infty}\sqrt[n]{n}=1$ ■

(2)

■考え方■　a を0以上の整数 m ではさんでみる．

$$[a]=m \Leftrightarrow m \leqq a<m+1$$

$$\frac{a^n}{n!}=\frac{a^m}{m!}\cdot\overbrace{\frac{a}{m+1}\cdot\frac{a}{m+2}\cdot\cdots\cdot\frac{a}{n}}^{n-m\text{ 個の積}}$$

$m+2, m+3, \cdots, n$ をそれより小さい $m+1$ で置き換えた式

$$\frac{a^n}{n!}<\frac{a^m}{m!}\cdot\left(\frac{a}{m+1}\right)^{n-m}$$

を利用してみよ．

（解）$m \leqq a<m+1$ となる $m \geqq 0$ を考えると

$$0 \leqq \frac{a^n}{n!}=\frac{a^m}{m!}\cdot\frac{a}{m+1}\cdot\frac{a}{m+2}\cdot\cdots\cdot\frac{a}{n}$$
$$<\underbrace{\frac{a^m}{m!}}_{\text{定数}}\cdot\left(\frac{a}{m+1}\right)^{n-m}$$

$\lim_{n\to\infty}\left(\dfrac{a}{m+1}\right)^{n-m}$ を求める．

・$a \neq 0$ のとき，

$$\lim_{n\to\infty}\left(\frac{a}{m+1}\right)^{n-m}$$
$$=\lim_{n\to\infty}\underbrace{\left(\frac{m+1}{a}\right)^m}_{\text{定数}}\cdot\underbrace{\left(\frac{a}{m+1}\right)^n}_{\to 0}=0$$

$$\left(a<m+1 \quad より \quad 0<\frac{a}{m+1}<1\right)$$

・$a=0$ のとき，$n>m$ となるすべての n に対して，$\left(\dfrac{a}{m+1}\right)^{n-m}=0$

よって，$\lim_{n\to\infty}\left(\dfrac{a}{m+1}\right)^{n-m}=0$

$\therefore \lim_{n\to\infty}\dfrac{a^n}{n!}=0$ ■

練習問題 2-3

$x>1$ のとき，$n \leqq x<n+1$…①を満たす自然数 n が存在する．このとき，

$$\frac{1}{n+1}<\frac{1}{x}\leqq\frac{1}{n}$$
$$\Leftrightarrow 1+\frac{1}{n+1}<1+\frac{1}{x}\leqq 1+\frac{1}{n}$$

①より成り立つ．

$$\left(1+\frac{1}{n+1}\right)^n<\left(1+\frac{1}{x}\right)^x<\left(1+\frac{1}{n}\right)^{n+1}$$

が成り立つ．$n\to\infty$ で

$$右辺=\lim_{n\to\infty}\left(1+\frac{1}{n}\right)^{n+1}$$
$$=\lim_{n\to\infty}\left(1+\frac{1}{n}\right)\cdot\left(1+\frac{1}{n}\right)^n$$
$$=1\cdot e=e$$

$$左辺=\lim_{n\to\infty}\left(1+\frac{1}{n+1}\right)^n$$
$$=\lim_{n\to\infty}\left(1+\frac{1}{n+1}\right)^{n+1}\cdot\frac{1}{1+\dfrac{1}{n+1}}$$
$$=e\cdot 1=e$$

となるから，はさみうちの原理より

$$\lim_{x\to\infty}\left(1+\frac{1}{x}\right)^x=e$$

x が負の実数のとき，$x=-z$ $(z>0)$ とおくと，

$$\lim_{x\to-\infty}\left(1+\frac{1}{x}\right)^x=\lim_{z\to\infty}\left(1-\frac{1}{z}\right)^{-z}$$
$$=\lim_{z\to\infty}\left(\frac{z-1}{z}\right)^{-z}=\lim_{z\to\infty}\left(\frac{z}{z-1}\right)^{z}$$
$$=\lim_{z\to\infty}\left(1+\frac{1}{z-1}\right)^{z-1}\cdot\left(1+\frac{1}{z-1}\right)$$
$$=e\cdot 1=e$$

よって，

$$\boxed{\lim_{x\to\pm\infty}\left(1+\frac{1}{x}\right)^x=e}$$

と拡張できる．

練習問題 2-4

$$1=1,\ \frac{1}{2}=\frac{1}{2},\ \frac{1}{3}+\frac{1}{4}>\frac{2}{2^2}=\frac{1}{2}$$
$$\frac{1}{5}+\frac{1}{6}+\frac{1}{7}+\frac{1}{2^3}>\frac{4}{2^3}=\frac{1}{2}$$

… 　2^{m-1} 個の数をすべて $\frac{1}{2^m}$ でおく

$$\underbrace{\frac{1}{2^{m-1}+1}+\frac{1}{2^{m-1}+2}+\cdots+\frac{1}{2^m}}_{2^{m-1}\text{個}}>\frac{2^{m-1}}{2^m}=\frac{1}{2}$$

から，$n=2^m$ の場合を考えると，上の結果を用いて，

$$a_n=1+\frac{1}{2}+\left(\frac{1}{3}+\frac{1}{4}\right)+\left(\frac{1}{5}+\frac{1}{6}+\frac{1}{7}+\frac{1}{8}\right)+\cdots+\left(\frac{1}{2^{m-1}+1}+\frac{1}{2^{m-1}+2}+\cdots+\frac{1}{2^m}\right)$$
$$\geqq 1+\frac{m}{2}$$

任意の n に対して，$2^m\leqq n<2^{m+1}$ なる m が存在し，$n\to\infty$ と $m\to\infty$ は同値であるから

$$\lim_{n\to\infty}a_n=+\infty$$

$\{a_n\}$ は発散する． …(答)

練習問題 2-5

■考え方■　単調有界数列を示す．

$$a_{n+1}=\underbrace{\frac{1}{2!}+\frac{2!}{4!}+\cdots+\frac{n!}{(2n)!}}_{=a_n}+\frac{(n+1)!}{(2(n+1))!}$$
$$=a_n+\frac{(n+1)!}{(2(n+1))!}>a_n \text{ であるから}$$

$\{a_n\}$ は単調増加数列．

$$a_n=\frac{1}{2!}+\frac{2!}{4!}+\cdots+\frac{n!}{(2n)!}$$
$$=\frac{1}{2}+\frac{1}{2^2\cdot 3}+\frac{1}{2^3\cdot1\cdot3\cdot5}+\cdots+\frac{1}{2^n\cdot1\cdot3\cdot5\cdots(2n-1)}$$
$$<\frac{1}{2}+\frac{1}{2^3}+\frac{1}{2^5}+\frac{1}{2^7}+\cdots+\frac{1}{2^{2n-1}}$$
$$=\frac{\frac{1}{2}\left\{1-\left(\frac{1}{2^2}\right)^n\right\}}{1-\frac{1}{2^2}}=\frac{2}{3}-\frac{2}{3}\left(\frac{1}{4}\right)^n<\frac{2}{3}$$

すなわち，$\{a_n\}$ は上に有界．

したがって収束． …(答)

練習問題 2-6

$\lambda>1$ ならばある正数 h が存在して，$\lambda>h>1$.

そこで，$\lim_{n\to\infty}\frac{a_{n+1}}{a_n}=\lambda$ であるから $\lambda-h=\varepsilon$ とおくと，正数 ε に対して自然数 N がきまり，$n\geqq N$ のとき，

$$\left|\frac{a_{n+1}}{a_n}-\lambda\right|<\varepsilon$$
$$\Leftrightarrow \underline{\lambda-\varepsilon<\frac{a_{n+1}}{a_n}}<\lambda+\varepsilon$$

こちらだけ変形

$\lambda-\varepsilon=\lambda-(\lambda-h)=h$ より

$$h<\frac{a_{n+1}}{a_n},\ a_{n+1}>ha_n$$

$n\geqq N$ の自然数 n で成り立つことから，

$$a_{N+1}>ha_N$$
$$a_{N+2}>ha_{N+1}>h^2a_N$$
$$a_{N+3}>h^3a_N$$
$$\vdots$$
$$a_{N+m}>h^m a_N$$

（[注] 問題 2-6 の解答と不等号が逆になっている．）

$m=0$ を含め，

$$a_{N+m}\geqq h^m a_N\quad(m=0,1,2,\cdots)$$

$m=0,1,2,\cdots$ を代入して，辺々をたすと，

$$\sum_{m=0}^{\infty}a_{N+m}\geqq a_N\sum_{m=0}^{\infty}h^m$$

$h>1$ より，$\sum_{m=0}^{\infty}h^m$ は $+\infty$ に発散する．

辺々に $a_1+a_2+\cdots+a_{N-1}$ を加えても発散する．

よって，$\lambda>1$ のとき正項級数 $\sum_{n=1}^{\infty}a_n$ は発散する．■

練習問題 2-7

解法 1（ダランベールの判定法）

$a_n=n(n+1)x^{n-1}$ と置くと，

$$\left|\frac{a_{n+1}}{a_n}\right|=\left|\frac{(n+1)(n+2)x^n}{n(n+1)x^{n-1}}\right|=\left|\left(1+\frac{2}{n}\right)x\right|$$

$$\lim_{n\to\infty}\left|\frac{a_{n+1}}{a_n}\right|=\lim_{n\to\infty}|x|$$

ダランベールの判定法より

$|x|<1$ のとき収束，$|x|>1$ のとき発散

よって，収束半径 $r=1$ …(答)

解法 2（コーシー・アダマールの判定法）

$$\begin{aligned}\lim_{n\to\infty}\sqrt[n]{a_n}&=\lim_{n\to\infty}\{n\cdot(n+1)\}^{\frac{1}{n}}\\&=\lim_{n\to\infty}n^{\frac{1}{n}}\cdot(n+1)^{\frac{1}{n}}\\&=\lim_{n\to\infty}n^{\frac{1}{n}}\cdot(n+1)^{\frac{1}{n+1}\cdot\frac{n+1}{n}}\\&=\lim_{n\to\infty}\underbrace{n^{\frac{1}{n}}}_{\to 1}\cdot\underbrace{(n+1)^{\frac{1}{n+1}}}_{\to 1}{}^{\left(1+\frac{1}{n}\right)}=1\end{aligned}$$

(p. 25．**練習問題 2-2**(1)）より，

$$\text{収束半径 }|r|=\frac{1}{\lim_{n\to\infty}\sqrt[n]{a_n}}=1 \quad\cdots(\text{答})$$

練習問題 2-8

〔1〕

(1) ダランベールの判定法（p. 23）より

$$\lambda=\lim_{n\to\infty}\left|\frac{a_{n+1}}{a_n}\right|=\lim_{n\to\infty}\left|\frac{x^{n+1}}{(n+1)!}\cdot\frac{n!}{x^n}\right|$$

$$=\lim_{n\to\infty}\frac{|x|}{n+1}=0<1$$

となり収束し，

$$\therefore\begin{cases}\text{収束半径}\quad r=\dfrac{1}{\lambda}=\infty & \cdots(\text{答})\\ \text{収束域}\quad -\infty<x<\infty & \cdots(\text{答})\end{cases}$$

(2) $\lambda=\lim_{n\to\infty}\left|\frac{a_{n+1}}{a_n}\right|=\lim_{n\to\infty}\left|\frac{(n+1)!}{n!}\cdot\frac{x^{n+1}}{x^n}\right|$

$$=\lim_{n\to\infty}(n+1)\cdot|x|$$

$x=0$ のとき，0 に収束．

$x\neq0$ のとき，$\lambda=\lim_{n\to\infty}(n+1)|x|=\infty>1$

より発散．

よって，

$$\begin{cases}x=0\text{ のみのとき収束し，収束半径}\\ r=\dfrac{1}{\lambda}=0 \quad\cdots(\text{答})\end{cases}$$

〔2〕絶対級数 $1+\frac{1}{2}+\frac{1}{3}+\cdots+\frac{1}{n}+\cdots$ は**練習問題 2-4**（p. 27）より発散する．よって，絶対収束でない．…(答)

ところが原級数 $1-\frac{1}{2}+\frac{1}{3}+\cdots+(-1)^{n-1}\frac{1}{n}+\cdots$ は交項級数で，$a_n=\frac{1}{n}$ とおくと，

$$a_n>a_{n+1}\text{ かつ }\lim_{n\to\infty}a_n=\lim_{n\to\infty}\frac{1}{n}=0$$

をみたすことより，ライプニッツの定理（p. 23）をみたす．

よって，収束し，条件収束級数となる．■

Chapter 3 微分 I

練習問題 3-1

$\frac{1}{t}=x$ と置くと，

$$\begin{aligned}(\text{与式})&=\lim_{x\to0}(1+x+x^2)^{\frac{1}{x+x^2}\cdot\frac{x+x^2}{x}}\\&=\lim_{x\to0}\underbrace{(1+x+x^2)^{\frac{1}{x+x^2}}}_{=e}{}^{\cdot(1+x)}=e\end{aligned}$$

…(答)

練習問題 3-2

■考え方■ 問題 3-2の結果を利用する．

(解)

(1) $\displaystyle\lim_{x\to0}\frac{\tanh^{-1}(\sin^{-1}x)}{x}$

$$=\lim_{x\to0}\underbrace{\frac{\tanh^{-1}(\sin^{-1}x)}{\sin^{-1}x}}_{\to1}\cdot\underbrace{\frac{\sin^{-1}x}{x}}_{\to1}=1$$

…(答)

(2) $\displaystyle\lim_{x\to0}\frac{\sinh(\tan^{-1}x)}{x}$

$$=\lim_{x\to0}\underbrace{\frac{\sinh(\tan^{-1}x)}{\tan^{-1}x}}_{\to1}\cdot\underbrace{\frac{\tan^{-1}x}{x}}_{\to1}=1 \quad\cdots(\text{答})$$

練習問題 3-3

■考え方■

$x=1$ における連続性，微分可能性より，$0<x<1$，$1<x$ で考えて，$f(x)$ を求める．

(解)

・$0<x<1$ のとき，$[x]=0$ で，

$$f(x)=\lim_{n\to\infty}\frac{x}{x^n+1}=x$$

・$1<x$ のとき，

$$f(x)=\lim_{n\to\infty}\frac{[x]+\dfrac{1}{x^{n-1}}}{1+\dfrac{1}{x^n}}=[x]$$

$f(1)=1$ であり，

$$\lim_{x\to1-0}f(x)=\lim_{x\to1-0}x=1$$

$$\lim_{x\to1+0}f(x)=\lim_{x\to1+0}[x]=1$$

よって，$f(x)$ は $x=1$ で連続である．

次に

$$\lim_{x\to1-0}\frac{f(x)-f(1)}{x-1}=\lim_{x\to1-0}\frac{x-1}{x-1}=1$$

$$\lim_{x\to1+0}\frac{f(x)-f(1)}{x-1}=\lim_{x\to1+0}\frac{[x]-1}{x-1}=0$$

左方向微分係数と右方向微分係数が異なることより，$x=1$ で微分不可能．

《注意》

$0\leqq x<2$ の区間で $y=f(x)$ のグラフは下図．

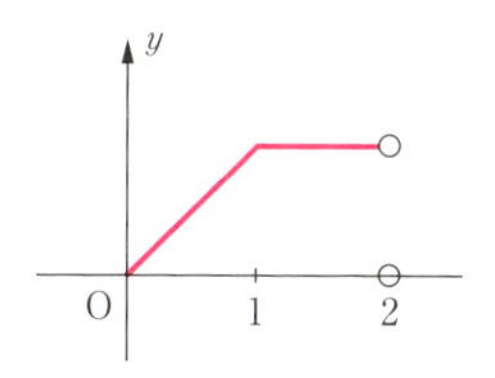

$x=1$ で連続であるが，微分可能でない．

練習問題 3-4

$0<|x-1|<\delta\Leftrightarrow-\delta+1<x<\delta+1$ のとき，

$$\begin{aligned}|f(x)-f(1)|&=|x^2-2x+3|\\&=|(x-1)^2+2|\\&<\delta^2+2\end{aligned}$$

$\delta^2+2<\varepsilon$，$\delta^2<\varepsilon-2$

正の数 ε は，$\varepsilon\leqq2$ の値のとき，$\delta^2\leqq0$ となり δ は存在しない．よって，$f(x)$ は $x=1$ で不連続となる．

《注意》

$y=f(x)$ のグラフは下図．

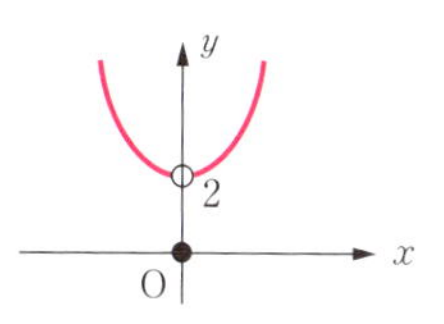

練習問題 3-5

$f(x)=x^4-5x+2$ とおく．

$f(x)$ は連続関数であり，

$f(0)=2>0$，$f(1)=-2<0$ となるから，中間値の定理より，$0<x<1$ に少なくとも1つの実数解をもつ．

また，$f(1)=-2<0$，$f(2)=8>0$ となるから，中間値の定理より，$1<x<2$ に少なくとも1つ実数解をもつ．これらより，少なくとも2つの正の解をもつ．

練習問題 3-6

(1) $\log y=\cos x\log(\tan x)$

辺々を x で微分すると，

$$\begin{aligned}\frac{y'}{y}&=-\sin x\log(\tan x)+\cos x\cdot\frac{1}{\tan x}\cdot\frac{1}{\cos^2x}\\&=-\sin x\log(\tan x)+\frac{1}{\sin x}\end{aligned}$$

$$\therefore\ y'=\left(-\sin x\log(\tan x)+\frac{1}{\sin x}\right)(\tan x)^{\cos x}$$

…(答)

(2) サイクロイド曲線

$$\begin{cases}\dfrac{dx}{dt}=a(1-\cos t)\\[2mm]\dfrac{dy}{dt}=a\sin t\end{cases}$$

$$\therefore\ \frac{dy}{dx}=\frac{\sin t}{1-\cos t}$$

…(答)

練習問題 3-7

(1)

$$y'=\frac{1}{\sqrt{1-\sin x}}\cdot(\sqrt{\sin x})'$$

$$= \frac{\cos x}{2\sqrt{\sin x}\cdot\sqrt{1-\sin x}} \quad \cdots(答)$$

(2)

$$y' = \frac{1}{1+\left(\frac{x}{\sqrt{1-x^2}}\right)^2}\cdot\left(\frac{x}{\sqrt{1-x^2}}\right)'$$

$$= (1-x^2)\cdot\frac{1\cdot\sqrt{1-x^2}+\frac{2x^2}{2\sqrt{1-x^2}}}{1-x^2}$$

$$= \frac{1}{\sqrt{1-x^2}} \quad \cdots(答)$$

練習問題 3-8

(1) $(\tanh^{-1}x)' = \dfrac{1}{1-x^2}$ であることから，

$$y' = \{\tanh^{-1}(\sin x)\}' = \frac{1}{1-\sin^2 x}(\sin x)'$$

$$= \frac{1}{\cos^2 x}\cdot\cos x = \frac{1}{\cos x} \quad \cdots(答)$$

(2) $(\sinh^{-1}x)' = \dfrac{1}{\sqrt{x^2+1}}$ であることから，

$$y' = \{\sinh^{-1}(\tan x)\}'$$

$$= \frac{1}{\sqrt{\tan^2 x+1}}\cdot(\tan x)'$$

$$= |\cos x|\cdot\frac{1}{\cos^2 x}$$

$\cos x>0$ のとき，$y' = \dfrac{1}{\cos x}$

$\cos x<0$ のとき，$y' = \dfrac{-1}{\cos x}$ $\quad\cdots$(答)

Chapter 4　微分 II

練習問題 4-1

(1) $y = \cos x$

$$y' = -\sin x = \cos\left(x+\frac{\pi}{2}\right)$$

$$y'' = -\sin\left(x+\frac{\pi}{2}\right) = \cos\left(x+\frac{\pi}{2}+\frac{\pi}{2}\right)$$

$$= \cos\left(x+2\cdot\frac{\pi}{2}\right)$$

$$y''' = -\sin\left(x+2\cdot\frac{\pi}{2}\right) = \cos\left(x+2\cdot\frac{\pi}{2}+\frac{\pi}{2}\right)$$

$$= \cos\left(x+3\cdot\frac{\pi}{2}\right)$$

$$\vdots$$

$$y^{(n)} = \cos\left(x+\frac{n}{2}\pi\right) \quad \cdots(答)$$

(2) $y = \log x$

$$y' = \frac{1}{x},\ y'' = -\frac{1}{x^2},\ y''' = \frac{2!}{x^3}$$

$$y^{(4)} = -\frac{3!}{x^4}$$

$$y^{(n)} = \frac{(-1)^{n-1}(n-1)!}{x^n}$$

$$y^{(n+1)} = \left\{\frac{(-1)^{n-1}(n-1)!}{x^n}\right\}'$$

$$= \frac{(-1)^{n-1}(n-1)!\cdot(-n)}{x^{n+1}} = \frac{(-1)^n\cdot n!}{x^{n+1}}$$

となることから，

$$y^{(n)} = \frac{(-1)^{n-1}(n-1)!}{x^n} \quad \cdots(答)$$

練習問題 4-2

$$y' = \frac{2\log x}{x}$$

$$xy' = 2\log x$$

辺々を x で微分して，

$$y^{(1)} + xy^{(2)} = \frac{2}{x}$$

$$xy^{(1)} + x^2y^{(2)} = 2$$

$$\Leftrightarrow\ x^2y^{(2)} + xy^{(1)} - 2 = 0 \quad \cdots㊟$$

$$x^{n+1}\cdot y^{(n+1)} + nx^n\cdot y^{(n)} + (-1)^n\cdot 2(n-1)! = 0 \quad \cdots①$$

数学的帰納法で示す．

(∵) $n=1$ のとき，㊟より成り立つ．

$n=k$ のとき，成り立つと仮定する．

すなわち，

$$x^{k+1}\cdot y^{(k+1)} + kx^k\cdot y^{(k)} + (-1)^k\cdot 2(k-1)! = 0 \quad \cdots②$$

$n=k+1$ のとき，

②の辺々を x で微分すると，

$$(k+1)\cdot x^k\cdot y^{(k+1)} + x^{k+1}\cdot y^{(k+2)} + k^2x^{k-1}\cdot y^{(k)} + kx^k\cdot y^{(k+1)} = 0$$

辺々に x を乗じて，

$$x^{k+2}\cdot y^{(k+2)} + \{(k+1)+k\}x^{k+1}\cdot y^{(k+1)} + k^2x^k\cdot y^{(k)} = 0$$

$$\Leftrightarrow\ x^{k+2}\cdot y^{(k+2)} + (k+1)x^{k+1}\cdot y^{(k+1)}$$

$+\ k\{x^{k+1}\cdot y^{(k+1)} + kx^k\cdot y^k\} = 0$

(仮定より) ‖ $-(-1)^k\cdot 2(k-1)!$

$\therefore\ x^{k+2}\cdot y^{(k+2)} + (k+1)x^{k+1}\cdot y^{(k+1)} + (-1)^{k+1}\cdot 2k! = 0$

となり $n = k+1$ のときも成り立ち，①はすべての自然数 n で成り立つ．■

練習問題 4-3

$y = \tan^{-1}x$ のとき，$y' = \dfrac{1}{1+x^2}$

$\Leftrightarrow\ (1+x^2)y' - 1 = 0$

ライプニッツの公式より，

$$(1+x^2)y^{(n+1)} + 2nxy^{(n)} + n(n-1)y^{(n-1)} = 0$$

$x = 0$ とおくと，

$$f^{(n+1)}(0) + n(n-1)f^{(n-1)}(0) = 0$$

$$f^{(n+1)}(0) = -n(n-1)f^{(n-1)}(0)$$

$f(0) = 0$，$f^{(1)}(0) = 1$ より

$$\left.\begin{array}{l} f^{(2n)}(0) = 0 \\ f^{(2n+1)}(0) = (-1)^n(2n)! \end{array}\right\}$$ …(答)

練習問題 4-4

コーシーの定理より，

$$\frac{f(b)-f(a)}{g(b)-g(a)} = \frac{f'(c)}{g'(c)}$$

$$\frac{b^3-a^3}{b^2-a^2} = \frac{3c^2}{2c}$$

$$\Leftrightarrow\ \frac{b^2+ba+a^2}{b+a} = \frac{3}{2}c$$

$$\therefore\ c = \frac{2}{3}\,\frac{b^2+ba+a^2}{b+a}$$ …(答)

$$\lim_{b\to a}\frac{c-a}{b-a} = \lim_{b\to a}\frac{\dfrac{2}{3}\cdot\dfrac{b^2+ba+a^2}{b+a} - a}{b-a}$$

$$= \lim_{b\to a}\frac{2(b^2+ba+a^2) - 3a(b+a)}{3(b-a)(b+a)}$$

$$= \lim_{b\to a}\frac{2b^2-ba-a^2}{3(b-a)(b+a)}$$

$$= \lim_{b\to a}\frac{(2b+a)(b-a)}{3(b-a)(b+a)} = \frac{3a}{3\cdot(2a)} = \frac{1}{2}$$ …(答)

練習問題 4-5

(1)

$$\lim_{x\to\infty}x\left(\frac{\pi}{2}-\tan^{-1}x\right) \overset{\frac{0}{0}\text{へ!}}{=} \lim_{x\to\infty}\frac{\dfrac{\pi}{2}-\tan^{-1}x}{\dfrac{1}{x}}$$

$$= \lim_{x\to\infty}\frac{\left(\dfrac{\pi}{2}-\tan^{-1}x\right)'}{\left(\dfrac{1}{x}\right)'} = \lim_{x\to\infty}\frac{-\dfrac{1}{1+x^2}}{-\dfrac{1}{x^2}}$$

$$= \lim_{x\to\infty}\frac{x^2}{1+x^2} = \lim_{x\to\infty}\frac{1}{\dfrac{1}{x^2}+1} = 1$$ …(答)

(2)

$$\lim_{x\to\infty}\log\left(\frac{\log x}{x}\right)^{\frac{1}{x}} = \lim_{x\to\infty}\frac{\log\left(\dfrac{\log x}{x}\right)}{x}$$

$$\underset{(*)}{=} \lim_{x\to\infty}\frac{\left\{\log\left(\dfrac{\log x}{x}\right)\right\}'}{(x)'}$$

$$= \lim_{x\to\infty}\frac{\dfrac{1-\log x}{x^2}}{\dfrac{\log x}{x}}$$

$$= \lim_{x\to\infty}\frac{1-\log x}{x\log x} \underset{(*)}{=} \lim_{x\to\infty}\frac{(1-\log x)'}{(x\log x)'}$$

$$= \lim_{x\to\infty}\frac{-\dfrac{1}{x}}{\log x+1} = 0$$

$$\therefore\ \lim_{x\to\infty}\left(\frac{\log x}{x}\right)^{\frac{1}{x}} = e^0 = 1$$ …(答)

((*) はロピタルの定理適用)

練習問題 4-6

(1)

$$(\text{与式}) = \lim_{x\to 1}\frac{(x^x-x)'_{⑦}}{(x-1-\log x)'}$$

$$= \lim_{x\to 1}\frac{(\log x+1)x^x-1}{1-\dfrac{1}{x}}$$

$$= \lim_{x\to 1}\frac{(\log x+1)x^{x+1}-x}{x-1}$$

$$= \lim_{x\to 1}\frac{\{(\log x+1)x^{x+1}-x\}'}{(x-1)'}$$

$$= \lim_{x\to 1} \frac{x^x + (\log x + 1)\cdot\left(\log x + \frac{x+1}{x}\right)x^{x+1} - 1}{1}$$ ㋑

$$= 2 \quad \cdots(\text{答})$$

〔注〕

㋐ $y = x^x$ の微分は $(\log y)' = (x\log x)'$

$$\frac{1}{y}\cdot y' = \log x + 1 \quad \therefore\ y' = (\log x + 1)x^x$$

㋑ $y = x^{x+1}$ の微分は $(\log y)' = \{(x+1)\log x\}'$

$$\frac{1}{y}y' = \log x + \frac{x+1}{x}$$

$$\therefore\ y' = \left(\log x + \frac{x+1}{x}\right)x^{x+1}$$

(2)

$$(\text{与式}) = \lim_{x\to 1}\frac{\{\log\cos(x-1)\}'}{\left\{1-\sin\frac{\pi}{2}x\right\}'}$$

$$= \lim_{x\to 1}\frac{\frac{-\sin(x-1)}{\cos(x-1)}}{-\frac{\pi}{2}\cos\frac{\pi}{2}x} = \lim_{x\to 1}\frac{\{\tan(x-1)\}'}{\left\{\frac{\pi}{2}\cos\frac{\pi}{2}x\right\}'}$$

$$= \lim_{x\to 1}\frac{\frac{1}{\cos^2(x-1)}}{-\left(\frac{\pi}{2}\right)^2\sin\frac{\pi}{2}x} = -\frac{4}{\pi^2} \quad \cdots(\text{答})$$

練習問題 4-7

(1) $f(x) = \sin x,\ f^{(n)}(x) = \sin\left(x + \frac{n\pi}{2}\right)$

$f^{(2k)}(0) = 0,\ f^{(2k-1)}(0) = (-1)^{k-1}$

(p. 63 問題 4-1；(2))

$h > 0$ のとき，$|x| < h$ となる x で，

$$|f^{(n)}(x)| = \left|\sin\left(x + \frac{n\pi}{2}\right)\right| \leqq 1$$

有限の値

よって，$\lim_{n\to\infty} R_n = 0$ となり，マクローリン展開できる．

$$\therefore\ \sin x = x - \frac{x^3}{3!} + \frac{x^5}{5!} - \cdots + (-1)^{n-1}\frac{x^{2n-1}}{(2n-1)!} + \cdots \quad \cdots(\text{答})$$

(2) $f(x) = \cos x,\ f^{(n)}(x) = \cos\left(x + \frac{n}{2}\pi\right)$

$f^{(2k)}(0) = (-1)^k,\ f^{(2k-1)}(0) = 0$

$h > 0$ のとき，$|x| < h$ となる x で，

$$|f^{(n)}(x)| = \left|\cos\left(x + \frac{n}{2}\pi\right)\right| \leqq 1$$

有限の値

よって，$\lim_{x\to\infty} R_n = 0$ となり，マクローリン展開できる．

$$\therefore\ \cos x = 1 - \frac{x^2}{2!} + \frac{x^4}{4!} - \frac{x^6}{6!} + \cdots + (-1)^n\frac{x^{2n}}{(2n)!} + \cdots \quad \cdots(\text{答})$$

練習問題 4-8

$f(x) = \log(1+x)$ の n 次導関数は，

$$f'(x) = \frac{1}{1+x},\ f''(x) = -\frac{1}{(1+x)^2}$$

$$f^{(3)}(x) = \frac{2!}{(1+x)^3},\ f^{(4)}(x) = \frac{-3!}{(1+x)^4}\cdots,$$

$$f^{(n)}(x) = \frac{(-1)^{n-1}(n-1)!}{(1+x)^n}$$

(p. 63 練習問題 4-1 (2) を参照．)

$\therefore\ f^{(n)}(0) = (-1)^{n-1}(n-1)!$

$f(x)$ がべき級数に展開されたと仮定し，収束半径を r とすると，$|x| < r$ をみたす x に対して，

$$f(x) = f(0) + f'(0)x + \frac{f''(0)}{2!}x^2 + \cdots + \frac{f^{(n)}(0)}{n!}x^n + \cdots$$

$$f(x) = x - \frac{x^2}{2} + \frac{x^3}{3} - \cdots + (-1)^{n-1}\frac{x^n}{n} + \cdots$$

が成り立つ．

r を決めるために，ダランベールの判定法 (p. 23) を用いると，

$$\lambda = \lim_{n\to\infty}\left|\frac{(-1)^n}{n+1}\cdot\frac{n}{(-1)^{n-1}}\right|$$

$$= \lim_{n\to\infty}\frac{n}{n+1} = \lim_{n\to\infty}\frac{1}{1+\frac{1}{n}} = 1.$$

よって，収束半径 r は $r = \frac{1}{\lambda} = 1$ で $|x| < 1$ となる x で，級数は収束する．

$$\therefore\ \log(1+x) = x - \frac{x^2}{2} + \frac{x^3}{3} - \cdots + (-1)^{n-1}\frac{x^n}{n} + \cdots$$

$(|x| < 1)$

じつは，$x=1$ のときも収束する．

$$\log 2 = 1 - \frac{1}{2} + \frac{1}{3} - \frac{1}{4} + \cdots + (-1)^{n-1}\frac{1}{n} + \cdots$$

(p. 23. 交項級数の収束．ライプニッツの定理)

練習問題 4-9

(1) 3 倍角の公式より

$$\sin^3 x = \frac{1}{4}(3\sin x - \sin 3x)$$

$$\sin x = x - \frac{x^3}{3!} + \frac{x^5}{5!} - \cdots + (-1)^n \frac{x^{2n+1}}{(2n+1)!} + \cdots$$

の x に $3x$ を代入して，

$$\sin 3x = 3x - \frac{(3x)^3}{3!} + \frac{(3x)^5}{5!} - \cdots + (-1)^n \frac{(3x)^{2n+1}}{(2n+1)!} + \cdots$$

$$3\sin x - \sin 3x$$
$$= (3x - 3x) - \frac{x^3}{3!}(3 - 3^3) + \cdots + (-1)^n \frac{x^{2n+1}}{(2n+1)!}(3 - 3^{2n+1}) + \cdots$$

$$\therefore\ \sin^3 x = \frac{1}{4}\left\{\frac{3^3-1}{3!}x^3 - \frac{3^5-3}{5!}x^5 + \cdots + (-1)^{n+1}\frac{3^{2n+1}-3}{(2n+1)!}x^{2n+1} + \cdots\right\}$$

…(答)

(2) $(1+x)^a = 1 + ax + \dfrac{a(a-1)}{2!}x^2 + \cdots + \dfrac{a(a-1)\cdots(a-n+1)}{n!}x^n + \cdots$

の x に $-x$，$a=-2$ を代入して，

$$\frac{1}{(1-x)^2} = 1 + 2x + 3x^2 + \cdots + (n+1)x^n + \cdots$$

…(答)

練習問題 4-10

(1) $f'(x) = (\cos^{-1}x)' = -\dfrac{1}{\sqrt{1-x^2}}$

でこれは，問題 4-⑩の (2) の $\dfrac{1}{\sqrt{1-x^2}}$ のマクローリン展開の式を利用して，

$$f(x) = f(0) - \left\{x + \frac{1}{2\cdot 3}x^3 + \frac{1\cdot 3}{2\cdot 4\cdot 5}x^5 + \cdots + \frac{1\cdot 3\cdot\cdots\cdot(2n-1)}{2\cdot 4\cdot\cdots\cdot(2n)\cdot(2n+1)}x^{2n+1} + \cdots\right\}$$

$$= \frac{\pi}{2} - x - \frac{1}{6}x^3 - \frac{3}{40}x^5 - \cdots - \frac{1\cdot 3\cdot\cdots\cdot(2n-1)}{2\cdot 4\cdot\cdots\cdot(2n)\cdot(2n+1)}x^{2n+1} - \cdots$$

…(答)

(2)

$(\tan^{-1}x)' = \dfrac{1}{1+x^2}$ をマクローリン展開すると，

$$\frac{1}{1+x^2} = 1 - x^2 + x^4 - x^6 + \cdots + (-1)^n x^{2n} \cdots$$

辺々を 0 から x まで x で積分して，

$$\tan^{-1}x = \underset{\substack{\| \\ 0}}{\tan^{-1}(0)} + \int_0^x (1 - x^2 + x^4 - x^6 + \cdots + (-1)^n x^{2n}\cdots)dx$$

$$= x - \frac{1}{3}x^3 + \frac{1}{5}x^5 - \frac{1}{7}x^7 + \cdots + \frac{(-1)^n}{2n+1}x^{2n+1} + \cdots$$

…(答)

練習問題 4-11

$$y' = \{\log(x + \sqrt{x^2+1})\}' = \frac{1}{\sqrt{x^2+1}}$$

$$\Leftrightarrow\ y'\sqrt{x^2+1} = 1$$

辺々を x で微分して，

$$y''\cdot\sqrt{x^2+1} + y'\cdot\frac{x}{\sqrt{x^2+1}} = 0$$

$$\Leftrightarrow\ y''(x^2+1) + y'x = 0 \quad \cdots①$$

①の辺々を n 回微分すると，ライプニッツの公式より，

$$y^{(n+2)}\cdot(x^2+1) + ny^{(n+1)}\cdot 2x + \frac{n(n-1)}{2!}y^{(n)}\cdot 2 + y^{(n+1)}\cdot x + ny^{(n)}\cdot 1 = 0$$

$x=0$ とおくと，

$f^{(n+2)}(0) + n(n-1)f^{(n)}(0) + nf^{(n)}(0) = 0$

$f^{(n+2)}(0) = -n^2 f^{(n)}(0)$　…②

$f(0) = 0$, $\underline{f'(0) = 1}$, $f^{(2)}(0) = 0$,

$\underline{f^{(3)}(0) = -1}$, $f^{(4)}(0) = 0$

$\underline{f^{(5)}(0) = 1^2 \cdot 3^2}$　$(f^{(2n)}(0) = 0)$

$f^{(2n+1)}(0) = (-1)^n \cdot 1^2 \cdot 3^2 \cdot \cdots \cdot (2n-1)^2$

(厳密には帰納法で示す.)

$|x| < 1$より, マクローリン展開でき,

$$f(x) = \frac{x}{1!} - \frac{1^2}{3!}x^3 + \frac{1^2 \cdot 3^2}{5!}x^5 + \cdots + (-1)^n \frac{1^2 \cdot 3^2 \cdot \cdots \cdot (2n-1)^2}{(2n+1)!}x^{2n+1} + \cdots$$

…(答)

練習問題 4-12

p. 62 のマクローリンの展開式で$x = 1$とおき, eの近似式として,

$$e \fallingdotseq 1 + 1 + \frac{1}{2!} + \cdots + \frac{1}{(n-1)!} \quad \cdots①$$

をとると,

誤差 $|E| = \dfrac{1}{n!}e^{\theta}$　$(0 < \theta < 1)$

①の右辺の各項をそれぞれ小数第7位まで計算し, あとは切り捨てる. 有効数字が第6位から始まる項まで計算し, それらを加えると,

$$e \fallingdotseq 1 + 1 + \frac{1}{2!} + \cdots + \frac{1}{9!} \fallingdotseq 2.7182812$$

〔注〕$\left(\dfrac{1}{9!} = 0.\underline{00}\,\underline{00}027\right)$

誤差の限界は,

$$|E| = \frac{e^{\theta}}{10!} < \frac{e}{10!} < \frac{3}{10!} < 0.\underline{00}\,\underline{00}\,\underline{00}9$$

$\dfrac{1}{3!}$から$\dfrac{1}{9!}$までの7項について, 小数第8位を切り捨てているので, 7項のそれぞれの誤差の最大は$0.\underline{00}\,\underline{00}\,\underline{00}1$ ←小数第7位

切り捨てまでを考えにいれたときの誤差の限界は,

$0.\underline{00}\,\underline{00}\,\underline{00}1 \times 7 + 0.\underline{00}\,\underline{00}\,\underline{00}9 = 0.\underline{00}\,\underline{00}016$

(有効数字が小数第6位から始まる)

したがって, この誤差の限界を近似値$2.\underline{71828}12$に加えても, 小数第5位までは変わらない.

よって, eの値を小数第5位まで正しく求めると,

$e = 2.71828$　…(答)

練習問題 4-13

(1) $\log(1 + x)$をマクローリン展開すると,

$$\log(1 + x) = \sum_{k=1}^{n-1} \frac{(-1)^{k-1}}{k}x^k + R_n$$

$$|E| = |R_n| = \left| \frac{(-1)^{n-1}}{n}(\theta x)^n \right| \quad 0 < \theta < 1$$

$n = 3$のとき, $x = 0.01$を代入して,

$$\log(1 + x) = x - \frac{x^2}{2} + R_3$$
$$= 0.01 - 0.\underline{00}\,\underline{00}5 + R_3$$
$$= 0.\underline{00}\,\underline{99}5 + R_3$$

ここで

$$|E| = |R_3| = \frac{1}{3}\theta^3 \cdot (0.01)^3 < \frac{1}{3} \cdot (0.01)^3$$
$$< 0.\underline{00}\,\underline{00}\,\underline{00}33$$

誤差は0.00995を超えない.

$\therefore \log(1.01) = 9.95 \times 10^{-3}$　…(答)

(2)

$$\sqrt[3]{30} = (27 + 3)^{\frac{1}{3}} = \left\{27 \cdot \left(1 + \frac{1}{9}\right)\right\}^{\frac{1}{3}}$$
$$= 3\left(1 + \frac{1}{9}\right)^{\frac{1}{3}}$$

$(1 + x)^{\frac{1}{3}}$のマクローリン展開(p. 70, 問題 4-[8])は

$$(1 + x)^a = 1 + \sum_{k=1}^{n-1} \frac{a(a-1) \cdot \cdots \cdot (a-k+1)}{k!}x^k + R_n$$

$$|E| = |R_n| = \left| \frac{a(a-1) \cdot \cdots \cdot (a-n+1)}{n!}(\theta x)^n \right|$$

$(0 < \theta < 1)$

$n = 2$のとき$a = \dfrac{1}{3}$, $x = \dfrac{1}{9}$を代入して,

$$3\left(1 + \frac{1}{9}\right)^{\frac{1}{3}} = 3\left\{1 + \frac{1}{3} \cdot \frac{1}{9} + R_2\right\}$$
$$= 3 + \frac{1}{9} + 3R_2$$
$$= 3.111 \cdots + 3R_2$$

ここで,

$$|E| = |R_2| = \left| \frac{1}{2} \cdot \frac{1}{3} \cdot \left(-\frac{2}{3}\right) \cdot \theta^2 \cdot \left(\frac{1}{9}\right)^2 \right|$$

$(0<\theta<1)$

$$< \frac{1}{2}\cdot\frac{1}{3}\cdot\frac{2}{3}\cdot\frac{1}{9^2} = \frac{1}{9^3}$$

$$3E < \frac{3}{9^3} = \frac{1}{243} = 0.0041\cdots$$

より，誤差は有効数字3桁に影響を与えない．

$\therefore \sqrt[3]{30} \fallingdotseq 3.11$ …(答)

Chapter 5 微分 III

練習問題 5-1

(1)

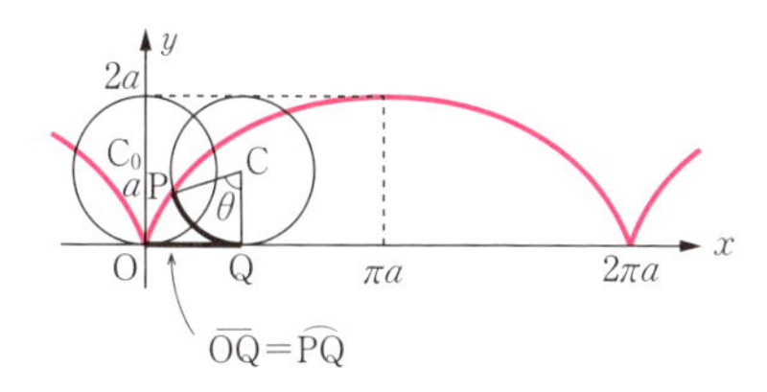

$\overparen{PQ} = a\theta$ であり，$\overparen{OQ} = \overparen{PQ} = a\theta$

よって，$\overrightarrow{OC} = (a\theta, a)$

円の中心Cを通り x 軸に平行な直線から動径CPまでの角は $-\frac{\pi}{2}-\theta$ となるから

$$\overrightarrow{CP} = \left(a\cos\left(-\frac{\pi}{2}-\theta\right), a\sin\left(-\frac{\pi}{2}-\theta\right)\right)$$

$$= (-a\sin\theta, -a\cos\theta)$$

$$\overrightarrow{OP} = \overrightarrow{OC} + \overrightarrow{CP}$$

$$= (a\theta, a) + (-a\sin\theta, -a\cos\theta)$$

$$\therefore \begin{cases} x = a(\theta - \sin\theta) \\ y = a(1-\cos\theta) \end{cases}$$

(2) $\dfrac{dx}{d\theta} = a(1-\cos\theta)$

$$\frac{dy}{d\theta} = a\sin\theta$$

$$\frac{dy}{dx} = \frac{\frac{dy}{d\theta}}{\frac{dx}{d\theta}} = \frac{\sin\theta}{1-\cos\theta}$$

$\theta = \frac{\pi}{2}$ のとき，$y' = 1$

よって，点 $\left(a\left(\frac{\pi}{2}-1\right), a\right)$ における接線は，

$$y = x - a\left(\frac{\pi}{2}-1\right) + a = x - a\left(\frac{\pi}{2}-2\right)$$

…(答)

法線は傾き -1 であるから

$$y = -\left\{x - a\left(\frac{\pi}{2}-1\right)\right\} + a = -x + \frac{\pi}{2}a$$

…(答)

練習問題 5-2

$f(x) = x^5 - 10x^4 + 20x^3$

$f'(x) = 5x^4 - 40x^3 + 60x^2$

$\quad = 5x^2(x^2 - 8x + 12)$

$\quad = 5x^2(x-2)(x-6)$

増減表をかくと，

x		0		2		6	
$f'(x)$	+	0	+	0	−	0	+
$f(x)$	↗	0	↗	32	↘	−864	↗

極大値 $f(2) = 32$

極小値 $f(6) = -864$

(別解)

$f''(x) = 20x(x^2 - 6x + 6)$

$f'''(x) = 60(x^2 - 4x + 2)$

$f'(x) = 0$ となる x は $x = 0,\ 2,\ 6$

$f''(0) = 0,\ f'''(0) \neq 0$ ㋐ $\therefore f(0) = 0$ は極値でない．

$f''(2) < 0 \quad \therefore f(2) = 32$ は極大値．

$f''(6) > 0 \quad \therefore f(6) = -864$ は極小値

㋐ 判定法2による $f^{(n)}(0) \neq 0$
$n = 3$ で n は奇数．

練習問題 5-3

$$f'(x) = \frac{(x-c)^2 - (c-a)(c-b)}{(x-c)^2}$$

$f'(x) = 0$ となる x は

$$(x-c)^2 = (c-a)(c-b)$$

$$x = c \pm \sqrt{(c-a)(c-b)}$$

$c \neq a,\ c \neq b$ から $(c-a)(c-b) \neq 0$

であるから，極値をもたないためには，

$$(c-a)(c-b) < 0$$

であればよく，このとき，$f'(x) > 0$ で単調に増加し極値をもたない．

$\therefore (c-a)(c-b) < 0$ …(答)

練習問題 5-4

$n=1$ のとき，$f''(x)=0$ なので変曲点なし．

$n=2$ のとき，$f''(x)=2$ なので変曲点なし．

$n \geqq 3$ のとき，

$$f'(x)=nx^{n-1},\quad f''(x)=n(n-1)x^{n-1}$$

$f''(x)=0$ となる x は $x=0$ で

$f^{(3)}(0)=0\cdots,\ f^{(n-1)}(0)=0,\ f^{n}(x)=n!$

であるから

$$f(x)=\underbrace{f(0)}_{0}+\underbrace{f'(0)}_{0}x+\underbrace{\frac{f''(0)}{2}}_{0}x^2+\cdots+\underbrace{\frac{f^{(n-1)}(0)}{(n-1)!}x^{n-1}}_{0}+\frac{f^{n}(c)}{n!}x^n$$

$$f(x)-\{f(0)+f'(0)x\}=\frac{f^{n}(c)}{n!}x^n=x^n$$

（$f(0)+f'(0)x$：$x=0$ における接線：$y=0$）

・$n \geqq 3$ の奇数のとき，

$x>0$ のとき，$f(x)>0$（$f(x)$ が接線 $y=0$ の上側にある）

$x<0$ のとき，$f(x)<0$（$f(x)$ が接線 $y=0$ の下側にある）

$\therefore$ $(0,0)$ は変曲点．

・$n \geqq 3$ の偶数のとき，変曲点でない．

（別解）

$n \geqq 3$ の奇数のとき，凹凸表をかくと，

x		0	
$f''(x)$	$-$	0	$+$
$f(x)$	$\cap$	0	$\cup$

$(0,0)$ が変曲点となる．

練習問題 5-5

(1) $y=\dfrac{x}{1+e^{\frac{1}{x}}}$，漸近線を $y=\alpha x+\beta$ とおくと，

$$\alpha=\lim_{x\to\pm\infty}\frac{y}{x}=\lim_{x\to\pm\infty}\frac{1}{1+e^{\frac{1}{x}}}=\frac{1}{2}$$

$$\beta=\lim_{x\to\pm\infty}\left(y-\frac{1}{2}x\right)=\lim_{x\to\pm\infty}\left(\frac{x}{1+e^{\frac{1}{x}}}-\frac{x}{2}\right)$$

$$=\lim_{x\to\pm\infty}\frac{x}{2}\cdot\frac{1-e^{\frac{1}{x}}}{1+e^{\frac{1}{x}}}=\frac{1}{4}\underbrace{\lim_{x\to\pm\infty}\frac{1-e^{\frac{1}{x}}}{\frac{1}{x}}}_{\to -1}$$

$$=-\frac{1}{4}$$

$\left(\dfrac{1}{x}=t\right.$ とおくと，

$$\left.\lim_{x\to\pm\infty}\frac{1-e^{\frac{1}{x}}}{\frac{1}{x}}=-\lim_{t\to 0}\frac{e^t-1}{t}=-1\right)$$

$\therefore\ y=\dfrac{1}{2}x-\dfrac{1}{4}$ …(答)

(2) $y^3=x^2+x^3=x^3\left(1+\dfrac{1}{x}\right)$

$y=x\left(1+\dfrac{1}{x}\right)^{\frac{1}{3}}$ …㊍

$$\lim_{x\to\pm\infty}\frac{y}{x}=\lim_{x\to\pm\infty}\left(1+\frac{1}{x}\right)^{\frac{1}{3}}=1$$

$$\lim_{x\to\pm\infty}(y-x)=\lim_{x\to\pm\infty}x\left\{\left(1+\frac{1}{x}\right)^{\frac{1}{3}}-1\right\}$$

$$=\lim_{x\to\pm\infty}\frac{x\cdot\left\{\left(1+\frac{1}{x}\right)-1\right\}}{\left(1+\frac{1}{x}\right)^{\frac{2}{3}}+\left(1+\frac{1}{x}\right)^{\frac{1}{3}}+1}$$

$$=\lim_{x\to\pm\infty}\frac{1}{\left(1+\frac{1}{x}\right)^{\frac{2}{3}}+\left(1+\frac{1}{x}\right)^{\frac{1}{3}}+1}=\frac{1}{3}$$

漸近線　$y=x+\dfrac{1}{3}$ …(答)

（別解）㊍から

$$y=x\left(1+\frac{1}{3x}-\frac{1}{9x^2}\pm\cdots\right)$$

$$=x+\frac{1}{3}-\underbrace{\frac{1}{9x}}_{x\to\infty\text{ で }\to 0}\pm\cdots$$

漸近線　$y=x+\dfrac{1}{3}$ …(答)

練習問題 5-6

(1) $y'=\dfrac{1-\log x}{x^2}$，$y'=0$ となる x は $x=e$．

$x>0$ で増減表をかくと，

x	0		e	
y'		$+$	0	$-$
y		↗	$\frac{1}{e}$	↘

極大値 $f(e) = \dfrac{1}{e}$

$$\lim_{x\to\infty}\frac{\log x}{x} = \lim_{x\to\infty}\frac{\frac{1}{x}}{1} = 0 \quad \text{(ロピタルの定理)}$$

$$\lim_{x\to+0}\frac{\log x}{x} = -\infty$$

グラフは右図.

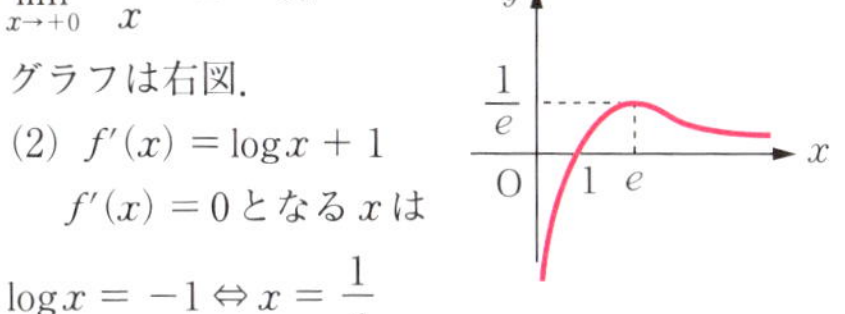

(2) $f'(x) = \log x + 1$

$f'(x) = 0$ となる x は

$$\log x = -1 \Leftrightarrow x = \frac{1}{e}$$

増減表をかくと,

x	0		$\frac{1}{e}$	
$f'(x)$		$-$	0	$+$
$f(x)$		↘	極小	↗

極小値

$f\left(\dfrac{1}{e}\right) = -\dfrac{1}{e}$

$$\lim_{x\to+0} x\log x = \lim_{x\to+0}\frac{\log x}{\frac{1}{x}} = \lim_{x\to+0}\frac{(\log x)'}{\left(\frac{1}{x}\right)'}$$

$$= \lim_{x\to+0}\frac{\frac{1}{x}}{-\frac{1}{x^2}} = -\lim_{x\to+0} x = 0$$

$$\lim_{x\to\infty} x\log x = \infty$$

グラフは下図.

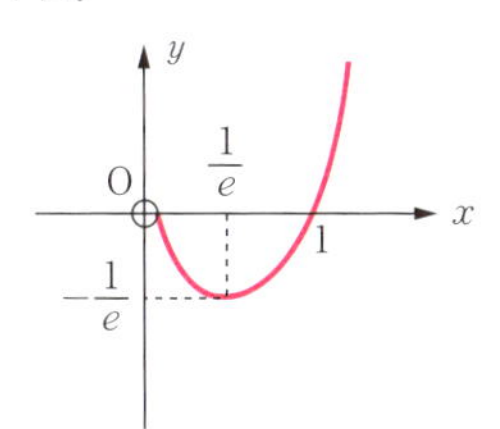

練習問題 5-7

$x^{\frac{2}{3}} + y^{\frac{2}{3}} = a^{\frac{2}{3}}$ …①

x の符号, y の符号を変えても変わらないから, **x 軸, y 軸に関して対称である**. よって, 第1象限だけ調べれば十分である.

①の辺々を x で微分すると

$$\frac{2}{3}x^{-\frac{1}{3}} + \frac{2}{3}y^{-\frac{1}{3}}\cdot y' = 0 \quad \therefore\ y' = -\sqrt[3]{\frac{y}{x}} < 0$$

ゆえに, ①は第1象限で単調減少である.

$$y'' = -\frac{1}{3}\left(\frac{y}{x}\right)^{-\frac{2}{3}}\cdot\frac{xy' - y\cdot 1}{x^2}$$

$$= +\frac{1}{3}\frac{y^{-\frac{1}{3}}}{x^{\frac{4}{3}}y^{\frac{1}{3}}}\cdot(x^{\frac{2}{3}}y^{\frac{1}{3}} + y)$$

$$= \frac{1}{3x^{\frac{4}{3}}y^{\frac{1}{3}}}(x^{\frac{2}{3}} + y^{\frac{2}{3}}) = \frac{a^{\frac{2}{3}}}{3x^{\frac{4}{3}}y^{\frac{1}{3}}} > 0$$

曲線は下に凸. グラフは下図.

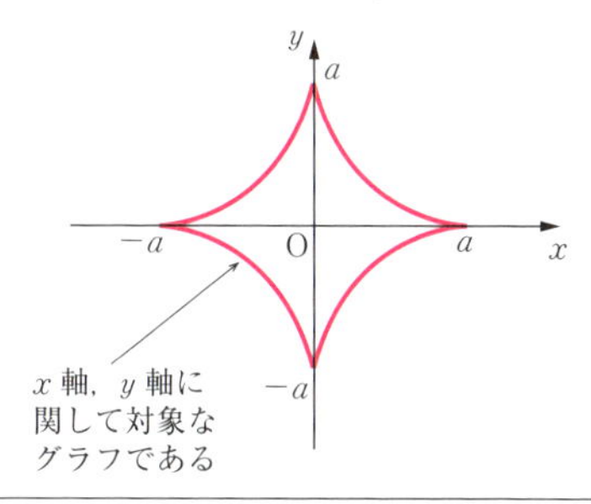

> アステロイド曲線をパラメーター表示すると,
> $\begin{cases} x = a\cos^3\theta \\ y = a\sin^3\theta \end{cases}$ $(a > 0,\ 0 \leqq \theta < 2\pi)$ となる.

練習問題 5-8

$f(x) = \sinh^{-1}x = \log(x + \sqrt{x^2+1})$ とおくと,

$$\begin{aligned} f(-x) &= \sinh^{-1}(-x) \\ &= \log(-x + \sqrt{x^2+1}) \\ &= -\log(x + \sqrt{x^2+1}) \\ &= -f(x) \end{aligned}$$

$$\left(\sqrt{x^2+1} - x = \frac{1}{\sqrt{x^2+1}+x} = (x + \sqrt{x^2+1})^{-1}\right)$$

$y = f(x)$ は奇関数で原点対称となる.

$x \geqq 0$ で調べる.

$$f'(x) = (\sinh^{-1}x)' = \frac{1}{\sqrt{x^2+1}} > 0 \text{ (p. 43 を参照)}$$

$f(x)$ は単調に増加する.

$$f''(x) = \frac{-x}{(x^2+1)^{\frac{3}{2}}} \leqq 0$$

より, $f(x)$ $(x \geqq 0)$ は上に凸である.

$$\lim_{x\to+\infty} f(x) = \lim_{x\to+\infty}\log(x + \sqrt{x^2+1}) = +\infty$$

($f'(0) = 1$ であり, 原点における接線は $y = x$ となる.)

原点に関して対称であることを考慮して, グラフは下図.

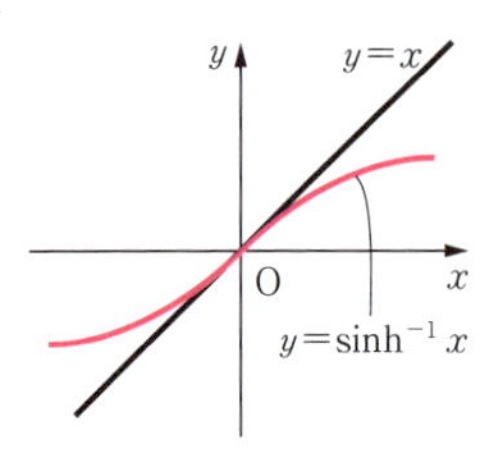

練習問題 5-9

$y = xe^{-x^2}$ の辺々を x で微分すると

$$y' = e^{-x^2} - 2x^2e^{-x^2}$$

これが傾き m になることより,

$$e^{-x^2} - 2x^2e^{-x^2} = m \quad \cdots①$$

接線の本数は①の異なる実数解の個数に等しい.

$f(x) = e^{-x^2}(1-2x^2)$ とおき,$y = f(x)$ と $y = m$ の共有点の個数で以下調べる.

$$\begin{aligned} f'(x) &= (e^{-x^2})'(1-2x^2) + e^{-x^2}(1-2x^2)' \\ &= -2xe^{-x^2}(1-2x^2) - 4xe^{-x^2} \\ &= 2e^{-x^2}\cdot x\cdot(2x^2-3) \end{aligned}$$

$f'(x) = 0$ なる x は $x = 0$, $x = \pm\sqrt{\dfrac{3}{2}}$

増減表をかくと

x		$-\sqrt{\dfrac{3}{2}}$		0		$\sqrt{\dfrac{3}{2}}$	
$f'(x)$	$-$	0	$+$	0	$-$	0	$+$
$f(x)$	↘	極小	↗	極大	↘	極小	↗

極小値 $f\left(\pm\sqrt{\dfrac{3}{2}}\right) = -2e^{-\frac{3}{2}}$ (複号同順)

極大値 $f(0) = 1$

$$\lim_{x\to\pm\infty} f(x) = \lim_{x\to\pm\infty} \frac{1-2x^2}{e^{x^2}} = 0$$

となるから,グラフは下図となる.

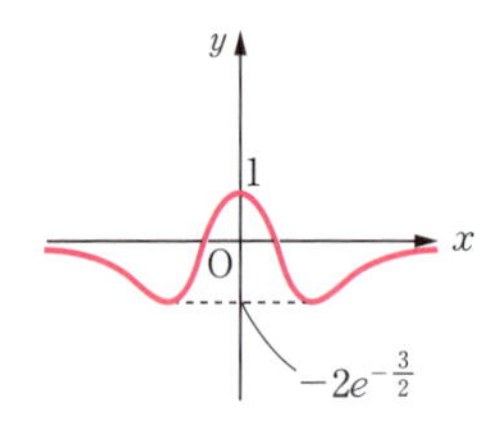

$y = m$ との共有点の個数より接線の本数は

$1 < m$, $m < -2e^{-\frac{3}{2}}$ のとき,0本
$m = 1$ のとき1本
$0 \leqq m < 1$, $m = -2e^{-\frac{3}{2}}$ のとき,2本
$-2e^{-\frac{3}{2}} < m < 0$ のとき,4本

…(答)

練習問題 5-10

$f_n(x) = 1 + x + \dfrac{x^2}{2!} + \cdots + \dfrac{x^n}{n!}$ とおき,数学的帰納法で示す.

(∵) $n = 1$ のとき,$f_1(x) = 1 + x$ で $f_1(x)$ は $x = -1$ のみ解をもち成り立つ.

$n = 2$ のとき,$f_2(x) = 1 + x + \dfrac{x^2}{2}$

$$= \frac{1}{2}(x+1)^2 + \frac{1}{2} > 0$$

で $f_2(x) = 0$ は実数解をもたなく,成り立つ.

$n = 2k-1$, $2k$ のとき,成り立つと仮定する.

すなわち,$f_{2k-1} = 0$ はただ1つの実数解をもつ.$f_{2k} = 0$ は実数解をもたないとすると,

$n = 2k+1$, $2k+2$ のとき,

・$f'_{2k+1}(x) = f_{2k} > 0$ (仮定より)

$y = f_{2k+1}(x)$ は単調に増加し

$\lim\limits_{x\to-\infty} f_{2k+1}(x) = -\infty$, $\lim\limits_{x\to\infty} f_{2k+1}(x) = +\infty$

となるから $y = f_{2k+1}(x)$ は x 軸とただ1つの共有点をもち成り立つ. …㊉

次に

・$f'_{2k+2}(x) = f_{2k+1}(x) = 0$ となる x は㊉からただ1つ存在し,その解を $x = \alpha$ とすると,$f'_{2k+2}(\alpha) = 0$, となり増減表は

x		α	
$f'_{2k+2}(x)$	$-$	0	$+$
$f_{2k+2}(x)$	↘	極小	↗

$f_{2k+2}(x)$ は $x = \alpha$ で極小かつ最小で,

$$f_{2k+2}(\alpha) = \underset{\substack{\parallel \\ 0}}{f_{2k+1}(\alpha)} + \frac{\alpha^{2k+2}}{(2k+2)!}$$

$$= \frac{\alpha^{2k+2}}{(2k+2)!} > 0$$

より,$f_{2k+2}(x) = 0$ となる解は存在しない.以上より $n = 2k+1$, $2k+2$ のときも成り立ちすべての自然数 n で成り立つ.

練習問題 5-11

$f(x)=\frac{1}{3}\tan x+\frac{2}{3}\sin x-x$ とおくと,

$$f'(x)=\frac{1}{3}\frac{1}{\cos^2 x}+\frac{2}{3}\cos x-1$$
$$=\frac{1}{3\cos^2 x}(1+2\cos^3 x-3\cos^2 x)$$
$$=\frac{1}{3\cos^2 x}(\cos x-1)(2\cos^2 x-\cos x-1)$$
$$=\frac{1}{3\cos^2 x}(\cos x-1)(\cos x-1)(2\cos x+1)$$
$$=\frac{1}{3\cos^2 x}(\cos x-1)^2(2\cos x+1)$$

$0<x<\frac{\pi}{2}$ のとき, $f'(x)>0$ で $f(x)$ は単調に増加する関数

$\therefore\ f(x)>f(0)=0$

$\therefore\ x<\frac{1}{3}\tan x+\frac{2}{3}\sin x$ ■

練習問題 5-12

$$f'(x)=\frac{x\sin x+2\cos x-2a}{x^3}$$

$0<x\leqq\frac{\pi}{2}$ で $f'(x)\geqq 0$ となるための a の値の範囲は,

$f'(x)$ の分子 $=x\sin x+2\cos x-2a\geqq 0$

$\Leftrightarrow\ x\sin x+2\cos x\geqq 2a$ …㊟

となる a の値の範囲に等しくなる.

$g(x)=x\sin x+2\cos x$ とおくと,

$$g'(x)=x\cos x-\sin x$$
$$g''(x)=-x\sin x<0\quad\left(0<x<\frac{\pi}{2}\right)$$

よって, $0<x\leqq\frac{\pi}{2}$ で $g'(x)$ は単調に減少する関数.

$\therefore\ g'(x)<g'(0)=0$

よって, $0<x\leqq\frac{\pi}{2}$ で $g(x)$ は単調に減少する関数となり, $x=\frac{\pi}{2}$ で最小で最小値

$g\left(\frac{\pi}{2}\right)=\frac{\pi}{2}$.

㊟が成り立つためには

$\frac{\pi}{2}\geqq 2a$ をみたせばよく,

$$a\leqq\frac{\pi}{4}$$

これをみたす最大な a は $a=\frac{\pi}{4}$ …(答)

練習問題 5-13

$$f(x)=x^3-6x+11$$
$$f'(x)=3(x^2-2)$$

$f'(x)=0$ となる x は $x=\pm\sqrt{2}$

$x=\sqrt{2}$ で極小で極小値

$$f(\sqrt{2})=11-4\sqrt{2}>0$$

よって $f(x)=0$ となる解は, $x<-\sqrt{2}$ の範囲に1個存在する.

この範囲で $f''(x)=6x<0$

$$\boldsymbol{f(-3)=2>0}$$

$\boldsymbol{f(-3.1)=-0.191<0}$ となるから, $f(x)=0$ となる解を $x=\alpha$ とすると

$$-3.1<\alpha<-3$$

をみたす. $a_1=-3.1$ と選び, ニュートン法を適用すると,

$$a_2=a_1-\frac{f(a_1)}{f'(a_1)}=-3.1+0.0083\cdots$$
$$=-3.0916\cdots$$

$a_2^*=-3.0916$ (a_2 の小数第5位下を取った値) のときの $f(x)$ の符号は

$$f(-3.0916)=(-3.0916)^3-6(-3.0916)+11=0.000116>0$$

となるから,

$$a_2<\alpha<a_2^*$$

$\therefore\ \underline{-3.0916\cdots}<\alpha<\underline{-3.0916}$

α の小数第4位までの近似値は,

-3.0916 …(答)

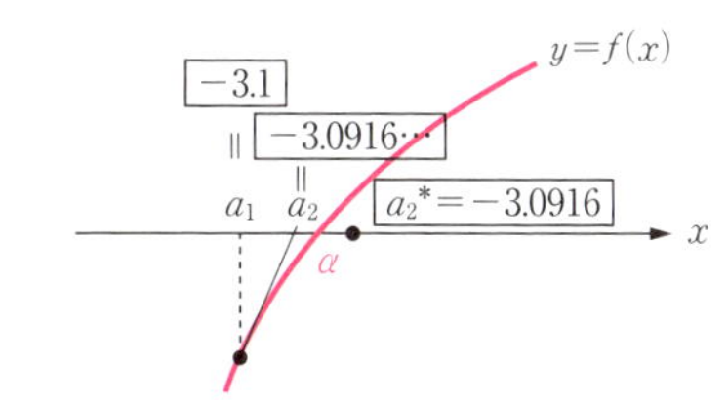

練習問題 5-14

扇形の周の長さを l，半径を r，中心角を θ，面積を S とすると，

$$S=\frac{1}{2}r^2\theta,\ l=2r+r\theta$$

$r\theta=l-2r$ より

$$S=\frac{1}{2}r(r\theta)=\frac{1}{2}r(l-2r)$$

$$=\frac{1}{2}(lr-2r^2)$$

$$=\frac{1}{2}\left\{-2\left(r-\frac{l}{4}\right)^2+\frac{1}{8}l^2\right\}$$

$r=\dfrac{l}{4}$ のとき，最大で最大値 $\dfrac{1}{16}l^2$ …(答)

（別解）

$S'=\dfrac{1}{2}(l-4r)$ より $S'=0$ となる r は $r=\dfrac{l}{4}$ のときで，このとき最大になる．

練習問題 5-15

底円の半径を r とすると，

$$2\pi r=2\pi a\times\frac{2\pi-\theta}{2\pi}$$

$$\therefore\ r=\frac{2\pi-\theta}{2\pi}a$$

$$\therefore\ \theta=2\pi\left(1-\frac{r}{a}\right)\quad\cdots①$$

直円錐の高さを h とすると，

$$h=\sqrt{a^2-r^2}$$

$$V=\frac{1}{3}\pi r^2\sqrt{a^2-r^2}$$

$$=\frac{1}{3}\pi\sqrt{a^2r^4-r^6}$$

ここで，$f(r)=a^2r^4-r^6$ とおくと，

$$f'(r)=4a^2r^3-6r^5=6r^3\left(\frac{2}{3}a^2-r^2\right)$$

$f'(r)=0$ となる r は $r=\dfrac{\sqrt{6}}{3}a$ のときで，このとき極大かつ最大になる．

このとき θ は，$r=\dfrac{\sqrt{6}}{3}a$ を①に代入して，

$$\theta=\frac{6-2\sqrt{6}}{3}\pi\quad\cdots(答)$$

Chapter 6　積分 I

練習問題 6-1

(1) $x=4\cos\theta$ とおくと $\dfrac{dx}{d\theta}=-4\sin\theta$

x	$0\to2$
θ	$\dfrac{\pi}{2}\to\dfrac{\pi}{3}$

$$\sqrt{16-x^2}=\sqrt{16(1-\cos^2\theta)}=4\sqrt{\sin^2\theta}$$

$$=4|\sin\theta|=4\sin\theta\quad(\geqq0)$$

$$\therefore\ (与式)=\int_{\frac{\pi}{2}}^{\frac{\pi}{3}}\frac{-4\sin\theta}{4\sin\theta}d\theta$$

$$=\int_{\frac{\pi}{3}}^{\frac{\pi}{2}}d\theta=\Big[\theta\Big]_{\frac{\pi}{3}}^{\frac{\pi}{2}}$$

$$=\frac{\pi}{2}-\frac{\pi}{3}=\frac{\pi}{6}\quad\cdots(答)$$

(2) $x=3\tan\theta$ とおくと $\dfrac{dx}{d\theta}=\dfrac{3}{\cos^2\theta}$

x	$0\to3$
θ	$0\to\dfrac{\pi}{4}$

$$x^2+9=9(\tan^2\theta+1)=\frac{9}{\cos^2\theta}$$

$$\therefore\ (与式)=\int_0^{\frac{\pi}{4}}\frac{\frac{3}{\cos^2\theta}}{\frac{9}{\cos^2\theta}}d\theta=\frac{1}{3}\int_0^{\frac{\pi}{4}}d\theta$$

$$=\frac{1}{3}\Big[\theta\Big]_0^{\frac{\pi}{4}}=\frac{\pi}{12}\quad\cdots(答)$$

(3) $x^2-2x+2=(x-1)^2+1$ であるから

$x-1=\tan\theta$，$x=\tan\theta+1$ とおくと

x	$1\to2$
θ	$0\to\dfrac{\pi}{4}$

$$\frac{dx}{d\theta}=\frac{1}{\cos^2\theta}$$

$$x^2-2x+2=\tan^2\theta+1=\frac{1}{\cos^2\theta}$$

$$\therefore\ (与式)=\int_0^{\frac{\pi}{4}}\frac{\frac{1}{\cos^2\theta}}{\frac{1}{\cos^2\theta}}d\theta=\Big[\theta\Big]_0^{\frac{\pi}{4}}$$

$$=\frac{\pi}{4}\quad\cdots(答)$$

練習問題 6-2

(1) $\dfrac{x^2}{x^4+x^2-2}=\dfrac{x^2}{(x^2+2)(x^2-1)}$

$=\dfrac{x^2-1+1}{(x^2+2)(x^2-1)}$

$=\dfrac{1}{x^2+2}+\dfrac{1}{(x^2+2)(x^2-1)}$

$=\dfrac{1}{x^2+2}+\dfrac{1}{3}\left(\dfrac{1}{x^2-1}-\dfrac{1}{x^2+2}\right)$

$=\dfrac{2}{3}\cdot\dfrac{1}{x^2+2}+\dfrac{1}{3}\dfrac{1}{x^2-1}$ となるから，

(与式)

$=\dfrac{2}{3}\displaystyle\int\dfrac{dx}{x^2+2}+\dfrac{1}{3}\int\dfrac{1}{2}\left(\dfrac{1}{x-1}-\dfrac{1}{x+1}\right)dx$

$=\dfrac{\sqrt{2}}{3}\tan^{-1}\dfrac{x}{\sqrt{2}}+\dfrac{1}{6}\log\left|\dfrac{x-1}{x+1}\right|$ …(答)

(2) $\dfrac{1}{(x^2+a^2)(x+b)}=\dfrac{Ax+B}{x^2+a^2}+\dfrac{C}{x+b}$

となるように A, B, C を定めると，

$A=-\dfrac{1}{a^2+b^2}, B=\dfrac{b}{a^2+b^2}, C=\dfrac{1}{a^2+b^2}$

(与式) $=\dfrac{1}{a^2+b^2}\displaystyle\int\left(\dfrac{b-x}{x^2+a^2}dx+\dfrac{1}{x+b}\right)dx$

$=\dfrac{1}{a^2+b^2}\left\{\displaystyle\int\dfrac{b}{x^2+a^2}dx-\int\dfrac{x}{x^2+a^2}dx+\int\dfrac{dx}{x+b}\right\}$

$=\dfrac{1}{a^2+b^2}\left\{\dfrac{b}{a}\tan^{-1}\dfrac{x}{a}-\dfrac{1}{2}\log(x^2+a^2)+\log|x+b|\right\}$

$=\dfrac{1}{a^2+b^2}\left(\dfrac{b}{a}\tan^{-1}\dfrac{x}{a}+\log\dfrac{|x+b|}{\sqrt{x^2+a^2}}\right)$

…(答)

練習問題 6-3

(1) $\sqrt{x-3}=t$ とおくと，$x=t^2+3$

$dx=2tdt$ となるから，

(与式) $=\displaystyle\int\dfrac{1}{(t^2+4)\not{t}}\cdot 2\not{t}dt$

$=2\displaystyle\int\dfrac{1}{t^2+4}dt=\tan^{-1}\dfrac{t}{2}$

$=\tan^{-1}\dfrac{\sqrt{x-3}}{2}$ …(答)

(2) $\sqrt{(x-2)(1-x)}=(1-x)\sqrt{\dfrac{x-2}{1-x}}$

と変形でき，$\sqrt{\dfrac{x-2}{1-x}}=t$ とおくと，

$x=1+\dfrac{1}{t^2+1}$

$dx=\dfrac{-2t}{(t^2+1)^2}dt$ となるから

(与式) $=\displaystyle\int\dfrac{dx}{(1-x)\sqrt{\dfrac{x-2}{1-x}}}$

$=\displaystyle\int\dfrac{1}{\left(-\dfrac{1}{t^2+1}\right)\cdot\not{t}}\cdot\dfrac{-2\not{t}}{(t^2+1)^2}dt$

$=2\displaystyle\int\dfrac{1}{t^2+1}dt$

$=2\tan^{-1}t=2\tan^{-1}\sqrt{\dfrac{x-2}{1-x}}$

…(答)

《注意》 p. 104(Ⅱ)の(ⅱ)の型である．

練習問題 6-4

(1)

$\displaystyle\int\dfrac{1+x}{x\sqrt{x^2+2x-1}}dx=\underbrace{\int\dfrac{1}{\sqrt{x^2+2x-1}}dx}_{㋐}$

$+\underbrace{\displaystyle\int\dfrac{1}{x\sqrt{x^2+2x-1}}dx}_{㋑}$

㋐ $\displaystyle\int\dfrac{1}{\sqrt{x^2+2x-1}}dx=\int\dfrac{1}{\sqrt{(x+1)^2-2}}dx$

$t=x+1$ とおくと，

$=\displaystyle\int\dfrac{1}{\sqrt{t^2-2}}dt=\log|t+\sqrt{t^2-2}|$

$=\log|x+1+\sqrt{x^2+2x-1}|$

㋑ $\displaystyle\int\dfrac{1}{x\sqrt{x^2+2x-1}}dx$

$\sqrt{x^2+2x-1}=t-x$ とおくと，

$\left(\begin{array}{l}x=\dfrac{1+t^2}{2(1+t)}, dx=\dfrac{t^2+2t-1}{2(1+t)^2}dt\\ \sqrt{x^2+2x-1}=t-\dfrac{1+t^2}{2(1+t)}=\dfrac{t^2+2t-1}{2(1+t)}\end{array}\right)$

となるから

$\displaystyle\int\dfrac{1}{x\sqrt{x^2+2x-1}}dx=2\int\dfrac{1}{1+t^2}dt$

$=2\tan^{-1}t$

$=2\tan^{-1}(x+\sqrt{x^2+2x-1})$

$\therefore$ (与式) $=\log|x+1+\sqrt{x^2+2x-1}|$

$+2\tan^{-1}(x+\sqrt{x^2+2x-1})$

…(答)

(2) $\displaystyle\int\frac{1}{\sqrt{x-x^2}}\,dx=\int\frac{dx}{\sqrt{x(1-x)}}$

ここで，$\sqrt{x(1-x)}=x\sqrt{\dfrac{1-x}{x}}$

$\sqrt{\dfrac{1-x}{x}}=t$ とおくと，

$$\left(\begin{array}{l} x=\dfrac{1}{1+t^2},\ dx=\dfrac{-2t}{(1+t^2)^2}\,dt \\ \sqrt{x-x^2}=x\sqrt{\dfrac{1-x}{x}}=\dfrac{t}{1+t^2} \end{array}\right)$$

となるから，

$$(\text{与式})=\int\frac{1+t^2}{t}\cdot\frac{-2t}{(1+t^2)^2}\,dt$$
$$=-2\int\frac{dt}{1+t^2}=-2\tan^{-1}t$$
$$=-2\tan^{-1}\sqrt{\frac{1-x}{x}}\qquad\cdots(\text{答})$$

練習問題 6-5

(1) $\tan\dfrac{x}{2}=t$ とおくと，

$$\int\frac{\sin x}{1+\sin x}\,dx=\int\frac{\dfrac{2t}{1+t^2}}{1+\dfrac{2t}{1+t^2}}\cdot\frac{2}{1+t^2}\,dt$$
$$=4\int\frac{t}{(1+t^2)(1+t)^2}\,dt$$
$$=2\int\left(\frac{1}{1+t^2}-\frac{1}{(1+t)^2}\right)dt$$
$$=2\left(\tan^{-1}t+\frac{1}{1+t}\right)$$
$$=x+\frac{2}{1+\tan\dfrac{x}{2}}\qquad\cdots(\text{答})$$

(2) $\displaystyle\int\frac{1}{a^2\cos^2x+b^2\sin^2x}\,dx$

$$=\int\frac{\dfrac{1}{\cos^2x}}{a^2+b^2\tan^2x}\,dx$$

$\tan x=t$ とおくと，

$$=\int\frac{1}{a^2+b^2t^2}\,dt=\frac{1}{b^2}\int\frac{1}{t^2+\left(\dfrac{a}{b}\right)^2}\,dt$$
$$=\frac{1}{b^2}\left(\frac{b}{a}\tan^{-1}\frac{b}{a}t\right)$$
$$=\frac{1}{ab}\tan^{-1}\left(\frac{b}{a}\tan x\right)\qquad\cdots(\text{答})$$

練習問題 6-6　（問題 6-6(1)，(2)と同様）

(1) $\displaystyle\int\frac{1}{\cos x}\,dx=\int\frac{\cos x}{1-\sin^2x}\,dx$

$t=\sin x$ とおくと，

$$=\int\frac{1}{1-t^2}\,dt=\frac{1}{2}\int\left(\frac{1}{1+t}+\frac{1}{1-t}\right)dt$$
$$=\frac{1}{2}\log\left|\frac{1+t}{1-t}\right|$$
$$=\frac{1}{2}\log\left|\frac{1+\sin x}{1-\sin x}\right|$$
$$=\frac{1}{2}\log\frac{(1+\sin x)^2}{\cos^2x}=\log\left|\frac{1+\sin x}{\cos x}\right|$$
$$=\log|\sec x+\tan x|\qquad\cdots(\text{答})$$

(2) $t=\tan\dfrac{x}{2}$ とおくと，$\cos x=\dfrac{1-t^2}{1+t^2}$，

$dx=\dfrac{2}{1+t^2}\,dt$

$$\int\frac{1}{\cos x}\,dx=\int\frac{1+t^2}{1-t^2}\cdot\frac{2}{1+t^2}\,dt$$
$$=\int\frac{2}{1-t^2}\,dt$$
$$=\int\left(\frac{1}{1+t}+\frac{1}{1-t}\right)dt$$
$$=\log\left|\frac{1+t}{1-t}\right|=\log\left|\frac{1+\tan\dfrac{x}{2}}{1-\tan\dfrac{x}{2}}\right|$$
$$=\log\left|\frac{1+\sin x}{\cos x}\right|\quad(\text{p. 117 ㋔を参照})$$
$$=\log|\sec x+\tan x|\qquad\cdots(\text{答})$$

練習問題 6-7

(1) $x=\dfrac{t^2-1}{2t}$，$\sqrt{x^2+1}=\dfrac{t^2+1}{2t}$，$dx=\dfrac{t^2+1}{2t^2}\,dt$

$$\int\frac{dx}{x\sqrt{x^2+1}}=\int\frac{2t}{t^2-1}\cdot\frac{2t}{t^2+1}\cdot\frac{t^2+1}{2t^2}\,dt$$
$$=2\int\frac{dt}{t^2-1}=\log\left|\frac{t-1}{t+1}\right|$$
$$=\log\left|\frac{x+\sqrt{x^2+1}-1}{x+\sqrt{x^2+1}+1}\right|$$
$$=\log\left|\frac{\{\sqrt{x^2+1}+x-1\}\{\sqrt{x^2+1}-(x-1)\}}{\{\sqrt{x^2+1}+x+1\}\{\sqrt{x^2+1}-(x-1)\}}\right|$$
$$=\log\left|\frac{2x}{2\sqrt{x^2+1}+2}\right|=\log\frac{x}{\sqrt{x^2+1}+1}$$
$$\cdots(\text{答})$$

(2) $x = \frac{1}{t}$ のとき，$dx = -\frac{1}{t^2}dt$

$$\int \frac{dx}{x\sqrt{x^2+1}} = \int \frac{-\frac{1}{t^2}}{\frac{1}{t}\sqrt{\frac{1}{t^2}+1}}dt = -\int \frac{dt}{\sqrt{1+t^2}}$$

(注) $\left(\sqrt{\frac{1}{t^2}+1} = \frac{1}{t}\sqrt{1+t^2}\right)$

$$= -\log\left|t+\sqrt{1+t^2}\right| = \log\frac{1}{t+\sqrt{1+t^2}}$$

$$= \log\frac{x}{\sqrt{x^2+1}+1}$$ …(答)

練習問題 6-8

(1)

$$\int \underset{\substack{\| \\ (x)'}}{1}\cdot\tan^{-1}x\,dx = x\tan^{-1}x - \int x\cdot(\tan^{-1}x)'dx$$

$$= x\tan^{-1}x - \int x\cdot\frac{1}{1+x^2}dx$$

$$= x\tan^{-1}x - \frac{1}{2}\log(1+x^2)$$

…(答)

(2) $\int \underset{\substack{\| \\ (-\sqrt{1-x^2})'}}{\frac{x}{\sqrt{1-x^2}}}\cdot\sin^{-1}x\,dx$

$$= (-\sqrt{1-x^2})\sin^{-1}x - \int(-\sqrt{1-x^2})\cdot(\sin^{-1}x)'dx$$

$$= -\sqrt{1-x^2}\sin^{-1}x + \int\sqrt{1-x^2}\cdot\frac{1}{\sqrt{1-x^2}}dx$$

$$= -\sqrt{1-x^2}\sin^{-1}x + x$$ …(答)

練習問題 6-9

$\sqrt{1+x^2} = t - x$ より　$x = \frac{t^2-1}{2t}$

$$dx = \frac{t^2+1}{2t^2}dt$$

x	$0 \to 1$
t	$1 \to \sqrt{2}+1$

$\sqrt{1+x^2} = \frac{t^2+1}{2t}$

$$\int_0^1\sqrt{1+x^2}\,dx = \int_1^{\sqrt{2}+1}\frac{t^2+1}{2t}\cdot\frac{t^2+1}{2t^2}dt$$

$$= \frac{1}{4}\int_1^{\sqrt{2}+1}\frac{t^4+2t^2+1}{t^3}dt$$

$$= \frac{1}{4}\int_1^{\sqrt{2}+1}\left(t+\frac{2}{t}+\frac{1}{t^3}\right)dt$$

$$= \frac{1}{4}\left[\frac{t^2}{2}+2\log|t|-\frac{1}{2}\frac{1}{t^2}\right]_1^{\sqrt{2}+1}$$

$$= \frac{1}{4}\left\{\frac{1}{2}(\sqrt{2}+1)^2-\frac{1}{2}(\sqrt{2}-1)^2+2\log(\sqrt{2}+1)\right\}$$

$$= \frac{1}{2}\{\sqrt{2}+\log(\sqrt{2}+1)\}$$ …(答)

練習問題 6-10

(1) $I_n = \int \underset{\substack{\| \\ (x)'}}{1}\cdot(\log x)^n dx$ とおくと，

$$I_n = x\cdot(\log x)^n - \int x\cdot\{(\log x)^n\}'dx$$

$$= n\cdot(\log x)^n - n\int(\log x)^{n-1}dx$$

$$\therefore\ I_n = x(\log x)^n - nI_{n-1}$$ …(答)

(2) $I_n = \int \underset{\substack{\| \\ (x)'}}{1}\cdot(\sin^{-1}x)^n dx$ とおくと，

$$I_n = x(\sin^{-1}x)^n - \int x\cdot\{(\sin^{-1}x)^n\}'dx$$

$$= x(\sin^{-1}x)^n - n\int\underbrace{\frac{x}{\sqrt{1-x^2}}(\sin^{-1}x)^{n-1}dx}$$

$\| \ (-\sqrt{1-x^2})'$

ここで，

$$\int\frac{x}{\sqrt{1-x^2}}(\sin^{-1}x)^{n-1}dx$$

$\| \ (-\sqrt{1-x^2})'$

$$= -\sqrt{1-x^2}(\sin^{-1}x)^{n-1} - \int -(\sqrt{1-x^2})\times\frac{n-1}{\sqrt{1-x^2}}(\sin^{-1}x)^{n-2}dx$$

$$= -\sqrt{1-x^2}(\sin^{-1}x)^{n-1} + (n-1)\int(\sin^{-1}x)^{n-2}dx$$

となるから，

$$I_n = x(\sin^{-1}x)^n + n\sqrt{1-x^2}(\sin^{-1}x)^{n-1} - n(n-1)I_{n-2}$$ …(答)

練習問題 6-11

(1) $I_n = \int \underset{\substack{\| \\ (x)'}}{1}\frac{1}{(x^2+a^2)^n}dx$

$$= \frac{x}{(x^2+a^2)^n} - \int x\cdot\{(x^2+a^2)^{-n}\}'dx$$

$$= \frac{x}{(x^2+a^2)^n} + 2n\int \frac{x^2}{(x^2+a^2)^{n+1}}dx$$

ここで，

$$\int \frac{x^2}{(x^2+a^2)^{n+1}}dx = \int \frac{x^2+a^2-a^2}{(x^2+a^2)^{n+1}}dx$$

$$= \int \frac{1}{(x^2+a^2)^n}dx - a^2\int \frac{1}{(x^2+a^2)^{n+1}}dx$$

$= I_n - a^2 I_{n+1}$ となるから

$$I_n = \frac{x}{(x^2+a^2)^n} + 2nI_n - 2na^2 I_{n+1}$$

$$2na^2 I_{n+1} = (2n-1)I_n + \frac{x}{(x^2+a^2)^n}$$

$$\therefore\ I_{n+1} = \frac{1}{a^2}\cdot\frac{2n-1}{2n}I_n + \frac{1}{2a^2 n}\cdot\frac{x}{(x^2+a^2)^n}$$

(2) $I_1 = \int \frac{1}{x^2+a^2}dx = \frac{1}{a}\tan^{-1}\frac{x}{a}$

(1) の n に $n=1, 2$ を代入して，

$$I_2 = \frac{1}{a^2}\cdot\frac{1}{2}\cdot I_1 + \frac{1}{2a^2}\cdot\frac{x}{x^2+a^2}$$

$$= \frac{1}{2a^2}\left\{\frac{x}{x^2+a^2} + \frac{1}{a}\tan^{-1}\frac{x}{a}\right\} \quad \cdots(答)$$

$$I_3 = \frac{1}{a^2}\cdot\frac{3}{4}\cdot I_2 + \frac{1}{4a^2}\cdot\frac{x}{(x^2+a^2)^2}$$

$$= \frac{1}{4a^2}\left\{\frac{x}{(x^2+a^2)^2} + \frac{3}{2a^2}\frac{x}{x^2+a^2} + \frac{3}{2a^3}\tan^{-1}\frac{x}{a}\right\}$$

$\cdots$(答)

練習問題 6-12

(1) $I_6 = \frac{5}{6}\cdot\frac{3}{4}\cdot\frac{1}{2}\cdot I_0 = \frac{5}{32}\pi$ $\quad$ ($I_0 = \frac{\pi}{2}$) $\cdots$(答)

(2) $I_5 = \frac{4}{5}\cdot\frac{2}{3}\cdot I_1 = \frac{8}{15}$ $\quad$ ($I_1 = 1$) $\cdots$(答)

(3) $\int_0^{\frac{\pi}{2}} \cos^6 x \sin^2 x dx$

$$= \int_0^{\frac{\pi}{2}} \cos^6 x\cdot(1-\cos^2 x)dx$$

$$= I_6 - I_8 = I_6 - \frac{7}{8}I_6$$

$$= \frac{1}{8}I_6 = \frac{1}{8}\left(\frac{5}{32}\pi\right) = \frac{5}{256}\pi \quad \cdots(答)$$

練習問題 6-13

(1) $x = \frac{\pi}{2} - t$ とおくと $dx = -dt$

x	$0 \to \frac{\pi}{2}$
t	$\frac{\pi}{2} \to 0$

$$I = \int_{\frac{\pi}{2}}^{0} \frac{\cos\left(\frac{\pi}{2}-t\right) - \sin\left(\frac{\pi}{2}-t\right)}{1+\sin\left(\frac{\pi}{2}-t\right)\cos\left(\frac{\pi}{2}-t\right)}(-dt)$$

$$= \int_0^{\frac{\pi}{2}} \frac{\sin t - \cos t}{1+\cos t\sin t}dt = -\int_0^{\frac{\pi}{2}} \frac{\cos t - \sin t}{1+\sin t\cos t}dt$$

（$\int_0^{\frac{\pi}{2}} \frac{\cos t - \sin t}{1+\sin t\cos t}dt = I$）

$$\therefore\ I = -I \quad \therefore\ I = 0 \quad \cdots(答)$$

(2) $x = \pi - t$ とおくと，$dx = -dt$

x	$0 \to \pi$
t	$\pi \to 0$

$$I = \int_{\pi}^{0} \frac{(\pi-t)\sin(\pi-t)}{1+\cos^2(\pi-t)}(-dt)$$

$$= \int_0^{\pi} \frac{(\pi-t)\sin t}{1+\cos^2 t}dt$$

$$= \pi\int_0^{\pi} \frac{\sin t}{1+\cos^2 t}dt - \int_0^{\pi} \frac{t\sin t}{1+\cos^2 t}dt$$

（$\int_0^{\pi} \frac{t\sin t}{1+\cos^2 t}dt = I$）

$$\Leftrightarrow 2I = \pi\int_0^{\pi} \frac{\sin t}{1+\cos^2 t}dt$$

$x = \cos t$ とおくと，$dx = -\sin t dt$

t	$0 \to \pi$
x	$1 \to -1$

$$2I = \pi\int_1^{-1} \frac{1}{1+x^2}(-dx) = 2\pi\int_0^1 \frac{1}{1+x^2}dx$$

$$\therefore\ I = \pi[\tan^{-1}x]_0^1 = \pi\left(\frac{\pi}{4}\right) = \frac{\pi^2}{4} \quad \cdots(答)$$

練習問題 6-14

① $\Leftrightarrow \sqrt{\pi} = \sqrt{2(2n+1)}\cdot I_{2n+1}\sqrt{\frac{I_{2n}}{I_{2n+1}}}$ $\quad \cdots$⊛

$$I_{2n+1} = \frac{2}{3}\cdot\frac{4}{5}\cdot\cdots\cdot\frac{2n-2}{2n-1}\cdot\frac{2n}{2n+1}$$

$$= \frac{2^n(1\cdot2\cdot3\cdot\cdots\cdot n)\cdot2\cdot4\cdot\cdots\cdot2n}{2\cdot3\cdot4\cdot5\cdot\cdots\cdot(2n-1)\cdot2n\cdot(2n+1)}$$

$$= \frac{\{2^n\cdot n!\}^2}{(2n)!}\cdot\frac{1}{2n+1}$$

を㊍の ～～ に代入して，

$$\sqrt{\pi}=\frac{1}{\sqrt{n}}\cdot\frac{\{2^n\cdot n!\}^2}{(2n)!}\cdot\sqrt{\frac{2n}{2n+1}}\cdot\sqrt{\frac{I_{2n}}{I_{2n+1}}}$$

（$\sqrt{\frac{2n}{2n+1}}$ は $n\to\infty$ で $\to 1$，$\sqrt{\frac{I_{2n}}{I_{2n+1}}}$ は $n\to\infty$ で $\to 1$）

$n\to\infty$ で

$$\sqrt{\pi}=\lim_{n\to\infty}\frac{1}{\sqrt{n}}\cdot\frac{2^{2n}\cdot(n!)^2}{(2n)!}$$

> $I_n=\int_0^{\frac{\pi}{2}}\sin^n x dx$ の考察から上のウォリスの公式が導かれる．

Chapter 7　積分II

練習問題 7-1

(1)

$$I=\int_0^\infty\frac{1}{1+x^2}dx=\lim_{b\to\infty}\int_0^b\frac{dx}{1+x^2}$$
$$=\lim_{b\to\infty}[\tan^{-1}x]_0^b$$
$$=\lim_{b\to\infty}(\tan^{-1}b-\tan^{-1}0)$$
$$=\frac{\pi}{2}\qquad\cdots(\text{答})$$

《注意》

$$I=[\tan^{-1}x]_0^\infty=\tan^{-1}\infty-\tan^{-1}0=\frac{\pi}{2}$$

としてもよい．

(2) 部分積分法より

$$\int e^{-x}\cos x dx=\frac{1}{2}e^{-x}(\sin x-\cos x)+C$$

(p. 112 問題 6-1, (2) を参照)

$$I=\int_0^\infty e^{-x}\cos x dx$$
$$=\frac{1}{2}\lim_{b\to\infty}[e^{-x}(\sin x-\cos x)]_0^b$$
$$=\frac{1}{2}\lim_{b\to\infty}\{(e^{-b}\sin b-e^{-b}\cos b)+1\}$$

$|\sin b|\leqq 1,\ |\cos b|\leqq 1,\ \lim_{b\to\infty}e^{-b}=0$

であるから，

$$I=\frac{1}{2}(0+1)=\frac{1}{2}\qquad\cdots(\text{答})$$

練習問題 7-2

$x=\sin\theta$ とおくと，$dx=\cos\theta d\theta$

x	$0\to 1$
θ	$0\to\frac{\pi}{2}$

$$\int_0^1(1-x^2)^n dx=\int_0^{\frac{\pi}{2}}(1-\sin^2\theta)^n d\theta$$
$$=\int_0^{\frac{\pi}{2}}\cos^{2n+1}\theta d\theta$$
$$=I_{2n+1}$$
$$=\frac{2n}{2n+1}\cdot\frac{2n-1}{2n}\cdot\cdots\cdot\frac{4}{5}\cdot\frac{2}{3}\qquad\cdots(\text{答})$$

《注意》 $x=\cos\theta$ とおいてもよい．

練習問題 7-3

$\int_0^1\frac{|\sin x|}{x^\lambda}dx$ の存在することに問題はない．

$0<\lambda\leqq 1$ のとき，$x\geqq 1$ で $b>1$ ととると，

$$\frac{|\sin x|}{x^\lambda}\geqq\frac{|\sin x|}{x}\text{ から}$$

$$\therefore\ \int_1^b\frac{|\sin x|}{x^\lambda}dx\geqq\int_1^b\frac{|\sin x|}{x}dx$$

$b\to\infty$ で右辺は発散する（問題 7-3, (2)）．

よって，$b\to\infty$ で $\int_1^b\frac{|\sin x|}{x^\lambda}dx$ も発散する．

ゆえに，$\int_0^\infty\frac{|\sin x|}{x^\lambda}dx$ は存在しない．

すなわち，$\int_0^\infty\frac{|\sin x|}{x^\lambda}dx$ は絶対収束しない．

練習問題 7-4

$l>0$ とし，$l>m>0$ なる定数 m をとると，a の近傍において，

$$(x-a)^\lambda f(x)\geqq m,\ f(x)\geqq m\frac{1}{(x-a)^\lambda}$$

$\varepsilon>0$ をとり，上式の辺々を x で $a+\varepsilon$ から b まで積分すると，

$$\int_{a+\varepsilon}^b f(x)dx\geqq m\int_{a+\varepsilon}^b\frac{1}{(x-a)^\lambda}dx$$
$$\geqq m\int_{a+\varepsilon}^b\frac{1}{x-a}dx$$
$$=m\log\frac{b-a}{\varepsilon}$$

$\varepsilon\to 0$ のとき，右辺 $\to+\infty$ であるから，

$$\lim_{\varepsilon\to 0}\int_{a+\varepsilon}^b f(x)dx=+\infty$$

すなわち，積分は収束しない．$l<0$ のとき，

同様にして

$\lim_{\varepsilon\to 0}\int_{a+\varepsilon}^{b} f(x)dx = -\infty$ が示せる． ■

練習問題 7-5

$I_n = \int_0^\infty x^{n-1}\cdot xe^{-x^2}dx$

$\quad\quad\quad\quad\quad \| \; \left(-\frac{1}{2}e^{-x^2}\right)'$

$= \left[-\frac{1}{2}x^{n-1}\cdot e^{-x^2}\right]_0^\infty - \int_0^\infty\left(-\frac{1}{2}e^{-x^2}\right)\cdot(x^{n-1})'dx$

（第1項 $= 0$）

$= \frac{n-1}{2}\int_0^\infty x^{n-2}e^{-x^2}dx$

$= \frac{n-1}{2}I_{n-2}$

（i）$n = 2k+1$ のとき，

$I_{2k+1} = k\cdot(k-1)\cdot\cdots\cdot 1\cdot I_1 = k!\int_0^\infty xe^{-x^2}dx$

$= k!\left[-\frac{e^{-x^2}}{2}\right]_0^\infty = \frac{k!}{2}$

（ii）$n = 2k$ のとき，

$I_{2k} = \frac{2k-1}{2}\cdot\frac{2k-3}{2}\cdot\cdots\cdot\frac{1}{2}\cdot I_0$

ここで，

$I_0 = \int_0^\infty e^{-x^2}dx = \frac{\sqrt{\pi}}{2}$ （問題 7-5(2)）から，

$I_{2k} = \frac{1\cdot 3\cdot\cdots\cdot(2k-1)\sqrt{\pi}}{2^{k+1}}$

$= \frac{(2k)!\sqrt{\pi}}{2^{k+1}\cdot 2\cdot 4\cdot 6\cdot\cdots\cdot 2k}$

$= \frac{(2k)!\sqrt{\pi}}{2^{2k+1}\cdot k!}$

$$\therefore\ I_n = \begin{cases} \frac{1}{2}\left(\frac{n-1}{2}\right)! & (n：奇数) \\ \frac{n!\sqrt{\pi}}{2^{n+1}\left(\frac{n}{2}\right)!} & (n：偶数) \end{cases}$$

…(答)

練習問題 7-6

$p \geqq 1$，$q \geqq 1$ ならば通常の意味の積分．

・$0 < p < 1$ ならば，$x = 0$ が

$f(x) = x^{p-1}\cdot(1-x)^{q-1}$ の特異点になる．

このとき，$\lambda = 1-p$ とおくと，$0 < \lambda < 1$ で

$x \to +0$ のとき，

$x^\lambda f(x) = x^\lambda\cdot x^{-\lambda}(1-x)^{q-1} = (1-x)^{q-1} \to 1$

また，

・$0 < q < 1$ ならば $x = 1$ が $f(x)$ の特異点であるが，上と同様に $0 < \mu = 1-q < 1$ とおくと，

$(1-x)^\mu f(x) = (1-x)^\mu\cdot(1-x)^{-\mu}\cdot x^{p-1} = x^{p-1}$

$\to 1\ (x \to 1)$

よって，積分は絶対収束し，$B(p, q)$ は収束する．■ （p. 130 の定理（Ⅰ）より）

練習問題 7-7

自閉線の漸近線は $x + y + a = 0$ で

$x = r\cos\theta$，$y = r\sin\theta$ を代入して，

$r = \frac{-a}{\cos\theta + \sin\theta}$

求める面積 S は

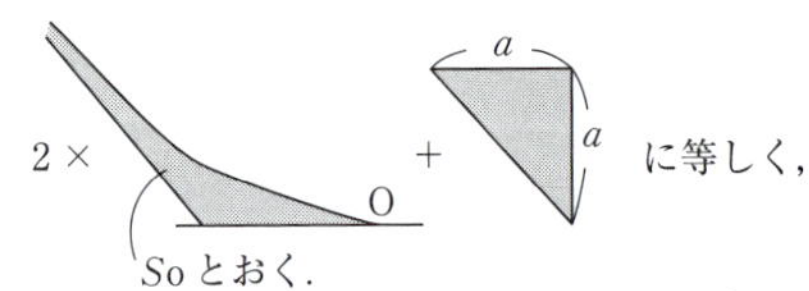

$So = \frac{1}{2}\int_{\frac{3}{4}\pi}^{\pi}\left\{\left(\frac{-a}{\cos\theta+\sin\theta}\right)^2 - \left(\frac{3a\sin\theta\cos\theta}{\cos^3\theta+\sin^3\theta}\right)^2\right\}d\theta$

$= \frac{1}{2}\left\{\int_{\frac{3\pi}{4}}^{\pi} a^2\left(\frac{\frac{1}{\cos^2\theta}}{(1+\tan\theta)^2}\right)d\theta - 9a^2\int_{\frac{3\pi}{4}}^{\pi}\frac{\tan^2\theta\cdot\frac{1}{\cos^2\theta}}{(1+\tan^3\theta)^2}d\theta\right\}$

$= \frac{a^2}{2}\left\{\int_{-1}^{0}\frac{1}{(1+t)^2}dt - 9\int_{-1}^{0}\frac{t^2}{(1+t^3)^2}dt\right\}$

$= \frac{a^2}{2}\left\{\left[\frac{-1}{(1+t)} + \frac{3}{(1+t^3)}\right]_{-1}^{0}\right\}$

$= \frac{a^2}{2}\left[\frac{-(t-2)(t+1)}{(t+1)(t^2-t+1)}\right]_{-1}^{0}$

$= \frac{a^2}{2}\left[\frac{2-t}{t^2-t+1}\right]_{-1}^{0} = \frac{a^2}{2}$

$\therefore\ S = 2So + \frac{1}{2}a^2 = \frac{3}{2}a^2$ …(答)

《注意》 斜線部分の面積とアミかけ部分の面積は等しくなる．

練習問題 7-8

2曲線は右図のようになるから，求める面積 S は

$$S=4a^2\int_0^{\frac{\pi}{2}}\left\{(1+\cos\theta)^2-\frac{1}{(1+\cos\theta)^2}\right\}d\theta$$

ここで，

・$\displaystyle\int_0^{\frac{\pi}{2}}(1+\cos\theta)^2d\theta$

$$=\int_0^{\frac{\pi}{2}}\left(\frac{3}{2}+2\cos\theta+\frac{1}{2}\cos 2\theta\right)d\theta$$

$$=\left[\frac{3}{2}\theta+2\sin\theta+\frac{1}{4}\sin 2\theta\right]_0^{\frac{\pi}{2}}=\frac{3}{4}\pi+2$$

・$\displaystyle\int_0^{\frac{\pi}{2}}\frac{1}{(1+\cos\theta)^2}d\theta=\int_0^{\frac{\pi}{2}}\frac{1}{\left(2\cos^2\frac{\theta}{2}\right)^2}d\theta$

$\dfrac{\theta}{2}=t$ とおくと，

$$=\frac{1}{2}\int_0^{\frac{\pi}{4}}\frac{1}{\cos^4 t}dt$$

$$=\frac{1}{2}\int_0^{\frac{\pi}{4}}(1+\tan^2 t)\cdot\frac{1}{\cos^2 t}dt$$

$x=\tan t$ とおいて，

$$=\frac{1}{2}\int_0^1(1+x^2)\,dx$$

$$=\frac{1}{2}\left[x+\frac{1}{3}x^3\right]_0^1=\frac{2}{3}$$

$$\therefore\ S=4a^2\left(\frac{3}{4}\pi+2-\frac{2}{3}\right)=\left(3\pi+\frac{16}{3}\right)a^2$$

…(答)

練習問題 7-9

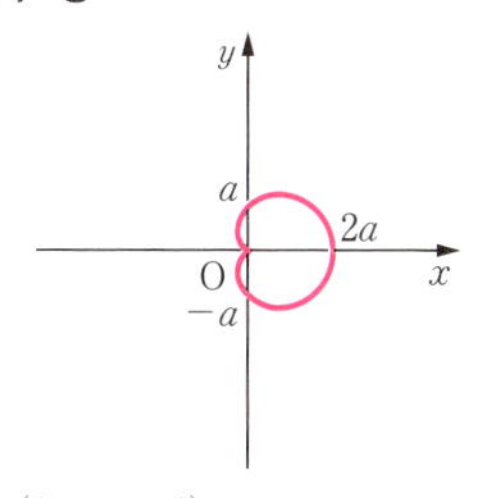

$$r=a(1+\cos\theta)$$

$$L=2\int_0^{\pi}\sqrt{r^2+\left(\frac{dr}{d\theta}\right)^2}d\theta$$

(p. 135 参照)

ここで，

$$r^2+\left(\frac{dr}{d\theta}\right)^2=a^2(1+2\cos\theta+\cos^2\theta+\sin^2\theta)$$

$=2a^2(1+\cos\theta)=4a^2\cos^2\dfrac{\theta}{2}$ となるから，

$$L=2\int_0^{\pi}2a\cos\frac{\theta}{2}d\theta=8a\left[\sin\frac{\theta}{2}\right]_0^{\pi}$$

$$=8a$$

…(答)

練習問題 7-10

$$\sqrt{r^2+\left(\frac{dr}{d\theta}\right)^2}\frac{d\theta}{dr}\cdot dr$$

θ	$0\to\frac{\pi}{4}$
r	$a\to 0$

となるから，

$$L=4\int_0^{\frac{\pi}{4}}\sqrt{r^2+\left(\frac{dr}{d\theta}\right)^2}d\theta$$

$$\underset{[注]}{=}-4\int_a^0\sqrt{r^2\left(\frac{d\theta}{dr}\right)^2+1}\,dr$$

$$=4\int_0^a\sqrt{r^2\left(\frac{d\theta}{dr}\right)^2+1}\,dr$$

（ここで，

$\theta=\dfrac{1}{2}\cos^{-1}\dfrac{r^2}{a^2}$ より

$$\frac{d\theta}{dr}=\frac{-1}{2}\cdot\frac{\frac{2r}{a^2}}{\sqrt{1-\frac{r^4}{a^4}}}=-\frac{r}{\sqrt{a^4-r^4}}\underset{[注]}{<0}$$

）

$$\therefore\ L=4\int_0^a\sqrt{\frac{r^4}{a^4-r^4}+1}\,dr$$

$$=4a^2\int_0^a\frac{dr}{\sqrt{a^4-r^4}}=4\int_0^a\frac{dr}{\sqrt{1-\left(\frac{r}{a}\right)^4}}$$

$t=\dfrac{r}{a}$ とおくと，$dr=adt$

$$=4a\int_0^1\frac{dt}{\sqrt{1-t^4}}$$

$t=\cos\varphi$ とおくと，$dt=-\sin\varphi d\varphi$

$$=4a\int_{\frac{\pi}{2}}^0\frac{-\sin\varphi}{\sqrt{1-\cos^4\varphi}}d\varphi=4a\int_0^{\frac{\pi}{2}}\frac{d\varphi}{\sqrt{1+\cos^2\varphi}}$$

$$=4a\int_0^{\frac{\pi}{2}}\frac{d\varphi}{\sqrt{2-\sin^2\varphi}}=2\sqrt{2}a\underbrace{\int_0^{\frac{\pi}{2}}\frac{d\varphi}{\sqrt{1-\frac{1}{2}\sin^2\varphi}}}_{㋐}$$

㋐は **問題** 7-⑩ と同じ式が得られた．

p. 158 のコラム 7 を参照してほしい．ガウスが研究のスタートとした積分の計算が

$\int_0^1 \frac{dt}{\sqrt{1-t^4}}$ である．

これが上の**練習問題**の解答の途中に現れている．そして置換積分で $\int_0^{\frac{\pi}{2}} \frac{d\varphi}{\sqrt{1-\frac{1}{2}\sin^2\varphi}}$ の第 1 種楕円積分に等しいことが言えている．

練習問題 7-11

求める表面積を S とすると，

$$S = 2\pi\int yds$$

$$ds = \sqrt{\left(\frac{dx}{dt}\right)^2 + \left(\frac{dy}{dt}\right)^2}$$

$$= \sqrt{a^2\{(1-\cos t)^2 + (\sin t)^2\}}$$

$$= \sqrt{2a^2(1-\cos t)} = \sqrt{4a^2\sin^2\frac{t}{2}}$$

$$= 2a\left|\sin\frac{t}{2}\right|$$

となるから，

$$S = 2\pi\int_0^{2\pi} a(1-\underset{\left(1-2\sin^2\frac{t}{2}\right)}{\cos t})\cdot 2a\sin\frac{t}{2}dt$$

$$= 8\pi a^2\int_0^{2\pi}\sin^3\frac{t}{2}dt$$

$\frac{t}{2} = x$ とおくと，$dt = 2dx$

$$S = 16\pi a^2\int_0^{\pi}\sin^3 xdx$$

$$= 16\pi a^2\int_0^{\pi}\sin x(1-\cos^2 x)dx$$

$t = \cos x$ とおくと，$dt = -\sin xdx$

x	$0 \to \pi$
t	$1 \to -1$

$$S = 16\pi a^2\int_1^{-1}(1-t^2)(-dt)$$

$$= 32\pi a^2\int_0^1(1-t^2)dt$$

$$= 32\pi a^2\left[t - \frac{1}{3}t^3\right]_0^1$$

$$= \frac{64}{3}\pi a^2 \qquad \cdots(答)$$

練習問題 7-12

(1) $y = \sqrt{a^2-x^2}$ の第 1 象限にある部分を x 軸のまわりに回転したときにできる半球について考えれば，x 軸に関して対称であるから，$\bar{y} = 0$

密度を ρ とすると，半径 x から $x + dx$ までの球帯部分の質量は，

$$\rho\pi y^2dx = \rho\pi(a^2-x^2)dx$$

$$\therefore\ \bar{x} = \frac{\rho\pi\int_0^a x(a^2-x^2)dx}{\rho\pi\int_0^a(a^2-x^2)dx}$$

$$= \frac{\left[\frac{1}{2}a^2x^2 - \frac{1}{4}x^4\right]_0^a}{\left[a^2x - \frac{1}{3}x^3\right]_0^a} = \frac{\frac{1}{4}a^4}{\frac{2}{3}a^3} = \frac{3}{8}a$$

求める重心の座標は $\left(\frac{3}{8}a, 0\right)$ $\cdots$(答)

(2) 曲線 $y = \sqrt{a^2-x^2}$ $(0 \leqq x \leqq a)$ を x 軸のまわりに回転した立体で，重心は x 軸上にある．半径 x から $x + \Delta x$ までの球帯部分の質量は，密度が底面からの距離の平方に比例するから (ρx^2 倍)，

$$\rho\pi x^2(a^2-x^2)dx \quad (\rho：定数)$$

$$\therefore\ \bar{x} = \frac{\int_0^a x\cdot\rho\pi x^2(a^2-x^2)dx}{\int_0^a\rho\pi x^2(a^2-x^2)dx}$$

$$= \frac{\int_0^a x^3(a^2-x^2)dx}{\int_0^a x^2(a^2-x^2)dx}$$

$$= \frac{\left[\frac{a^2}{4}x^4 - \frac{x^6}{6}\right]_0^a}{\left[\frac{a^2}{3}x^3 - \frac{x^5}{5}\right]_0^a} = \frac{\frac{a^6}{12}}{\frac{2a^5}{15}} = \frac{5}{8}a$$

求める重心の座標は $\left(\frac{5}{8}a, 0\right)$ $\cdots$(答)

(3) $r = a(1+\cos\theta)$ $(a > 0)$ は x 軸に関して対称であるから，$\bar{y} = 0$ は明らか．

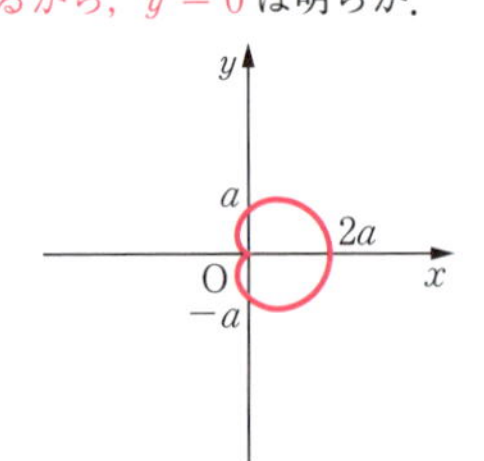

$$ds = \sqrt{r^2 + \left(\frac{dr}{d\theta}\right)^2}\,d\theta$$
$$= \sqrt{a^2(1+\cos\theta)^2 + (-a\sin\theta)^2}\,d\theta$$
$$= a\sqrt{2(1+\cos\theta)} = 2a\cos\frac{\theta}{2}\,d\theta$$

$$\bar{x} = \frac{\int x ds}{\int ds} = \frac{2\int_0^{\pi} r\cos\theta ds}{2\int_0^{\pi} ds}$$

ここで，

$$(\text{分母}) = \int_0^{\pi} ds = 2a\int_0^{\pi}\cos\frac{\theta}{2}\,d\theta = 2a\left[2\sin\frac{\theta}{2}\right]_0^{\pi}$$
$$= 4a$$

$$(\text{分子}) = \int_0^{\pi} r\cos\theta ds$$
$$= a\int_0^{\pi}(1+\cos\theta)\cdot\cos\theta\cdot 2a\cos\frac{\theta}{2}\,d\theta$$

（$1+\cos\theta = 2\cos^2\frac{\theta}{2}$，$\cos\theta = \left(2\cos^2\frac{\theta}{2} - 1\right)$）

$$= 4a^2\int_0^{\pi}\cos^3\frac{\theta}{2}\left(2\cos^2\frac{\theta}{2} - 1\right)d\theta$$

$\frac{\theta}{2} = t$ とおくと，$d\theta = 2dt$

$$= 8a^2\int_0^{\frac{\pi}{2}}\cos^3 t(2\cos^2 t - 1)dt$$
$$= 8a^2\left\{2\int_0^{\frac{\pi}{2}}\cos^5 tdt - \int_0^{\frac{\pi}{2}}\cos^3 tdt\right\}$$
$$= 8a^2\cdot\left\{2\cdot\frac{4}{5}\cdot\frac{2}{3} - \frac{2}{3}\right\}$$
$$= \frac{16a^2}{5}$$

となるから，

$$\therefore\ \bar{x} = \frac{\frac{16}{5}a^2}{4a} = \frac{4}{5}a$$

求める重心は，$\left(\frac{4}{5}a, 0\right)$　…(答)

練習問題 7-13

・求める体積を V_x とすると，

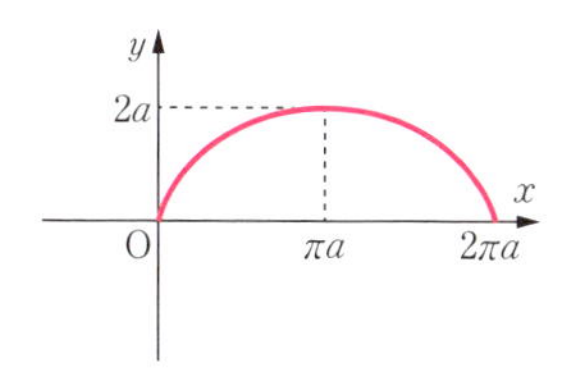

$$V_x = 2\pi\int_0^{\pi a} y^2 dx$$
$$= 2\pi\int_0^{\pi} y^2\cdot\frac{dx}{dt}\,dt$$
$$= 2\pi\int_0^{\pi}\{a(1-\cos t)\}^2\cdot a(1-\cos t)dt$$
$$= 2\pi a^3\int_0^{\pi}(1-\cos t)^3 dt$$
$$= 2\pi a^3\int_0^{\pi}\left(2\sin^2\frac{t}{2}\right)^3 dt$$
$$= 16\pi a^3\int_0^{\pi}\sin^6\frac{t}{2}\,dt$$

$\frac{t}{2} = \theta$ とおくと，$dt = 2d\theta$

$$= 32\pi a^3\int_0^{\frac{\pi}{2}}\sin^6\theta d\theta$$
$$= 32\pi a^3\cdot\left(\frac{5}{6}\cdot\frac{3}{4}\cdot\frac{1}{2}\cdot\frac{\pi}{2}\right) = 5\pi^2 a^3$$　…(答)

・求める体積を V_y とすると，

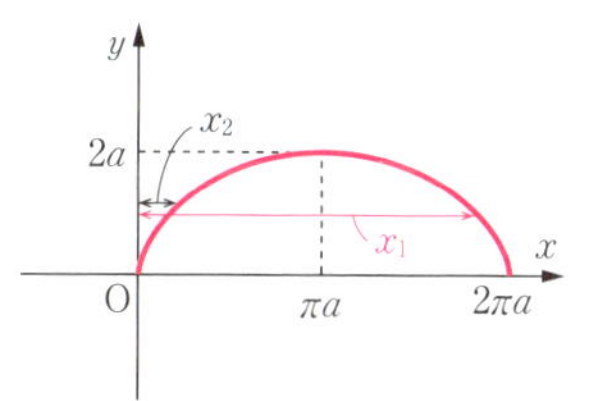

$$V_y = \pi\int_0^{2a} x_1^2 dy - \pi\int_0^{2a} x_2^2 dy$$
$$= \pi\left\{\int_{2\pi}^{\pi} x^2\frac{dy}{dt}\,dt - \int_0^{\pi} x^2\frac{dy}{dt}\,dt\right\}$$
$$= -\pi\int_0^{2\pi} x^2\cdot\frac{dy}{dt}\,dt$$
$$= -\pi\int_0^{2\pi}\{a(t-\sin t)\}^2\cdot(a\sin t)dt$$
$$= -\pi a^3\int_0^{2\pi}(t^2\sin t - 2t\sin^2 t + \sin^3 t)dt$$

ここで

$$\cdot\ \int_0^{2\pi} t^2\sin tdt = [-t^2\cos t]_0^{2\pi} + 2\int_0^{2\pi} t\cos tdt$$

（$\sin t = (-\cos t)'$，$\cos t = (\sin t)'$）

$$= -4\pi^2 + 2\left\{[t\cdot\sin t]_0^{2\pi} - \int_0^{2\pi}\sin tdt\right\}$$

（$[t\cdot\sin t]_0^{2\pi} = 0$）

$$= -4\pi^2 + 2[\cos t]_0^{2\pi} = -4\pi^2$$

（$[\cos t]_0^{2\pi} = 0$）

$$\cdot\ 2\int_0^{2\pi} t\sin^2 tdt = \int_0^{2\pi} t(1-\cos 2t)dt$$

$$= \left[\frac{1}{2}t^2\right]_0^{2\pi} - \int_0^{2\pi} t\cos 2t dt$$

$$\left(\frac{1}{2}\sin 2t\right)'$$

$$= 2\pi^2 - \left\{\left[\frac{1}{2}t\sin 2t\right]_0^{2\pi} - \frac{1}{2}\int_0^{2\pi}\sin 2t dt\right\}$$

$$= 2\pi^2 - \frac{1}{4}[\cos 2t]_0^{2\pi} = 2\pi^2$$

$$\cdot \int_0^{2\pi}\sin^3 t dt = \int_0^{2\pi}\sin t(1-\cos^2 t)dt$$

$$= \left[-\cos t + \frac{1}{3}(\cos t)^3\right]_0^{2\pi} = 0$$

$$\therefore\ V_y = -\pi a^3(-4\pi^2 - 2\pi^2) = 6\pi^3 a^3$$

…(答)

(別解)

(問題 7-⑮で取り扱う，バームクーヘン型求積法)

$$V_y = 2\pi\int_0^{2\pi a} xydx$$

$$= 2\pi\int_0^{2\pi} x\cdot y\cdot\frac{dx}{dt}dt$$

$$= 2\pi\int_0^{2\pi} a^3(t-\sin t)(1-\cos t)(1-\cos t)dt$$

$$= 2\pi a^3\int_0^{2\pi}\{t(1-\cos t)^2 - \sin t(1-\cos t)^2\}dt$$

$$\cdot \int_0^{2\pi} t(1-\cos t)^2 dt$$

$$= \int_0^{2\pi} t\cdot\left(\frac{3}{2} - 2\cos t + \frac{1}{2}\cos 2t\right)dt$$

$$\left(\frac{3}{2}t - 2\sin t + \frac{1}{4}\sin 2t\right)'$$

$$= \left[t\left(\frac{3}{2}t - 2\sin t + \frac{1}{4}\sin 2t\right)\right]_0^{2\pi}$$

$$- \int_0^{2\pi}\left(\frac{3}{2}t - 2\sin t + \frac{1}{4}\sin 2t\right)dt$$

$$= 6\pi^2 - \left[\frac{3}{4}t^2 + 2\cos t - \frac{1}{8}\cos 2t\right]_0^{2\pi}$$

$$= 6\pi^2 - (3\pi^2) = 3\pi^2$$

$$\cdot \int_0^{2\pi}\sin t(1-\cos t)^2 dt = \left[\frac{1}{3}(1-\cos t)^3\right]_0^{2\pi}$$

$$= 0$$

$$\therefore\ V_y = 2\pi a^3(3\pi^2) = 6\pi^3 a^3$$

…(答)

練習問題 7-14

$$r^2 = \cos 2\theta = \cos^2\theta - \sin^2\theta$$

$$r = \sqrt{x^2+y^2},\ \cos\theta = \frac{x}{r},\ \sin\theta = \frac{y}{r}$$

より

$$r^4 = x^2 - y^2$$

$$(x^2+y^2)^2 = x^2 - y^2$$

$$\Leftrightarrow y^4 + (2x^2+1)y^2 + x^4 - x^2 = 0$$

$$y^2 = \frac{-(2x^2+1)+\sqrt{8x^2+1}}{2}\quad (y^2 \geqq 0 より)$$

求める体積を V とすると，

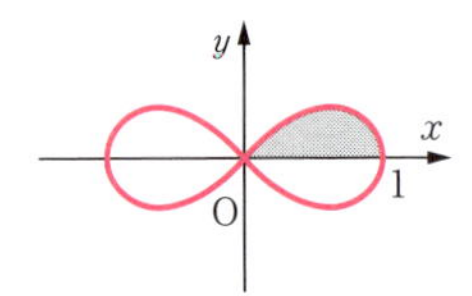

$$V = 2\pi\int_0^1 y^2 dx$$

$$= 2\pi\int_0^1\left(-\frac{2x^2+1}{2} + \sqrt{2}\sqrt{x^2+\frac{1}{8}}\right)dx$$

$$= 2\pi\left[-\frac{1}{3}x^3 - \frac{1}{2}x\right]_0^1 + 2\pi\cdot\sqrt{2}\cdot\frac{1}{2}\times$$

$$\left[x\sqrt{x^2+\frac{1}{8}} + \frac{1}{8}\log\left|x+\sqrt{x^2+\frac{1}{8}}\right|\right]_0^1$$

$$= -\frac{5}{3}\pi + \sqrt{2}\pi\left\{\frac{3}{2\sqrt{2}} + \frac{1}{8}\log\left|1+\frac{3}{2\sqrt{2}}\right| - \frac{1}{8}\log\frac{1}{2\sqrt{2}}\right\}$$

$$= -\frac{\pi}{6} + \frac{\sqrt{2}}{8}\pi\log\underbrace{|2\sqrt{2}+3|}_{㋐}$$

(㋐(注) $2\sqrt{2}+3 = (\sqrt{2}+1)^2$)

$$= -\frac{\pi}{6} + \frac{\sqrt{2}}{4}\pi\log(\sqrt{2}+1)$$

$$= \pi\left\{\frac{\sqrt{2}}{4}\log(\sqrt{2}+1) - \frac{1}{6}\right\}$$

…(答)

練習問題 7-15

円 $(x-1)^2 + y^2 = 2$ を y について解くと，

$y = \pm\sqrt{2-(x-1)^2}$

求める体積を V とすると，

$$V = \int_0^{1+\sqrt{2}} 2\pi x(2y)dx = 4\pi\int_0^{1+\sqrt{2}} x\sqrt{2-(x-1)^2}dx$$

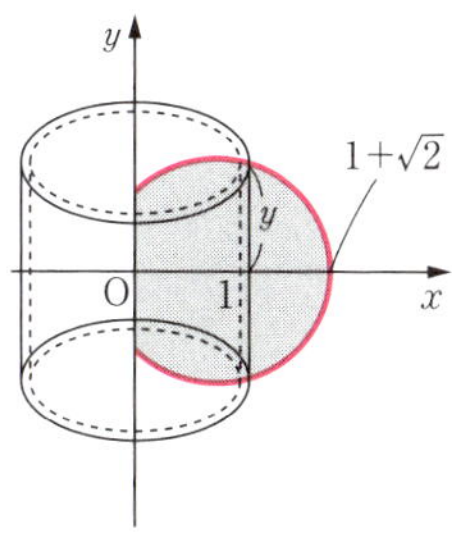

$t = x - 1$ とおくと，$dt = dx$,

x	$0 \to 1+\sqrt{2}$
t	$-1 \to \sqrt{2}$

$$V = 4\pi\int_{-1}^{\sqrt{2}}(t+1)\sqrt{2-t^2}\,dt$$

$$= 4\pi\left\{\int_{-1}^{\sqrt{2}}\left(t\sqrt{2-t^2}+\sqrt{2-t^2}\right)dt\right\}$$

$$= 4\pi\left\{\frac{2}{3}\cdot\frac{-1}{2}\left[(2-t^2)^{\frac{3}{2}}\right]_{-1}^{\sqrt{2}} + \int_{-1}^{\sqrt{2}}\sqrt{2-t^2}\,dt\right\}$$

$$= 4\pi\left\{\frac{1}{3}+\left(\frac{3\pi}{4}+\frac{1}{2}\right)\right\} = \pi\left(\frac{10}{3}+3\pi\right) \cdots(答)$$

$$\left(\begin{aligned}&\int_{-1}^{\sqrt{2}}\sqrt{2-t^2}\,dt\\&= 2\pi\cdot\frac{3}{8}+\frac{1}{2}\\&= \frac{3\pi}{4}+\frac{1}{2}\end{aligned}\right)$$

1　$\frac{3\pi}{4}$　−1　O　$\sqrt{2}$

練習問題 7-16

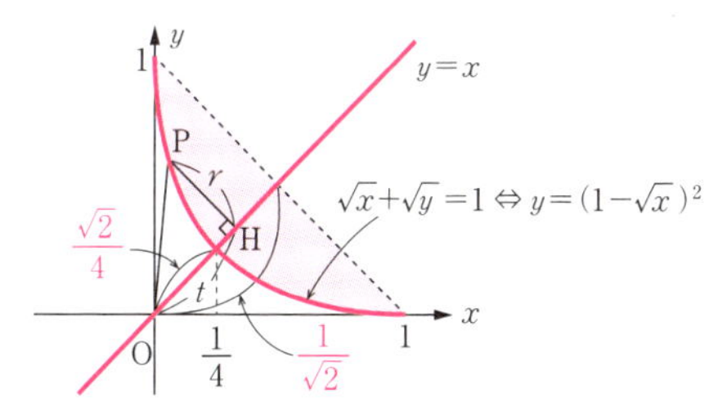

$P(x, y)$ から $y = x$ への距離 r は

$$r = \frac{|y-x|}{\sqrt{2}} = \frac{y-x}{\sqrt{2}} = \frac{1-2\sqrt{x}}{\sqrt{2}}$$

P から $y = x$ に下ろした垂線の足を H とし，OH $= t$ とおくと，

$$t^2 = \mathrm{OP}^2 - r^2$$

$$= x^2 + y^2 - \frac{1}{2}(y-x)^2$$

$$= \frac{1}{2}(x^2+2xy+y^2) = \frac{1}{2}(x+y)^2$$

$$t = \frac{1}{\sqrt{2}}(x+y) = \frac{1}{\sqrt{2}}\{x+(1-\sqrt{x})^2\}$$

$$= \frac{1}{\sqrt{2}}(2x-2\sqrt{x}+1)$$

$$\therefore\ \frac{dt}{dx} = \frac{1}{\sqrt{2}}\left(2-\frac{1}{\sqrt{x}}\right) = \frac{1}{\sqrt{2}\sqrt{x}}(2\sqrt{x}-1)$$

$\sqrt{x}+\sqrt{y} = 1$ と $y = x$ の交点の x 座標は

$$\sqrt{x} = \frac{1}{2},\ x = \frac{1}{4}$$

赤アミ部分を $y = x$ のまわりに回転してできる体積を V_0 とすると，

$$V_0 = \pi\int_{\frac{\sqrt{2}}{4}}^{\frac{1}{\sqrt{2}}} r^2 dt = \pi\int_{\frac{1}{4}}^{1}\frac{1}{2}(1-2\sqrt{x})^2\cdot\frac{1}{\sqrt{2}\sqrt{x}}(2\sqrt{x}-1)dx$$

$$= \frac{-\pi}{2\sqrt{2}}\int_{\frac{1}{4}}^{1}\frac{1}{\sqrt{x}}(1-2\sqrt{x})^3 dx$$

$$= \frac{-\pi}{2\sqrt{2}}\int_{\frac{1}{4}}^{1}\frac{1}{\sqrt{x}}(-8x\sqrt{x}-6\sqrt{x}+12x+1)dx$$

$$= \frac{-\pi}{2\sqrt{2}}\int_{\frac{1}{4}}^{1}\left(-8x-6+12\sqrt{x}+\frac{1}{\sqrt{x}}\right)dx$$

$$= \frac{-\pi}{2\sqrt{2}}\left[-4x^2-6x+8x^{\frac{3}{2}}+2x^{\frac{1}{2}}\right]_{\frac{1}{4}}^{1}$$

$$= \frac{\pi}{2\sqrt{2}}\left(-\frac{1}{4}-\frac{3}{2}+1+1\right) = \frac{\sqrt{2}\pi}{16}$$

求める体積 V は円すいの体積 $= \frac{\sqrt{2}\pi}{12}$

$\left(\ \frac{1}{\sqrt{2}}\quad \frac{1}{\sqrt{2}}\ \right)$

から V_0 を引いたものに等しく，

$$V = \frac{\sqrt{2}\pi}{12} - \frac{\sqrt{2}\pi}{16}$$

$$= \frac{\sqrt{2}\pi}{48} \qquad \cdots(答)$$

Chapter 8　多変数関数の微分

練習問題 8-1

$f(x, y) = c$ と置くと

$$x^2 + 2y^2 - 1 = c(x^2+y^2)$$

$$\Leftrightarrow (1-c)x^2 + (2-c)y^2 = 1$$

したがって，等位曲線は次の 4 つの場合に分け

られる．

（i）$c<1$ の場合．

$1-c>0$，$2-c>0$ であるから，だ円．

（ii）$c=1$ の場合．

$y^2=1$ より $y=\pm 1$，これは直線．

（iii）$1<c<2$ の場合．

$1-c<0$，$2-c>0$ より，双曲線．

（iv）$c \geqq 2$ の場合．

$1-c<0$，$2-c \leqq 0$ であるから，みたすべき x，y は存在しない．

…(答)

練習問題 8-2

(1) $x=r\cos\theta$，$y=r\sin\theta$　$(0 \leqq \theta < 2\pi)$

とおくと，

$$\frac{x^2+2y^2}{\sqrt{x^2+y^2}}=\frac{r^2(\cos^2\theta+2\sin^2\theta)}{r}$$
$$=r(\cos^2\theta+2\sin^2\theta)$$

$r \to 0$ のとき，(与式) $\to 0$

θ の値にかかわらず一定値 0 に収束．

$$\therefore \lim_{(x,y)\to(0,0)}\frac{x^2+2y^2}{\sqrt{x^2+y^2}}=0$$ …(答)

(2) $x=r\cos\theta$，$y=r\sin\theta$　$\left(-\frac{\pi}{2}<\theta<\frac{\pi}{2}\right)$

とおくと，$\frac{y}{x}=\tan\theta$

$$\tan^{-1}\frac{y}{x}=\tan^{-1}(\tan\theta)=\theta$$

この値は θ に関係するから極限値は存在しない．…(答)

練習問題 8-3

(0, 0) 以外では連続であるから，(0, 0) の連続性を調べる．

(1) $x=r\cos\theta$，$y=r\sin\theta$　$(0 \leqq \theta < 2\pi)$

とおくと，

$$\frac{xy}{\sqrt{x^2+y^2}}=r\sin\theta\cos\theta$$

$r \to 0$ のとき，任意の θ で右辺 $\to 0$

$$\therefore \lim_{(x,y)\to(0,0)} f(x,y)=0$$

よって，$f(x,y)$ は (0, 0) で連続　…(答)

(2) $x=r\cos\theta$，$y=r\sin\theta$　$(0 \leqq \theta < 2\pi)$

とおくと，

$$\frac{x^4-3x^2y}{2x^2+y^2}=\frac{r^3(r\cos^4\theta-3\cos^2\theta\sin\theta)}{r^2(2\cos^2\theta+\sin^2\theta)}$$
$$=r\cdot\frac{r\cos^4\theta-3\cos^2\theta\sin\theta}{2\cos^2\theta+\sin^2\theta}$$

$r \to 0$ のとき，任意の θ で右辺 $\to 0$

$$\therefore \lim_{(x,y)\to(0,0)} f(x,y)=0$$

よって，$f(x,y)$ は (0, 0) で連続　…(答)

練習問題 8-4

(1)

$$\frac{\partial z}{\partial x}=\frac{\frac{1}{y}}{\sqrt{1-\left(\frac{x}{y}\right)^2}}=\frac{\frac{1}{y}}{\sqrt{\frac{1}{y^2}(y^2-x^2)}}$$
$$=\pm\frac{\frac{1}{y}}{\frac{1}{y}\sqrt{y^2-x^2}}=\pm\frac{1}{\sqrt{y^2-x^2}}$$ …(答)

$$\frac{\partial z}{\partial y}=\frac{-\frac{x}{y^2}}{\sqrt{1-\left(\frac{x}{y}\right)^2}}=\pm\frac{\frac{x}{y^2}}{\frac{1}{y}\sqrt{(y^2-x^2)}}$$
$$=\pm\frac{x}{y\sqrt{y^2-x^2}}$$ …(答)

(2) $z=x^y$

・$\frac{\partial z}{\partial x}=y\cdot x^{y-1}$　…(答)

・$\log z=y\log x$

辺々を y で微分して，$\frac{1}{z}\cdot\frac{\partial z}{\partial y}=\log x$.

$$\therefore \frac{\partial z}{\partial y}=(\log x)\cdot z=x^y\log x$$ …(答)

(3) $z=\log_x y=\frac{\log y}{\log x}$

$$\frac{\partial z}{\partial x}=\frac{-(\log y)\cdot\frac{1}{x}}{(\log x)^2}=-\frac{\log y}{x(\log x)^2}$$ …(答)

$$\frac{\partial z}{\partial y}=\frac{1}{y\log x}$$ …(答)

練習問題 8-5

(1) $z=f\left(\frac{y}{x}\right)$

$$\frac{\partial z}{\partial x}=f'\left(\frac{y}{x}\right)\cdot\left(-\frac{y}{x^2}\right)$$

$$\frac{\partial z}{\partial y} = f'\left(\frac{y}{x}\right)\cdot\left(\frac{1}{x}\right)$$

両式の右辺をみて,

$$x\frac{\partial z}{\partial x} + y\frac{\partial z}{\partial y} = 0 \quad \cdots(答)$$

(2) $z = (x+y)f(x^2-y^2)$

$$\frac{\partial z}{\partial x} = f(x^2-y^2) + (x+y)f'(x^2-y^2)\cdot 2x$$

$$\frac{\partial z}{\partial y} = f(x^2-y^2) + (x+y)f'(x^2-y^2)\cdot(-2y)$$

両式の右辺をみて,

$$y\frac{\partial z}{\partial x} + x\frac{\partial z}{\partial y} = (y+x)f(x^2-y^2)$$

$$\therefore\ y\frac{\partial z}{\partial x} + x\frac{\partial z}{\partial y} = z \quad \cdots(答)$$

練習問題 8-6

$$\frac{dz}{dt} = \frac{\partial z}{\partial x}\cdot\frac{dx}{dt} + \frac{\partial z}{\partial y}\cdot\frac{dy}{dt}$$

$$\frac{\partial z}{\partial x} = f_x,\quad \frac{\partial z}{\partial y} = f_y$$

$$\frac{dx}{dt} = \frac{\partial x}{\partial r}\cdot\frac{dr}{dt} + \frac{\partial x}{\partial \theta}\cdot\frac{d\theta}{dt} = \cos\theta\cdot p'(t) + (-r\sin\theta)\cdot q'(t)$$

$$\frac{dy}{dt} = \frac{\partial y}{\partial r}\cdot\frac{dr}{dt} + \frac{\partial y}{\partial \theta}\cdot\frac{d\theta}{dt} = \sin\theta\cdot p'(t) + (r\cos\theta)\cdot q'(t)$$

$$\therefore\ \frac{dz}{dt} = f_x\{\cos\theta\cdot p'(t) - r\sin\theta\cdot q'(t)\} + f_y\{\sin\theta\cdot p'(t) + r\cos\theta\cdot q'(t)\} \quad \cdots(答)$$

練習問題 8-7

$$\frac{d^nz}{dt^n} = \nabla^n z = \left(h\frac{\partial}{\partial x} + k\frac{\partial}{\partial y}\right)^n z$$

(∵) $n=1$ のとき, $\frac{dz}{dt} = h\frac{\partial z}{\partial x} + k\frac{\partial z}{\partial y}$ となり 問題 8-⑦より成り立つ. $n=l$ のとき成り立つと仮定する.

すなわち, $\frac{d^lz}{dt^l} = \left(h\frac{\partial}{\partial x} + k\frac{\partial}{\partial y}\right)^l z$

$$= \nabla^l z \quad \cdots㋐$$

$n = l+1$ のとき,

㋐の辺々を t で微分すると,

$$\frac{d^{l+1}z}{dt^{l+1}} = \frac{d}{dt}(\nabla^l z) = \nabla(\nabla^l z) = \nabla^{l+1}z = \left(h\frac{\partial}{\partial x} + k\frac{\partial}{\partial y}\right)^{l+1} z$$

となり成り立ち, すべての自然数 n で成り立つ. ■

練習問題 8-8

(1) $z = \log|x+y| - \log|x-y|$

$$\frac{\partial z}{\partial x} = \frac{1}{x+y} - \frac{1}{x-y} = \frac{-2y}{x^2-y^2}$$

$$\frac{\partial z}{\partial y} = \frac{1}{x+y} + \frac{1}{x-y} = \frac{2x}{x^2-y^2}$$

$$\therefore\ dz = -\frac{2y}{x^2-y^2}dx + \frac{2x}{x^2-y^2}dy \quad \cdots(答)$$

(2) $z = \cos(x^2+y^2)$

$$\frac{\partial z}{\partial x} = -2x\sin(x^2+y^2)$$

$$\frac{\partial z}{\partial y} = -2y\sin(x^2+y^2)$$

$$\therefore\ dz = -2x\sin(x^2+y^2)dx - 2y\sin(x^2+y^2)dy \quad \cdots(答)$$

練習問題 8-9

(1) $f(x,y) = \log(x+y)$

$$f_x = \frac{1}{x+y},\quad f_y = \frac{1}{x+y}$$

$$f_{xx} = \frac{-1}{(x+y)^2},\quad f_{xy} = \frac{-1}{(x+y)^2},$$

$$f_{yy} = \frac{-1}{(x+y)^2}$$

となり, $f(x+h, y+k)$ を 2 次の項まで求めると,

$$f(x+h, y+k) = f(x+y) + (hf_x + kf_y) + \frac{1}{2}\{h^2f_{xx} + 2hkf_{xy} + k^2f_{yy}\} + R_3$$

$$= \log(x+y) + \frac{h+k}{x+y} - \frac{(h+k)^2}{2(x^2+y^2)} + R_3 \quad \cdots(答)$$

(2) $f(x,y) = e^x\sin y$

$f_x = e^x\sin y,\ f_y = e^x\cos y$

$f_{xx} = e^x\sin y,\ f_{xy} = e^x\cos y,\ f_{yy} = -e^x\sin y$

となり, $f(x+h, y+k)$ を 2 次の項まで求め

ると，

$f(x+h, y+k)$

$= e^x \sin y + (he^x \sin y + ke^x \cos y)$

$+ \dfrac{1}{2}(h^2 e^x \sin y + 2hke^x \cos y - k^2 e^x \sin y)$

$+ R$

$= e^x \sin y \left\{1 + h + \dfrac{1}{2}(h^2 - k^2)\right\}$

$+ e^x \cos y (k + hk) + R_3$ …(答)

練習問題 8-10

(1) $f(x, y) = \sqrt{1+x}\log(y+3)$

$f_x(x, y) = \dfrac{1}{2\sqrt{1+x}}\log(y+3)$

$f_y(x, y) = \dfrac{\sqrt{1+x}}{y+3}$

$f_{xx}(x, y) = -\dfrac{1}{4(1+x)^{\frac{3}{2}}}\log(y+3)$

$f_{yy}(x, y) = -\dfrac{\sqrt{1+x}}{(y+3)^2}$

$f_{xy}(x, y) = \dfrac{1}{2(y+3)\sqrt{1+x}}$

$f(0,0) = \log 3$，$f_x(0,0) = \dfrac{1}{2}\log 3$

$f_y(0,0) = \dfrac{1}{3}$，$f_{xx}(0,0) = \dfrac{-1}{4}\log 3$

$f_{yy}(0,0) = -\dfrac{1}{9}$，$f_{xy}(0,0) = \dfrac{1}{6}$

$\therefore\ f(x, y) = \log 3 + \left(\dfrac{\log 3}{2}x + \dfrac{1}{3}y\right)$

$+ \dfrac{1}{2}\left(-\dfrac{\log 3}{4}x^2 + \dfrac{1}{3}xy - \dfrac{1}{9}y^2\right)$

$+ R_3$ …(答)

(2) $f(x, y) = e^x \cos y$

$f_x(x, y) = e^x \cos y$，$f_y(x, y) = -e^x \sin y$

$f_{xx}(x, y) = e^x \cos y$，$f_{yy}(x, y) = -e^x \cos y$

$f_{xy}(x, y) = -e^x \sin y$

$f_x(0,0) = 1$，$f_y(0,0) = 0$，$f_{xx}(0,0) = 1$，

$f_{yy}(0,0) = -1$，$f_{xy}(0,0) = 0$ となるから，

$f(x, y) = 1 + (x+0) + \dfrac{1}{2}(x^2 - y^2) + R_3$

$= 1 + x + \dfrac{1}{2}(x^2 - y^2) + R_3$ …(答)

練習問題 8-11

(1) $f_x = 3x^2 - 10x + 8 = (3x-4)(x-2)$

$f_y = 2y + 2 = 2(y+1)$

$f_x = 0$ となる x は $x = \dfrac{4}{3}, 2$

$f_y = 0$ となる y は $y = -1$

よって点 $\left(\dfrac{4}{3}, -1\right)$，$(2, -1)$ のとき極値になるか調べる．

$f_{xx} = 6x - 10$，$f_{xy} = 0$，$f_{yy} = 2$

となるから，

$D(x, y) = f_{xy}^2 - f_{xx} \cdot f_{yy} = -2 \cdot (6x - 10)$

$= -4(3x - 5)$

$D\left(\dfrac{4}{3}, -1\right) = 4 > 0$ より，点 $\left(\dfrac{4}{3}, -1\right)$ で極値にならない．

$D(2, -1) = -4 < 0$ かつ $f_{xx} = 2 > 0$

となるから，$(x, y) = (2, -1)$ で極小で極小値

$f(2, -1) = 3$ …(答)

(2) $f_x = 2x + 4y$

$f_y = 4x - 16y$

$f_{xx} = 2$，$f_{xy} = 4$，$f_{yy} = -16$

$D(x, y) = f_{xy}^2 - f_{xx} \cdot f_{yy} = 16 - 2 \cdot (-16)$

$= 48 > 0$

となるから，極値は存在しない． …(答)

練習問題 8-12

内接する直方体の第 1 象限内の頂点を (x, y, z) $(x \geqq 0, y \geqq 0, z \geqq 0)$，その体積を V とすると，

$V = 8xyz$

$\dfrac{x^2}{a^2} + \dfrac{y^2}{b^2} + \dfrac{z^2}{c^2} = 1$ より $z = c\sqrt{1 - \dfrac{x^2}{a^2} - \dfrac{y^2}{b^2}}$

であるから，

$V = 8cxy\sqrt{1 - \dfrac{x^2}{a^2} - \dfrac{y^2}{b^2}}$

よって，閉集合 D：$\dfrac{x^2}{a^2} + \dfrac{y^2}{b^2} \leqq 1$，$x \geqq 0$，$y \geqq 0$ における最大値を求めることになる．

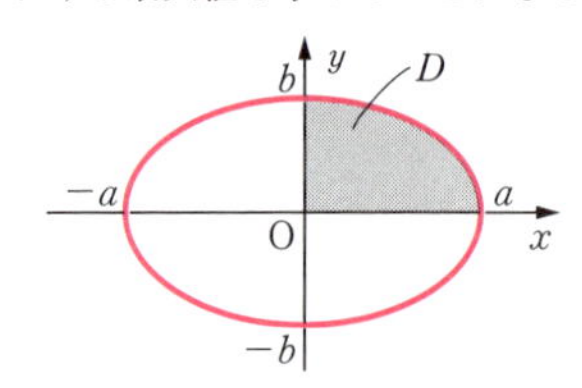

$f(x,y)=cxy\sqrt{1-\dfrac{x^2}{a^2}-\dfrac{y^2}{b^2}}$ とおくと，$f(x,y)$ は D で連続であるから，必ず最大値をとり，しかも D の境界上では $f(x,y)=0$ であるから，$f(x,y)$ の最大値は必ず D の内部でとられる．

したがって，そこでは，

$f_x=0$，$f_y=0$ となる．

$$f_x=cy\sqrt{1-\frac{x^2}{a^2}-\frac{y^2}{b^2}}-\frac{cxy\left(\dfrac{x}{a^2}\right)}{\sqrt{1-\dfrac{x^2}{a^2}-\dfrac{y^2}{b^2}}}$$

$$=y\cdot \underbrace{c\sqrt{1-\frac{x^2}{a^2}-\frac{y^2}{b^2}}}_{z}-\frac{c^2yx^2}{a^2\cdot \underbrace{c\sqrt{1-\dfrac{x^2}{a^2}-\dfrac{y^2}{b^2}}}_{z}}$$

$$=yz-\frac{yc^2x^2}{a^2z}=\frac{y(a^2z^2-c^2x^2)}{a^2z}$$

同様にして，

$$f_y=\frac{x(b^2z^2-c^2y^2)}{b^2z}$$

$f_x=f_y=0$ から $\dfrac{x^2}{a^2}=\dfrac{y^2}{b^2}=\dfrac{z^2}{c^2}=\dfrac{1}{3}$

$x=\dfrac{a}{\sqrt{3}}$，$y=\dfrac{b}{\sqrt{3}}$，$z=\dfrac{c}{\sqrt{3}}$

$\left(\dfrac{a}{\sqrt{3}},\dfrac{b}{\sqrt{3}},\dfrac{c}{\sqrt{3}}\right)$ は D の内部の点であるから $f(x,y)$ はここで最大値をとる．

最大値 $\dfrac{8}{3\sqrt{3}}abc$ …(答)

（別解）

相加・相乗平均により

$$1=\frac{x^2}{a^2}+\frac{y^2}{b^2}+\frac{z^2}{c^2}\geqq 3\left(\frac{x}{a}\cdot\frac{y}{b}\cdot\frac{z}{c}\right)^{\frac{2}{3}}$$

から　$xyz\leqq\left(\dfrac{1}{3}\right)^{\frac{3}{2}}\cdot abc$

$$\therefore\ V=8xyz\leqq\frac{8}{3\sqrt{3}}abc$$

$\left(\text{等号は }\dfrac{x}{a}=\dfrac{y}{b}=\dfrac{z}{c},\ x=\dfrac{a}{\sqrt{3}},\ y=\dfrac{b}{\sqrt{3}},\ z=\dfrac{c}{\sqrt{3}}\text{ のとき成り立つ}\right)$

$\therefore$ 最大値 $\dfrac{8}{3\sqrt{3}}abc$ …(答)

練習問題 8-13

(1) $f(x,y)=\log\sqrt{x^2+y^2}-\tan^{-1}\dfrac{y}{x}$

$$=\frac{1}{2}\log(x^2+y^2)-\tan^{-1}\frac{y}{x}$$

とおくと，$f(x,y)=0$，$f_x+f_y\dfrac{dy}{dx}=0$

ここで，

$$f_x=\frac{x}{x^2+y^2}-\frac{-\dfrac{y}{x^2}}{1+\left(\dfrac{y}{x}\right)^2}=\frac{x+y}{x^2+y^2}$$

$$f_y=\frac{y}{x^2+y^2}-\frac{\dfrac{1}{x}}{1+\left(\dfrac{y}{x}\right)^2}=\frac{-(x-y)}{x^2+y^2}$$

$\therefore\ \dfrac{dy}{dx}=-\dfrac{f_x}{f_y}=\dfrac{x+y}{x-y}$ …(答)

(2) $\sin^{-1}x+\sin^{-1}y=\dfrac{\pi}{2}$

y を x の関数と考えて，両辺を x で微分すると，

$$\frac{1}{\sqrt{1-x^2}}+\frac{1}{\sqrt{1-y^2}}\cdot\frac{dy}{dx}=0$$

$\therefore\ \dfrac{dy}{dx}=-\dfrac{\sqrt{1-y^2}}{\sqrt{1-x^2}}$ …(答)

練習問題 8-14

(1) $F(x,y,z)=x^2y+x\sin y-z$ とおくと，

$\mathrm{grad}\,F=(2xy+\sin y,\ x^2+x\cos y,\ -1)$

$(x,y,z)=(2,\pi,4\pi)$ を代入して，

$\mathrm{grad}\,F(2,\pi,4\pi)=(4\pi,2,-1)$

よって，接平面の方程式は

$4\pi\cdot(x-2)+2\cdot(y-\pi)-1\cdot(z-4\pi)=0$

$\therefore\ z=4\pi x+2y-6\pi$ …(答)

(2) $F(x,y,z)=e^{3-x^2-y^2}-z$ とおくと，

$\mathrm{grad}\,F=(-2xe^{3-x^2-y^2},\ -2ye^{3-x^2-y^2},\ -1)$

$(x,y,z)=(1,0,e^2)$ を代入して

$\mathrm{grad}\,F(1,0,e^2)=(-2e^2,0,-1)$

よって，接平面の方程式は，

$-2e^2(x-1)-0\cdot y-1\cdot(z-e^2)=0$

$\therefore\ z=-2e^2x+3e^2$ …(答)

練習問題 8-15

(1) $u=\dfrac{1}{2}\log(x^2+y^2)$

$$\frac{\partial u}{\partial x}=\frac{x}{x^2+y^2},\quad \frac{\partial u}{\partial y}=\frac{y}{x^2+y^2}$$

$$\frac{\partial^2 u}{\partial x^2}=\frac{x^2+y^2-x\cdot(2x)}{(x^2+y^2)^2}=\frac{y^2-x^2}{(x^2+y^2)^2}$$

$$\frac{\partial^2 u}{\partial y^2}=\frac{x^2+y^2-y\cdot(2y)}{(x^2+y^2)^2}=\frac{x^2-y^2}{(x^2+y^2)^2}$$

$$\therefore\ \frac{\partial^2 u}{\partial x^2}+\frac{\partial^2 u}{\partial y^2}=0 \qquad \cdots(答)$$

(2) $u=(x^2+y^2+z^2)^{-\frac{1}{2}}$

$$\frac{\partial u}{\partial x}=-\frac{1}{2}(x^2+y^2+z^2)^{-\frac{3}{2}}\cdot 2x$$
$$=-x\cdot(x^2+y^2+z^2)^{-\frac{3}{2}}$$

$$\frac{\partial^2 u}{\partial x^2}=-(x^2+y^2+z^2)^{-\frac{3}{2}}-\left(-\frac{3}{2}\right)x\cdot(x^2+y^2+z^2)^{-\frac{5}{2}}\cdot(2x)$$
$$=-(x^2+y^2+z^2)^{-\frac{3}{2}}+3x^2(x^2+y^2+z^2)^{-\frac{5}{2}}$$
$$=\frac{-(x^2+y^2+z^2)+3x^2}{(x^2+y^2+z^2)^{\frac{5}{2}}}$$
$$=\frac{2x^2-y^2-z^2}{(x^2+y^2+z^2)^{\frac{5}{2}}}$$

同様にして,

$$\frac{\partial^2 u}{\partial y^2}=\frac{2y^2-x^2-z^2}{(x^2+y^2+z^2)^{\frac{5}{2}}}$$

$$\frac{\partial^2 u}{\partial z^2}=\frac{2z^2-x^2-y^2}{(x^2+y^2+z^2)^{\frac{5}{2}}}$$

$$\therefore\ \frac{\partial^2 u}{\partial x^2}+\frac{\partial^2 u}{\partial y^2}+\frac{\partial^2 u}{\partial z^2}=0 \qquad \cdots(答)$$

練習問題 8-16

$g(x,y)=8x^2-4xy+5y^2-180$ とおくと,

$\mathrm{grad}\,g=(16x-4y,\ -4x+10y)$

$\mathrm{grad}\,f=(2x,2y)$

$\mathrm{grad}\,g\ /\!/\ \mathrm{grad}\,f$ となる x, y の関係式は,

$4(4x-y):-2(2x-5y)=2x:2y$

$(8x-2y):-(2x-5y)=x:y$

$8xy-2y^2=-2x^2+5xy$

$2x^2+3xy-2y^2=0$

$(2x-y)(x+2y)=0$

(i) $y=2x$ を $g(x,y)=0$ に代入して, $x^2=9$

$\therefore\ (x,y)=(3,6),\ (-3,-6)$

(ii) $x=-2y$ を $g(x,y)=0$ に代入して, $y^2=4$

$\therefore\ (x,y)=(4,-2),\ (-4,2)$

以上より $(x,y)=(\pm 3,\pm 6)$

$(\pm 4,\mp 2)$ (複号同順)

ところで, 連続関数 $f(x,y)$ の定義域は, 有界閉曲線 $g(x,y)=0$ だから, $f(x,y)$ の最大値・最小値は存在し, それは, 極値点で生じる.

$\therefore$ 最大値 $f(\pm 3,\pm 6)=45$, 最小値 $f(\pm 4,\mp 2)=20$ $\cdots$(答)

Chapter 9 多変数関数の積分

練習問題 9-1

(1) 積分する領域は,
$D:0\leqq x\leqq y^2,\ 0\leqq y\leqq 2$ は右図の色塗り部分で, 積分の順序を変更すると,

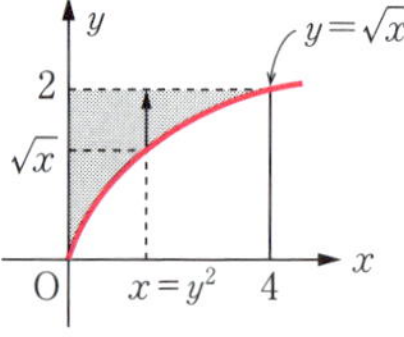

$$I=\int_0^4\int_{\sqrt{x}}^2\sqrt{x}\,dy\,dx$$
$$=\int_0^4\sqrt{x}\,[y]_{\sqrt{x}}^2\,dx$$
$$=\int_0^4\sqrt{x}\,(2-\sqrt{x})\,dx$$
$$=\left[2\cdot\frac{2}{3}x^{\frac{3}{2}}-\frac{1}{2}x^2\right]_0^4$$
$$=\frac{32}{3}-8=\frac{8}{3} \qquad \cdots(答)$$

(2) 積分する領域は,
$D:0\leqq y\leqq\sqrt{a^2-x^2},\ 0\leqq x\leqq a$
は右図の色塗り部分.
積分の順序を変更すると,

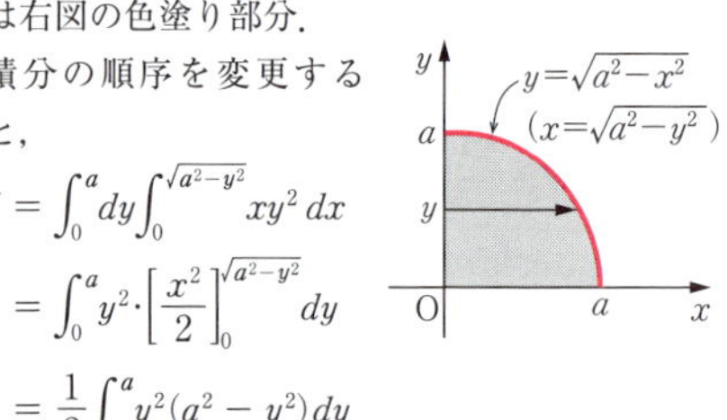

$$I=\int_0^a dy\int_0^{\sqrt{a^2-y^2}}xy^2\,dx$$
$$=\int_0^a y^2\cdot\left[\frac{x^2}{2}\right]_0^{\sqrt{a^2-y^2}}dy$$
$$=\frac{1}{2}\int_0^a y^2(a^2-y^2)\,dy$$
$$=\frac{1}{2}\left[\frac{a^2}{3}y^3-\frac{1}{5}y^5\right]_0^a=\frac{a^5}{15} \qquad \cdots(答)$$

練習問題 9-2

(1) 領域 D は右図の色塗り部分.

$$I=\int_1^2 dx\int_1^x(\log x-2\log y)dy$$

$$=\int_1^2[y\log x-2y\log y+2y]_1^x dx$$

$$=\int_1^2(x\log x-2x\log x+2x-\log x-2)dy$$

$$=\int_1^2\{-(x+1)\log x+2x-2\}dx$$

$$=\left[-\frac{(x+1)^2}{2}\log x\right]_1^2+\int_1^2\frac{(x+1)^2}{2}\frac{1}{x}dx+[x^2-2x]_1^2$$

$$=-\frac{9}{2}\log 2+\frac{1}{2}\left[\frac{x^2}{2}+2x+\log x\right]_1^2+1$$

$$=-\frac{9}{2}\log 2+\frac{1}{2}\left(\frac{7}{2}+\log 2\right)+1$$

$$=-4\log 2+\frac{11}{4}\quad\cdots(答)$$

(2) 領域 D は下図の色塗り部分.

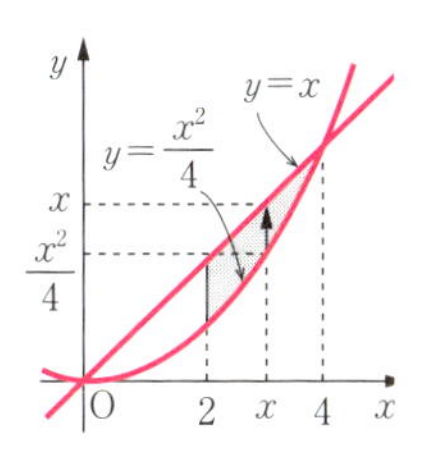

$$I=\int_2^4 dx\int_{\frac{x^2}{4}}^{x}\frac{x}{x^2+y^2}dy$$

$$=\int_2^4\left[\tan^{-1}\frac{y}{x}\right]_{\frac{x^2}{4}}^{x}dx$$

$$=\int_2^4\left(\underset{\substack{\parallel\\ \frac{\pi}{4}}}{\tan^{-1}1}-\tan^{-1}\frac{x}{4}\right)dx$$

$$=\frac{\pi}{4}[x]_2^4-\int_2^4(x)'\tan^{-1}\frac{x}{4}dx$$ ←〔注〕p. 119 練習問題 6-8

$$=\frac{\pi}{2}-\left\{\left[x\tan^{-1}\frac{x}{4}\right]_2^4-\int_2^4 x\cdot\frac{1}{1+\frac{x^2}{16}}\cdot\frac{1}{4}dx\right\}$$

$$=\frac{\pi}{2}-\left\{4\tan^{-1}1-2\tan^{-1}\frac{1}{2}\right\}+\int_2^4\frac{4x}{x^2+16}dx$$

$$=\frac{\pi}{2}-\pi+2\tan^{-1}\frac{1}{2}+2[\log(x^2+16)]_2^4$$

$$=2\tan^{-1}\frac{1}{2}-\frac{\pi}{2}+2\log\frac{8}{5}\quad\cdots(答)$$

練習問題 9-3

$$I=\int_0^a xdx\int_0^{a-x}y\left[\frac{z^2}{2}\right]_0^{a-x-y}dy$$

$$=\frac{1}{2}\int_0^a xdx\int_0^{a-x}y(a-x-y)^2dy$$

$$=\frac{1}{2}\int_0^a xdx\int_0^{a-x}y\{(a-x)^2-2(a-x)y+y^2\}dy$$

$$=\frac{1}{2}\int_0^a xdx\int_0^{a-x}\{(a-x)^2y-2(a-x)y^2+y^3\}dy$$

$$=\frac{1}{2}\int_0^a x\cdot\left[(a-x)^2\frac{y^2}{2}-2(a-x)\cdot\frac{y^3}{3}+\frac{y^4}{4}\right]_0^{a-x}dx$$

$$=\frac{1}{2}\int_0^a x\left\{\frac{(a-x)^4}{2}-\frac{2}{3}(a-x)^4+\frac{(a-x)^4}{4}\right\}dx$$

$$=\frac{1}{24}\int_0^a x(x-a)^4dx$$

$$=\frac{1}{24}\int_0^a(x-a+a)(x-a)^4dx$$

$$=\frac{1}{24}\left\{\int_0^a(x-a)^5dx+a\int_0^a(x-a)^4dx\right\}$$

$$=\frac{1}{24}\left\{\left[\frac{1}{6}(x-a)^6\right]_0^a+a\left[\frac{1}{5}(x-a)^5\right]_0^a\right\}$$

$$=\frac{1}{24}\left(-\frac{1}{6}a^6+\frac{1}{5}a^6\right)=\frac{a^6}{720}\quad\cdots(答)$$

練習問題 9-4

(1) $x=r\cos\theta,\ y=r\sin\theta$ とおくと, 領域 D は領域 $E:0\leqq r\leqq 1,\ 0\leqq\theta\leqq\frac{\pi}{2}$ にうつる.

$J=r$ より,

$$I=\iint_E e^{-r^2}\cdot rdrd\theta$$

$$=\int_0^{\frac{\pi}{2}}d\theta\int_0^1 r\cdot e^{-r^2}dr$$

$$=\frac{\pi}{2}\cdot\left[-\frac{1}{2}e^{-r^2}\right]_0^1$$

$$=\frac{\pi}{4}\left(1-\frac{1}{e}\right)\quad\cdots(答)$$

(2) $x = ar\cos\theta$, $y = br\sin\theta$ とおくと，領域 D は領域 $E : 0 \leqq r \leqq 1$, $0 \leqq \theta \leqq 2\pi$ にうつる．

$J = abr$

$$I = \iint_E r^2(a^2\cos^2\theta + b^2\sin^2\theta)\cdot abrdrd\theta$$

$$= ab\int_0^1 r^3dr\cdot\int_0^{2\pi}(a^2\cos^2\theta + b^2\sin^2\theta)d\theta$$

$$= \frac{ab}{4}(\pi a^2 + \pi b^2) = \frac{\pi ab}{4}(a^2 + b^2) \quad \cdots(答)$$

練習問題 9-5

(1) 点 $(0, 0)$ が特異点である．

$x = r\cos\theta$, $y = r\sin\theta$ とおくと，$0 \leqq \theta \leqq 2\pi$, $\varepsilon \leqq r \leqq 1$ の範囲で，

$$I_\varepsilon = \int_0^{2\pi} d\theta \int_\varepsilon^1 (\log r^2)rdr$$

$$= [\theta]_0^{2\pi}\cdot\int_\varepsilon^1 \underbrace{2r\log rdr}_{㋐} \qquad |㋐ 部分積分法$$

$$= 2\pi\left\{[r^2\log r]_\varepsilon^1 - \int_\varepsilon^1 rdr\right\}$$

$$= 2\pi\left\{-\varepsilon^2\log\varepsilon - \left(\frac{1}{2} - \frac{\varepsilon^2}{2}\right)\right\}$$

$I = \lim_{\varepsilon\to 0} I_\varepsilon = -\pi \quad \cdots(答)$ （(注) $\lim_{\varepsilon\to 0}\varepsilon^2\log\varepsilon = 0$）

(2) 領域 D は $D : 0 \leqq x \leqq a$, $0 \leqq y \leqq \sqrt{a^2 - x^2}$

$x \neq 0$ から y 軸上の点が特異点である．

$$\tan^{-1}\frac{y}{x} = \tan^{-1}\frac{r\sin\theta}{r\cos\theta} = \tan^{-1}(\tan\theta) = \theta$$

$$\therefore\ I = \int_0^{\frac{\pi}{2}} d\theta\int_0^a \theta\cdot rdr$$

$$= \int_0^{\frac{\pi}{2}}\theta d\theta\int_0^a rdr = \underbrace{\left[\frac{\theta^2}{2}\right]_0^{\frac{\pi}{2}}}_{㋐}\left[\frac{r^2}{2}\right]_0^a$$

$$= \frac{\pi^2}{8}\cdot\frac{a^2}{2} = \frac{\pi^2 a^2}{16} \quad \cdots(答)$$

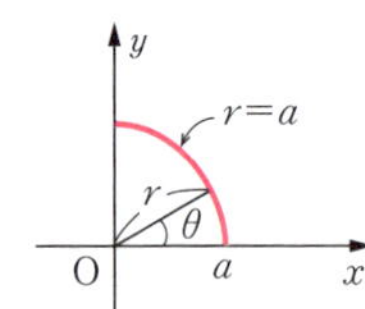

〔注〕㋐ $\displaystyle\lim_{\theta\to\frac{\pi}{2}+0}\frac{\theta^2}{2} = \frac{\pi^2}{8}$ を意味する．

練習問題 9-6

(1) $x = \sqrt{2}t$ とおくと，$dx = \sqrt{2}dt$

$\therefore$

x	$-\infty\to\infty$
t	$-\infty\to\infty$

$$与式 = \int_{-\infty}^{\infty}\frac{1}{\sqrt{2\pi}}e^{-t^2}(\sqrt{2}dt)$$

$$= \frac{1}{\sqrt{\pi}}\int_{-\infty}^{\infty}e^{-t^2}dt = \frac{2}{\sqrt{\pi}}\underbrace{\int_0^{\infty}e^{-t^2}dt}_{㋐}$$

$$= \frac{2}{\sqrt{\pi}}\cdot\underbrace{\frac{\sqrt{\pi}}{2}}_{㋐} = 1 \quad \cdots(答)$$

㋐ 問題 9-[6] より

(2) $\int_0^{\infty}e^{-x}\cdot x^{-\frac{1}{2}}dx$ で $\sqrt{x} = t$ とおくと，

$\dfrac{1}{2\sqrt{x}}dx = dt$ より，$\dfrac{1}{\sqrt{x}}dx = 2dt$

x	$0\to\infty$
t	$0\to\infty$

となり，

$$(与式) = \int_0^{\infty}e^{-t^2}\cdot 2dt = 2\int_0^{\infty}e^{-t^2}dt$$

$$= 2\cdot\frac{\sqrt{\pi}}{2} = \sqrt{\pi} \quad \cdots(答)$$

確率分布の中で重要な分布である正規分布を表す関数は

$$f(x) = \frac{1}{\sqrt{2\pi}\sigma}e^{-\frac{(x-m)^2}{2\sigma^2}}$$

で表せ，

$\int_{-\infty}^{\infty}f(x)dx = 1$ となる．

$t = \dfrac{x-m}{\sigma}$ と置換すると，$dx = \sigma dt$ から

$$\int_{-\infty}^{\infty}f(x)dx = \underbrace{\frac{2}{\sqrt{2\pi}}\int_0^{\infty}e^{-\frac{t^2}{2}}dt = \sqrt{\frac{2}{\pi}}\cdot\sqrt{\frac{\pi}{2}}}_{㋐} = 1$$

〔㋐ 練習問題 **9-6**(1)〕

練習問題 9-7

$D : \left(\dfrac{x}{a}\right)^{\frac{2}{3}} + \left(\dfrac{y}{b}\right)^{\frac{2}{3}} \leqq 1$ とおく．

$x = au^3$, $y = bv^3$ とおくと，D は

$D' : u^2 + v^2 \leqq 1$ にうつり，

$$J = \begin{vmatrix} x_u & x_v \\ y_u & y_v \end{vmatrix} = \begin{vmatrix} 3au^2 & 0 \\ 0 & 3bv^2 \end{vmatrix} = 9abu^2v^2$$

$$\therefore\ S = \iint_{D'}9abu^2v^2dudv$$

$$= 9ab\iint_{D'}u^2v^2dudv$$

さらに $u = r\cos\theta$, $v = r\sin\theta$ とおくと，D' は

$D'' : 0 \leqq r \leqq 1$, $0 \leqq \theta \leqq 2\pi$ にうつり，

$J = r$ となるから，

$$S = 9ab\iint_{D''} r^2\cos^2\theta\cdot r^2\sin^2\theta\cdot r\cdot drd\theta$$

$$= 9ab\int_0^{2\pi}\sin^2\theta\cos^2\theta\,d\theta\int_0^1 r^5dr$$

$$= 9ab\int_0^{2\pi}\frac{1}{4}\sin^2 2\theta\,d\theta\left[\frac{1}{6}r^6\right]_0^1$$

$$= \frac{3}{8}ab\int_0^{2\pi}\frac{1}{2}(1-\cos 4\theta)\,d\theta$$

$$= \frac{3}{16}ab\left[\theta - \frac{1}{4}\sin 4\theta\right]_0^{2\pi} = \frac{3}{8}\pi ab \quad \cdots(答)$$

練習問題 9-8

(1) x 軸に垂直な平面 $x = t$ で切った切り口は，$x \geqq 0$，$y \geqq 0$，$z \geqq 0$ の領域で，$0 \leqq y \leqq \sqrt{a^2 - t^2}$

$0 \leqq z \leqq \sqrt{a^2 - t^2}$

で 1 辺が $\sqrt{a^2 - t^2}$ の正方形となりその面積は $a^2 - t^2$

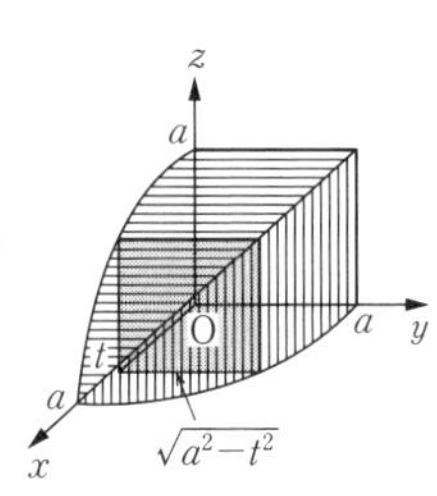

$$\therefore\ V = 8\int_0^a (a^2 - t^2)dt = 8\left[a^2t - \frac{1}{3}t^3\right]_0^a$$

$$= \frac{16}{3}a^3 \quad \cdots(答)$$

(2) $x \geqq 0$，$y \geqq 0$，$z \geqq 0$ で考え，さらに $y \geqq z$ で考えれば（この領域を D とする），全体の体積はここで考えたものの 16 倍になる．

$x^2 + y^2 = a^2$ から $x = \sqrt{a^2 - y^2}$ であるから，

$$V = 16\iint_D \sqrt{a^2 - y^2}\,dy\,dz$$

$$= 16\int_0^a dy\int_0^y \sqrt{a^2 - y^2}\,dz$$

$$= 16\int_0^a y\sqrt{a^2 - y^2}\,dy$$

$$= 16\left[-\frac{1}{3}(a^2 - y^2)^{\frac{3}{2}}\right]_0^a = \frac{16}{3}a^3 \quad (答)$$

練習問題 9-9

与えられた曲面は，

$xyz > 0$ なる象限

$$\begin{cases} x > 0,\ y > 0 \\ x < 0,\ y < 0 \end{cases}$$

のとき，$z > 0$

$$\begin{cases} x > 0,\ y < 0 \\ x < 0,\ y > 0 \end{cases}$$

のとき，$z < 0$

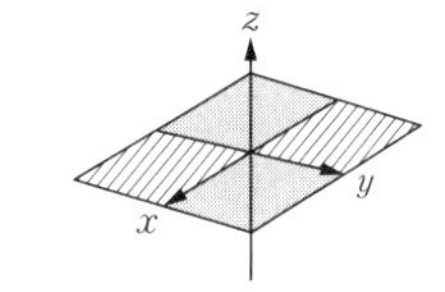

である 4 つの象限にわたって存在し，各部分は対称であるから，求める体積 V は，$D : x \geqq 0$，$y \geqq 0$，$z \geqq 0$ の体積の 4 倍である．

$x = r\sin\theta\cos\varphi$，$y = r\sin\theta\sin\varphi$，$z = r\cos\theta$ $\cdots$⊛

とおくと，r は 0 から r まで変化し，

$0 \leqq \theta \leqq \dfrac{\pi}{2}$，$0 \leqq \varphi \leqq \dfrac{\pi}{2}$．

このとき，曲面の方程式は，

$r^3 = 27a^3\sin^2\theta\cos\theta\cdot\sin\varphi\cos\varphi \quad \cdots$①

となる（曲面に⊛を代入）．

$$V = 4\iiint_D dx\,dy\,dz$$

$$= 4\int_0^{\frac{\pi}{2}}\int_0^{\frac{\pi}{2}}\int_0^r r^2\sin\theta\,dr\,d\theta\,d\varphi$$

$$= 4\int_0^{\frac{\pi}{2}}\int_0^{\frac{\pi}{2}}\sin\theta\left[\frac{r^3}{3}\right]_0^r d\theta\,d\varphi$$

$$= \frac{4}{3}\int_0^{\frac{\pi}{2}}\int_0^{\frac{\pi}{2}}\sin\theta\cdot r^3\,d\theta\,d\varphi$$

↑ ①を適用

$$= 36a^3\int_0^{\frac{\pi}{2}}\sin^3\theta\cos\theta\,d\theta\int_0^{\frac{\pi}{2}}\cos\varphi\sin\varphi\,d\varphi$$

$$= 36a^3\left[\frac{1}{4}\sin^4\theta\right]_0^{\frac{\pi}{2}}\left[\frac{1}{2}\sin^2\varphi\right]_0^{\frac{\pi}{2}}$$

$$= \frac{9}{2}a^3 \quad \cdots(答)$$

参考書

[1] 高木貞治『解析概論』岩波書店

[2] 三村征雄『微分積分学』裳華房

[3] 井上正雄『微分学』朝倉書店

[4] 井上正雄『積分学』朝倉書店

[5] 有馬哲・石村貞夫『よくわかる微分積分』東京図書

[6] 米田元『理系のための微積入門』サイエンス社

[7] 江川博康『大学生の微積分』東京図書

[8] 村上仙瑞『直感でつかむ大学生の微積分』東京図書

[9] 能代清『微分学演習』朝倉書店

[10] 黒須康之介『微分学の演習』森北出版

[11] 北山毅他2名『微積分演習』聖文社

[12] 黒崎達『数学原論』槙書店

[13] 高木貞治『近世数学史談』岩波文庫

[14] ジャン＝ピエール・モーリ（遠藤ゆかり訳）『ニュートン』創元社

[15] 石綿夏委也『試験で点が取れる　大学生の微分積分』PHP

[1] はバイブル的存在の名著である．[3],[4] は演習問題も多く採用され，よくできている参考書である．[11] は演習問題が多く問題を通じて微積分の理解が深められると思う．[13] の文庫は一読をすすめたい．

●著者紹介
石綿夏委也（いしわた かいや）

故・小平邦彦氏に長年師事．数研アカデミー主宰．
大学受験予備校研数学館で22年間教鞭をとる．
その後，スカイパーフェクTV！に数学講師として出演．
現在，東進ハイスクール，東進衛星予備校，河合塾講師．
その他，講演活動なども行う．
著書に『名人の授業　石綿の数列7日間』（東進ブックス），『一目でわかる数学ハンドブックⅠ・A/Ⅱ・B』（東進ブックス），『一目でわかる数学ハンドブックⅢ・C』（東進ブックス），『カリスマ先生の微分・積分』（PHP研究所），『試験で点が取れる　大学生の微分積分』（PHP研究所），『大学1・2年生のためのすぐわかる線形代数』（東京図書）などがある．

大学1・2年生のためのすぐわかる微分積分

2018年4月25日　第1刷発行
2023年6月10日　第3刷発行

Printed in Japan

著　者　石綿夏委也
発行所　東京図書株式会社
〒102-0072　東京都千代田区飯田橋3-11-19
電話●03-3288-9461
振替●00140-4-13803
ISBN 978-4-489-02285-2
http://www.tokyo-tosho.co.jp